제2판

- 자연과학과 공학도를 위한 -

이공계 수학

최원 · 김인현 지음

KM 경문사

머리말

“먼저 수학을 철저히 공부하지 않고는
아무도 하느님과 인간의 일을 인식할 수 없습니다.”

이 말은 4세기 신학자이며 철학자인 동시에 교파를 막론하고 매우 존경받는 성인이었던 아우구스티누스가 한 말이다. 또한 세종대왕은 과학이나 역법을 연구하기 위해 직접 수학을 공부하기도 했는데, 그는 “수학은 왕이 배울 학문은 아닐지 모르나 이 또한 성인이 지정한 것이므로 알고자 한다”는 말을 남겼다고 한다. 이처럼 과거 위대한 성인들은 사람들이 살아가는 데 필요한 일들을 이해하기 위해서는 수학을 공부해야 한다고 강조하였다.

왜 이 책을 집필하였나

고등학교 학생들의 이·공학계열 기피현상과 교육수요자 중심의 선택형 교육과정, 각 대학에서 시행하고 있는 다양한 입학전형 및 교차지원 허용 등으로 학생 간의 학력 차는 더욱 심화되고 있다. 그럼에도 불구하고 공학인증제 등에 따른 수학 학력 신장의 필요성은 더욱 확대되고 있으므로, 이를 극복하기 위한 노력이 요구되고 있다. 이에 따라 이 책은 저자들이 여러 해 동안 강의한 내용을 바탕으로 이공계열에서 다루는 다양한 현상을 수학적으로 이해하고자 하는 학생들을 위한 수학이론과 아울러 수학을 응용하는 여러 분야에서 다양하게 활용할 수 있도록 구성하는 데에 주안점을 두었다.

어떤 내용으로 구성되었나

이 책에서는 벡터함수를 이용하여 이공계열에서 나타나는 다양한 현상을 이해하고 미분적분학에서 다루었던 미분의 개념이나 적분의 개념을 다변수함수로 확장하여 다변수함수의 최댓값이나 최솟값을 다루는 문제와 입체의 체적 등과 관련된 문제를 해결하는 데 도움이 될 수 있도록 구성하였다. 또한 복소해석과 푸리에 급수에 대한 학습을 통해서 심화된 이공학적인 현상을 이해하는 데 도움을 주고자 하였다. 새로운 개념이나 정리에 대한 정확한 이해를 돕기 위하여 절제된 이론의 전개와 함께 풍부한 예제와 그림을 제시하였다. 절의 마지막에는 연습문제를 두어 독자들에게 문제해결 능력을 키우는 데 도움이 되도록 하였다.

어떻게 공부하면 좋을까

이 교재로 학습하는 학생들은 우선 이 교재는 신문이나 소설책, 심지어 물리학에 관한 책을 읽는 것과는 다르다는 점을 이해해야 한다. 그리스의 유명한 수학자인 유클리드가 "수학에는 왕도가 없다"고 하였듯이 교재의 내용을 이해하기 위해서 학생들은 이 책을 자주 복습하고 이해하도록 하여야 할 것이며, 종이와 연필을 가지고 그래프를 그려보고, 복잡한 계산을 직접 해야만 한다. 문제를 풀기 전에 그 문제에 해당하는 본문 내용을 먼저 읽고 이해하는 것이 훨씬 더 좋은 공부 방법이며, 특히 다양한 용어의 정확한 의미를 파악하기 위해 항상 정의와 다양한 예제를 주의 깊게 공부해야 한다. 이 교재를 사용하는 강좌의 주요 목적 중 하나는 다양한 이공계열에서 나타나는 현상을 수학적으로 사고할 수 있도록 훈련하는 것이다.

누구를 위한 책인가

수학은 이공학적인 현상을 이해하는 가장 중요한 언어이다. 자연과학과 공학적인 현상을 이해하기 위해서는 우선 수학의 기본을 이해하고 익혀야 한다. 이 책은 대학교의 미적분학을 한 학기 이상 학습한 자연과학도와 공학도들에게 추가적으로 반드시 필요한 수학적인 지식을 학습하고 이해하도록 구성되었다. 이러한 학생들을 위한 교양도서로도 가능하며 또한 이 책을 발판 삼아서 더 심화되고 발전된 이공학적 지식을 이해하고자 하는 이공계열 학생들에게 필요한 책이라고 할 수 있다.

끝으로, 이 책이 독자들에게 이공계 현상을 다루는 수학적인 개념과 친숙해지는 계기가 되어 학문적 발전에 많은 도움이 되길 바라며, 출판을 맡아주신 경문사 여러분께 심심한 감사를 드린다.

2021년 8월

저자 일동

차 례

제7장 복소해석함수

제8장 복소적분법

Chapter

1

벡터와 공간기하

1.1 벡터

1.2 벡터의 내적

1.3 벡터의 외적

1.4 공간직선과 평면

1.1 | 벡터

이 절에서 우리는 벡터의 기본적인 수학적 성질에 대하여 공부한다. 우리들이 일상에서 사용하는 물리적인 양 중에는 길이, 넓이, 질량, 온도와 같이 그 양의 크기만 주어지면 완전히 표시되는 것들이 있다. 이와 같은 양을 **스칼라**(scalar)라 한다. 또한 크기뿐만 아니라 그 방향까지 지정해야만 표현할 수 있는 물리적인 양이 있는데, 이러한 물리적인 양을 **벡터**(vector)라 한다. 예를 들어, 바람의 이동은 주어진 바람의 속력과 방향으로 나타내는데, 풍속과 풍향은 풍속도라 불리우는 하나의 벡터를 이룬다. 또 다른 벡터로는 힘, 속도 등이 있다. 벡터는 $\mathbf{a}$, $\mathbf{k}$, $\mathbf{v}$, $\mathbf{w}$, $\mathbf{x}$, $\cdots$와 같은 소문자의 고딕활자를 이용하여 표현하고, 스칼라는 벡터와 구별하여 단지 a, b, c, d, $\cdots$ 등의 보통의 소문자로 나타내며 특별한 언급이 없는 한 모든 스칼라는 실수로 생각한다.

벡터는 기하학적으로 2차원, 3차원 공간의 유향선분 또는 화살표로 표현할 수 있는데 다음과 같이 보다 구체적으로 정의한다.

정의 1

한 점 A에서 다른 점 B로의 유향선분을 A에서 B로의 벡터 $\mathbf{v}$라 하고, $\mathbf{v} = \overrightarrow{AB}$로 나타내는데, 여기서 A를 벡터 $\mathbf{v}$의 **시점**(initial point) B를 벡터 $\mathbf{v}$의 **종점**(end point)이라 한다. 선분 $\overline{AB}$의 길이를 벡터 $\mathbf{v}$의 크기라 하고 $\|\mathbf{v}\| = \|\overrightarrow{AB}\|$로 나타낸다. 또한, 크기가 1인 벡터를 **단위벡터**(unit vector)라 하고, 평행이동에 의하여 일치하는 두 벡터, 즉 크기와 방향이 같은 두 벡터는 같은 벡터로 여기며 두 벡터를 서로 **동치**라 한다. 특히, 시점과 종점이 같은 경우(크기가 0인 경우), 즉 $\overrightarrow{AA}$도 벡터로 인정하고 이를 **영벡터**(zero vector)라 하며, $\mathbf{0}$으로 표기한다.

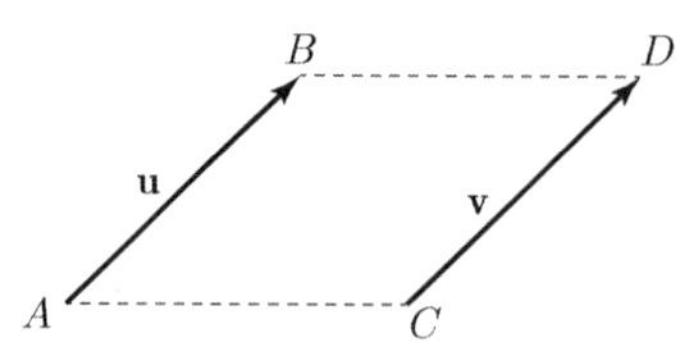

그림 1

그림 1에서 $\mathbf{u} = \overrightarrow{AB}$, $\mathbf{v} = \overrightarrow{CD}$이고, $\mathbf{u} = \mathbf{v}$임을 알 수 있다. 그런데 위와 같이 방향과 크기가 같게 주어진 두 벡터가 실제로 같은 벡터인지 아닌지 아는 것이 그림만 봐서는 쉽지 않다. 그래서 벡터를 보다 정확하게 표현하기 위하여 직교좌표계를 도입하여 그 위에 벡터를 표현한다.

예를 들어 다음 그림과 같이 벡터 $\mathbf{v}$는 좌표평면 $\mathbb{R}^2$에서 시작점이 원점이고 끝점의 좌표가 $(v_1,\ v_2)$라고 하자.

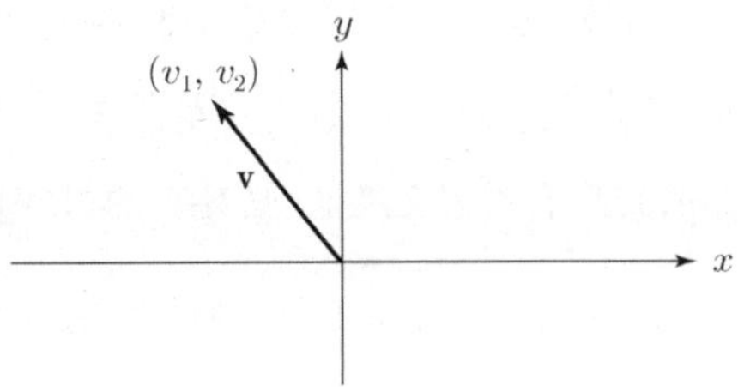

그림 2

이 때 이 벡터의 끝점의 좌표 $(v_1,\ v_2)$에서 v_1과 v_2를 $\mathbf{v}$의 성분(components)이라 하고, 벡터 $\mathbf{v}$를 다음과 같이 나타낸다.

$$\mathbf{v} = (v_1,\ v_2)$$

평면에서와 마찬가지로 공간에서도 벡터를 생각할 수 있다.

좌표평면 $\mathbb{R}^2$에서 한 점을 나타낼 때는 순서쌍 $(x,\ y)$로 나타내듯이 좌표공간 $\mathbb{R}^3$에서 한 점을 나타낼 때도 세 수의 순서쌍 $(x,\ y,\ z)$로 나타낸다. 다음 그림과 같이 벡터 $\mathbf{v}$는 좌표공간에서 시작점이 원점이고 끝점의 좌표가 $(v_1,\ v_2,\ v_3)$라고 하자.

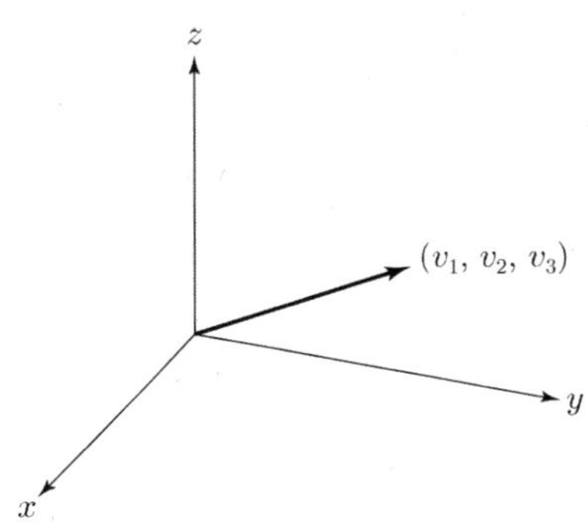

그림 3

그러면 좌표평면에서와 마찬가지로 (v_1, v_2, v_3)에서 v_1, v_2, v_3를 벡터 $\mathbf{v}$의 성분이라고 하고, 다음과 같이 나타낸다.

$$\mathbf{v} = (v_1, v_2, v_3)$$

종종 평면이나 공간에서 시작점이 원점이 아닌 벡터를 다룰 때가 있다.

예를 들어 좌표평면 $\mathbb{R}^2$에서 벡터 $\mathbf{v} = (v_1, v_2)$의 시작점이 원점에서 $\mathrm{A}(x_1, y_1)$로 바뀐 경우를 생각해 보자. 시작점이 원점에서 $\mathrm{A}(x_1, y_1)$로 바뀌었다는 것은 이 벡터의 첫 번째 성분 v_1이 오른쪽 또는 왼쪽으로 x_1의 절댓값만큼 움직였다는 것이고, 두 번째 성분 v_2이 위 또는 아래로 y_1의 절댓값만큼 움직였다는 것을 나타낸다. 즉, 벡터 $\mathbf{v}$의 시작점이 원점 (0, 0)에서 $\mathrm{A}(x_1, y_1)$로 움직였으므로 끝점을 B라 하면 B는 다음과 같다.

$$\mathrm{B}(v_1 + x_1, v_2 + y_1) = \mathrm{B}(x_2, y_2)$$

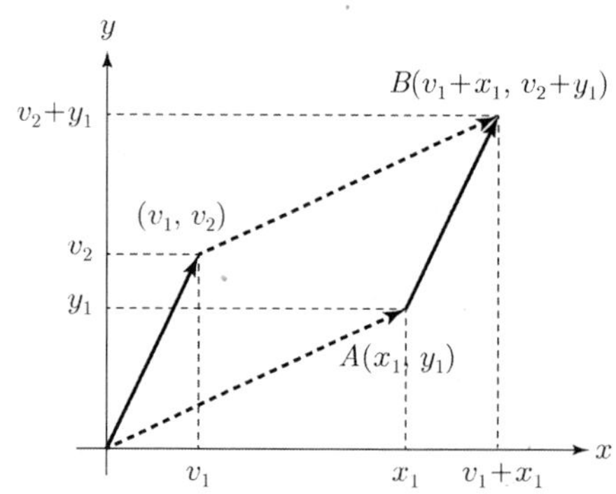

그림 4

마찬가지로 공간좌표 $\mathbb{R}^3$에서 벡터 $\mathbf{v} = (v_1, v_2, v_3)$의 시작점이 원점에서 $\mathrm{A}(x_1, y_1, z_1)$로 바뀐 경우, 이 벡터의 끝점은 다음과 같다.

$$\mathrm{B}(v_1 + x_1, v_2 + y_1, v_3 + z_1) = \mathrm{B}(x_2, y_2, z_2)$$

이것을 바꾸어 말하면, 좌표평면 위에 두 점 $\mathrm{A}(x_1, y_1)$, $\mathrm{B}(x_2, y_2)$가 주어졌을 때 점 A를 시작점으로 하고 점 B를 끝점으로 하는 벡터는 다음과 같다는 것이다.

$$\mathbf{v} = \overrightarrow{\mathrm{AB}} = (x_2 - x_1, y_2 - y_1)$$

마찬가지로 좌표공간에서 두 점 $\mathrm{A}(x_1, y_1, z_1)$, $\mathrm{B}(x_2, y_2, z_2)$가 주어졌을 때 점 A를 시작점으로 하고 점 B를 끝점으로 하는 벡터는 다음과 같다는 것이다.

$$\overrightarrow{\mathrm{AB}} = (x_2 - x_1,\ y_2 - y_1,\ z_2 - z_1)$$

이제 벡터의 연산에 대하여 알아보자. 먼저 두 벡터의 합을 다음과 같이 정의한다.

정의 2

두 벡터 $\mathbf{v} = \overrightarrow{PQ}$, $\mathbf{w} = \overrightarrow{RS}$에 대하여, $\mathbf{v}$의 종점 Q와 $\mathbf{w}$의 시점 R이 일치하도록 한 후, P를 시점으로 하고 S를 종점으로 하는 벡터 $\overrightarrow{PS}$를 두 벡터의 **합**(sum)이라 하고 $\mathbf{v}+\mathbf{w}$로 나타낸다.

다음 그림은 좌표평면에서 두 벡터 $\mathbf{v} = (v_1,\ v_2)$, $\mathbf{w} = (w_1,\ w_2)$의 덧셈을 세 가지 방법으로 나타낸 것이다.

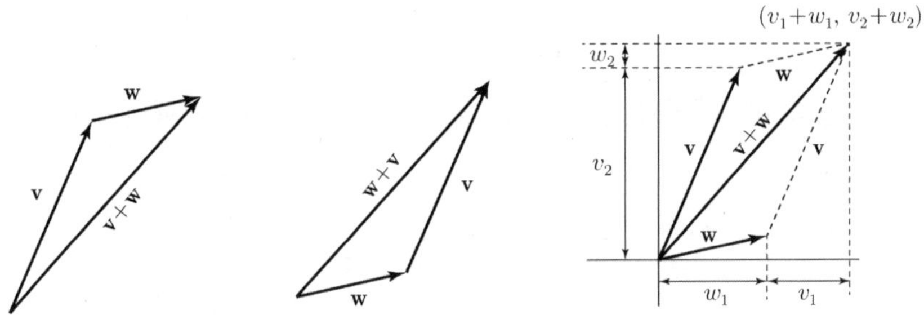

(1) (2) (3)

그림 5

그림 5의 (1)은 두 벡터의 덧셈과 정확하게 일치하는 것으로 먼저 벡터 $\mathbf{v}$를 그리고 $\mathbf{v}$의 끝점을 시작점으로 하여 벡터 $\mathbf{w}$를 그린다. 그리고 $\mathbf{v}$의 시작점에서 $\mathbf{w}$의 끝점으로 화살표를 그린 결과가 두 벡터의 합 벡터이다.

그림 5의 (2)는 $\mathbf{w}+\mathbf{v}$이다. 그런데 그 결과 벡터가 그림 (1)에서 구한 벡터와 정확하게 일치한다. 따라서 다음을 알 수 있다.

$$\mathbf{v}+\mathbf{w} = \mathbf{w}+\mathbf{v}$$

그림 5의 (3)은 두 벡터의 합을 좌표평면 위에서 그린 것이다. 이것으로부터 두 벡터의 합은 두 벡터 성분의 각각의 합과 같음을 알 수 있다. 즉, 다음이 성립한다.

$$\mathbf{v}+\mathbf{w} = (v_1 + w_1,\ v_2 + w_2)$$

마찬가지로 좌표공간에서 두 벡터 $\mathbf{v}=(v_1,\ v_2,\ v_3)$, $\mathbf{w}=(w_1,\ w_2,\ w_3)$의 합은 다음과 같다.

$$\mathbf{v}+\mathbf{w}=(v_1+w_1,\ v_2+w_2,\ v_3+w_3)$$

벡터 $\mathbf{v}$와 크기가 같고, 방향이 반대인 벡터를 $-\mathbf{v}$로 표기한다. 이 표기 방법과 벡터의 합을 이용하여 두 벡터 $\mathbf{v}$와 $\mathbf{w}$의 차(difference) $\mathbf{v}-\mathbf{w}$를 다음과 같이 정의한다.

$$\mathbf{v}-\mathbf{w} \ := \mathbf{v}+(-\mathbf{w})$$

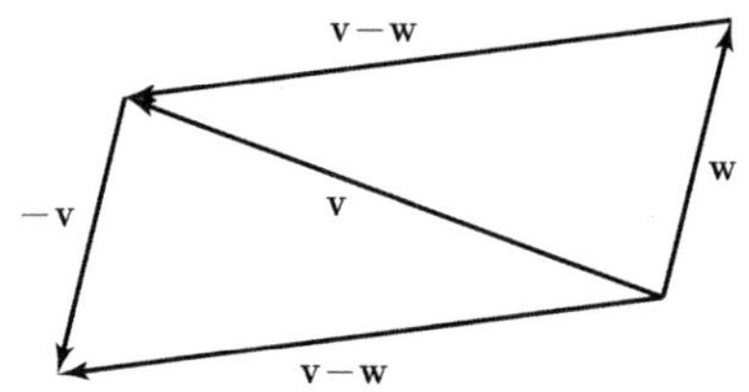

그림 6

두 벡터의 합과 마찬가지로 두 벡터의 차를 평면과 공간에서 벡터의 성분으로 나타내면 각각 다음과 같다.

$$\mathbf{v}-\mathbf{w}=(v_1-w_1,\ v_2-w_2)$$
$$\mathbf{v}-\mathbf{w}=(v_1-w_1,\ v_2-w_2,\ v_3-w_3)$$

이제 벡터의 스칼라 곱에 대하여 알아보자.

정의 3

스칼라 c에 대하여 $c\mathbf{v}$를 c에 의한 $\mathbf{v}$의 **스칼라 배**(scalar multiplication)라 한다. 이때 $c\mathbf{v}$는 $c>0$이면 $\mathbf{v}$와 방향이 같으며 크기는 c배 하여 얻는 벡터이고, $c<0$이면 $\mathbf{v}$와 방향이 반대이면서 크기는 $|c|$배 하여 얻는 벡터이다.

예를 들어 다음 그림은 벡터 $\mathbf{v}$의 스칼라 배를 나타낸 것이다.

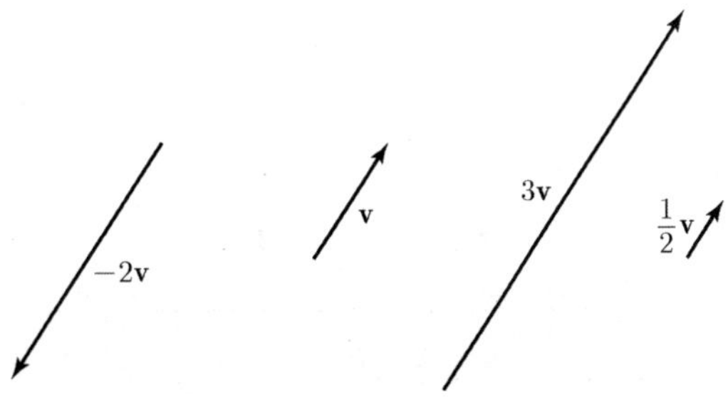

그림 7

그림 7로부터 벡터 $\mathbf{v}$의 영 아닌 스칼라 배한 벡터는 모두 $\mathbf{v}$에 평행한 것임을 알 수 있다. 바꾸어 말하면 두 벡터 $\mathbf{v}$, $\mathbf{w}$가 평행한 벡터라면 $\mathbf{v}=c\mathbf{w}$를 만족하는 영 아닌 스칼라 c가 존재한다는 것을 알 수 있다.

좌표평면과 좌표공간에서 스칼라 배는 다음과 같이 각 성분에 스칼라 배를 곱한 결과이다.

$$c\mathbf{v}=(cv_1,\ cv_2)\ \text{또는}\ c\mathbf{v}=(cv_1,\ cv_2,\ cv_3)$$

이 사실로부터 좌표평면 $\mathbb{R}^2$ 위의 벡터 $\mathbf{v}=(v_1,\ v_2)$의 음벡터 $-\mathbf{v}$는 다음과 같이 나타낼 수 있다.

$$-\mathbf{v}=(-v_1,\ -v_2)$$

좌표공간 $\mathbb{R}^3$ 위의 벡터 $\mathbf{v}=(v_1,\ v_2,\ v_3)$의 음벡터 $-\mathbf{v}$도 마찬가지로 다음과 같이 나타낼 수 있다.

$$-\mathbf{v}=(-v_1,\ -v_2,\ -v_3)$$

지금까지 알아본 벡터의 연산에 대하여 다음 정리가 성립한다. 이 정리의 증명은 어렵지 않으므로 연습문제로 남긴다.

정리 4

스칼라 c, k와 세 벡터 $\mathbf{u}$, $\mathbf{v}$, $\mathbf{w}$에 대하여 다음이 성립한다.

(1) $\mathbf{u}+\mathbf{v}=\mathbf{v}+\mathbf{u}$

(2) $\mathbf{u}+(\mathbf{v}+\mathbf{w})=(\mathbf{u}+\mathbf{v})+\mathbf{w}$

(3) $\mathbf{u}+\mathbf{0}=\mathbf{0}+\mathbf{u}$

(4) $\mathbf{u}-\mathbf{u}=\mathbf{u}+(-\mathbf{u})=\mathbf{0}$

(5) $1\mathbf{u} = \mathbf{u}$

(6) $(ck)\mathbf{u} = c(k\mathbf{u}) = k(c\mathbf{u})$

(7) $(c+k)\mathbf{u} = c\mathbf{u} + k\mathbf{u}$

(8) $c(\mathbf{u}+\mathbf{v}) = c\mathbf{u} + c\mathbf{v}$

이 절에서 마지막으로 알아볼 것은 평면이나 공간에서 주어진 벡터의 크기를 구하는 것이다.

정의 5

벡터 $\mathbf{v}$의 크기를 **노름**(norm)이라 하고 $\|\mathbf{v}\|$로 나타낸다. 특히 $\mathbf{v} = (v_1,\ v_2)$이면

$$\|\mathbf{v}\| = \sqrt{v_1^2 + v_2^2}$$

이고, $\mathbf{v} = (v_1,\ v_2,\ v_3)$이면

$$\|\mathbf{v}\| = \sqrt{v_1^2 + v_2^2 + v_3^2}$$

이다.

좌표평면 $\mathbb{R}^2$ 위의 벡터 $\mathbf{v} = (v_1,\ v_2)$의 노름은 피타고라스의 정리를 이용하여 다음 그림과 같이 쉽게 얻을 수 있다.

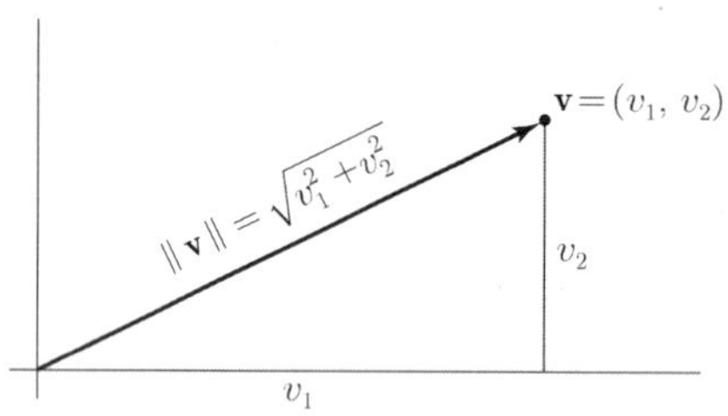

그림 8

마찬가지로 좌표공간 $\mathbb{R}^3$ 위의 벡터에 대하여도 피타고라스의 정리를 이용하면 벡터의 노름을 쉽게 구할 수 있다. 또한 이 사실로부터 벡터 $\mathbf{v} = (v_1,\ v_2,\ v_3)$에 적당한 스칼라

c를 곱한 벡터 $c\mathbf{v}=(cv_1,\ cv_2,\ cv_3)$의 노름은 다음과 같음을 알 수 있다. 즉, $\|c\mathbf{v}\|=|c|\|\mathbf{v}\|$임을 알 수 있다.

$$\begin{aligned}\|c\mathbf{v}\| &= \sqrt{(cv_1)^2+(cv_2)^2+(cv_3)^2}=\sqrt{c^2(v_1^2+v_2^2+v_3^2)}\\ &= |c|\sqrt{v_1^2+v_2^2+v_3^2}=|c|\|\mathbf{v}\|\end{aligned}$$

특히 $\|\mathbf{u}\|=1$와 같이 노름이 1인 벡터를 **단위벡터(unit vector)**라고 한다.

예제 1 |

벡터 $\mathbf{v}=(3,\ -2,\ -1)$와 두 점 $P(2,\ -4,\ -1)$, $Q(-1,\ 5,\ -3)$에 대하여

$$\|\mathbf{v}\|=\sqrt{3^2+(-2)^2+(-1)^2}=\sqrt{14},$$
$$\|\overrightarrow{PQ}\|=\sqrt{(-1-2)^2+(5+4)^2+(-3+1)^2}=\sqrt{94}$$

이다.

이제 노름이 0인 벡터는 어떤 벡터인지 알아보자.

정리 6

좌표평면 $\mathbb{R}^2$ 또는 좌표공간 $\mathbb{R}^3$ 위의 벡터 $\mathbf{v}$에 대하여 $\|\mathbf{v}\|\geq 0$이다. 특히 $\|\mathbf{v}\|=0$일 필요충분조건은 $\mathbf{v}=\mathbf{0}$이다.

증명 벡터의 노름은 벡터의 각 성분의 제곱의 합으로 구한다. 그리고 실수의 제곱은 0보다 크거나 같기 때문에 벡터 $\mathbf{v}$에 대하여

$$\|\mathbf{v}\|\geq 0$$

이다.

이제 정리에서 주어진 필요충분조건을 좌표평면의 경우만 보이자. 하지만 공간의 경우도 평면의 경우와 마찬가지로 증명할 수 있다. 먼저 벡터 $\mathbf{v}=(v_1,\ v_2)$의 노름이 $\|\mathbf{v}\|=0$이라 가정하면

$$\|\mathbf{v}\|=\sqrt{v_1^2+v_2^2}=0\ \Rightarrow\ v_1^2+v_2^2=0$$

이다. 그런데 실수를 제곱하면 항상 0보다 크거나 같기 때문에 두 수 v_1, v_2은 0일 수밖에 없다. 따라서 $\mathbf{v}=(0,\ 0)=\mathbf{0}$이다. 역으로, $\mathbf{v}=\mathbf{0}$이라고 하자. 그러면 $\mathbf{v}=(0,\ 0)$이므로

$$\|\mathbf{v}\| = \sqrt{0^2+0^2} = 0$$

따라서 $\|\mathbf{v}\|=0$일 필요충분조건은 $\mathbf{v}=\mathbf{0}$이다. □

정리 7

좌표평면 $\mathbb{R}^2$ 또는 좌표공간 $\mathbb{R}^3$ 위의 영벡터가 아닌 벡터 $\mathbf{v}$에 대하여 $\mathbf{u}=\frac{1}{\|\mathbf{v}\|}\mathbf{v}$라 하면 $\mathbf{u}$는 단위벡터이다.

증명 영벡터가 아닌 벡터 $\mathbf{v}$에 대하여 $\|\mathbf{v}\|$는 노름이므로 정리 6에 의하여 $\|\mathbf{v}\|>0$이다. 이제 $\mathbf{u}=\frac{1}{\|\mathbf{v}\|}\mathbf{v}$의 노름 $\|\mathbf{u}\| = \left\| \frac{1}{\|\mathbf{v}\|}\mathbf{v} \right\|$을 구하여 보자.

$$\|\mathbf{u}\| = \left\| \frac{1}{\|\mathbf{v}\|} \right\| = \left| \frac{1}{\|\mathbf{v}\|} \right| \|\mathbf{v}\| = \frac{1}{\|\mathbf{v}\|}\|\mathbf{v}\| = 1$$

이므로 $\mathbf{u}$는 단위벡터이다. □

정리 7로부터 영벡터가 아닌 벡터로부터 항상 단위벡터를 얻을 수 있다는 것을 알 수 있다. 즉 $\mathbf{v}\neq\mathbf{0}$에 대하여 벡터 $\mathbf{u}=\frac{1}{\|\mathbf{v}\|}\mathbf{v}$는 $\mathbf{v}$와 방향이 같고 크기가 1인 단위벡터이다. 특히 $\mathbb{R}^2$의 단위벡터 중에서 두 벡터

$$\mathbf{i}=(1,\ 0),\ \mathbf{j}=(0,\ 1)$$

을 $\mathbb{R}^2$의 **기저벡터**(basis vector)라 하고, $\mathbb{R}^3$의 단위벡터 중에서 세 벡터

$$\mathbf{i}=(1,\ 0,\ 0),\ \mathbf{j}=(0,\ 1,\ 0),\ \mathbf{k}=(0,\ 0,\ 1)$$

을 $\mathbb{R}^3$의 기저벡터라고 한다. 특히,

$$\begin{aligned}\mathbf{x}=(x_1,\ x_2,\ x_3) &= x_1(1,\ 0,\ 0)+x_2(0,\ 1,\ 0)+x_3(0,\ 0,\ 1)\\ &= x_1\mathbf{i}+x_2\mathbf{j}+x_3\mathbf{k}\end{aligned}$$

이므로, $\mathbb{R}^3$의 임의의 벡터 $\mathbf{x}=(x_1,\ x_2,\ x_3)$는 단위벡터 $\mathbf{i},\ \mathbf{j},\ \mathbf{k}$의 일차결합으로 표시할 수 있는데, $x_1,\ x_2,\ x_3$을 각각 $\mathbf{x}$의 $\mathbf{i},\ \mathbf{j},\ \mathbf{k}$ **성분**(component)이라 한다.

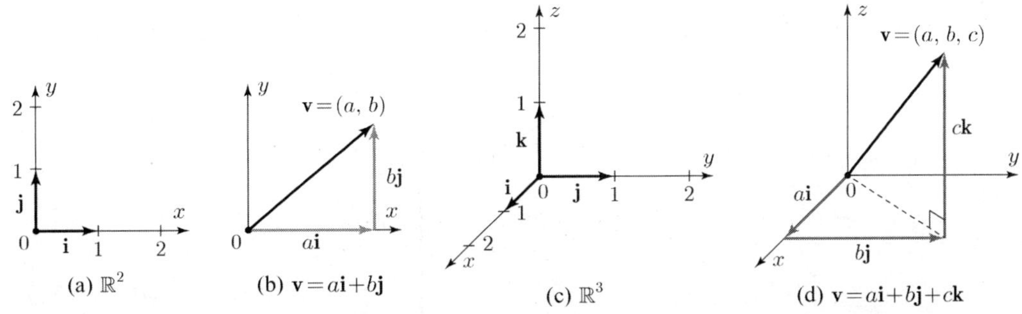

그림 9

예제 2 |

$\mathbf{v}=(2, 1, 1)$, $\mathbf{w}=(3, -5, 1)$에 대하여

(1) $\mathbf{v}-\mathbf{w}=(2-3, 1-(-5), 1-1)=(-1, 6, 0)$

(2) $3\mathbf{v}+2\mathbf{w}=(6, 3, 3)+(6, -10, 2)=(12, -7, 5)$

(3) $\mathbf{v}=2\mathbf{i}+\mathbf{j}+\mathbf{k}$, $\mathbf{w}=3\mathbf{i}-5\mathbf{j}+\mathbf{k}$

(4) $\mathbf{u}+\mathbf{v}=\mathbf{w}$을 만족하는 $\mathbf{u}$를 구해보면 다음과 같다.

$$\mathbf{u}=\mathbf{w}-\mathbf{v}-=(2, 1, 1)-(3, -5, 1)=(-1, 6, 0)$$

(5) $\mathbf{v}$ 방향의 단위벡터는

$$\frac{\mathbf{v}}{\|\mathbf{v}\|}=\frac{(2, 1, 1)}{\sqrt{2^2+1^2+1^2}}=\left(\frac{2}{\sqrt{6}}, \frac{1}{\sqrt{6}}, \frac{1}{\sqrt{6}}\right)$$

이다.

벡터의 개념을 활용한 문제에 대하여 알아보자.

예제 3 |

오른쪽 그림과 같이 200뉴턴의 물체가 두 줄에 매달려 있다. 이때 두 줄 각각에 미치는 장력의 크기를 구하여라.

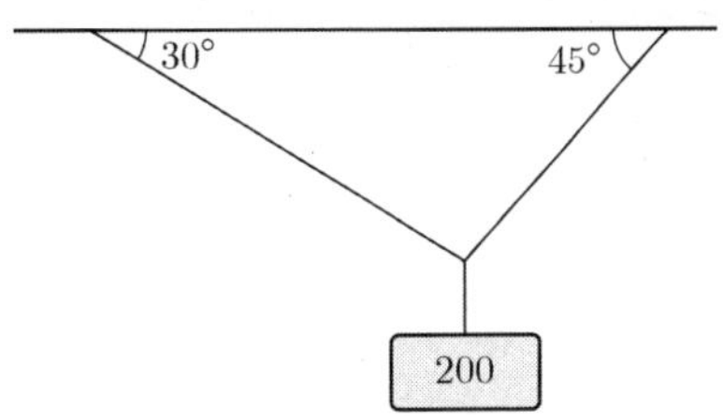

풀이 두 줄의 장력을 각각 $\mathbf{u}$, $\mathbf{v}$, 물체의 무게를 $\mathbf{w}$라 하고 벡터로 나타내면 다음과 같다.

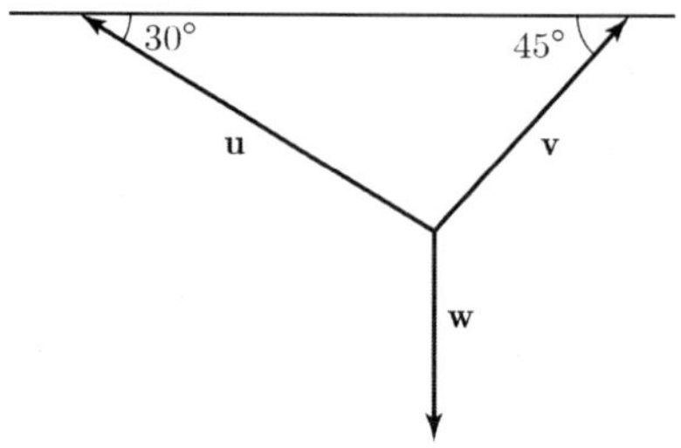

벡터의 합으로부터

$$-\mathbf{w}=\mathbf{u}+\mathbf{v}$$

이고,

$$\mathbf{u}=-|\mathbf{u}|\cos 30°\mathbf{i}+|\mathbf{u}|\sin 30°\mathbf{j},$$
$$\mathbf{v}=|\mathbf{v}|\cos 45°\mathbf{i}+|\mathbf{v}|\sin 45°\mathbf{j}$$

이므로

$$\begin{aligned}-200\mathbf{j}&=|\mathbf{u}|(-\frac{\sqrt{3}}{2}\mathbf{i}+\frac{1}{2}\mathbf{j})+|\mathbf{v}|(\frac{1}{\sqrt{2}}\mathbf{i}|+\frac{1}{\sqrt{2}}\mathbf{j})\\&=\left(-\frac{\sqrt{3}}{2}|\mathbf{u}|+\frac{\sqrt{2}}{2}|\mathbf{v}|\right)\mathbf{i}+\left(\frac{1}{2}|\mathbf{u}|+\frac{\sqrt{2}}{2}|\mathbf{v}|\right)\mathbf{j}\end{aligned}$$

이다. 따라서 다음을 얻는다.

$$\begin{cases}-\frac{\sqrt{3}}{2}|\mathbf{u}|+\frac{\sqrt{2}}{2}|\mathbf{v}|=0\\\frac{1}{2}|\mathbf{u}|+\frac{\sqrt{2}}{2}|\mathbf{v}|=-200\end{cases}$$

위 연립방정식을 풀면

$$|\mathbf{u}|=100(\sqrt{3}-1),\ |\mathbf{v}|=50(3\sqrt{2}-\sqrt{6})$$

을 얻는다. ■

연습문제 1.1

1. $\mathbf{w}=(-1,\ 5,\ -2)$, $\mathbf{v}=(3,\ 1,\ 2)$일 때, 다음을 구하여라.

(1) $\mathbf{v}-\mathbf{w}$

(2) $\mathbf{v}+\mathbf{w}$

(3) $\dfrac{\mathbf{v}}{\|\mathbf{v}\|}$

(4) $\|\mathbf{v}-3\mathbf{w}\|$

(5) $\mathbf{u}+\mathbf{v}+\mathbf{w}=\mathbf{j}$를 만족하는 $\mathbf{u}$

(6) $\mathbf{u}+\mathbf{v}+\mathbf{w}=2\mathbf{j}+3\mathbf{k}$를 만족하는 $\mathbf{u}$

(7) $m(\mathbf{v}+2\mathbf{w})=\mathbf{k}$를 만족하는 m이 존재하는가? 존재하면 구하여라.

2. 벡터 $\mathbf{u}$, $\mathbf{v}$, $\mathbf{w}$가 다음의 그림과 같을 때, 벡터 $\mathbf{u}$, $\mathbf{v}$를 이용하여 $\mathbf{w}$를 표현하여라.

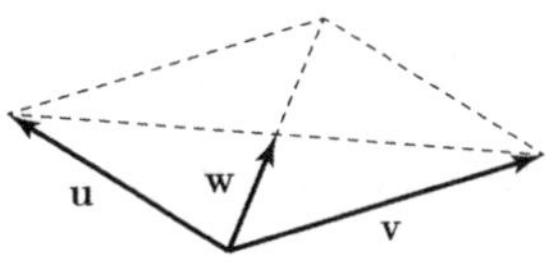

3. 다음의 점 P_1과 P_2에 대해서 유향선분 $\overrightarrow{P_1P_2}$의 좌표벡터를 구하여라.

(1) $P_1(1,\ 2)$, $P_2(4,\ 5)$

(2) $P_1(-1,\ -3)$, $P_2(-2,\ 1)$

4. 정리 4를 각각 증명하여라.

1.2 벡터의 내적

앞 절에서 벡터 사이의 곱에 대하여는 정의하지 않았다. 여기서 우리는 **내적**(inner product, dot product or scalar product)이라는 벡터들의 곱에 대하여 알아보고자 한다.

정의 1

$\mathbb{R}^3$의 두 벡터 $\mathbf{v}=(v_1, v_2, v_3)$, $\mathbf{w}=(w_1, w_2, w_3)$에 대하여

$$\mathbf{v}\cdot\mathbf{w}=\langle\mathbf{v}, \mathbf{w}\rangle=v_1w_1+v_2w_2+v_3w_3$$

을 $\mathbf{v}$와 $\mathbf{w}$의 **내적**(inner product)이라 한다. 유사하게, $\mathbb{R}^2$의 두 벡터 $\mathbf{v}=(v_1, v_2)$, $\mathbf{w}=(w_1, w_2)$에 대하여

$$\mathbf{v}\cdot\mathbf{w}=\langle\mathbf{v}, \mathbf{w}\rangle=v_1w_1+v_2w_2$$

을 $\mathbf{v}$와 $\mathbf{w}$의 내적이라 한다.

내적 $\mathbf{u}\cdot\mathbf{v}$는 $\mathbf{u}$와 $\mathbf{v}$에 대응하는 성분들의 곱의 합이다. 정의한 이 '곱셈'은 두 가지 점에서 중요하다. 첫 번째는 $\mathbf{u}=(u_1, u_2, u_3)$와 $\mathbf{v}=(v_1, v_2, v_3)$는 반드시 같은 개수의 성분들을 가지고 있어야 한다는 것이고, 두 번째는 내적 $\mathbf{u}\cdot\mathbf{v}$는 다른 벡터가 아닌 스칼라라는 것이다. 이는 왜 내적을 스칼라적이라고 하는지에 대한 이유가 된다.

시점이 같은 0이 아닌 두 벡터 사이의 **각**(angle)은 두 벡터 사이의 가장 작은 각으로 정의한다. 따라서 두 벡터 사이의 각 θ는 $0\le\theta\le\pi$이다. 다음 정리는 두 벡터의 내적과 두 벡터의 각 사이의 관계를 보여준다.

정리 2

0 아닌 두 벡터 $\mathbf{u}=(u_1, u_2, u_3)$와 $\mathbf{v}=(v_1, v_2, v_3)$ 사이의 각을 θ라 하면

$$\cos\theta=\frac{\mathbf{u}\cdot\mathbf{v}}{\|\mathbf{u}\|\|\mathbf{v}\|}$$

이다.

증명 코사인 제2법칙으로부터

$$\|\mathbf{u}-\mathbf{v}\|^2 = \|\mathbf{u}\|^2 + \|\mathbf{v}\|^2 - 2\|\mathbf{u}\|\|\mathbf{v}\|\cos\theta$$

이고,

$$\begin{aligned}\|\mathbf{u}-\mathbf{v}\|^2 &= (u_1-v_1)^2+(u_2-v_2)^2+(u_3-v_3)^2 \\ &= u_1^2+u_2^2+u_3^2 + v_1^2+v_2^2+v_3^2 - 2(u_1v_1+u_2v_2+u_3v_3) \\ &= \|\mathbf{u}\|^2+\|\mathbf{v}\|^2 - 2\mathbf{u}\cdot\mathbf{v}\end{aligned}$$

이므로

$$\cos\theta = \frac{\mathbf{u}\cdot\mathbf{v}}{\|\mathbf{u}\|\|\mathbf{v}\|}$$

이다. □

위 정리에서 알 수 있듯이 벡터의 내적을 이용하여 두 벡터 사이의 각 θ를 구할 수 있다. $\theta = \frac{\pi}{2}$일 때 두 벡터 $\mathbf{u}$와 $\mathbf{v}$는 **직교한다**(orthogonal)고 하며, $\theta = 0$이거나 $\theta = \pi$이면 $\mathbf{u}$와 $\mathbf{v}$는 **평행하다**(parallel)고 한다. 즉,

$\mathbf{u}$와 $\mathbf{v}$는 직교한다 $\Leftrightarrow$ $\mathbf{u}\cdot\mathbf{v}=0$.

$\mathbf{u}$와 $\mathbf{v}$는 평행하다 $\Leftrightarrow$ $\mathbf{u}=k\mathbf{v}$인 $k\in\mathbf{R}$가 존재한다.

따라서 영벡터는 모든 벡터와 직교하며 또한 평행하다고 할 수 있다. 특히, 내적의 정의로부터 $\mathbf{u}=\mathbf{v}$이면

$$\mathbf{u}\cdot\mathbf{u} = u_1^2+u_2^2+u_3^2 = \|\mathbf{u}\|^2$$

이므로

$$\|\mathbf{u}\| = \sqrt{\mathbf{u}\cdot\mathbf{u}}$$

임을 알 수 있다.

예제 1 |

$\mathbf{u}=(2,\ 1,\ -1)$, $\mathbf{v}=(-1,\ 1,\ 0)$, $\mathbf{w}=(1,\ -1,\ 1)$에 대하여 $\mathbf{u}$와 $\mathbf{v}$ 사이의 각 θ를 구하고, $\mathbf{u}$와 $\mathbf{w}$가 직교함을 보여라.

풀이 $\mathbf{u}\cdot\mathbf{v}=2\cdot(-1)+1\cdot 1+(-1)\cdot 0=-1$,

$$\|\mathbf{u}\|=\sqrt{2^2+1^2+(-1)^2}=6,\ \|\mathbf{v}\|=\sqrt{(-1)^2+1^2+0^2}=\sqrt{2}$$

이므로

$$\cos\theta=\frac{\mathbf{u}\cdot\mathbf{v}}{\|\mathbf{u}\|\,\|\mathbf{v}\|}=\frac{-1}{6\sqrt{2}}$$

이다. 따라서 $\theta=\cos^{-1}\left(-\frac{1}{6\sqrt{2}}\right)$이다. 또한

$$\mathbf{u}\cdot\mathbf{w}=2\cdot 1+1\cdot(-1)+(-1)\cdot 1=0$$

이므로 $\mathbf{u}$와 $\mathbf{w}$는 직교한다. ■

간단한 계산에 의해 내적에 관한 다음의 성질들을 쉽게 얻을 수 있다.

정리 3

임의의 벡터 $\mathbf{u}$, $\mathbf{v}$, $\mathbf{w}$와 스칼라 k에 대하여 다음이 성립한다.

(1) $\mathbf{u}\cdot\mathbf{v}=\mathbf{v}\cdot\mathbf{u}$

(2) $(k\mathbf{v})\cdot\mathbf{w}=\mathbf{v}\cdot(k\mathbf{w})=k(\mathbf{v}\cdot\mathbf{w})$

(3) $\mathbf{u}\cdot\mathbf{0}=0=\mathbf{0}\cdot\mathbf{u}$

(4) $\mathbf{u}\cdot(\mathbf{v}+\mathbf{w})=\mathbf{u}\cdot\mathbf{v}+\mathbf{u}\cdot\mathbf{w}$

다음은 가장 중요한 부등식 중의 하나인 **코시-슈바르츠(Cauchy-Schwarz) 부등식**이다.

정리 4 코시-슈바르츠 부등식

임의의 벡터 $\mathbf{u}$, $\mathbf{v}$에 대하여

$$|\mathbf{u}\cdot\mathbf{v}|\le\|\mathbf{u}\|\,\|\mathbf{v}\|$$

이다. 단, 등호는 $\mathbf{u}$, $\mathbf{v}$ 중 하나가 다른 것의 스칼라 배일 때만 성립한다.

증명 정리 2로부터 $|\mathbf{u}\cdot\mathbf{v}|=\|\mathbf{u}\|\,\|\mathbf{v}\|\,|\cos\theta|\le\|\mathbf{u}\|\,\|\mathbf{v}\|$임을 알 수 있고, 등호가 성립하는 것은 $|\cos\theta|=1$일 때이므로 자명하다. □

정리 5 **삼각부등식**

임의의 벡터 $\mathbf{u}$, $\mathbf{v}$에 대하여 다음이 성립한다.

$$\|\mathbf{u}+\mathbf{v}\| \leq \|\mathbf{u}\| + \|\mathbf{v}\|$$

증명 두 벡터 $\mathbf{u}$, $\mathbf{v}$에 대하여

$$\begin{aligned}\|\mathbf{u}+\mathbf{v}\|^2 &= (\mathbf{u}+\mathbf{v})\cdot(\mathbf{u}+\mathbf{v}) = \mathbf{u}\cdot\mathbf{u}+\mathbf{u}\cdot\mathbf{v}+\mathbf{v}\cdot\mathbf{u}+\mathbf{v}\cdot\mathbf{v} \\ &= \|\mathbf{u}\|^2+\mathbf{u}\cdot\mathbf{v}+\mathbf{v}\cdot\mathbf{u}+\|\mathbf{v}\|^2 \\ &= \|\mathbf{u}\|^2+2\mathbf{u}\cdot\mathbf{v}+\|\mathbf{v}\|^2 \\ &= \|\mathbf{u}\|^2+2|\mathbf{u}\cdot\mathbf{v}|+\|\mathbf{v}\|^2 \\ &\leq \|\mathbf{u}\|^2+2\|\mathbf{u}\|\cdot\|\mathbf{v}\|+\|\mathbf{v}\|^2 \\ &= (\|\mathbf{u}\|+\|\mathbf{v}\|)^2\end{aligned}$$

이므로

$$\|\mathbf{u}+\mathbf{v}\| \leq \|\mathbf{u}\| + \|\mathbf{v}\|$$

이다. □

예제 2 |

두 벡터 $\mathbf{u}=(0,\ -1,\ 2,\ 2,\ 4)$, $\mathbf{v}=(1,\ -2,\ -1,\ 0,\ 1)$에 대하여 코시-슈바르츠 부등식과 삼각부등식이 성립함을 확인하여라.

풀이 $\|\mathbf{u}\| = \sqrt{25}=5$, $\|\mathbf{v}\| = \sqrt{7}$이고, $|\mathbf{u}\cdot\mathbf{v}| = 4$이므로

$$|\mathbf{u}\cdot\mathbf{v}| = 4 \leq 5\cdot\sqrt{7} = \|\mathbf{u}\|\|\mathbf{v}\|$$

임을 알 수 있고,

$$\mathbf{u}+\mathbf{v} = (1,\ -3,\ 1,\ 2,\ 5)$$

이므로

$$\|\mathbf{u}+\mathbf{v}\| = \sqrt{40} \leq 5+\sqrt{7} = \|\mathbf{u}\|+\|\mathbf{v}\|$$

이다. ■

임의의 벡터 $\mathbf{u}$, $\mathbf{v}$에 대하여, $\mathbf{v}$를 $\mathbf{u}$가 놓여 있는 직선에 사영하여 생긴 $\mathbf{w}$와 그 길이는 물리학에서 중요한 역할을 한다. 벡터 $\mathbf{w}$를 다음과 같이 정의한다.

정의 6

벡터 $\mathbf{v}$를 벡터 $\mathbf{u}$가 놓여 있는 직선 위에 수직으로 내려서 생긴 벡터 $\mathbf{w}$를 $\mathbf{u}$ 위로의 $\mathbf{v}$의 **정사영**(orthogonal projection)이라 하고, $\mathbf{w} = \mathrm{Proj}_{\mathbf{u}}\mathbf{v}$로 표기한다.

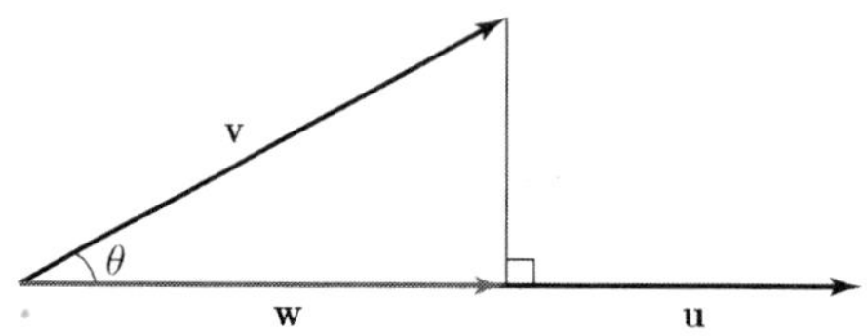

그림 1

두 벡터 $\mathbf{u}$, $\mathbf{v}$가 이루는 각을 θ라 하면

$$\mathbf{w} = \|\mathbf{w}\|\left(\frac{1}{\|\mathbf{u}\|}\right)\mathbf{u},\quad \|\mathbf{w}\| = \|\mathbf{v}\|\cos\theta = \|\mathbf{v}\| \cdot \frac{\langle \mathbf{u},\ \mathbf{v} \rangle}{\|\mathbf{u}\|\,\|\mathbf{v}\|}$$

이므로

$$\mathbf{w} = \mathrm{Proj}_{\mathbf{u}}\mathbf{v} = \left(\frac{\langle \mathbf{u},\ \mathbf{v} \rangle}{\|\mathbf{u}\|^2}\right)\mathbf{u}$$

임을 알 수 있다.

예제 3 |

아래 그림과 같이 10 lb의 마차를 지면과 60°의 각으로 일정하게 끌어서, 이 마차를 50 ft 이동시켰을 때 행해진 일의 양을 구하여라.

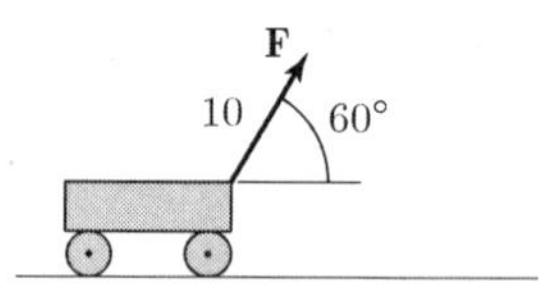

그림 2

풀이 아래 그림과 같이 마차가 x축을 따라 원점 $P(0,\ 0)$에서 $Q(50,\ 0)$으로 이동했다고 하자.

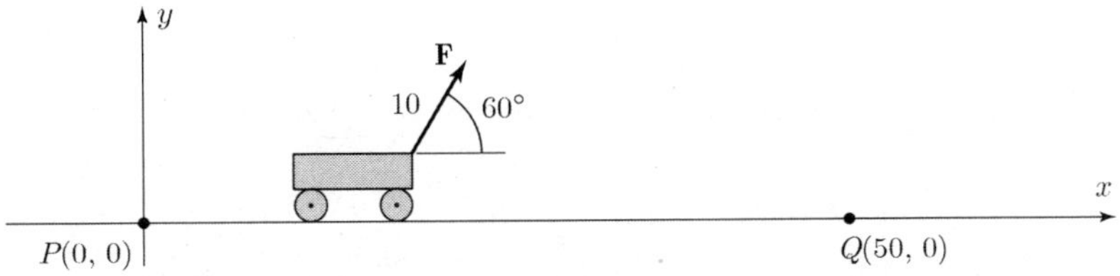

그림 3

$\overrightarrow{PQ}=50\mathbf{i}$이고, $\mathbf{F}=(10\cos 60°)\mathbf{i}+(10\sin 60°)\mathbf{j}=5\mathbf{i}+5\sqrt{3}\mathbf{j}$이므로 마차가 행한 일은

$$W=\mathbf{F}\cdot\overrightarrow{PQ}=(5\mathbf{i}+5\sqrt{3}\mathbf{j})\cdot(50\mathbf{i})=250(\text{foot-pounds})$$

이다. ■

연습문제 | 1.2

1. $\mathbf{u}=(3,\ 1,\ 1)$, $\mathbf{v}=(0,\ 1,\ 1)$의 내적을 구하여라.

2. $\mathbf{v}=2\mathbf{i}+\mathbf{j}+\mathbf{k}$, $\mathbf{w}=3\mathbf{i}-5\mathbf{j}+\mathbf{k}$의 내적을 구하여라.

3. 두 벡터 $\mathbf{u}$, $\mathbf{v}$ 사이의 각을 구하여라.

(1) $\mathbf{u}=(3,\ 1,\ 1)$, $\mathbf{v}=(0,\ 1,\ 1)$

(2) $\mathbf{u}=(7,\ 1,\ -1)$, $\mathbf{v}=(2,\ 1,\ 4)$

(3) $\mathbf{u}=(3,\ 1,\ 1)$, $\mathbf{v}=(0,\ -2,\ -1)$

(4) $\mathbf{u}=(4,\ 2,\ -1)$, $\mathbf{v}=(8,\ 4,\ -1)$

(5) $\mathbf{u}=-\mathbf{i}+2\mathbf{j}+\mathbf{k}$, $\mathbf{v}=-3\mathbf{i}+6\mathbf{j}+3\mathbf{k}$

(6) $\mathbf{u}=-\mathbf{i}$, $\mathbf{v}=-3\mathbf{i}+\mathbf{j}+3\mathbf{k}$

4. 두 벡터 $\mathbf{u}=(2,\ 1,\ -2,\ )$, $\mathbf{v}=(1,\ -1,\ 1)$에 대하여 다음에 답하여라.

(1) 코시-슈바르츠 부등식을 확인하여라.

(2) 삼각부등식을 확인하여라.

5. $\mathbf{u}=(6,\ 0,\ 4)$, $\mathbf{v}=(0,\ 2,\ -1)$일 때, $\mathbf{u}$, $\mathbf{v}$는 서로 수직인가?

6. $\mathbf{u}=(8,\ 3,\ 4)$, $\mathbf{v}=(-2,\ 4,\ 1)$일 때, $\mathbf{u}$, $\mathbf{v}$는 서로 수직인가?

7. 다음의 세 점을 꼭짓점으로 갖는 삼각형은 직각삼각형인가?

$$P(1,\ 1,\ -1),\ Q(-3,\ 2,\ -2),\ R(2,\ 2,\ -4)$$

8. 세 점 $A(2,\ -3)$, $B(5,\ 1)$, $P(1,\ 0)$에 대하여

(1) $\|\mathrm{Proj}_{\overrightarrow{\mathrm{AB}}}\overrightarrow{\mathrm{AP}}\|$을 구하여라.

(2) 피타고라스 정리와 (1)의 결과를 이용하여 P에서 A, B를 지나는 직선까지의 거리를 구하여라.

1.3 벡터의 외적

기하학, 물리학, 공학 등에서 벡터를 응용할 때 종종 3차원 공간에서 주어진 두 벡터와 동시에 수직인 벡터를 구하여야 할 때가 있다. 이 절에서는 $\mathbb{R}^3$에서만 정의되는 이와 같은 벡터를 구성하는 벡터의 곱을 소개하기로 한다.

정의 1

$\mathbb{R}^3$의 벡터 $\mathbf{u}=(u_1, u_2, u_3)$, $\mathbf{v}=(v_1, v_2, v_3)$에 대하여

$$\mathbf{u}\times\mathbf{v}=(u_2v_3-u_3v_2)\mathbf{i}+(u_3v_1-u_1v_3)\mathbf{j}+(u_1v_2-u_2v_1)\mathbf{k}$$

을 $\mathbf{u}$, $\mathbf{v}$의 **외적** 또는 **벡터적(cross product)**이라 한다.

두 벡터 $\mathbf{u}$, $\mathbf{v}$의 외적을 구할 때 $\mathbf{i}=(1, 0, 0)$, $\mathbf{j}=(0, 1, 0)$, $\mathbf{k}=(0, 0, 1)$을 실수와 같이 생각하여 다음과 같은 행렬식을 이용하면 편리하다.

$$\mathbf{u}\times\mathbf{v}=\begin{vmatrix} \mathbf{i} & \mathbf{j} & \mathbf{k} \\ u_1 & u_2 & u_3 \\ v_1 & v_2 & v_3 \end{vmatrix}=\begin{vmatrix} u_2 & u_3 \\ v_2 & v_3 \end{vmatrix}\mathbf{i}-\begin{vmatrix} u_1 & u_3 \\ v_1 & v_3 \end{vmatrix}\mathbf{j}+\begin{vmatrix} u_1 & u_2 \\ v_1 & v_2 \end{vmatrix}\mathbf{k}$$

내적과 외적 사이에는 중요한 차이점이 있는데, 내적은 두 벡터로부터 스칼라를 생성하지만 외적은 두 벡터로부터 새로운 벡터를 생성함을 알 수 있다.

예제 1

$\mathbf{u}=(1, 2, 2)$, $\mathbf{v}=(0, 2, 1)$에 대하여 $\mathbf{u}\times\mathbf{v}$, $\mathbf{u}\cdot\mathbf{v}$를 각각 구하여라.

풀이

$$\begin{aligned}\mathbf{u}\times\mathbf{v} &= \begin{vmatrix} \mathbf{i} & \mathbf{j} & \mathbf{k} \\ 1 & 2 & 2 \\ 0 & 2 & 1 \end{vmatrix} \\ &= (2-4)\mathbf{i}-(0-1)\mathbf{j}+(2-0)\mathbf{k} \\ &= -2\mathbf{i}+\mathbf{j}+2\mathbf{k}\end{aligned}$$

$$\mathbf{u}\cdot\mathbf{v}=1\cdot 0+2\cdot 2+2\cdot 1=6$$

■

벡터의 외적에 관한 기본적인 계산규칙은 다음과 같은데, 증명은 독자에게 맡긴다.

정리 2

$\mathbb{R}^3$의 세 벡터 $\mathbf{u}$, $\mathbf{v}$, $\mathbf{w}$와 임의의 스칼라 k에 대하여 다음이 성립한다.

(1) $\mathbf{u}\times\mathbf{v}=-\mathbf{v}\times\mathbf{u}$

(2) $\mathbf{u}\times(\mathbf{v}+\mathbf{w})=(\mathbf{u}\times\mathbf{v})+(\mathbf{u}\times\mathbf{w})$

(3) $(\mathbf{u}+\mathbf{v})\times\mathbf{w}=(\mathbf{u}\times\mathbf{w})+(\mathbf{v}\times\mathbf{w})$

(4) $k(\mathbf{u}\times\mathbf{v})=(k\mathbf{u})\times\mathbf{v}=\mathbf{u}\times(k\mathbf{v})$

(5) $\mathbf{u}\times\mathbf{0}=\mathbf{0}\times\mathbf{u}=\mathbf{0}$

(6) $\mathbf{u}\times\mathbf{u}=\mathbf{0}$

위의 정리로부터 $\mathbb{R}^3$의 표준단위벡터에 대하여 다음이 성립함을 알 수 있다.

$$\mathbf{i}\times\mathbf{i}=\mathbf{j}\times\mathbf{j}=\mathbf{k}\times\mathbf{k}=\mathbf{0}$$
$$\mathbf{i}\times\mathbf{j}=\mathbf{k},\quad \mathbf{j}\times\mathbf{k}=\mathbf{i},\quad \mathbf{k}\times\mathbf{i}=\mathbf{j}$$
$$\mathbf{j}\times\mathbf{i}=-\mathbf{k},\quad \mathbf{k}\times\mathbf{j}=-\mathbf{i},\quad \mathbf{i}\times\mathbf{k}=-\mathbf{j}$$

예제 2 |

$\mathbb{R}^3$의 두 벡터 $\mathbf{u}=2\mathbf{i}+\mathbf{j}+\mathbf{k}$, $\mathbf{v}=\mathbf{i}+3\mathbf{j}+2\mathbf{k}$와 $\mathbf{w}=2\mathbf{j}+\mathbf{k}$에 대하여 정리 2의 (2)가 성립함을 확인하여라.

풀이 $\mathbf{v}+\mathbf{w}=\mathbf{i}+5\mathbf{j}+3\mathbf{k}$이므로

$$\mathbf{u}\times(\mathbf{v}+\mathbf{w})=\begin{vmatrix}\mathbf{i}&\mathbf{j}&\mathbf{k}\\2&1&1\\1&5&3\end{vmatrix}=-2\mathbf{i}-5\mathbf{j}+9\mathbf{k}$$

이고

$$\mathbf{u}\times\mathbf{v}=\begin{vmatrix}\mathbf{i}&\mathbf{j}&\mathbf{k}\\2&1&1\\1&3&2\end{vmatrix}=-\mathbf{i}-3\mathbf{j}+5\mathbf{k},\quad \mathbf{u}\times\mathbf{w}=\begin{vmatrix}\mathbf{i}&\mathbf{j}&\mathbf{k}\\2&1&1\\0&2&1\end{vmatrix}=-\mathbf{i}-2\mathbf{j}+4\mathbf{k}$$

이므로 (2)가 성립함을 알 수 있다. ■

다음 정리는 내적과 외적 사이에 성립하는 중요한 관계들이다. 이 정리 중에서 (4)와 (5)의 증명은 연습문제로 남긴다.

정리 3

$\mathbb{R}^3$의 벡터 $\mathbf{u}$, $\mathbf{v}$, $\mathbf{w}$에 대하여 다음 등식이 성립한다.

(1) $\mathbf{u} \cdot (\mathbf{u} \times \mathbf{v}) = 0$

(2) $\mathbf{v} \cdot (\mathbf{u} \times \mathbf{v}) = 0$

(3) $\|\mathbf{u} \times \mathbf{v}\|^2 = \|\mathbf{u}\|^2 \|\mathbf{v}\|^2 - (\mathbf{u} \cdot \mathbf{v})^2$

(4) $\mathbf{u} \times (\mathbf{v} \times \mathbf{w}) = (\mathbf{u} \cdot \mathbf{w})\mathbf{v} - (\mathbf{u} \cdot \mathbf{v})\mathbf{w}$

(5) $(\mathbf{u} \times \mathbf{v}) \times \mathbf{w} = (\mathbf{u} \cdot \mathbf{w})\mathbf{v} - (\mathbf{v} \cdot \mathbf{w})\mathbf{u}$

증명 (1) 두 벡터를 $\mathbf{u} = (u_1, u_2, u_3)$, $\mathbf{v} = (v_1, v_2, v_3)$라 하면 다음이 성립한다.

$$\mathbf{u} \cdot (\mathbf{u} \times \mathbf{v}) = u_1(u_2v_3 - u_3v_2) + u_2(u_2v_1 - u_1v_3) + u_3(u_1v_2 - u_2v_1) = 0$$

(2) (1)과 같은 방법으로 쉽게 보일 수 있다.

(3) $\|\mathbf{u} \times \mathbf{v}\|^2 = (u_2v_3 - u_3v_2)^2 + (u_2v_1 - u_1v_3)^2 + (u_1v_2 - u_2v_1)^2$이고

$$\begin{aligned} &\|\mathbf{u}\|^2 \|\mathbf{v}\|^2 - (\mathbf{u} \cdot \mathbf{v})^2 \\ &\qquad = (u_1^2 + u_2^2 + u_3^2)(v_1^2 + v_2^2 + v_3^2) - (u_1v_1 + u_2v_2 + u_3v_3)^2 \end{aligned}$$

이므로 두 식의 우변을 각각 전개하여 비교하면 일치하는 것을 알 수 있다. 따라서

$$\|\mathbf{u} \times \mathbf{v}\|^2 = \|\mathbf{u}\|^2 \|\mathbf{v}\|^2 - (\mathbf{u} \cdot \mathbf{v})^2$$

이 성립한다. □

내적과 외적 사이의 관계에 관한 위 정리 3의 (1)과 (2)로부터 $\mathbf{u} \times \mathbf{v}$는 두 벡터 $\mathbf{u}$ 및 $\mathbf{v}$와 동시에 직교함을 알 수 있다. 따라서 $\mathbf{u}$와 $\mathbf{v}$가 평행이 아니면 $\mathbf{u} \times \mathbf{v}$는 이 두 벡터가 결정하는 평면에 수직인 벡터임을 알 수 있다. 이때 벡터 $\mathbf{u} \times \mathbf{v}$의 방향은 소위 **오른손 법칙**(right hand rule)에 의하여 구할 수 있다. 그림 1과 같이 $\mathbf{u}$와 $\mathbf{v}$가 이루는 각을 θ라 하고, $\mathbf{u}$를 θ만큼 회전시켜서 $\mathbf{v}$에 포갤 수 있다고 하자. 이 경우 $\mathbf{u}$에서 $\mathbf{v}$로 향해 오른쪽 손을 꽉 쥐면 그 엄지손가락의 방향이 $\mathbf{u} \times \mathbf{v}$의 방향이라고 생각하면 된다.

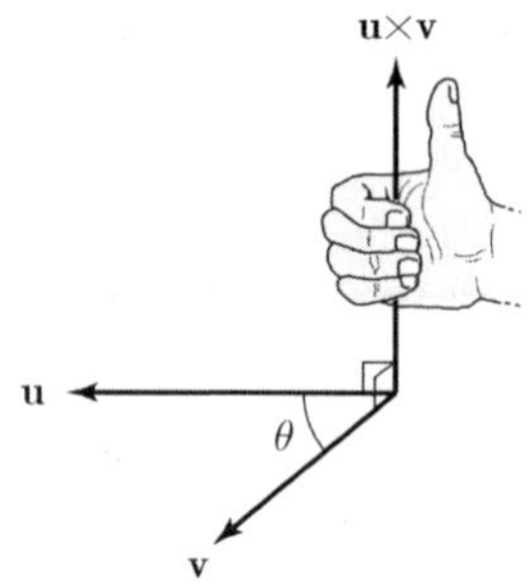

그림 1

또한, 위 정리의 (3)으로부터 다음을 알 수 있다.

$$\begin{aligned}\|\mathbf{u}\times\mathbf{v}\|^2 &= \|\mathbf{u}\|^2\|\mathbf{v}\|^2-(\mathbf{u}\cdot\mathbf{v})^2\\ &= \|\mathbf{u}\|^2\|\mathbf{v}\|^2-\|\mathbf{u}\|^2\|\mathbf{v}\|^2\cos^2\theta\\ &= \|\mathbf{u}\|^2\|\mathbf{v}\|^2(1-\cos^2\theta)\\ &= \|\mathbf{u}\|^2\|\mathbf{v}\|^2\sin^2\theta\end{aligned}$$

따라서,

$$\|\mathbf{u}\times\mathbf{v}\| = \|\mathbf{u}\|\,\|\mathbf{v}\|\sin\theta$$

이므로 벡터 $\mathbf{u}\times\mathbf{v}$의 크기는 $\mathbf{u}$와 $\mathbf{v}$가 만드는 평행사변형의 넓이와 같다.

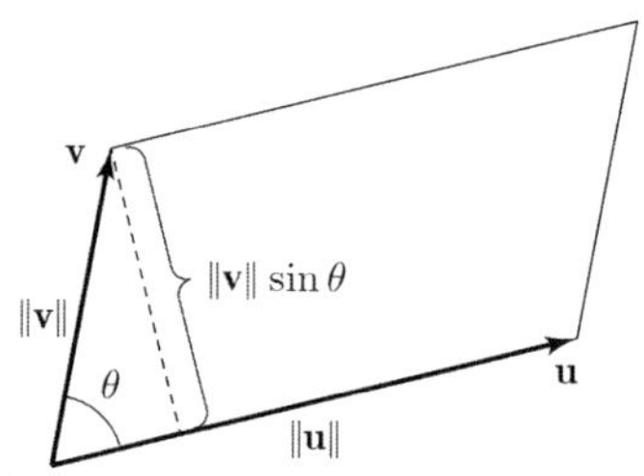

그림 2

예제 3 |

세 점 $P(3,\ 2,\ -1)$, $Q(2,\ 4,\ 6)$, $R(-1,\ 2,\ 7)$을 꼭짓점으로 갖는 삼각형의 넓이를 구하여라.

풀이 세 점을 꼭짓점으로 갖는 삼각형의 넓이 A는 벡터 $\overrightarrow{PQ}$, $\overrightarrow{PR}$가 만드는 평행사변형

의 넓이의 반이다. 따라서

$$\overrightarrow{PQ}=(-1,\ 2,\ 7),\quad \overrightarrow{PR}=(-4,\ 0,\ 8)$$

이므로

$$\overrightarrow{PQ}\times\overrightarrow{PR}=(16,\ -20,\ 8)$$

이다. 따라서 삼각형의 넓이 A는

$$A=\frac{1}{2}\|\overrightarrow{PQ}\times\overrightarrow{PR}\|=6\sqrt{5}$$

이다. ■

정의 4

$\mathbb{R}^3$의 세 벡터 $\mathbf{u}=(u_1,\ u_2,\ u_3)$, $\mathbf{v}=(v_1,\ v_2,\ v_3)$, $\mathbf{w}=(w_1,\ w_2,\ w_3)$에 대하여 $\mathbf{u}\cdot(\mathbf{v}\times\mathbf{w})$를 $\mathbf{u}$, $\mathbf{v}$, $\mathbf{w}$의 **스칼라 삼중적**(scalar triple product)이라 한다.

세 벡터 $\mathbf{u}=(u_1,\ u_2,\ u_3)$, $\mathbf{v}=(v_1,\ v_2,\ v_3)$, $\mathbf{w}=(w_1,\ w_2,\ w_3)$의 스칼라 삼중적은 외적의 정의로부터 쉽게 구할 수 있다.

$$\begin{aligned}\mathbf{u}\cdot(\mathbf{v}\times\mathbf{w})&=(u_1,\ u_2,\ u_3)\cdot\left(\begin{vmatrix}v_2 & v_3\\ w_2 & w_3\end{vmatrix},\ \begin{vmatrix}v_1 & v_3\\ w_1 & w_3\end{vmatrix},\ \begin{vmatrix}v_1 & v_2\\ w_1 & w_2\end{vmatrix}\right)\\&=\begin{vmatrix}u_1 & u_2 & u_3\\ v_1 & v_2 & v_3\\ w_1 & w_2 & w_3\end{vmatrix}\end{aligned}$$

다음의 정리는 3×3 행렬식의 기하학적 해석을 제공하고 있다.

정리 5

$\mathbb{R}^3$의 벡터 $\mathbf{u}=(u_1,\ u_2,\ u_3)$, $\mathbf{v}=(v_1,\ v_2,\ v_3)$, $\mathbf{w}=(w_1,\ w_2,\ w_3)$가 만드는 평행육면체의 부피는 세 벡터의 삼중적의 절댓값과 같다.

증명 아래 그림과 같이 평행육면체의 밑넓이는 $\|\mathbf{v}\times\mathbf{w}\|$이고, 높이는 $h=\|\mathrm{Proj}_{\mathbf{v}\times\mathbf{w}}\mathbf{u}\|$이다. 그런데

$$\mathrm{Proj}_{\mathbf{v}\times\mathbf{w}}\mathbf{u}=\left(\frac{\mathbf{u}\cdot(\mathbf{v}\times\mathbf{w})}{(\mathbf{v}\times\mathbf{w})\cdot(\mathbf{v}\times\mathbf{w})}\right)(\mathbf{v}\times\mathbf{w})=\left(\frac{\mathbf{u}\cdot(\mathbf{v}\times\mathbf{w})}{\|\mathbf{v}\times\mathbf{w}\|^2}\right)(\mathbf{v}\times\mathbf{w})$$

이므로

$$h=\|\mathrm{Proj}_{\mathbf{v}\times\mathbf{w}}\mathbf{u}\|=\frac{|\mathbf{u}\cdot(\mathbf{v}\times\mathbf{w})|}{\|\mathbf{v}\times\mathbf{w}\|}$$

이다. 따라서 평행육면체의 부피 V는

$$V=\|\mathbf{v}\times\mathbf{w}\|\frac{|\mathbf{u}\cdot(\mathbf{v}\times\mathbf{w})|}{\|\mathbf{v}\times\mathbf{w}\|}=|\mathbf{u}\cdot(\mathbf{v}\times\mathbf{w})|=\left\|\begin{matrix} u_1 & u_2 & u_3 \\ v_1 & v_2 & v_3 \\ w_1 & w_2 & w_3 \end{matrix}\right\|$$

이다.

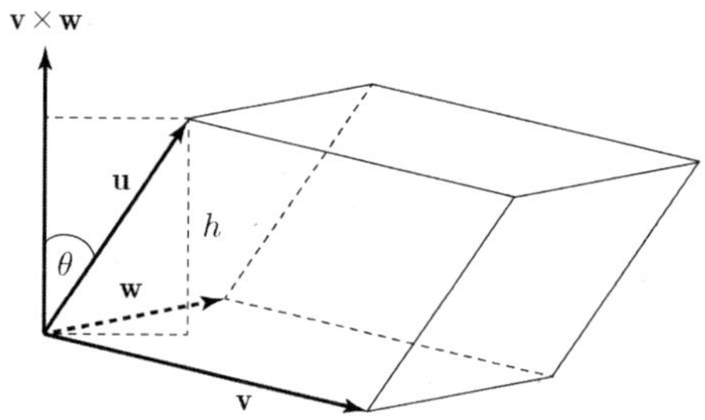

그림 3

□

예제 4 |

점 $P(3,\ 2,\ -1)$, $Q(2,\ 4,\ 6)$, $R(-1,\ 2,\ 7)$과 점 $S(4,\ -2,\ 3)$에 대하여 선분 $\overrightarrow{PQ}$, $\overrightarrow{PR}$, $\overrightarrow{PS}$를 이웃하는 세 변으로 하는 평행육면체의 부피 V를 구하여라.

풀이 $\overrightarrow{PQ}=(-1,\ 2,\ 7)$, $\overrightarrow{PR}=(-4,\ 0,\ 8)$, $\overrightarrow{PS}=(1,\ -4,\ 4)$이므로

$$(\overrightarrow{PQ}\times\overrightarrow{PR})\cdot\overrightarrow{PS}=\begin{vmatrix} -1 & 2 & 7 \\ -4 & 0 & 8 \\ 1 & -4 & 4 \end{vmatrix}=128$$

이고, 따라서

$$V=|128|=128$$

이다. ■

연습문제 1.3

1. $\mathbf{u}\times\mathbf{v}$을 구하여라.

(1) $\mathbf{u}=(1,\ 2,\ -2)$, $\mathbf{v}=(-4,\ 2,\ 1)$

(2) $\mathbf{u}=3\mathbf{i}+2\mathbf{j}-\mathbf{k}$, $\mathbf{v}=-\mathbf{i}+3\mathbf{j}+2\mathbf{k}$

(3) $\mathbf{u}=(0,\ 2,\ -2)$, $\mathbf{v}=(-4,\ 0,\ 3)$

(4) $\mathbf{u}=4\mathbf{i}-\mathbf{k}$, $\mathbf{v}=-\mathbf{i}+3\mathbf{j}$

2. $\mathbf{u}=(1,\ 2,\ -2)$, $\mathbf{v}=(0,\ 2,\ 1)$, $\mathbf{w}=(1,\ 4,\ 1)$일 때, 다음을 구하여라.

(1) $\mathbf{u}\times(\mathbf{v}\times\mathbf{w})$

(2) $(\mathbf{u}\times\mathbf{v})\times\mathbf{w}$

(3) $\mathbf{u}\times(\mathbf{v}-3\mathbf{w})$

(4) $(\mathbf{u}\times\mathbf{v})-3\mathbf{w}$

(5) $\mathbf{u}\cdot(\mathbf{v}\times\mathbf{w})$

3. $\mathbf{u}$, $\mathbf{v}$에 의해 생성되는 평행사변형의 넓이를 구하여라.

(1) $\mathbf{u}=(1,\ 0,\ -2)$, $\mathbf{v}=(-4,\ -2,\ 1)$

(2) $\mathbf{u}=2\mathbf{i}+2\mathbf{j}-\mathbf{k}$, $\mathbf{v}=-\mathbf{i}+3\mathbf{j}+2\mathbf{k}$

4. 다음 세 점 P, Q, R을 꼭짓점으로 갖는 삼각형의 넓이를 구하여라.

(1) $P(2,\ 6,\ -1)$, $Q(1,\ 1,\ 1)$, $R(4,\ 6,\ 2)$

(2) $P(0,\ -3,\ 1)$, $Q(0,\ 0,\ 2)$, $R(2,\ 1,\ 3)$

(3) $P(1,\ 2,\ 3)$, $Q(3,\ 2,\ -1)$, $R(4,\ 3,\ 0)$

(4) $P(1,\ -6,\ 1)$, $Q(7,\ 2,\ 1)$, $R(-3,\ 2,\ 6)$

5. $\mathbf{u}$, $\mathbf{v}$, $\mathbf{w}$를 세 변으로 하는 평행육면체의 부피를 구하여라.

(1) $\mathbf{u}=(2,\ -6,\ 2)$, $\mathbf{v}=(0,\ 4,\ -2)$, $\mathbf{w}=(2,\ 2,\ -4)$

(2) $\mathbf{u}=3\mathbf{i}+\mathbf{j}-2\mathbf{k}$, $\mathbf{v}=-\mathbf{i}+3\mathbf{j}+2\mathbf{k}$, $\mathbf{w}=\mathbf{i}+4\mathbf{j}+2\mathbf{k}$

6. $\mathbf{u}\cdot(\mathbf{v}\times\mathbf{w})=2$일 때, 다음을 구하여라.

(1) $\mathbf{u}\cdot(\mathbf{v}\times\mathbf{w})$

(2) $(\mathbf{v}\times\mathbf{w})\cdot\mathbf{u}$

(3) $\mathbf{w}\cdot(\mathbf{u}\times\mathbf{v})$

(4) $\mathbf{v}\cdot(\mathbf{u}\times\mathbf{w})$

(5) $(\mathbf{u}\times\mathbf{w})\cdot\mathbf{v}$

(6) $\mathbf{v}\cdot(\mathbf{w}\times\mathbf{w})$

7. $\mathbb{R}^3$의 벡터 $\mathbf{u}$, $\mathbf{v}$가 평행일 필요충분조건은 $\mathbf{u}\times\mathbf{v}=0$임을 보여라.

8. $\mathbf{u}$, $\mathbf{v}$, $\mathbf{w}$, $\mathbf{x}$가 동일 평면에 있으면 $(\mathbf{u}\times\mathbf{v})\times(\mathbf{w}\times\mathbf{x})=0$을 증명하여라.

9. 정리 2를 증명하여라.

10. 정리 3의 (4)와 (5)를 증명하여라.

1.4 공간직선과 평면

이 절에서는 벡터를 이용하여 평면 또는 공간상의 직선과 평면에 대한 매개변수방정식 (parametric equation)에 대하여 공부한다. 이는 성분 표시에 의한 방정식에 비해 표현이 간단하고 다루기 쉬운 장점을 갖고 있다. 단지 3차원 공간상의 대상만 다룬다.

(1) 직선

평면 또는 공간상의 직선은 고정된 한 점과 직선과 평행한 0이 아닌 한 벡터에 의하여 결정된다. 즉, 고정된 한 점을 위치벡터로 하고 하나의 벡터를 방향벡터로 하여 이 점에 방향벡터의 방향을 결정하는 한 벡터의 스칼라 곱을 더함으로써 결정되는 점들의 모임이 하나의 직선을 형성한다.

그림 1과 같이 $\mathbb{R}^3$의 한 점 $P(x_0,\ y_0,\ z_0)$와 영이 아닌 벡터 $\mathbf{v}=(a,\ b,\ c)$ 및 P를 지나며 $\mathbf{v}$와 평행한 직선 L을 생각하자. 또한, 원점에서 P로의 벡터를 $\mathbf{r}_0=(x_0,\ y_0,\ z_0)$이라 하자.

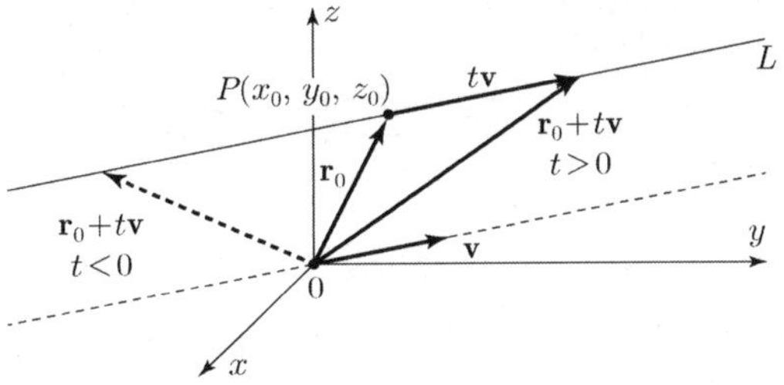

그림 1

그림 1로부터 직선 L 위의 모든 점은

$$\mathbf{r}_0+t\mathbf{v},\quad t\in\mathbb{R}$$

로 나타남을 알 수 있다. 따라서 $\mathbb{R}^3$의 한 점 $P(x_0,\ y_0,\ z_0)$를 지나고 벡터 $\mathbf{v}=(a,\ b,\ c)$와 평행한 직선 L의 **벡터방정식(vector equation)**은

$$\mathbf{r}=\mathbf{r}_0+t\mathbf{v},\quad t\in\mathbb{R} \tag{1}$$

인데, 여기서 $\mathbf{r}_0=(x_0,\ y_0,\ z_0)$은 원점에서 P로의 벡터이다. 한편, $\mathbf{v}=(a,\ b,\ c)$이므로

벡터 $\mathbf{r}_0 + t\mathbf{v}$의 종점은 $(x_0 + at,\ y_0 + bt,\ z_0 + ct)$임을 알 수 있다. 따라서 다음과 같은 L에 대한 매개변수표현을 얻을 수 있다.

$\mathbb{R}^3$의 한 점 $P(x_0,\ y_0,\ z_0)$와 벡터 $\mathbf{v} = (a,\ b,\ c)$에 대하여, P를 지나고 $\mathbf{v}$와 평행한 직선 L의 **매개변수방정식(parametric equation)**은

$$x = x_0 + at,\ y = y_0 + bt,\ z = z_0 + ct,\ -\infty < t < \infty \tag{2}$$

이다.

예제 1

(1, 2, 3)을 지나고 $\mathbf{v} = \mathbf{i} + 3\mathbf{j} + 2\mathbf{k}$와 평행한 직선의 매개변수방정식을 구하여라.

풀이 (2)로부터 임의의 실수 t에 대하여

$$x = 1 + t,\ y = 2 + 3t,\ z = 3 + 2t$$

임을 알 수 있다. ■

식 (2)에서 $a,\ b,\ c$가 모두 0이 아니면 t를 소거하여 방정식

$$\frac{x - x_0}{a} = \frac{y - y_0}{b} = \frac{z - z_0}{c} \tag{3}$$

을 얻을 수 있는데 이를 직선 L의 **대칭방정식(symmetric equation)**이라 한다. 만일 $a,\ b,\ c$ 중의 0인 것이 있다면, 예를 들어 $a = 0$이라면 (2)로부터 $x = x_0 + 0t = x_0$이므로 L의 대칭방정식은

$$x = x_0,\ \frac{y - y_0}{b} = \frac{z - z_0}{c}$$

가 된다. 이러한 대칭방정식을 평면 $x = x_0$에 있는 직선 L이라 하는데, 이것은 xy평면과 평행인 직선이다.

이제 서로 다른 두 점을 지나는 직선의 방정식에 대하여 알아보자. $\mathbb{R}^3$의 두 점 $P_1(x_1,\ y_1,\ z_1)$와 $P_2(x_2,\ y_2,\ z_2)$에 대하여, $P_1,\ P_2$를 지나는 직선을 L이라 하고 $\mathbf{r}_1 = (x_1,\ y_1,\ z_1)$, $\mathbf{r}_2 = (x_2,\ y_2,\ z_2)$라 하자. 그러면 그림 2에서 알 수 있듯이 $\mathbf{r}_2 - \mathbf{r}_1$은 P_1에서 P_2로의 벡터가 된다. 따라서 $P_1,\ P_2$를 지나는 직선의 벡터방정식은

$$\mathbf{r} = \mathbf{r}_1 + t(\mathbf{r}_2 - \mathbf{r}_1), \ -\infty < t < \infty \tag{4}$$

이고, 매개변수방정식은

$$x = x_1 + t(x_2 - x_1), \ y = y_1 + t(y_2 - y_1), \ z = z_1 + t(z_2 - z_1), \ -\infty < t < \infty \tag{5}$$

이며, $x_1 \neq x_2$, $y_1 \neq y_2$, $z_1 \neq z_2$일 때 대칭방정식은

$$\frac{x - x_1}{x_2 - x_1} = \frac{y - y_1}{y_2 - y_1} = \frac{z - z_1}{z_2 - z_1} \tag{6}$$

이 된다.

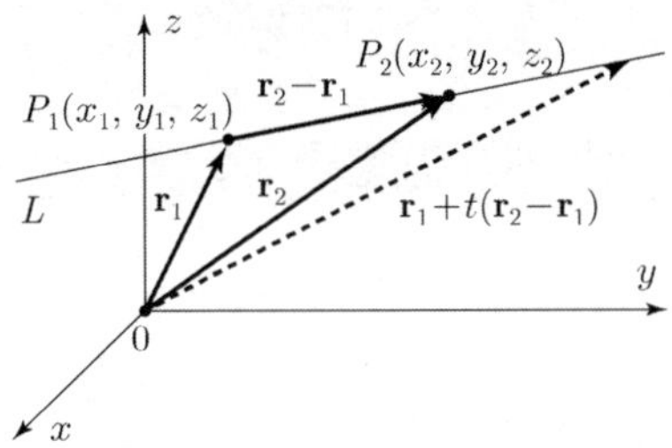

그림 2

예제 2 |

두 점 $P(2, 6, -1)$, $Q(1, 1, 1)$를 지나는 직선의 매개변수방정식과 대칭방정식을 구하여라.

풀이 (5), (6)으로부터 매개변수방정식은

$$x = 2 - t, \ y = 6 - 5t, \ z = -1 + 2t, \ t \in \mathbb{R}$$

이고, 대칭방정식은

$$\frac{x-2}{-1} = \frac{y-6}{-5} = \frac{z+1}{2}$$

임을 알 수 있다. ■

직선 L의 방정식이 $\mathbf{r} + t\mathbf{v}$, $(-\infty < t < \infty)$이고 P가 직선 L 밖의 한 점일 때, P에서 L까지의 거리를 구해보자. P에서 L까지의 거리 d는 P에서 L로의 L과 수직인 선분

의 길이이다. L상의 한 점 Q를 택하고 $\mathbf{w}$를 P에서 Q로의 벡터라 하자. $\mathbf{w}$와 $\mathbf{v}$ 사이의 각이 θ이면, $d=\|\mathbf{w}\|\sin\theta$이다. 그런데 $\|\mathbf{v}\times\mathbf{w}\|=\|\mathbf{v}\|\|\mathbf{w}\|\sin\theta$이므로

$$d=\frac{\|\mathbf{v}\times\mathbf{w}\|}{\|\mathbf{v}\|} \tag{7}$$

임을 알 수 있다.

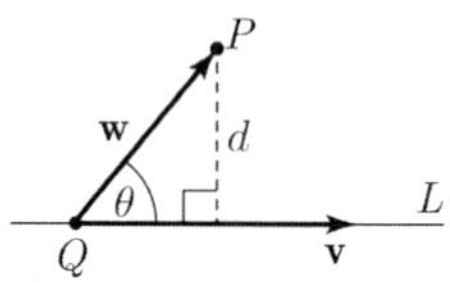

그림 3

예제 3 |

$P(1,\ 1,\ 1)$에서 두 점 $P_1(-3,\ 1,\ -4)$, $P_2(4,\ 4,\ -6)$을 지나는 직선 L까지의 거리를 구하여라.

풀이 (4)로부터 직선 L의 벡터방정식은

$$\mathbf{r}=(-3,\ 1,\ -4)+t(7,\ 3,\ -2),\ t\in\mathbb{R}$$

이고, $P_1(-3,\ 1,\ -4)$은 L 위의 한 점임을 알 수 있다. 따라서 $\mathbf{v}=(7,\ 3,\ -2)$, $\mathbf{w}=\overrightarrow{P_1P}=(4,\ 0,\ 5)$라 하면

$$\mathbf{v}\times\mathbf{w}=\begin{vmatrix}\mathbf{i} & \mathbf{j} & \mathbf{k}\\ 7 & 3 & -2\\ 4 & 0 & 5\end{vmatrix}=15\mathbf{i}-43\mathbf{j}-12\mathbf{k}$$

이므로 (7)로부터

$$d=\frac{\sqrt{15^2+(-43)^2+(-12)^2}}{\sqrt{7^2+3^2+(-2)^2}}=\frac{\sqrt{1109}}{\sqrt{31}}$$

임을 알 수 있다. ■

(2) 평면

$P_0(x_0,\ y_0,\ z_0)$을 포함하고 벡터 $\mathbf{n}=(a,\ b,\ c)$와 수직인 평면 π의 방정식에 대하여 알

아보자. 이러한 벡터 $\mathbf{n}$을 평면 π의 **법선벡터**(normal vector)라 한다. $(x,\ y,\ z)$을 π상의 임의의 점이라 하자. 그러면 그림 4에서 보는 바와 같이 $\mathbf{r} = (x - x_0,\ y - y_0,\ z - z_0)$은 평면 π에 있는 벡터이다. 따라서 $\mathbf{r} \neq 0$이면 $\mathbf{r} \perp \mathbf{n}$이므로 $\mathbf{r} \cdot \mathbf{n} = 0$이고, $\mathbf{r} = 0$이면 여전히 $\mathbf{r} \cdot \mathbf{n} = 0$이므로 항상 $\mathbf{r} \cdot \mathbf{n} = 0$임을 알 수 있다. 따라서 평면 π의 벡터방정식은

$$\mathbf{r} \cdot \mathbf{n} = 0 \tag{8}$$

이고, 내적의 정의로부터 방정식

$$a(x - x_0) + b(y - y_0) + c(z - z_0) = 0 \tag{9}$$

을 얻을 수 있는데 이 방정식을 평면 π의 **표준형**(standard form) 또는 **스칼라 방정식**(scalar equation)이라 한다. (9)로부터 방정식

$$ax + by + cz + d = 0,\ d = -(ax_0 + by_0 + cz_0) \tag{10}$$

을 얻을 수 있는데 이 방정식을 **일반형**(general form) 또는 **선형방정식**(linear equation)이라 한다.

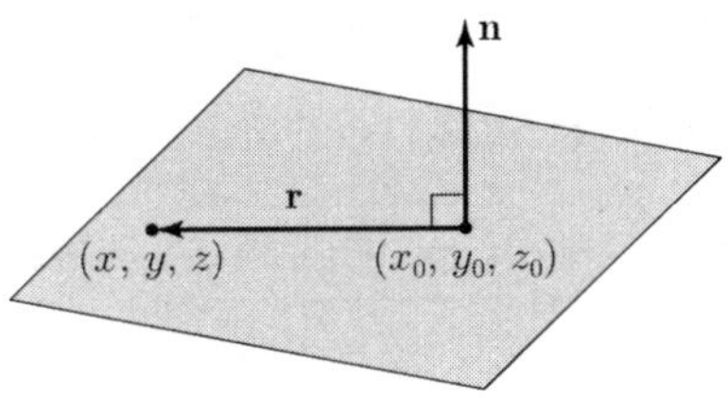

그림 4

예제 4 |

$(-3,\ 1,\ 3)$을 포함하고 벡터 $\mathbf{n} = (1,\ 2,\ 4)$와 수직인 평면 π의 방정식을 구하여라.

풀이 (9)로부터 평면 π의 방정식은

$$(x + 3) + 2(y - 1) + 4(z - 3) = 0$$

임을 알 수 있다. ■

예제 5 |

세 점 $P(2,\ 1,\ 3)$, $Q(1,\ -1,\ 2)$, $R(3,\ 2,\ 1)$을 포함하는 평면 π의 방정식을 구하여라.

풀이 먼저 평면 π와 수직인 벡터 $\mathbf{n}$은

$$\mathbf{n} = \overrightarrow{PQ} \times \overrightarrow{PR} = \begin{vmatrix} \mathbf{i} & \mathbf{j} & \mathbf{k} \\ -1 & -2 & -1 \\ 1 & 1 & -2 \end{vmatrix} = (5,\ -3,\ 1)$$

이므로 평면의 방정식은

$$5(x-2) - 3(y-1) + (z-3) = 5x - 3y + z - 10 = 0$$

이다. ■

이제 한 점과 평면 사이의 거리에 대하여 알아보자.

정리 1

한 점 $Q(x_0,\ y_0,\ z_0) \not\in \Pi$와 평면 $\Pi : ax + by + cz + d = 0$ 사이의 거리는

$$D = \frac{|ax_0 + by_0 + cz_0 + d|}{\sqrt{a^2 + b^2 + c^2}} \tag{11}$$

이다.

증명 아래 그림과 같이 $R(x,\ y,\ z) \in \Pi$라 하고 $\mathbf{r} = \overrightarrow{RQ} = (x_0 - x,\ y_0 - y,\ z_0 - z)$이라 하자. 그러면 $ax + by + cz + d = 0$이고, $Q \not\in \Pi$이므로 $\mathbf{r} \neq 0$임은 자명하다. 즉 Π의 법선벡터가 $\mathbf{n} = (a,\ b,\ c)$임을 알 수 있다. 일반적으로 평면은 공간을 두 부분으로 나누는데, 먼저 법선벡터 $\mathbf{n}$의 방향이 Q가 위치한 쪽을 향하는 부분을 생각한다. 이제 R가 $\mathbf{n}$의 시작점이 되도록 하고, θ를 $\mathbf{r}$과 $\mathbf{n}$ 사이의 각이라 하면, $0 < \theta < \frac{\pi}{2}$이므로 $\cos\theta > 0$이다. 따라서 거리는

$$D = \cos\theta \|\mathbf{r}\| = |\cos\theta| \|\mathbf{r}\|$$

임을 알 수 있다. 그런데 $\cos\theta = \dfrac{\mathbf{n} \cdot \mathbf{r}}{\|\mathbf{n}\| \|\mathbf{r}\|}$이므로,

$$D = |\cos\theta|\,\|\mathbf{r}\| = \frac{|\mathbf{n}\cdot \boldsymbol{r}|}{\|\mathbf{n}\|\,\|\mathbf{r}\|}\|\mathbf{r}\| = \frac{|\mathbf{n}\cdot \boldsymbol{r}|}{\|\mathbf{n}\|}$$

$$= \frac{|a(x_0 - x) + b(y_0 - y) + c(z_0 - z)|}{\sqrt{a^2 + b^2 + c^2}}$$

$$= \frac{|ax_0 + by_0 + cz_0 - (ax + by + cz)|}{\sqrt{a^2 + b^2 + c^2}}$$

$$= \frac{|ax_0 + by_0 + cz_0 + d|}{\sqrt{a^2 + b^2 + c^2}}$$

이다. 만약 법선벡터 $\mathbf{n}$의 방향이 Q가 위치한 반대쪽을 향하면, $\frac{\pi}{2} < \theta < \pi$이고 $\cos\theta < 0$이다. 그런데 $D = |\cos\theta|\,\|\mathbf{r}\|$이므로 위의 논의로부터 같은 결과를 얻는다.

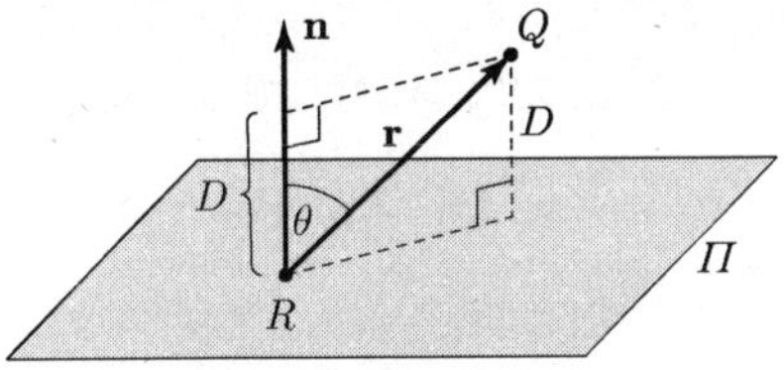

그림 5

□

예제 6 |

세 점 $P(2,\ 1,\ 3)$, $Q(1,\ -1,\ 2)$, $R(3,\ 2,\ 1)$을 포함하는 평면 π와 $(2,\ 4,\ -5)$ 사이의 거리를 구하여라.

풀이 예제 5로부터 세 점을 지나는 평면의 방정식은

$$5x - 3y + z - 10 = 0$$

이므로

$$D = \frac{|5(2) - 3(4) + 1(-5) - 10|}{\sqrt{5^2 + (-3)^2 + 1^2}} = \frac{17}{\sqrt{35}}$$

이다. ■

두 평면의 법선벡터가 서로 평행하면 두 평면이 서로 평행하고, 두 법선벡터가 서로 수직이면 두 평면이 서로 수직임을 알 수 있다. 또한 두 평면이 서로 만나는 부분은 한 직

선이 됨을 알 수 있다. 이제 두 평면이 만나서 생성되는 직선의 방정식을 구해보자. 각각 법선벡터 $\mathbf{n}_1$, $\mathbf{n}_2$를 갖는 두 평면 P_1, P_2가 만나서 생성된 직선을 L이라 하자. $\mathbf{n}_1 \times \mathbf{n}_2 \perp \mathbf{n}_1$이고, $\mathbf{n}_1 \times \mathbf{n}_2 \perp \mathbf{n}_2$이므로 $\mathbf{n}_1 \times \mathbf{n}_2$은 P_1, P_2와 동시에 평행한 벡터가 된다. 따라서 $\mathbf{n}_1 \times \mathbf{n}_2$은 L과도 평행하게 된다. 따라서 L의 벡터방정식은

$$L : \mathbf{r}_0 + t(\mathbf{n}_1 \times \mathbf{n}_2), \quad -\infty < t < \infty \tag{12}$$

인데, 여기서 $\mathbf{r}_0$은 두 평면에 동시에 포함되는 벡터이다.

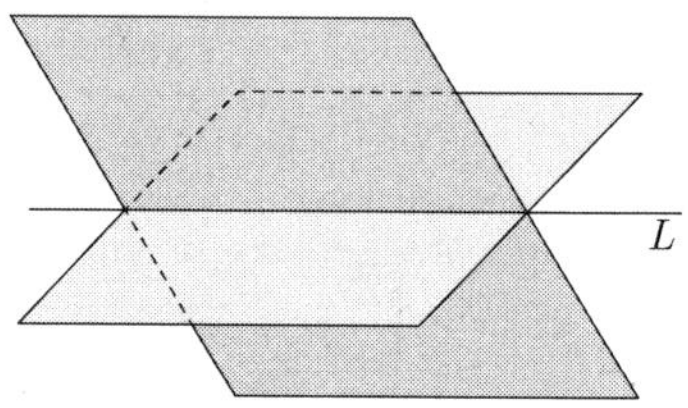

그림 6

예제 7 |

두 평면 $5x-3y+z-10=0$과 $2x+4y-z+3=0$의 교선의 방정식을 구하여라.

풀이 평면 $5x-3y+z-10=0$의 법선벡터는 $\mathbf{n}_1=(5,\ -3,\ 1)$이고, $2x+4y-z+3=0$의 법선벡터는 $\mathbf{n}_2=(2,\ 4,\ -1)$이다. 두 법선벡터가 서로 평행하지 않으므로 두 평면도 서로 평행하지 않고 교선을 가짐을 알 수 있다. $(x,\ y,\ z)$을 교선에 있는 점이라 하면

$$\begin{aligned} 5x-3y+z-10&=0 \\ 2x+4y-z+3\ &=0 \end{aligned}$$

을 만족한다. 이제 $x=0$이라 하면

$$\begin{aligned} -3y+z-10&=0 \\ 4y-z+3\ &=0 \end{aligned}$$

을 얻는다. 두 식을 연립해서 풀면 $y=7$, $z=31$을 얻을 수 있고, $(0,\ 7,\ 31)$이 교선에 있는 점임을 알 수 있다. 그런데 $\mathbf{n}_1 \times \mathbf{n}_2=(-1,\ 7,\ 26)$이므로, 교선의 방정식은

$$\mathbf{r}_0+t(\mathbf{n}_1 \times \mathbf{n}_2)=(0,\ 7,\ 31)+t(-1,\ 7,\ 26), \quad -\infty < t < \infty$$

즉,

$$x = -t, \ y = 7 + 7t, \ z = 31 + 26t, \ -\infty < t < \infty$$

이다. ■

연습문제 1.4

1. 점 P를 지나고 벡터 $\mathbf{v}$에 평행한 직선의 (a) 벡터, (b) 매개변수, (c) 대칭방정식을 구하여라.

(1) $P = (2, 3, 1), \ \mathbf{v} = (2, 4, -3)$

(2) $P = (2, 1, 1), \ \mathbf{v} = (2, 0, -3)$

(3) $P = (2, -3, 1), \ \mathbf{v} = (2, 5, -2)$

(4) $P = (0, 0, 1), \ \mathbf{v} = (2, 7, -9)$

2. 점 $A(-3, 2, -3)$와 $B(1, -1, 4)$를 지나는 직선의 방정식을 구하여라.

3. 점 P에서 직선 L까지의 거리를 구하여라.

(1) $P = (1, -1, 1), \ L: x = -2 - 2t, \ y = 3t, \ z = 5 + t$

(2) $P = (1, 0, -1), \ L: x = 3 - 2t, \ y = 4 + 3t, \ z = 5 + 4t$

4. 주어진 두 직선의 교점을 구하여라.

(1) $x = 7 + s, \ y = 4 - 3s, \ z = -7 + 5s, \ x = 1 + 6t, \ y = 2 + t, \ z = 3 - t$

(2) $\dfrac{x-6}{2} = y + 3 = z - 1, \ \dfrac{x-9}{3} = \dfrac{y-13}{-6} = \dfrac{z+9}{2}$

5. 점 P를 포함하고 $\mathbf{n}$에 수직인 평면의 방정식을 구하여라.

(1) $P = (2, 3, 1), \ \mathbf{n} = (-4, 4, -3)$

(2) $P = (2, 0, 1), \ \mathbf{n} = (-2, 4, -6)$

6. 세 점을 포함하는 평면의 방정식을 구하여라.

(1) $(0,\ 0,\ 1),\ (2,\ 0,\ 0),\ (0,\ 3,\ 0)$

(2) $(1,\ 0,\ 3),\ (1,\ 2,\ 1),\ (6,\ 2,\ -3)$

7. 점 P에서 평면 π까지의 거리를 구하여라.

(1) $P=(4,\ 1,\ 2),\ \pi : 3x-y+5z+7=0$

(2) $P=(0,\ 1,\ 2),\ \pi : -5x-2y+7z+1=0$

8. 두 평면의 교선의 방정식을 구하여라.

(1) $x+3y+2z-3=0,\ 2x-y+z+4=0$

(2) $3x+y-5z=0,\ x+2y+z+8=0$

Chapter

2

벡터함수

2.1 벡터함수

이 절에서는 **벡터함수**(vector-valued function)에 대하여 공부한다. 정의역과 공변역이 실수의 집합인 함수를 **실변수함수**(real-valued function)이라 한다. 실함수 $f_1(t)$, $f_2(t)$, $f_3(t)$에 대하여

$$\mathbf{r}(t) = f_1(t)\mathbf{i} + f_2(t)\mathbf{j} + f_3(t)\mathbf{k} = (f_1(t),\ f_2(t),\ f_3(t))$$

을 실변수(real variable)의 **벡터함수**(vector-valued function) 또는 간단히 **벡터함수**라 하고, 실함수 $f_1(t)$, $f_2(t)$, $f_3(t)$를 $\mathbf{r}$의 **성분함수**(component functions)라 한다. 예를 들어 $\mathbf{r}(t) = t\mathbf{i} + 2t^2\mathbf{j} + t^4\mathbf{k}$는 모든 실수 t에 대하여 정의된 $\mathbb{R}^3$의 벡터함수인데, 이것을 $\mathbf{r}: \mathbb{R} \to \mathbb{R}^3$로 나타낸다. $t=1$이면 주어진 함숫값은 벡터 $\mathbf{i}+2\mathbf{j}+\mathbf{k} = (1,\ 2,\ 1)$이 된다.

벡터함수 $\mathbf{r}(t)$에 대하여, $\mathbf{r}(t)$에 대응하는 매개변수방정식으로 표현된 매개변수곡선 $\mathbf{r} = \mathbf{r}(t)$를 $\mathbf{r}$의 **그래프**(graph)라 한다. 예를 들어, $\mathbf{r}(t) = t\mathbf{i} + 2t^2\mathbf{j} + t^4\mathbf{k}$의 그래프는 매개변수곡선

$$x = t,\ y = 2t^2,\ z = t^4$$

이다.

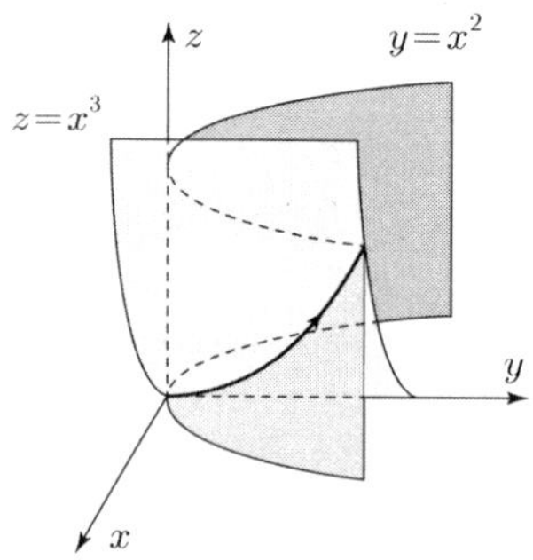

그림 1 $x=t,\ y=t^2,\ z=t^3 \quad t \geq 0$

곡선 C를 P의 자취로 생각할 수 있다. 이 곡선 C를 벡터함수의 그래프로 생각하면 이 곡선을 시작점이 원점이고 끝점이 P인 벡터 $\mathbf{r}$의 끝점의 자취로 나타낼 수 있다. 이때 $\mathbf{r}$을 C의 **반경벡터**(radius vector) 또는 **위치벡터**(position vector)라 한다.

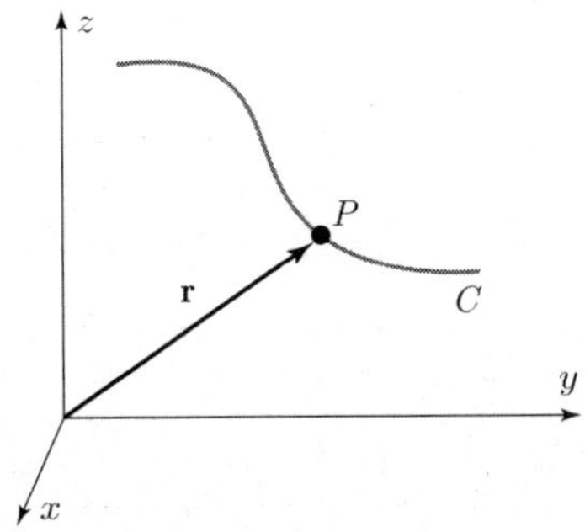

그림 2

예제 1 |

$\mathbf{r}(t) = (a\cos t,\ a\sin t,\ ct)$로 정의된 함수 $\mathbf{r}: \mathbb{R} \to \mathbb{R}^3$를 **원형나선형(circular helix)**이라 하는데 그래프는 다음과 같다.

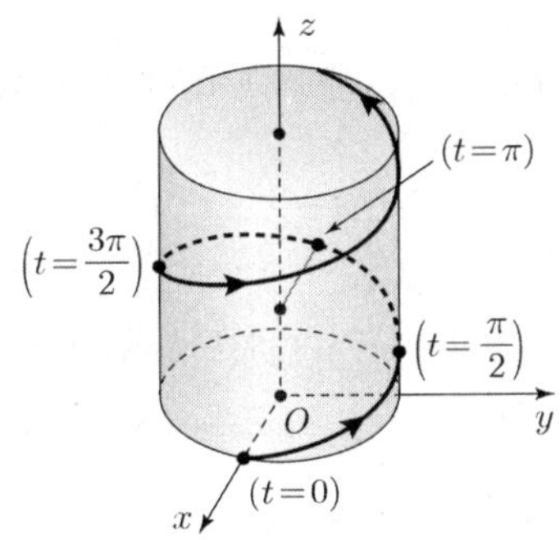

그림 3

$\mathbb{R}^3$에 있는 벡터함수는 미적분학에서 배웠던 $\mathbb{R}^2$의 매개변수함수의 일반화로 생각하면 많은 도움이 된다. 일변수 실함수의 많은 이론들을 벡터함수에 적용할 수 있다. 벡터함수의 각 성분이 실함수이므로 미적분학에서의 결과들을 유사하게 벡터함수에 적용할 수 있다. 그러나 실함수에서의 결과들을 벡터함수에 항상 적용할 수 있는 것은 아니다. 예를 들어 미분에 대한 평균값의 정리는 벡터함수에 대하여 성립하지 않는다. 그렇지만 극한의 개념은 다음 정의에서와 같이 자연스럽게 벡터함수로 확장된다.

정의 1

벡터함수 $\mathbf{r}(t)$와 $a \in \mathbb{R}$, 벡터 $\mathbf{b}$에 대하여 $\lim_{t \to a} \| \mathbf{r}(t) - \mathbf{b} \| = 0$이면, "$t$가 a로 가까이 갈 때 $\mathbf{r}(t)$의 극한은 $\mathbf{b}$이다"라고 하고, $\lim_{t \to a} \mathbf{r}(t) = \mathbf{b}$로 나타낸다. 만일 $\mathbf{r}(t) = (f_1(t), f_2(t), f_3(t))$이고, 세 성분 $f_1(t)$, $f_2(t)$, $f_3(t)$ 각각의 극한이 존재하면

$$\lim_{t \to a} \mathbf{r}(t) = \left(\lim_{t \to a} f_1(t),\ \lim_{t \to a} f_2(t),\ \lim_{t \to a} f_3(t) \right)$$

로 정의한다.

위의 정의로부터 벡터함수의 연속성과 도함수도 성분함수의 연속성 및 도함수로 정의할 수 있다.

정의 2

벡터함수 $\mathbf{r}(t) = (r_1(t), r_2(t), r_3(t))$와 $a \in \mathbb{R}$에 대하여,

$$\lim_{t \to a} \mathbf{r}(t) = \mathbf{r}(a)$$

일 때 $\mathbf{r}(t)$는 a에서 **연속(continuous)**이라 한다. 즉, $\mathbf{r}(t)$가 a에서 연속이기 위한 필요충분조건은 성분 $r_1(t)$, $r_2(t)$, $r_3(t)$가 모두 a에서 연속인 것이다.

극한

$$\lim_{h \to 0} \frac{\mathbf{r}(a+h) - \mathbf{r}(a)}{h}$$

이 존재할 때, 그 극한값을 a에서 $\mathbf{r}(t)$의 **도함수(derivative)**라 하고 $\mathbf{r}'(a)$ 또는 $\frac{d\mathbf{r}}{dt}(a)$로 나타낸다. 즉

$$\mathbf{r}'(a) = \lim_{h \to 0} \frac{\mathbf{r}(a+h) - \mathbf{r}(a)}{h}$$

이다. 또한, a에서 각 성분의 도함수가 존재하면 $\mathbf{r}'(a) = (f_1{}'(a), f_2{}'(a), f_3{}'(a))$이고, $\mathbf{r}'(a)$가 존재할 때 $\mathbf{r}(t)$는 a에서 **미분가능하다(differentiable)**라고 한다.

일변수 실함수의 도함수는 실수이고 주어진 점에서 함수의 그래프에 대한 접선의 기울기임을 상기하자. 유사하게 벡터함수의 도함수는 공간에 있는 곡선에 대한 **접선벡터**(tangent vector)이고, 아래 그림처럼 곡선에 대한 접선 위에 있게 된다.

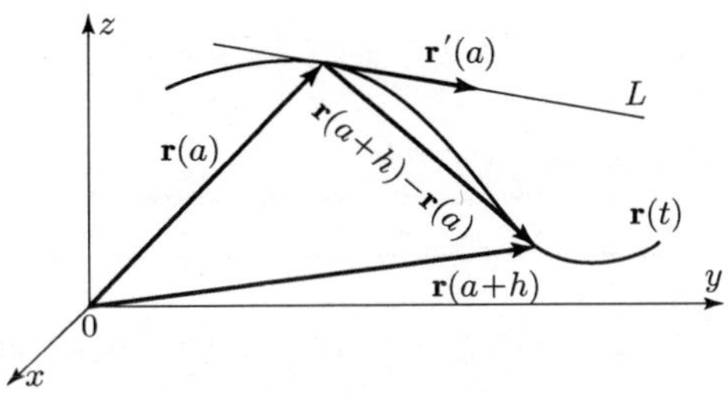

그림 4

예제 2 |

$\mathbf{r}(t)=(\cos t,\ \sin t,\ t)$일 때, $\mathbf{r}'(t)=(-\sin t,\ \cos t,\ 1)$이고, $\mathbf{r}(\pi)=(-1,\ 0,\ \pi)$에서 곡선에 대한 접선 L의 방정식은

$$L=\mathbf{r}(\pi)+s\mathbf{r}'(\pi)=(-1,\ 0,\ \pi)+s(0,\ -1,\ 1)$$

또는

$$x=-1,\ y=-s,\ z=\pi+s,\ -\infty<s<\infty$$

이다.

스칼라함수는 실함수이므로, $u(t)$가 스칼라함수이고 $\mathbf{r}(t)$가 벡터함수이면 모든 t에 대하여 두 함수의 곱

$$(u\mathbf{r})(t)=u(t)\mathbf{r}(t)$$

는 벡터함수가 됨을 알 수 있다.

벡터함수의 도함수에 대한 기본 성질을 정리하면 다음과 같다.

정리 3

$r_1(t)$, $r_2(t)$를 미분가능한 벡터함수, $u(t)$를 미분가능한 스칼라함수, $\mathbf{c}$를 상수벡터, k를 임의의 상수라 하면 다음이 성립한다.

(1) $\frac{d}{dt}(\mathrm{c})=0$

(2) $\frac{d}{dt}(kr_1)=k\frac{dr_1}{dt}$

(3) $\frac{d}{dt}(r_1+r_2)=\frac{dr_1}{dt}+\frac{dr_2}{dt}$

(4) $\frac{d}{dt}(ur_1)=\frac{du}{dt}r_1+u\frac{dr_1}{dt}$

(5) $\frac{d}{dt}(r_1 \cdot r_2)=\frac{dr_1}{dt}\cdot r_2+r_1\cdot\frac{dr_2}{dt}$

(6) $\frac{d}{dt}(r_1\times r_2)=\frac{dr_1}{dt}\times r_2+r_1\times\frac{dr_2}{dt}$

(7) $\frac{d}{dt}[r_1(u(t))]=u'(t)r_1(u(t))$

증명 증명은 모두 유사하므로 내적에 관한 미분 (5)와 연쇄법칙 (7)만 증명하고 나머지는 연습문제로 남긴다. 미분가능한 실함수 $f_i(t)$, $g_i(t)$, $i=1,\ 2,\ 3$에 대하여

$$r_1(t)=(f_1(t),\ f_2(t),\ f_3(t)),\quad r_2(t)=(g_1(t),\ g_2(t),\ g_3(t))$$

라 하자.

(5) 내적의 정의로부터

$$r_1(t)\cdot r_2(t)=f_1(t)g_1(t)+f_2(t)g_2(t)+f_3(t)g_3(t)$$

를 얻는다. 일변수함수의 미분에 대한 곱의 법칙을 이용하면

$$\begin{aligned}\frac{d}{dt}(r_1\cdot r_2)(t) &= \frac{d}{dt}(f_1(t)g_1(t)+f_2(t)g_2(t)+f_3(t)g_3(t))\\ &=(f_1'(t)g_1(t)+f_1(t)g_1'(t))+(f_2'(t)g_2(t)+f_2(t)g_2'(t))\\ &\quad+(f_3'(t)g_3(t)+f_3(t)g_3'(t))\\ &=(f_1'(t),\ f_2'(t),\ f_3'(t))\cdot(g_1(t),\ g_2(t),\ g_3(t))\\ &\quad+(f_1(t),\ f_2(t),\ f_3(t))\cdot(g_1'(t),\ g_2'(t),\ g_3'(t))\\ &=\frac{dr_1(t)}{dt}\cdot r_2(t)+r_1(t)\cdot\frac{dr_2(t)}{dt}\end{aligned}$$

임을 알 수 있다.

(7) $r_1(u(t))=(f_1(u(t)),\ f_2(u(t)),\ f_3(u(t)))$이므로

$$\begin{aligned}\frac{d}{dt}[r_1(u(t))] &= \left(\frac{d}{dt}f_1(u(t)),\ \frac{d}{dt}f_2(u(t)),\ \frac{d}{dt}f_3(u(t))\right)\\ &=(u'(t)f_1'(u(t)),\ u'(t)f_2'(u(t)),\ u'(t)f_3'(u(t)))\\ &=u'(t)r_1(u(t))\end{aligned}$$

이다. □

예제 3 |

$\mathbf{r}(t)$가 미분가능할 때, $\|\mathbf{r}(t)\|$의 도함수를 구하여라.

풀이 $\|\mathbf{r}(t)\|$는 실함수이므로, 실함수의 연쇄법칙에 의해

$$\frac{d}{dt}\|\mathbf{r}(t)\|^2 = 2\|\mathbf{r}(t)\|\frac{d}{dt}\|\mathbf{r}(t)\|$$

임을 알 수 있다. 그런데 $\|\mathbf{r}(t)\|^2 = \mathbf{r}(t)\cdot\mathbf{r}(t)$이므로 정리 3의 (5)에 의해

$$\begin{aligned} 2\|\mathbf{r}(t)\|\frac{d}{dt}\|\mathbf{r}(t)\| &= \frac{d}{dt}(\mathbf{r}(t)\cdot\mathbf{r}(t)) \\ &= \mathbf{r}'(t)\cdot\mathbf{r}(t)+\mathbf{r}(t)\cdot\mathbf{r}'(t) \\ &= 2\mathbf{r}'(t)\cdot\mathbf{r}(t) \end{aligned}$$

이므로 $\|\mathbf{r}(t)\| \neq 0$이면

$$\frac{d}{dt}\|\mathbf{r}(t)\| = \frac{\mathbf{r}'(t)\cdot\mathbf{r}(t)}{\|\mathbf{r}(t)\|}$$

가 된다. ■

$\|\mathbf{r}(t)\|$가 상수벡터이기 위한 필요충분조건은 $\frac{d}{dt}\|\mathbf{r}(t)\| = 0$이고, $\mathbf{r}(t)\perp\mathbf{r}'(t)$이기 위한 필요충분조건은 $\mathbf{r}'(t)\cdot\mathbf{r}(t) = 0$이므로 위의 예제 3으로부터 다음을 알 수 있다.

정리 4

$\|\mathbf{r}(t)\| \neq 0$일 때, $\|\mathbf{r}(t)\|$가 상수벡터이기 위한 필요충분조건은 $\mathbf{r}(t)\perp\mathbf{r}'(t)$이다.

일변수함수의 연산에서와 마찬가지로, 벡터함수의 **고계도함수**(heigh-order derivative)도 다음과 같이 벡터함수의 도함수를 반복적으로 미분함으로써 얻을 수 있다.

$$\mathbf{r}''(t) = \frac{d}{dt}\mathbf{r}'(t),\ \mathbf{r}'''(t) = \frac{d}{dt}\mathbf{r}''(t),\ \cdots,\ \frac{d^n\mathbf{r}}{dt^n} = \frac{d}{dt}\left(\frac{d^{n-1}\mathbf{r}}{dt^{n-1}}\right),\ n = 2,\ 3,\ 4,\ \cdots$$

속도, 가속도, 힘, 모멘트 등 물리적인 양을 표현하기 위해 벡터함수를 이용하기도 한다. 예를 들어, t분 후 물체의 위치가 $(x,\ y,\ z) = (x(t),\ y(t),\ z(t))$이고 질량이 m인 물

체의 운동을 생각하자. $\mathbf{r}(t)=(x(t),\ y(t),\ z(t))$를 그 물체의 **위치벡터**(position vector)라 하고, 그 대상에 대한 다양한 물리적인 양을 다음과 같이 정의할 수 있다.

- 위치(position): $\mathbf{r}(t)=(x(t),\ y(t),\ z(t))$
- 속도(velocity): $\mathbf{v}(t)=\mathbf{r}'(t)=\dfrac{d\mathbf{r}}{dt}=(x'(t),\ y'(t),\ z'(t))$
- 가속도(acceleration): $\mathbf{a}(t)=\mathbf{v}'(t)=\dfrac{d\mathbf{v}}{dt}=\mathbf{r}''(t)=\dfrac{d^2\mathbf{r}}{dt^2}=(x''(t),\ y''(t),\ z''(t))$
- 모멘트(momentum): $\mathbf{p}(t)=m\mathbf{v}(t)$, m: 질량
- 힘(force): $\mathbf{F}(t)=\mathbf{p}'(t)=\dfrac{d\mathbf{p}}{dt}=m\mathbf{a}(t)$, m: 질량

속도의 크기 $\|\mathbf{v}(t)\|$을 **속력**(speed)이라 한다.

예제 4 |

아래 그림과 같이 질량이 m인 어떤 발사체를 지표면과 각 α를 이루도록 하여 초기속도 $\mathbf{v}_0$로 발사하였다. 공기저항을 무시하고 외부에서 작용하는 힘은 중력뿐이라고 할 때, 발사체의 위치벡터 $\mathbf{r}(t)$와 물체가 가장 멀리 날아가도록 하는 발사각을 구하여라.

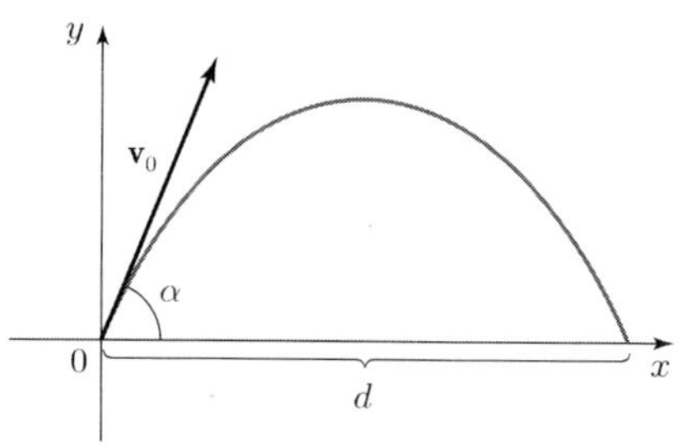

그림 5

풀이 발사체의 출발점을 원점으로 하자. 중력에 의한 힘은 아래로 작용하므로

$$\mathbf{F}=m\mathbf{a}=-mg\mathbf{j}$$

인데, 여기서 중력가속도 $g=|\mathbf{a}|\approx 9.8m/s^2$이고 m은 발사체의 질량이다. 따라서 $\mathbf{a}=-g\mathbf{j}$이고 $\mathbf{a}(t)=\mathbf{v}'(t)$이므로,

$$\mathbf{v}(t)=-gt\mathbf{j}+\mathbf{C}$$

를 얻는다. 그런데 가정에서 $\mathbf{C}=\mathbf{v}(0)=\mathbf{v}_0$이므로 $\mathbf{r}'(t)=\mathbf{v}(t)=-gt\mathbf{j}+\mathbf{v}_0$이고, 이를 적분하면

$$\mathbf{r}(t)=-\frac{1}{2}gt^2\mathbf{j}+\mathbf{v}_0t+\mathbf{D}$$

이다. 그런데 $\mathbf{D}=\mathbf{r}(0)=\mathbf{0}$이므로 발사체의 위치벡터는

$$\mathbf{r}(t)=-\frac{1}{2}gt^2\mathbf{j}+\mathbf{v}_0t$$

가 된다. 이제 $|\mathbf{v}_0|=v_0$라 하면, $\mathbf{v}_0=v_0\cos\alpha\mathbf{i}+v_0\sin\alpha\mathbf{j}$이므로

$$\mathbf{r}(t)=(v_0\cos\alpha)t\mathbf{i}+\left[(v_0\sin\alpha)t-\frac{1}{2}gt^2\right]\mathbf{j}$$

가 된다. 한편 도달거리 d는 $y(t)=(v_0\sin\alpha)t-\frac{1}{2}gt^2=0$, 즉 $t=\frac{2v_0\sin\alpha}{g}$일 때이므로

$$d=x\left(\frac{2v_0\sin\alpha}{g}\right)=(v_0\cos\alpha)\frac{2v_0\sin\alpha}{g}=\frac{v_0^2\sin 2\alpha}{g}$$

이고, 이로부터 $\sin 2\alpha=1$, 즉 $\alpha=\frac{\pi}{4}$일 때 가장 멀리 날아간다. ■

연습문제 | 2.1

1. 다음 극한을 구하여라.

(1) $\lim_{t\to 3}(t^3\mathbf{i}+2t\mathbf{j})$

(2) $\lim_{t\to 0^+}\left(\tan^{-1}t\mathbf{i}+\frac{t}{t^2+1}\mathbf{j}+\cos\frac{1}{t}\mathbf{k}\right)$

(3) $\lim_{t\to\pi}\left(\cos 5t,\ e^{-2t},\ \sqrt{t^3}\right)$

(4) $\lim_{t\to 1}\left(\frac{1}{t^3},\ \frac{\ln t}{t^3-1},\ \sin\frac{\pi}{4}t\right)$

2. $\mathbf{r}$이 t_0에서 연속임을 보여라.

(1) $\mathbf{r}(t)=3\sin t\mathbf{i}-t\mathbf{j}+\cos t\mathbf{k}$, $t_0=\frac{\pi}{2}$

(2) $\mathbf{r}(t) = 3\mathbf{i} - \sqrt{3t+2}\,\mathbf{j} + e^{2t}\mathbf{k},\ t_0 = 1$

3. $\mathbf{r}'$과 $\mathbf{r}(0)$에서 접선을 구하여라.

(1) $\mathbf{r}(t) = (\cos 2t,\ \sin 2t,\ t)$

(2) $\mathbf{r}(t) = (e^t + 2,\ e^{2t} + 1,\ e^{t^3} + 1)$

4. 위치벡터 $\mathbf{r}(t)$를 갖는 물체의 속도 $\mathbf{v}(t)$와 가속도 $\mathbf{a}(t)$를 구하여라.

(1) $\mathbf{r}(t) = (t,\ t - \sin 2t,\ 1 - \cos t)$

(2) $\mathbf{r}(t) = (\cos 2t,\ t^3 - \sin 2t,\ 1)$

5. $\mathbf{r}(t) = \left(\dfrac{\sin t}{\sqrt{1+4t^2}},\ \dfrac{\cos t}{\sqrt{1+4t^2}},\ \dfrac{-2t}{\sqrt{1+4t}}\right)$일 때, $\langle \mathbf{f}'(t),\ \mathbf{f}(t) \rangle = 0$임을 보여라.

6. 발사체를 $100m$ 고도에서 초기속도를 $150m/s$로 하여 45° 각도로 발사하였다. 발사체가 땅에 떨어지는 위치와 그 순간의 순간속도를 구하여라.

7. 공을 지면에 대하여 45° 각도로 던졌을 때, 공이 $90m$ 밖에 떨어졌다면 공의 초기속도는 얼마인가?

8. 정리 3의 (1), (2), (3), (4), (6)을 보여라.

2.2 곡선의 길이와 곡률

$\mathbf{r}(t)=(x(t),\ y(t),\ z(t))$를 어떤 물체의 위치벡터라 하자. 그러면 시간 t에서 그 물체의 속력(speed)은 $\|\mathbf{v}(t)\|$이므로, 시간 $t=a$에서 $t=b$까지 물체가 움직인 거리 s를 정적분

$$s=\int_a^b \|\mathbf{v}(t)\|\,dt=\int_a^b \sqrt{\left(\frac{dx}{dt}\right)^2+\left(\frac{dy}{dt}\right)^2+\left(\frac{dz}{dt}\right)^2}\,dt$$

으로 정의하는 것은 자연스럽다 하겠다. 사실 이것은 미적분학 시간에 공부했던 곡선의 길이(arc length)와 같다.

실함수 $f(x)$에 대하여 $f'(x)$가 어떤 구간 $(a,\ b)$에서 연속이고 $f'(x)\neq 0$일 때, $f(x)$는 구간 $(a,\ b)$에서 매끄러운 곡선(smooth curve)이라 한다. 이 절에서 우리는 매끄러운 곡선만 다룬다.

정의 1

$\mathbf{r}(t)=(x(t),\ y(t),\ z(t)),\ a\le t\le b$를 $\mathbb{R}^3$상의 곡선(curve)이라 하자. 각 성분의 도함수 $x'(t),\ y'(t),\ z'(t)$가 $[a,\ b]$에서 연속일 때, $t=a$에서 $t=b$까지의 **호의 길이(arc length)** L은

$$L=\int_a^b \|\mathbf{r}'(t)\|\,dt=\int_a^b \sqrt{\left(\frac{dx}{dt}\right)^2+\left(\frac{dy}{dt}\right)^2+\left(\frac{dz}{dt}\right)^2}\,dt$$

이다.

예제 1

$0\le t\le 2\pi$에 대하여 원형나선 $(\cos t,\ \sin t,\ t)$에 대한 호의 길이를 구하여라.

풀이 $L=\int_0^{2\pi}\sqrt{(-\sin t)^2+\cos^2 t+1^2}\,dt=\int_0^{2\pi}\sqrt{2}\,dt=2\sqrt{2}\,\pi$이다. ■

$r_1(t)=(\cos t,\ \sin t,\ t),\ \ 0\le t\le 2\pi$와 $r_2(t)=(\cos 2t,\ \sin 2t,\ 2t),\ 0\le t\le \pi$의 자

취가 같음을 알 수 있다. 이는 $r_2(t)$의 자취가 $r_1(t)$의 자취보다 2배 빠르게 나타남을 의미한다. 이런 의미에서 함수들을 위치벡터로, 그들의 도함수를 속도벡터로 생각하면, $r_1(t)$와 $r_2(t)$의 속력은 각각 $\|r_1'(t)\| = \sqrt{2}$, $\|r_2'(t)\| = 2\sqrt{2}$임을 알 수 있다. $r_1(t)$와 $r_2(t)$를 같은 곡선에 대한 서로 다른 매개변수화(parametrization)라 한다.

정의 2

C는 구간 $[a, b]$에서 정의된 함수 $r_1(t)$에 의해 표현되는 $\mathbb{R}^3$상의 매끄러운 곡선이고, $\alpha : [c, d] \to [a, b]$를 매끄러운 전단사함수라 하자. 이때, 다음과 같이 정의되는 함수 r_2를

$$r_2 : [c, d] \to \mathbb{R}^3, \ r_2(s) = r_1(\alpha(s))$$

매개변수(parameter) s를 갖는 C의 **매개변수화**(parametrization)라 한다.

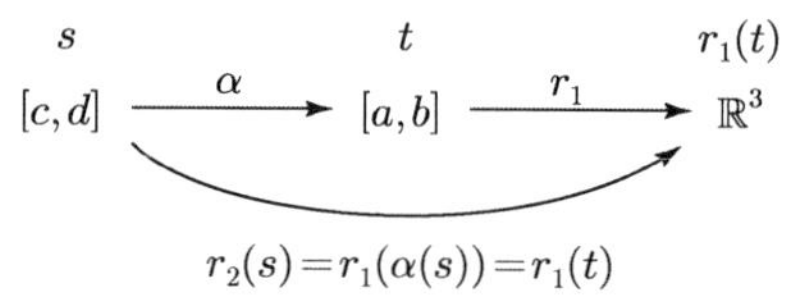

그림 1

호의 길이를 매개변수로 갖는 곡선 C의 매개변수 표현을 C에 대한 **호의 길이 매개변수화**(are length parameterization)라 한다. 일반적으로 곡선에 대한 호의 길이 매개변수 표현은 무수히 많다.

예제 2 |

원 $x^2 + y^2 = a^2$의 호의 길이에 대한 매개변수 표현을 구하여라.

풀이 먼저 각 t를 매개변수로 갖는 매개변수방정식은

$$x = a\cos t, \ y = a\sin t, \quad 0 \le t \le 2\pi$$

가 된다. 이때 곡선의 길이 s는

$$s = at \quad \text{또는} \quad t = \frac{s}{a}$$

이고, t가 0에서 2π까지 증가할 때. s는 0에서 $2\pi a$까지 증가하므로 호의 길이에 대한 매개변수방정식은

$$x = a\cos\left(\frac{s}{a}\right),\ y = a\sin\left(\frac{s}{a}\right),\quad 0 \le s \le 2\pi a$$

가 된다. ■

> **정리 3**
>
> $\mathbf{r}(t)$가 매끄러운 곡선이고 s가 호의 길이에 대한 매개변수이면 $\left\| \dfrac{d\mathbf{r}}{ds} \right\| = 1$이다.

증명 합성함수의 미분을 이용하면

$$\frac{d\mathbf{r}}{ds} = \frac{d\mathbf{r}}{dt}\frac{dt}{ds} = \frac{d\mathbf{r}}{dt}\frac{1}{\dfrac{ds}{dt}}$$

임을 알 수 있다. 한편, $s = \displaystyle\int_{t_0}^{t} \|\mathbf{r}'(u)\|\,du$이므로 미적분학의 기본정리로부터 $\dfrac{ds}{dt} = \|\mathbf{r}'(t)\|$를 얻는다. 따라서 $\dfrac{d\mathbf{r}}{ds} = \dfrac{d\mathbf{r}}{dt}\dfrac{1}{\|\mathbf{r}'(t)\|}$이고, $\left\| \dfrac{d\mathbf{r}}{ds} \right\| = 1$임을 알 수 있다. □

예제 2로부터 원 $x^2 + y^2 = a^2$의 호의 길이에 대한 매개변수방정식은

$$x = a\cos\left(\frac{s}{a}\right),\ y = a\sin\left(\frac{s}{a}\right),\quad 0 \le s \le 2\pi a$$

임을 알고 있다. 이를 벡터로 나타내면

$$\mathbf{r}(s) = a\cos\left(\frac{s}{a}\right)\mathbf{i} + a\sin\left(\frac{s}{a}\right)\mathbf{j}$$

이고,

$$\frac{d\mathbf{r}}{ds} = -\sin\left(\frac{s}{a}\right)\mathbf{i} + \cos\left(\frac{s}{a}\right)\mathbf{j}$$

이므로

$$\left\| \frac{d\mathbf{r}}{ds} \right\| = \sqrt{\left\{-\sin\left(\frac{s}{a}\right)\right\}^2 + \left\{\cos\left(\frac{s}{a}\right)\right\}^2} = 1$$

임을 알 수 있다.

정리 3의 증명과정으로부터 다음을 알 수 있다.

$$\frac{ds}{dt} = \left\| \frac{d\mathbf{r}}{dt} \right\| = \sqrt{\left(\frac{dx}{dt}\right)^2 + \left(\frac{dy}{dt}\right)^2 + \left(\frac{dz}{dt}\right)^2}$$

$\mathbf{r}(t)$가 그래프 C를 갖는 매끄러운 벡터함수이면, $\mathbf{r}'(t)$는 $\mathbf{r}(t)$의 종점을 시점으로 갖는 그래프 C의 접선벡터가 된다. 따라서, $\mathbf{r}'(t) \neq 0$이면, 아래 그림 2에서와 같이

$$\mathbf{T}(t) = \frac{\mathbf{r}'(t)}{\|\mathbf{r}'(t)\|}$$

로 정의되는 벡터 $\mathbf{T}(t)$는 크기가 1인 C에 대한 접선벡터가 된다. 이러한 벡터 $\mathbf{T}(t)$를 t에서 C에 대한 **단위접선벡터**(unit tangent vector)라 한다. 특히 C가 호의 길이 s를 매개변수로 가지면, 정리 3에 의해 접선벡터 $\mathbf{r}'(s)$의 크기가 1이므로

$$\mathbf{T}(s) = \mathbf{r}'(s)$$

임을 알 수 있다.

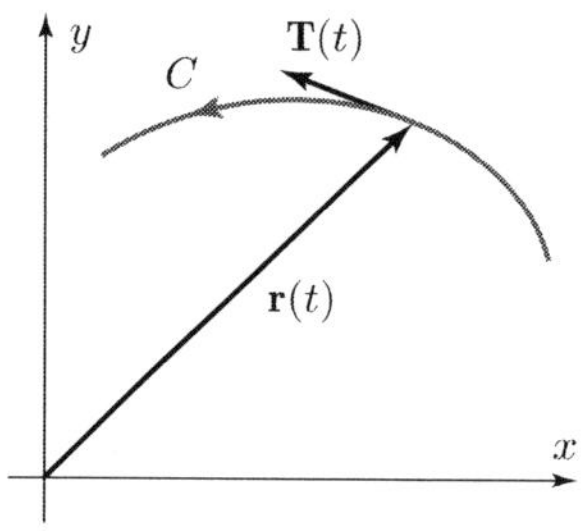

그림 2

| 주 | 그림 2에서 보는 바와 같이 단위접선벡터 $\mathbf{T}(t)$는 항상 $\mathbf{r}(t)$의 종점을 시점으로 갖는다.

C를 매끄러운 벡터함수 $\mathbf{r}(t)$의 그래프라 하자. 그림 3에서 보는 바와 같이 $\mathbf{r}(t)$가 2차원에 있는 벡터이면, 단위접선벡터 $\mathbf{T}(t)$와 수직인 단위벡터는 2개이고, $\mathbf{r}(t)$가 3차원에 있는 벡터이면, 단위접선벡터 $\mathbf{T}(t)$와 수직인 단위벡터는 무수히 많음을 알 수 있다. $\mathbf{T}'(t) \neq 0$일 때

$$\mathbf{N}(t) = \frac{\mathbf{T}'(t)}{\|\mathbf{T}'(t)\|}$$

로 정의되는 단위벡터 $\mathbf{N}(t)$을 t에서 C에 대한 **단위법선벡터**(unit normal vector)라 한다. $\mathbf{T}'(t)$는 $\mathbf{T}(t)$와 수직이므로, $\mathbf{N}(t)$는 $\mathbf{T}(t)$와 수직인 단위벡터가 됨을 알 수 있다.

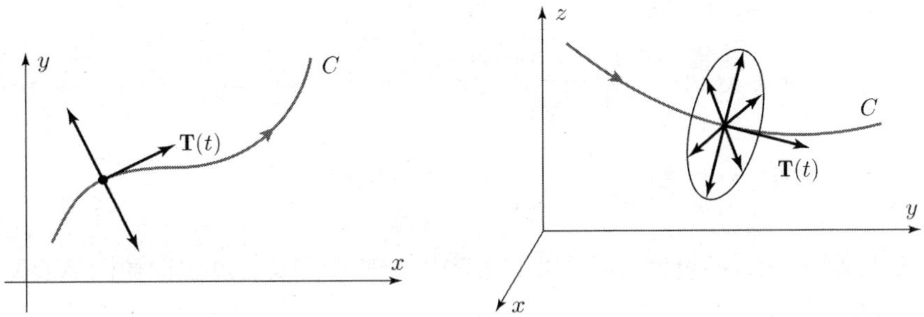

그림 3

| 주 | 그림 4에서 보는 바와 같이 항상 $\mathbf{r}(t)$의 종점을 $\mathbf{N}(t)$의 시점으로 한다.

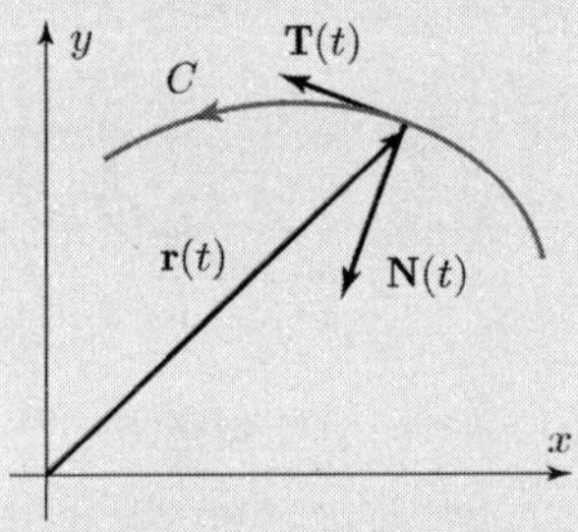

그림 4

예제 3 |

$a > 0$에 대하여 원형나선 $(a\cos t,\ a\sin t,\ ct)$에 대한 $\mathbf{T}(t)$와 $\mathbf{N}(t)$를 구하여라.

풀이 원형나선에 대한 반경벡터는

$$\mathbf{r}(t) = (a\cos t)\mathbf{i} + (a\sin t)\mathbf{j} + (ct)\mathbf{k}$$

이므로

$$\begin{aligned}
\mathbf{r}'(t) &= (-a\sin t)\mathbf{i} + (a\cos t)\mathbf{j} + c\mathbf{k}, \\
\|\mathbf{r}'(t)\| &= \sqrt{(-a\sin t)^2 + (a\cos t)^2 + c^2} = \sqrt{a^2+c^2}, \\
\mathbf{T}(t) &= \frac{\mathbf{r}'(t)}{\|\mathbf{r}'(t)\|} = -\frac{a\sin t}{\sqrt{a^2+c^2}}\mathbf{i} + \frac{a\cos t}{\sqrt{a^2+c^2}}\mathbf{j} + \frac{c}{\sqrt{a^2+c^2}}\mathbf{k}, \\
\mathbf{T}'(t) &= \frac{a\cos t}{\sqrt{a^2+c^2}}\mathbf{i} - \frac{a\sin t}{\sqrt{a^2+c^2}}\mathbf{j}, \\
\|\mathbf{T}'(t)\| &= \sqrt{\left(-\frac{a\cos t}{\sqrt{a^2+c^2}}\right)^2 + \left(-\frac{a\sin t}{\sqrt{a^2+c^2}}\right)^2} = \frac{a}{\sqrt{a^2+c^2}}, \\
\mathbf{N}(t) &= \frac{\mathbf{T}'(t)}{\|\mathbf{T}'(t)\|} = (-\cos t)\mathbf{i} - (\sin t)\mathbf{j}
\end{aligned}$$

임을 알 수 있다. 한편, $\mathbf{N}(t)$의 $\mathbf{k}$ 성분이 0이므로 모든 t에 대하여 벡터 $\mathbf{N}(t)$는 xy 평면과 평행함을 알 수 있다.

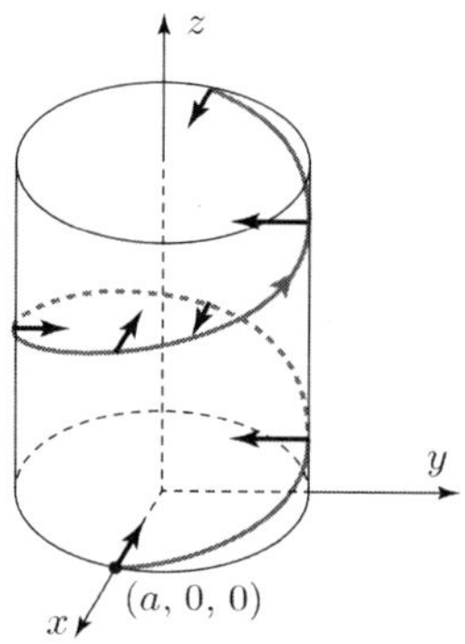

그림 5

■

s가 호의 길이 매개변수이고, C가 $\mathbf{r}(s)$의 그래프이면 $\mathbf{T}(s) = \mathbf{r}'(s)$이므로

$$\mathbf{N}(s) = \frac{\mathbf{T}'(s)}{\|\mathbf{T}'(s)\|} = \frac{\mathbf{r}''(s)}{\|\mathbf{r}''(s)\|}$$

임을 알 수 있다.

예제 4 |

$\mathbf{r}(t) = (a\cos t)\mathbf{i} + (a\sin t)\mathbf{j},\ 0 \le t \le 2\pi$일 때, $\mathbf{N}(s)$를 구하여라.

풀이 예제 2로부터

$$\mathbf{r}(s) = a\cos\left(\frac{s}{a}\right)\mathbf{i} + a\sin\left(\frac{s}{a}\right)\mathbf{j},\ \ 0 \le s \le 2\pi a$$

이므로

$$\mathbf{r}'(s) = -\sin\left(\frac{s}{a}\right)\mathbf{i} + \cos\left(\frac{s}{a}\right)\mathbf{j},$$

$$\mathbf{r}''(s) = -\frac{1}{a}\cos\left(\frac{s}{a}\right)\mathbf{i} - \frac{1}{a}\sin\left(\frac{s}{a}\right)\mathbf{j}$$

이다. 따라서

$$\|\mathbf{r}''(s)\| = \sqrt{\left(-\frac{1}{a}\cos\left(\frac{s}{a}\right)\right)^2 + \left(-\frac{1}{a}\sin\left(\frac{s}{a}\right)\right)^2} = \frac{1}{a}$$

이고

$$\mathbf{N}(s) = \frac{\mathbf{r}''(s)}{\|\mathbf{r}''(s)\|} = -\cos\left(\frac{s}{a}\right)\mathbf{i} - \sin\left(\frac{s}{a}\right)\mathbf{j}$$

가 된다. ■

| 주 | 예제 4에서 $\mathbf{N}(s) = -\dfrac{1}{a}\mathbf{r}(s)$이므로, 그림 6에서와 같이 모든 s에 대하여 $\mathbf{N}(s)$는 원의 중심을 향함을 알 수 있다.

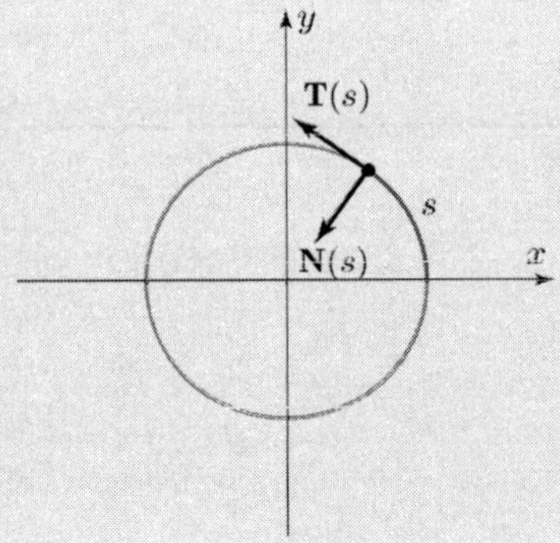

그림 6

$\mathbf{r}(t)$가 그래프 C를 갖는 3차원상의 벡터함수이면, 각 t에 대하여 $\mathbf{T}(t)$와 $\mathbf{N}(t)$가 존재한다. 따라서

$$\mathbf{B}(t) = \mathbf{T}(t) \times \mathbf{N}(t)$$

를 정의할 수 있는데, 이렇게 정의되는 벡터 $\mathbf{B}(t)$를 t에서 C에 대한 **종법선벡터**(binormal vector)라 한다. 각 t에 대하여 종법선벡터 $\mathbf{B}(t)$는 길이가 항상 1이고 $\mathbf{T}(t)$와 $\mathbf{N}(t)$에 동시에 수직인 벡터임을 알 수 있다.

이제 곡선의 곡률에 대하여 알아보고자 한다. $\mathbf{r}(t)$가 매끄러운 곡선 C를 갖는 벡터함수일 때, 단위접선벡터 $\mathbf{T}(t)$가 곡선의 방향을 나타내준다는 것을 상기하자. 그림 7에서 보는 바와 같이 C가 직선이면 $\mathbf{T}(t)$의 방향은 일정하고, C가 약간 구부러진 곡선이면 $\mathbf{T}(t)$의 방향은 천천히 바뀌지만, C가 예리하게 구부러진 곡선이면 $\mathbf{T}(t)$의 방향이 매우 빠르게 바뀜을 알 수 있다. 주어진 점에서의 곡률은 그 점에서 곡선이 얼마나 빠르게 방향을 바꾸는가를 측정한 것이다. 엄밀하게 말하면, 곡률은 곡선의 길이에 대한 단위접선벡터의 변화율의 크기로 정의하는데, 곡률이 매개변수표현에 영향을 받지 않도록 하기 위하여 곡선의 길이 s를 매개변수로 사용한다.

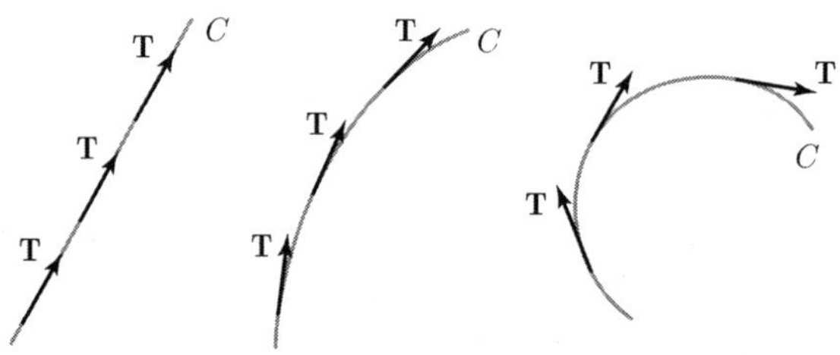

그림 7

정의 4

C가 매끄러운 곡선이고 s가 곡선 C의 길이에 대한 매개변수일 때, 다음과 같이 정의되는 $\kappa = \kappa(s)$:

$$\kappa = \left\| \frac{d\mathbf{T}}{ds} \right\| \tag{1}$$

을 C의 **곡률**(curvature)이라 한다.

예제 2에서 중심이 원점이고 반지름이 a인 원의 곡선의 길이를 매개변수로 갖는 방정식이

$$\mathbf{r}(s) = a\cos\left(\frac{s}{a}\right)\mathbf{i} + a\sin\left(\frac{s}{a}\right)\mathbf{j},\ \ 0 \le s \le 2\pi a$$

임을 보였다. 그런데

$$\frac{d\mathbf{T}}{ds} = \mathbf{r}''(s) = -\frac{1}{a}\cos\left(\frac{s}{a}\right)\mathbf{i} - \frac{1}{a}\sin\left(\frac{s}{a}\right)\mathbf{j}$$

이므로

$$\kappa = \|\mathbf{r}''(s)\| = \sqrt{\left(-\frac{1}{a}\cos\left(\frac{s}{a}\right)\right)^2 + \left(-\frac{1}{a}\sin\left(\frac{s}{a}\right)\right)^2} = \frac{1}{a}$$

임을 알 수 있다. 따라서 원은 일정한 곡률 $\frac{1}{a}$을 가짐을 알 수 있다. 그런데 주어진 곡선이 곡선의 길이를 매개변수로 갖는 식으로 주어져 있지 않으면 실제로 식 (1)은 사용하기가 쉽지 않다. 다음 정리는 일반적인 매개변수에 의한 곡률 공식을 제공한다.

정리 5

$\mathbf{r}(t)$가 매끄러운 곡선 C를 갖는 벡터함수일 때, 다음이 성립한다.

(1) $\kappa = \kappa(t) = \left\| \dfrac{\mathbf{T}'(t)}{\mathbf{r}'(t)} \right\|$

(2) $\kappa = \kappa(t) = \dfrac{\|\mathbf{r}'(t) \times \mathbf{r}''(t)\|}{\|\mathbf{r}'(t)\|^3}$

증명 (1) 연쇄법칙을 이용하면

$$\frac{d\mathbf{T}}{dt} = \frac{d\mathbf{T}}{ds}\frac{ds}{dt}$$

이므로

$$\kappa = \left\| \frac{d\mathbf{T}}{ds} \right\| = \left\| \frac{\frac{d\mathbf{T}}{dt}}{\frac{ds}{dt}} \right\| = \left\| \frac{\frac{d\mathbf{T}}{dt}}{\left\| \frac{d\mathbf{r}}{dt} \right\|} \right\| = \left\| \frac{\mathbf{T}'(t)}{\mathbf{r}'(t)} \right\|$$

이다.

(2) $\mathbf{T}(t) = \dfrac{\mathbf{r}'(t)}{\|\mathbf{r}'(t)\|}$ 이므로

$$\mathbf{r}''(t) = \|\mathbf{r}'(t)\|'\mathbf{T}(t) + \|\mathbf{r}'(t)\|\mathbf{T}'(t) \tag{2}$$

을 얻는다. 또한, $\mathbf{N}(t) = \dfrac{\mathbf{T}'(t)}{\|\mathbf{T}'(t)\|}$이고, (1)로부터 $\kappa = \left\| \dfrac{\mathbf{T}'(t)}{\mathbf{r}'(t)} \right\|$이므로

$$\mathbf{T}'(t) = \|\mathbf{T}'(t)\|\mathbf{N}(t) = \kappa\|\mathbf{r}'(t)\| \tag{3}$$

이다. 따라서 (2)와 (3)으로부터

$$\mathbf{r}''(t) = \|\mathbf{r}'(t)\|'\mathbf{T}(t) + \kappa\|\mathbf{r}'(t)\|^2\mathbf{N}(t) \tag{4}$$

이고, (2)와 (4)로부터 다음을 얻는다.

$$\begin{aligned}\mathbf{r}'(t)\times\mathbf{r}''(t) &= \|\mathbf{r}'(t)\|\,\|\mathbf{r}'(t)\|'(\mathbf{T}(t)\times\mathbf{T}(t)) + \kappa\|\mathbf{r}'(t)\|^3(\mathbf{T}(t)\times\mathbf{N}(t))\\ &= \kappa\|\mathbf{r}'(t)\|^3(\mathbf{T}(t)\times\mathbf{N}(t))\end{aligned}$$

한편, $\mathbf{T}(t)\times\mathbf{N}(t)$의 크기는 1이므로

$$\kappa = \frac{\|\mathbf{r}'(t)\times\mathbf{r}''(t)\|}{\|\mathbf{r}'(t)\|^3}$$

임을 알 수 있다. □

예제 5 |

$a>0$일 때, 원형나선 $\mathbf{r}(t) = (a\cos t,\ a\sin t,\ ct)$에 대한 곡률 κ를 구하여라.

풀이 원형나선에 대한 반경벡터는

$$\mathbf{r}(t) = (a\cos t)\mathbf{i} + (a\sin t)\mathbf{j} + (ct)\mathbf{k}$$

이므로

$$\begin{aligned}\mathbf{r}'(t) &= (-a\sin t)\mathbf{i} + (a\cos t)\mathbf{j} + c\mathbf{k},\\ \mathbf{r}''(t) &= (-a\cos t)\mathbf{i} + (-a\sin t)\mathbf{j}\end{aligned}$$

이고,

$$\mathbf{r}'(t)\times\mathbf{r}''(t) = \begin{vmatrix}\mathbf{i} & \mathbf{j} & \mathbf{k}\\ -a\sin t & a\cos t & c\\ -a\cos t & -a\sin t & 0\end{vmatrix} = (ac\sin t)\mathbf{i} - (ac\cos t)\mathbf{j} + a^2\mathbf{k}$$

을 얻는다. 한편

$$\|\mathbf{r}'(t)\| = \sqrt{(-a\sin t)^2 + (a\cos t)^2 + c^2} = \sqrt{a^2 + c^2},$$
$$\|\mathbf{r}'(t) \times \mathbf{r}''(t)\| = \sqrt{(ac\sin t)^2 + (-ac\cos t)^2 + a^4} = a\sqrt{a^2 + c^2}$$

이므로

$$\kappa = \frac{\|\mathbf{r}'(t) \times \mathbf{r}''(t)\|}{\|\mathbf{r}'(t)\|^3} = \frac{a\sqrt{a^2+c^2}}{\left(\sqrt{a^2+c^2}\right)^3} = \frac{a}{a^2+c^2}$$

이 된다. 즉 곡률이 매개변수 t와는 무관함을 알 수 있다. ■

예제 6 |

$(0,\ 0,\ 0)$에서 뒤틀린 3차곡선 $\mathbf{r}(t) = t\mathbf{i} + t^2\mathbf{j} + t^3\mathbf{k}$에 대한 곡률을 구하여라.

풀이 $\mathbf{r}'(t) = \mathbf{i} + 2t\mathbf{j} + 3t^2\mathbf{k}$, $\mathbf{r}''(t) = 2\mathbf{j} + 6t\mathbf{k}$ 이고,

$$\mathbf{r}'(t) \times \mathbf{r}''(t) = \begin{vmatrix} \mathbf{i} & \mathbf{j} & \mathbf{k} \\ 1 & 2t & 3t^2 \\ 0 & 2 & 6t \end{vmatrix} = 6t^2\mathbf{i} - 6t\mathbf{j} + 2\mathbf{k}$$

이므로

$$\kappa = \frac{\|\mathbf{r}'(t) \times \mathbf{r}''(t)\|}{\|\mathbf{r}'(t)\|^3} = \frac{\sqrt{(6t^2)^2 + (6t)^2 + 2^2}}{\left(\sqrt{1^2 + (2t)^2 + (3t^2)^2}\right)^3}$$

이다. 따라서 $\kappa(0,\ 0,\ 0) = 2$가 된다. ■

연습문제 | 2.2

1. 주어진 구간에서 곡선의 길이를 구하여라.

(1) $\mathbf{r}(t) = (4+3t)\mathbf{i} + (2-2t)\mathbf{j} + (5+t)\mathbf{k}$, $3 \le t \le 4$

(2) $\mathbf{r}(t) = t\mathbf{i} + t^2\mathbf{j} + t^3\mathbf{k}$, $1 \le t \le 3$

(3) $\mathbf{r}(t) = (2\sin t)\mathbf{i} + (5t)\mathbf{j} + (2\cos t)\mathbf{k}$, $-10 \le t \le 10$

(4) $x = \frac{1}{2}t$, $y = \frac{1}{3}(1-t)^{\frac{3}{2}}$, $z = \frac{1}{3}(1+t)^{\frac{3}{2}}$, $|t| \le 1$

2. 주어진 점에서 단위접선벡터와 단위법선벡터를 구하여라.

(1) $\mathbf{r}(t) = 4\cos t\mathbf{i} + 4\sin t\mathbf{j} + t\mathbf{k},\ t = \frac{\pi}{2}$

(2) $\mathbf{r}(t) = e^{t}\mathbf{i} + e^{-t}\mathbf{j} + t\mathbf{k},\ t = 0$

(3) $x = e^{t}\cos t,\ y = e^{t}\sin t,\ z = e^{3t},\ t = 0$

(4) $x = \frac{1}{2}t,\ y = \frac{1}{3}(1-t)^{\frac{3}{2}},\ z = \frac{1}{3}(1+t)^{\frac{3}{2}},\ t = 1$

3. 다음 곡선에 대한 종법선벡터를 구하여라.

(1) $\mathbf{r}(t) = 3\cos t\mathbf{i} + 3\sin t\mathbf{j} + 4t\mathbf{k}$

(2) $\mathbf{r}(t) = a\sin t\mathbf{i} + a\cos\mathbf{j} + bt\mathbf{k}(a \neq 0,\quad b \neq 0)$

4. 타원 $\mathbf{r}(t) = 2\cos t\mathbf{i} + 3\sin t\mathbf{j}(0 \leq t \leq 2\pi)$의 장축과 단축의 끝점에서의 곡률을 구하여라.

5. 다음 곡선에 대한 주어진 점에서의 곡률을 구하여라.

(1) $\mathbf{r}(t) = t^2\mathbf{i} + t^3\mathbf{j},\ t = \frac{1}{2}$

(2) $\mathbf{r}(t) = 3\cos t\mathbf{i} + \sin t\mathbf{j},\ t = \pi$

(3) $\mathbf{r}(t) = 3\cos t\mathbf{i} + 3\sin t\mathbf{j} + t\mathbf{k},\ t = \frac{\pi}{2}$

(4) $x = e^{t}\cos t,\ y = e^{t}\sin t,\ z = e^{3t},\ t = 0$

6. 평면 위의 곡선 $y = f(x)$에 대한 곡률은

$$\kappa(x) = \frac{\left|\dfrac{d^2y}{d^2x}\right|}{\left[1 + \left(\dfrac{dy}{dx}\right)^2\right]^{\frac{3}{2}}}$$

임을 보여라.

7. 평면 위의 곡선 $\mathbf{r} = x(t)\mathbf{i} + y(t)\mathbf{j}$에 대한 곡률은

$$\kappa = \frac{|x'y'' - y'x''|}{[(x')^2 + (y')^2]^{\frac{3}{2}}}$$

임을 보여라.

8. 극좌표 위의 곡선 $r=f(\theta)$의 곡률은

$$\kappa = \frac{\left| r^2 + 2\left(\frac{dr}{d\theta}\right) - r\frac{d^2r}{d\theta^2} \right|}{\left[r^2 + \left(\frac{dr}{d\theta}\right)^2 \right]^{\frac{3}{2}}}$$

임을 보여라.

9. 곡선 $\mathbf{r}(t)$의 단위접선벡터 $\mathbf{T}$, 단위법선벡터 $\mathbf{N}$ 및 종법선벡터 $\mathbf{B}=\mathbf{T}\times\mathbf{N}$에 대하여 다음을 보여라.

(1) $\frac{d\mathbf{B}}{ds}$는 $\mathbf{B}$와 수직이다.

(2) $\frac{d\mathbf{B}}{ds}$는 $\mathbf{T}$와 수직이다.

(3) $\frac{d\mathbf{B}}{ds}$는 $\mathbf{N}$의 스칼라 배이다.

※ $\frac{d\mathbf{B}}{ds} = -\tau\mathbf{N}$을 만족하는 τ를 곡선의 **비틀림**(torsion)이라 한다.

10. $\frac{d\mathbf{N}}{ds} = -\kappa\mathbf{T} + \tau\mathbf{B}$ 임을 보여라.

Chapter

3

편도함수

3.1 다변수함수

실생활에서는 많은 함수들이 이변수 또는 그 이상의 변수로 나타난다. 예를 들어 밑변의 반지름이 x이고 높이가 y인 원뿔의 부피는 $V=\frac{1}{3}\pi x^2 y$이고, 가로, 세로, 높이가 각각 x, y, z인 수족관에 담을 수 있는 물의 최대의 양은 $V=xyz$이다.

정의 1

D가 실수의 순서쌍 $(x,\ y)$들의 한 집합이고 R가 실수 z들의 한 집합일 때 D의 각 원소 $(x,\ y)$에 R의 원소 z를 단 하나씩 대응시키는 규칙 f를 D에서 R로의 **이변수함수**(function of two variables)라 하고

$$z=f(x,\ y)$$

로 나타낸다. 이때, D를 함수 f의 **정의역**(domain)이라 한다.

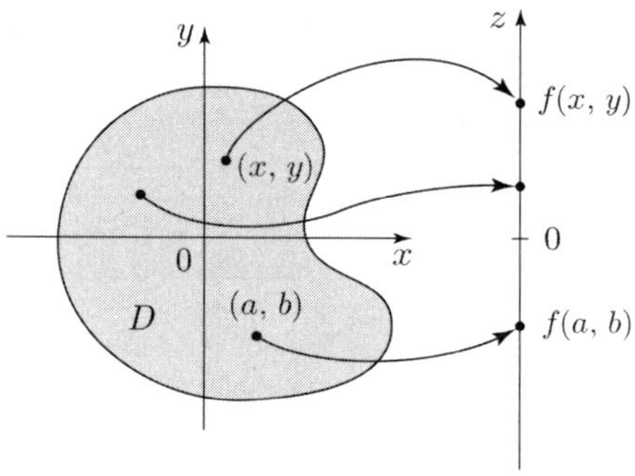

그림 1

위의 정의에서 x, y를 **독립변수**라 하고 z를 **종속변수**라 한다. 또, 3차원 공간의 부분집합

$$\{(x,\ y,\ z)\,|\,(x,\ y)\in D,\ z=f(x,\ y)\}$$

을 $z=f(x,\ y)$의 **그래프**라 하며, 이것은 일반적으로 공간에서 한 **곡면**(surface)이 된다. 일반적으로 독립적으로 변하는 n개의 독립변수 x_1, x_2, $\cdots$, x_n에 대하여 단 하나의 실수값 u를 대응시키는 대응규칙을 n**변수함수**라 하고

$$u=f(x_1,\ x_2,\ \cdots,\ x_n)$$

으로 나타내며, 두 개 이상의 독립변수를 갖는 함수를 통틀어 **다변수함수**(multivariate function)라 한다.

예제 1 |

이변수함수 $f(x,\ y) = \sqrt{9 - x^2 - y^2}$ 의 정의역과 치역을 구하여라.

풀이 이변수함수 $f(x,\ y) = \sqrt{9 - x^2 - y^2}$가 정의되려면 근호 안의 값이 0 이상이어야 하므로 정의역 D는 $D = \{(x,\ y) \mid x^2 + y^2 \le 9\}$이다. 즉, 원 $x^2 + y^2 = 9$의 경계와 내부의 점들의 집합이다.

함수 f의 치역은 $\left\{z : z = \sqrt{9 - x^2 - y^2},\ (x,\ y) \in D\right\}$인데 $9 - x^2 - y^2 \le 9$이므로 치역은 $\{z : 0 \le z \le 3\}$이다. ■

곡면 $z = f(x,\ y)$를 xy평면에 평행인 평면 $z = k$로 잘랐을 때 생기는 공간곡선을 xy평면에 투영시키면 하나의 평면곡선을 얻게 되는데 이러한 곡선을 높이 k의 **등위곡선**(level curve)이라고 한다. 등위곡선 $f(x,\ y) = k$는 주어진 값 k를 갖는 f의 정의역에 있는 모든 점들의 집합이다. 다시 말해, 그곳에서 f의 그래프는 높이가 k이다.

그림은 등위곡선과 수평 자취 사이의 관계를 보여준다.

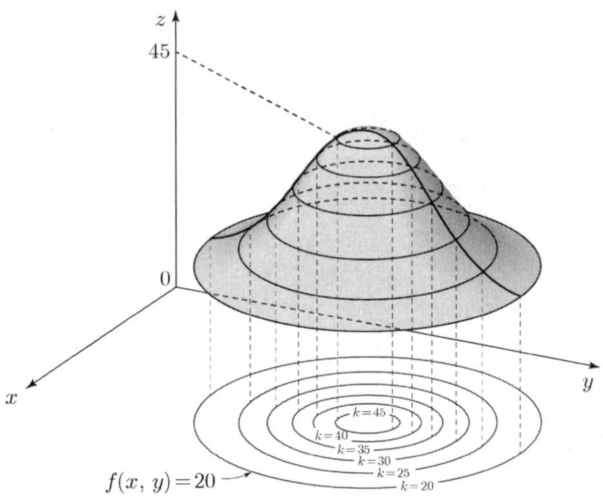

그림 2

등위곡선 $f(x,\ y)=k$는 수평면 $z=k$에서 xy평면으로 투영한 f의 그래프의 자취들이다. 그래서 함수의 등위곡선을 그리고 정해진 높이만큼 곡면을 들어올려진 것으로 등위곡선을 시각화하면 이 그래프의 모양을 머릿속으로 형상화할 수 있을 것이다. 등위곡선들이 서로 인접해 있는 곳의 곡면은 가파르고 멀리 떨어져 있는 곳은 다소 평평하다. 지도상에서의 등위곡선은 해면상에서 일정한 높이를 갖는 곡선들이다. 등위곡선은 3차원 표면 $z=f(x,\ y)$를 2차원적 방법으로 나타낼 수 있게 한다.

삼변수함수 $f(x,\ y,\ z)$의 그래프는 3차원 공간에 그릴 수는 없지만 $f(x,\ y,\ z)=k$ 형태의 **등위곡면**(level surface)으로 눈에 보이게 나타낼 수 있다. 예를 들어 $f(x,\ y,\ z)=x^2+y^2+z^2$에 대하여 $x^2+y^2+z^2=k$ (단, $k>0$)는 중심이 원점인 구이므로 공간에 있는 이 구들이 f의 등위곡면이다.

예제 2 |

$f(x,\ y)=x^2$의 그래프의 형태를 구하여라.

풀이 모든 y에 대하여 $z=f(x,\ y)=x^2$이므로 xz평면에 평행한 임의의 평면으로 주어진 곡면을 잘라도 그 단면은 $z=x^2$인 포물선이 된다. 따라서 곡면의 그래프는 그림과 같다.

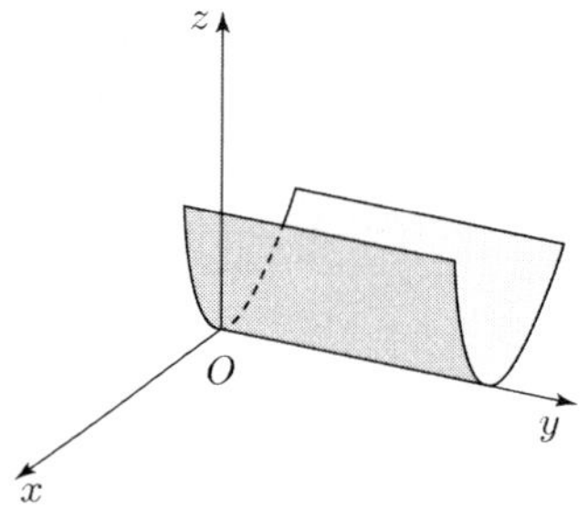

그림 3 ■

예제 3 |

이변수함수 $z=\sqrt{9-x^2-y^2}$ 의 그래프를 그려라.

풀이 주어진 함수의 정의역은 $D=\{(x,\ y)\,|\,x^2+y^2\le 3\}$이고, 주어진 방정식은 $x^2+y^2+z^2=9$이므로 구면인데, 치역은 $\{z\,|\,z\ge 0\}$이므로 주어진 함수의 그래프는 xy

평면과 그 윗부분에 있는 반구면이다.

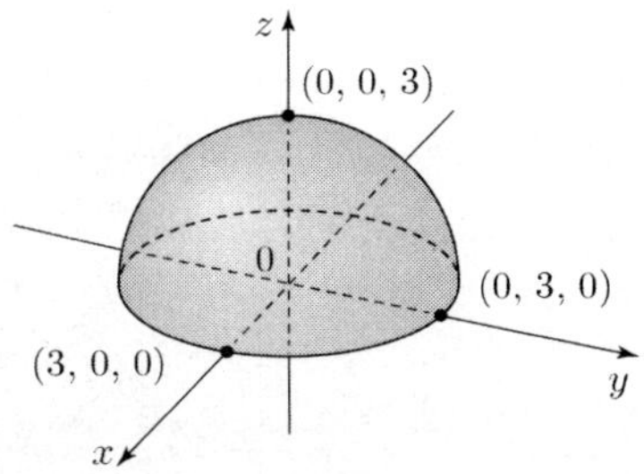

그림 4 ■

예제 4 |

이변수함수 $z = 8 - 2x - 4y$의 그래프를 그려라.

풀이 임의의 $z = c$(c는 상수)에 대하여 $2x + 4y = 8 - c$이므로 직선이고 이러한 직선들을 품는 것은 평면이다. 따라서 주어진 함수의 그래프는 x절편이 4, y절편이 2, z절편이 8인 평면이고, 제1팔분공간에 있는 평면의 일부는 그림과 같다.

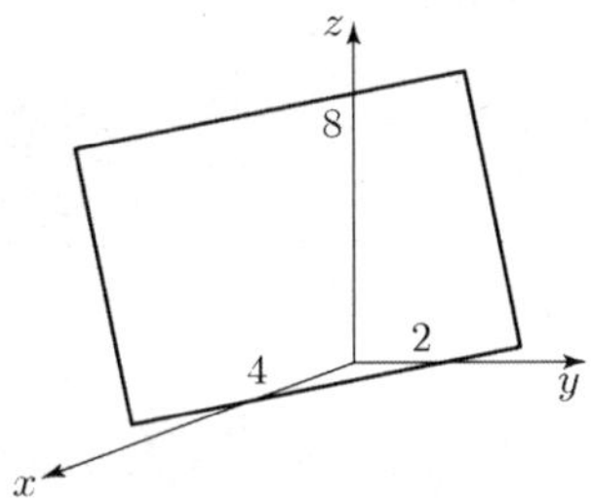

그림 5 ■

이변수함수 $z = f(x, y)$는 방정식 $f(x, y, z) = 0$의 형태로 나타낼 수 있다. 이때 x, y, z에 관하여 2차인 다항방정식

$$f(x, y, z) = Ax^2 + By^2 + Cz^2 + Dxy + Eyz + Fzx + Gx + Hy + Iz + J = 0$$

의 그래프가 나타내는 곡면을 **이차곡면**(quadratic surface)이라 한다.

곡면	방정식	곡면	방정식
타원면 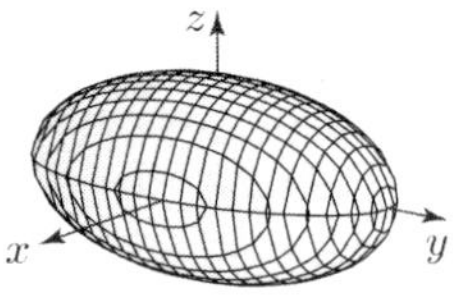	$\frac{x^2}{a^2}+\frac{y^2}{b^2}+\frac{z^2}{c^2}=1$ 모든 자취는 타원이다. $a=b=c$이면 타원면은 구면이다.	원뿔면 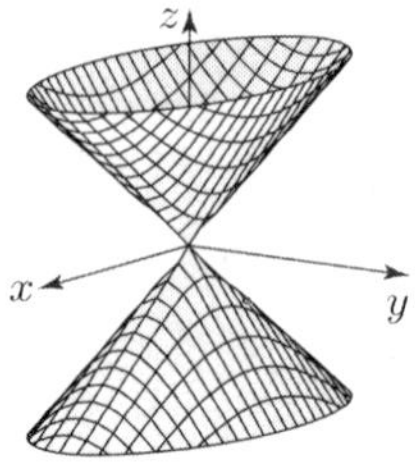	$\frac{z^2}{c^2}=\frac{x^2}{a^2}+\frac{y^2}{b^2}$ 수평자취는 타원이다. $k \neq 0$일 때 평면 $x=k$와 $y=k$ 위의 수직자취는 쌍곡선이고 $k=0$이면 수직자취는 각각 한 쌍의 직선이다.
타원포물면 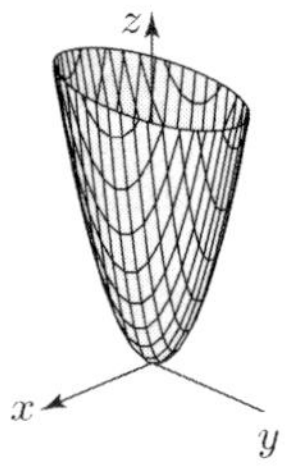	$\frac{z}{c}=\frac{x^2}{a^2}+\frac{y^2}{b^2}$ 수평자취는 타원이고, 수직자취는 포물선이다. 1차 거듭제곱으로 된 변수는 타원포물면의 축을 암시한다.	일엽쌍곡면 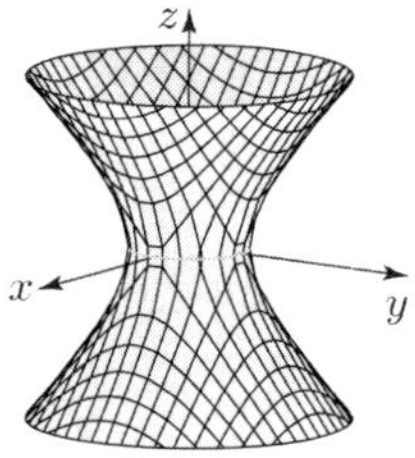	$\frac{x^2}{a^2}+\frac{y^2}{b^2}-\frac{z^2}{c^2}=1$ 수평자취는 타원이고, 수직자취는 쌍곡선이다. 대칭축은 계수가 음인 변수와 대응한다.
쌍곡포물면 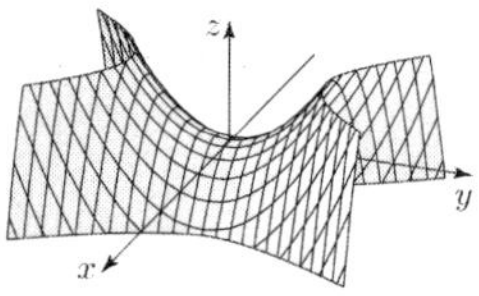	$\frac{z}{c}=\frac{x^2}{a^2}-\frac{y^2}{b^2}$ 수평자취는 쌍곡선이고, 수직자취는 포물선이다. 그림은 $c<0$인 경우의 그래프이다.	이엽쌍곡면 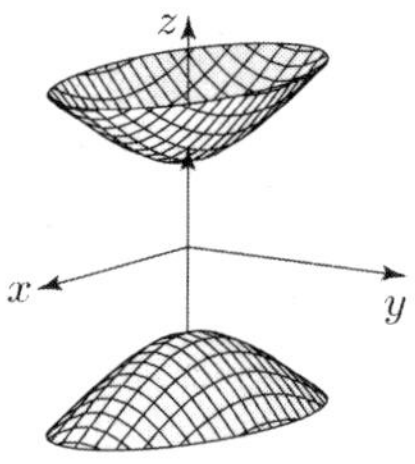	$-\frac{x^2}{a^2}-\frac{y^2}{b^2}+\frac{z^2}{c^2}=1$ $k>c$ 또는 $k<-c$이면 평면 $z=k$ 위의 수평자취는 타원이다. 수직자취는 쌍곡선이다. 두 개의 음의 부호가 이엽을 나타낸다.

예제 5 |

곡면 $4x^2-y^2+2z^2+4=0$이 어떤 곡면인지 설명하고, 그려보아라.

풀이 -4로 나누어서, 방정식을 표준형

$$-x^2+\frac{y^2}{4}-\frac{z^2}{2}=1$$

로 바꾼다. 이 방정식을 표와 비교하면, 이 경우에 쌍곡면의 축이 y축이라는 차이만 있을 뿐, 이엽쌍곡면을 나타냄을 알 수 있다. xy평면과 yz평면 위의 자취는 쌍곡선

$$-x^2+\frac{y^2}{4}=1,\quad z=0\text{와}\quad \frac{y^2}{4}-\frac{z^2}{2}=1,\quad x=0$$

이다. xz평면 위에는 자취가 없으나, $|k|>2$인 수직면 $y=k$ 위의 자취는 타원

$$x^2+\frac{z^2}{2}=\frac{k^2}{4}-1, \quad y=k$$

이고, 이것은

$$\frac{x^2}{\frac{k^2}{4}-1}+\frac{z^2}{2\left(\frac{k^2}{4}-1\right)}=1, \quad y=k$$

와 같이 쓸 수 있다. 이들 자취는 아래 그래프를 그리는 데 이용된다.

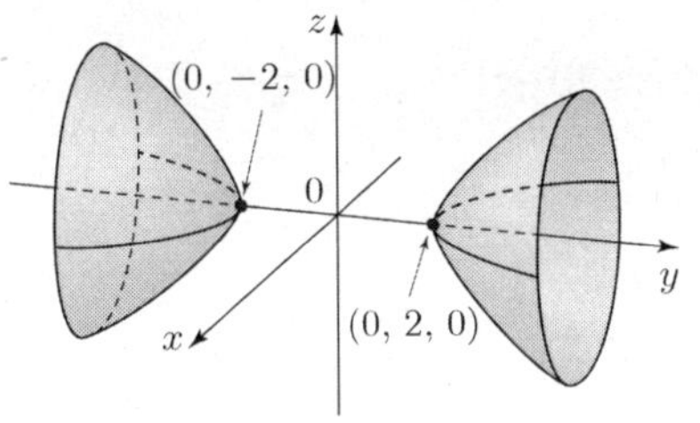

그림 6 ■

이차곡면의 예는 우리 주위에서 쉽게 찾아볼 수 있다. 사실 우리가 사는 지구가 좋은 예이다. 일반적으로 지구 형태가 구라고 생각하지만 정확히 말하면 타원면이다. 왜냐하면 지구의 자전은 북극과 남극점에서 곡면을 약간 더 평평하게 만들기 때문이다.

원형 포물면은 그것의 축에 대하여 포물선을 회전시켜 얻게 되고, 텔레비전이나 라디오의 신호, 소리, 빛 등을 모으거나 반사하는 데 이용된다. 전자망원경을 예로 들면, 지구에서 멀리 떨어진 별에서부터의 신호는 원형 포물면 모양의 볼에 부딪힌 다음 초점의 수신

위성접시는 신호를 포물면의 초점으로 굴절시킨다.

핵 원자로의 냉각탑은 쌍곡면 형태를 하고 있다.

그림 7

기로 굴절되어서 증폭된다. 같은 원리가 포물면 형태의 마이크와 위성접시에 적용된다.

핵 원자로의 냉각탑은 구조적 안정성 때문에 주로 일엽쌍곡면 형태로 만든다. 한 쌍의 쌍곡면은 서로 꼬인 축 사이의 회전운동의 전달에 이용된다. (톱니바퀴의 이는 쌍곡면을 이루는 선이다.)

연습문제 3.1

1. 다음 함수의 정의역을 구하여라.

(1) $f(x,\ y)=\dfrac{1}{\sqrt{9-x^2-y^2}}$

(2) $f(x,\ y)=\dfrac{x-y}{x+y}$

(3) $f(x,\ y)=1+\cos xy$

(4) $f(x,\ y,\ z)=e^{\sqrt{z-x^2-y^2}}$

2. 이차곡면 $x^2+2z^2-6x-y+10=0$의 그래프의 형태를 구하여라.

3. 다음 곡면의 그래프의 형태를 구하여라.

(1) $x^2+\dfrac{y^2}{9}+\dfrac{z^2}{4}=1$

(2) $z=4x^2+y^2$

(3) $z=y^2-x^2$

(4) $\dfrac{x^2}{4}+y^2-\dfrac{z^2}{4}=1$

4. 함수 $z=4x^2+y^2+1$의 등위곡선을 그려라.

3.2 | 이변수함수의 극한과 연속성

이변수함수의 극한은 일변수의 경우와 마찬가지로 임의의 점 $(x,\ y)$가 한 정점 $(a,\ b)$에 충분히 가깝게 근접함에 따라 $f(x,\ y)$의 함숫값이 유한하고 일정한 실수인 L에 한없이 가까워짐을 의미한다.

정의 1

점 $(x,\ y)$가 임의의 경로를 따라 $(a,\ b)$에 한없이 가깝게 접근할 때 함수 $f(x,\ y)$를 L에 충분히 가깝게 할 수 있다면, $(a,\ b)$에서 $f(x,\ y)$의 **극한**(limit)을 L이라 하고

$$\lim_{(x,\ y)\to(a,\ b)} f(x,\ y) = L$$

로 나타낸다.

정의는 $(x,\ y)$에서 $(a,\ b)$까지 거리를 충분히 작게(0이 아닌) 함으로써 $f(x,\ y)$와 L 사이의 거리가 임의로 작아질 수 있음을 뜻한다. 그러나 정의는 단지 $(x,\ y)$와 $(a,\ b)$ 사이의 거리를 언급한 것이지 접근하는 방향을 언급한 것은 아니다. 그러므로 만약 극한이 존재하면, $(x,\ y)$가 $(a,\ b)$에 접근하는 방법에 상관없이 $f(x,\ y)$는 같은 극한을 가져야 한다. 일변수의 경우에 x가 a에 한없이 가까워지는 방법은 흔히 왼쪽에서 가까워지는 방법과 오른쪽에서 가까워지는 방법으로 이 두 방법에 따른 극한이 동일한 경우에 극한이 존재한다고 정의하였다. 이변수의 경우에는 만약 접근하는데 두 개의 다른 경로를 발견할 수 있고 $f(x,\ y)$가 다른 극한을 가지면 극한은 존재하지 않는다. 이변수의 경우에 한 정점 $(a,\ b)$를 포함하는 어떤 영역 안의 임의의 점 $(x,\ y)$가 $(a,\ b)$에 한없이 가까워지는 방법이

(1) 직선 $y = mx$에 따라 접근하는 경우

(2) $y\to b$와 $x\to a$인 경로 또는 $x\to a$와 $y\to b$인 경로에 따라 접근하는 경우

(3) 임의의 곡선 C를 따라 접근하는 경우

등과 같이 무수히 많다는 것에 유의해야 한다. 한편 각 경로에 대한 극한이 항상 동일한 것은 아니며, 이 모든 경우에 대한 극한이 동일한 값 L이 되는 경우에 한하여 $(x,\ y)\to(a,\ b)$일 때, 함수 $f(x,\ y)$는 L에 가까워진다고 한다.

예제 1 |

$\lim_{(x,\ y)\to(0,\ 0)} \frac{x^2-y^2}{x^2+y^2}$이 존재하지 않음을 보여라.

풀이 $f(x,\ y)=\frac{x^2-y^2}{x^2+y^2}$이라 하자. 먼저 x축을 따라 (0, 0)으로 접근시켜보자. 그러면 $y=0$이 되어 모든 $x \neq 0$에 대해 $f(x,\ 0)=\frac{x^2}{x^2}=1$이 되어

$$f(x,\ y)\to 1 \ (x\text{축을 따라 } (x,\ y)\to(0,\ 0)\text{일 때})$$

이다. 이제 $x=0$이라 두고 y축을 따라 접근시켜보자. 그러면 모든 $y \neq 0$에 대해 $f(0,\ y)=-\frac{y^2}{y^2}=-1$이 되어 $f(x,\ y)\to -1$ (y축을 따라 $(x,\ y)\to(0,\ 0)$일 때)이다(그림 1). f는 서로 다른 두 직선을 따라 두 개의 서로 다른 극한을 가지므로 주어진 식은 극한을 가지지 않는다.

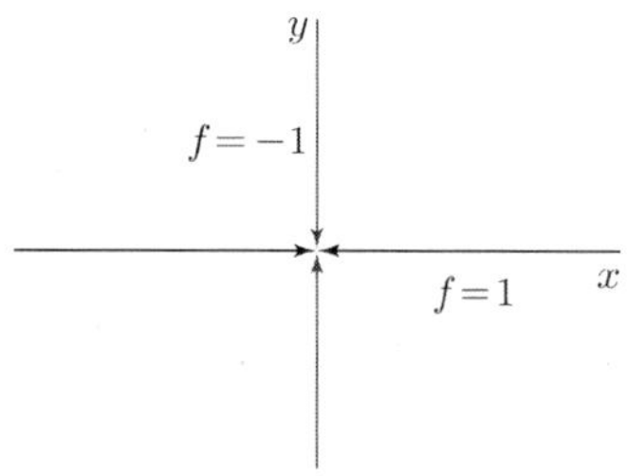

그림 1 ■

예제 2 |

$\lim_{(x,\ y)\to(0,\ 0)} \frac{xy}{x^2+y^2}$가 존재하는가?

풀이 $y=0$일 때 $f(x,\ 0)=\frac{0}{x^2}=0$이다. 그러므로

$$f(x,\ y)\to 0 \ (x\text{축을 따라 } (x,\ y)\to(0,\ 0)\text{일 때})$$

$x=0$일 때 $f(0,\ y)=\frac{0}{y^2}=0$이다. 그러므로

$$f(x,\ y)\to 0 \ (y\text{축을 따라 } (x,\ y)\to(0,\ 0)\text{일 때})$$

비록 축을 따라 동일한 극한을 얻었지만, 주어진 극한이 0이라는 것은 아니다. 이제 직선 $y=x$를 따라 (0, 0)에 접근하자. 모든 $x \neq 0$에 대해

$$f(x,\ x)=\frac{x^2}{x^2+x^2}=\frac{1}{2}$$

이다. 그러므로

$$f(x,\ y) \to \frac{1}{2}\ \ (\text{직선 } y=x\text{를 따라 } (x,\ y) \to (0,\ 0)\text{일 때})$$

이다. 다른 경로에 따라 다른 극한을 취하므로 주어진 극한은 존재하지 않는다.

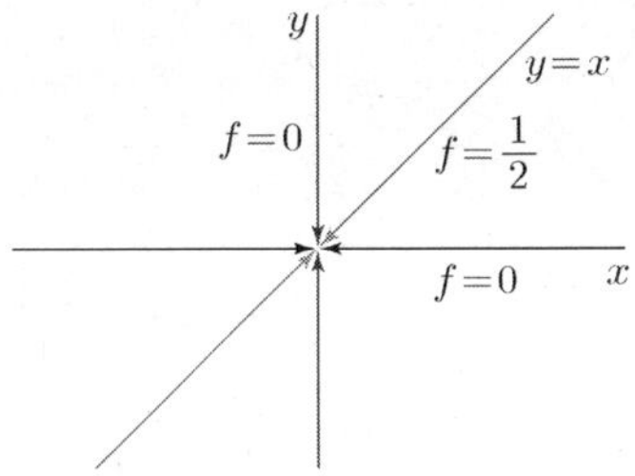

그림 2

■

이변수함수의 합, 차, 곱 및 몫의 극한은 일변수의 경우에서와 동일하며, 삼변수함수에 대해서도 같은 결과를 얻을 수 있다.

정리 2

$\lim\limits_{(x,\ y)\to(a,\ b)} f(x,\ y)=L$이고 $\lim\limits_{(x,\ y)\to(a,\ b)} g(x,\ y)=M$이면, 다음이 성립한다.

(1) $\lim\limits_{(x,\ y)\to(a,\ b)} [f(x,\ y) \pm g(x,\ y)]=L \pm M$ (복호동순)

(2) $\lim\limits_{(x,\ y)\to(a,\ b)} [f(x,\ y) \cdot g(x,\ y)]=L \cdot M$

(3) $\lim\limits_{(x,\ y)\to(a,\ b)} \dfrac{f(x,\ y)}{g(x,\ y)}=\dfrac{L}{M}$ (단, $M \neq 0$)

예제 3 |

다음 극한값을 구하여라.

(1) $\lim_{(x,\ y)\to(-2,\ 4)} \frac{x}{\sqrt{y}-x}$

(2) $\lim_{(x,\ y)\to(0,\ 0)} \frac{x^2y^2}{x^2+y^2}$

풀이 (1) $$\lim_{(x,\ y)\to(-2,\ 4)} \frac{x}{\sqrt{y}-x} = \frac{\lim_{(x,\ y)\to(-2.4)} x}{\lim_{(x,\ y)\to(-2,\ 4)} \sqrt{y}-x}$$

$$= \frac{\lim_{(x,y)\to(-2,\ 4)} x}{\lim_{(x,\ y)\to(-2,\ 4)} \sqrt{y} - \lim_{(x,\ y)\to(-2,\ 4)} x}$$

$$= \frac{-2}{2-(-2)} = -\frac{1}{2}$$

(2) 이 극한은 $\frac{0}{0}$의 부정형인데 이 극한을 구하기 위해서

$$0 \le \left| \frac{x^2y^2}{x^2+y^2} \right| = \left| \frac{y^2}{1+\left(\frac{y}{x}\right)^2} \right| \le |y^2|$$

을 이용한다. 즉,

$$0 \le \lim_{(x,\ y)\to(0,\ 0)} \left| \frac{x^2y^2}{x^2+y^2} \right| \le \lim_{(x,\ y)\to(0,\ 0)} |y^2| = 0$$

이므로

$$\lim_{(x,\ y)\to(0,\ 0)} \frac{x^2y^2}{x^2+y^2} = 0$$

이다. ■

앞의 예제에서 (2)의 값을 구하는 또 하나의 방법은 극좌표를 이용하는 것이다. 만일

$$x = r\cos\theta, \quad y = r\sin\theta$$

이라 하면 $(x,\ y)$가 $(0,\ 0)$에 가까이 갈 때 r은 0에 가까이 갈 것이다. 따라서

$$\frac{x^2y^2}{x^2+y^2} = \frac{r^4\cos^2\theta\sin^2\theta}{r^2} = r^2\cos^2\theta\sin^2\theta$$

이고,

$$\lim_{r \to 0} r^2 \cos^2\theta \sin^2\theta = 0$$

임을 알 수 있다.

정의 3

이변수함수 $f(x, y)$가 다음 세 조건을 만족하면 함수 $f(x, y)$는 (a, b)에서 **연속**(continuous)이라 한다.

(1) $f(a, b)$가 존재한다.

(2) $\lim_{(x, y) \to (a, b)} f(x, y)$가 존재한다.

(3) $\lim_{(x, y) \to (a, b)} f(x, y) = f(a, b)$이다.

연속성의 직관적인 의미는 점 (x, y)가 작은 양만큼 변하면 $f(x, y)$의 값도 작은 양만큼 변한다는 것이다. 이것은 연속함수의 그래프인 곡면에 어떠한 구멍 또는 갈라진 틈이 없다는 것을 의미한다.

예제 4 |

함수 $f(x, y) = \dfrac{x^2 - y^2}{x^2 + y^2}$는 어디에서 연속인가?

풀이 함수 f는 (0, 0)에서 정의되지 않기 때문에 (0, 0)에서는 불연속이다. 함수 f는 유리함수이기 때문에 정의역인 집합 $\{(x, y) : (x, y) \neq (0, 0)\}$에서 연속이다. ■

예제 5 |

다음 함수의 원점에서의 연속성을 조사하여라.

$$f(x, y) = \begin{cases} \dfrac{xy}{x^2 + y^2}, & (x, y) \neq (0, 0) \\ 0, & (x, y) = (0, 0) \end{cases}$$

풀이 점 (x, y)를 곡선 $y=mx$을 따라 원점에 접근시키면

$$\begin{aligned}\lim_{(x,\, y)\to(0,\, 0)} f(x, y) &= \lim_{(x,\, y)\to(0,\, 0)} \frac{xy}{x^2+y^2}\\ &= \lim_{(x,\, y)\to(0,\, 0)} \frac{mx^2}{x^2+m^2x^2}\\ &= \lim_{(x,\, y)\to(0,\, 0)} \frac{m}{1+m^2}\\ &= \frac{m}{1+m^2}\end{aligned}$$

이것은 m의 값에 따라 극한값이 다르다. 즉, $(x, y)\to(0, 0)$일 때 극한이 존재하지 않으므로 점 $(0, 0)$에서 불연속이다. ■

일변수함수와 마찬가지로 합성은 두 연속함수를 결합하여 세 번째 함수를 구하는 또 다른 방법이다. 이변수함수 $g(x, y)$가 점 (a, b)에서 연속이고 일변수함수 $f(z)$가 점 $z=g(a, b)$에서 연속이면, 합성함수 $(f \circ g)(x, y)=f(g(x, y))$도 점 (a, b)에서 연속이다.

예제 6 |

함수 $f(x, y)=(2x^4-5x^3y+y^2)^3$은 평면 위의 모든 점에서 연속임을 보여라.

풀이 일변수함수 $f(z)=z^3$은 모든 점에서 연속이고, 이변수함수

$$g(x, y)=2x^4-5x^3y+y^2$$

은 평면 위의 모든 점에서 연속이다. 그러므로 합성함수

$$f(x, y)=(2x^4-5x^3y+y^2)^3=f(g(x, y))$$

도 평면 위의 모든 점에서 연속이 된다. ■

연습문제 | 3.2

1. $\displaystyle\lim_{(x,\ y)\to(0,\ 0)} \frac{xy^2}{x^2+y^4}$을 구하여라.

2. $\displaystyle\lim_{(x,\ y)\to(3,\ 1)} f(x,\ y)=6$이라 가정하자. $f(3,\ 1)$의 값에 대해 무엇이라 할 수 있는가? 만약 f가 연속이면 $f(3,\ 1)$은 무엇인가?

3. 극좌표를 이용하여 극한을 구하여라.

(1) $\displaystyle\lim_{(x,\ y)\to(0,\ 0)} \frac{x^3+y^3}{x^2+y^2}$

(2) $\displaystyle\lim_{(x,\ y)\to(0,\ 0)} (x^2+y^2)\ln(x^2+y^2)$

4. 다음 함수의 원점에서의 연속성을 조사하여라.

$$f(x,\ y)=\begin{cases} \dfrac{x^2-y^2}{x^2+y^2}, & (x,\ y)\neq(0,\ 0) \\ 0, & (x,\ y)=(0,\ 0) \end{cases}$$

5. 함수 $h(x,\ y)=\arctan(y/x)$는 어디에서 연속인가?

3.3 | 편도함수

여기서는 일변수함수의 도함수를 구하기 위하여 적용했던 원리들을 다변수함수에 적용함으로써 편도함수의 개념을 얻는다.

일반적으로 f가 두 변수 x와 y의 함수일 때, y를 $y=b$(b는 상수)로 고정시키면 f는 x만의 함수, 즉 $g(x)=f(x, b)$인 일변수함수로 생각할 수 있다. 만일 g가 각 $x=a$에서 도함수를 가지면 그 도함수를 (a, b)에서 f의 x에 관한 **미분계수**라 한다.

정의 1

이변수함수 $f(x, y)$에 대하여

$$\lim_{h\to 0}\frac{f(a+h, b)-f(a, b)}{h}, \quad \lim_{k\to 0}\frac{f(a, b+k)-f(a, b)}{k}$$

이 존재하면, 이 두 값을 각각 점 (a, b)에서 함수 $f(x, y)$의 x 및 y에 관한 **순간변화율** 또는 **편미분계수**라 하고, 함수 $f(x, y)$는 점 (a, b)에서 x 및 y에 관하여 **편미분가능하다**(partially differentiable)고 한다. 이때 x 및 y에 관한 편미분계수를 각각 $f_x(a, b)$, $f_y(a, b)$로 나타낸다.

예제 1 |

함수 $f(x, y)=x^2+y^2$에 대해서 $f_x(1, 2)$, $f_y(1, 2)$를 각각 구하여라.

풀이

$$f_x(1, 2)=\lim_{h\to 0}\frac{\{(1+h)^2+2^2\}-(1^2+2^2)}{h}$$

$$=\lim_{h\to 0}\frac{2h+h^2}{h}=2,$$

$$f_y(1, 2)=\lim_{k\to 0}\frac{\{1^2+(2+k)^2\}-(1^2+2^2)}{k}$$

$$=\lim_{k\to 0}\frac{4k+k^2}{k}=4.$$

■

정의 2

함수 $f(x, y)$가 x 및 y에 관하여 편미분가능한 모든 점의 집합을 각각 D_x, D_y라 할 때, 다음 두 함수

$$f_x : D_x \to \mathbb{R}, \quad f_x(x, y) = \lim_{h \to 0} \frac{f(x+h, y) - f(x, y)}{h}$$

$$f_y : D_y \to \mathbb{R}, \quad f_y(x, y) = \lim_{k \to 0} \frac{f(x, y+k) - f(x, y)}{k}$$

를 각각 x 및 y에 관한 함수 $f(x, y)$의 **편도함수**(partial derivative)라 한다.

함수 $z = f(x, y)$의 편도함수를 각각 다음과 같이 표시한다.

x에 관한 편도함수: z_x, $f_x(x, y)$, f_x, $\dfrac{\partial f}{\partial x}$, $\dfrac{\partial z}{\partial x}$, $\dfrac{\partial}{\partial x} f(x, y)$, $D_x f(x, y)$, $D_x f$

y에 관한 편도함수: z_y, $f_y(x, y)$, f_y, $\dfrac{\partial f}{\partial y}$, $\dfrac{\partial z}{\partial y}$, $\dfrac{\partial}{\partial y} f(x, y)$, $D_y f(x, y)$, $D_y f$

편도함수를 계산하기 위해서 해야 할 일은 x에 관한 편도함수는 y를 고정하여 얻는 단일변수함수의 도함수라는 사실을 기억하는 것이다. 따라서 다음과 같은 규칙을 가진다.

〈$z = f(x, y)$의 편도함수를 구하기 위한 규칙〉

(1) f_x를 구하기 위해서 y를 상수로 보고 $f(x, y)$를 x에 관해 미분한다.

(2) f_y를 구하기 위해서 x를 상수로 보고 $f(x, y)$를 y에 관해 미분한다

예제 2 |

$f(x, y) = \ln xy + x^2 y$에서 f_x, f_y, $f_x(1, 2)$, $f_y(1, 2)$를 구하여라.

풀이 y를 상수로 보고 f를 x에 관하여 미분하면 $f_x(x, y) = \dfrac{1}{x} + 2xy$이므로 $f_x(1, 2) = 1 + 4 = 5$이다.

x를 상수로 보고 f를 y에 관하여 미분하면 $f_y(x, y) = \dfrac{1}{y} + x^2$이므로 $f_y(1, 2) = \dfrac{1}{2} + 1 = \dfrac{3}{2}$이다. ■

이제 편도함수의 기하학적인 의미에 대하여 알아보자. 함수 $z=f(x,\ y)$의 그래프가 다음 그림과 같다고 하자.

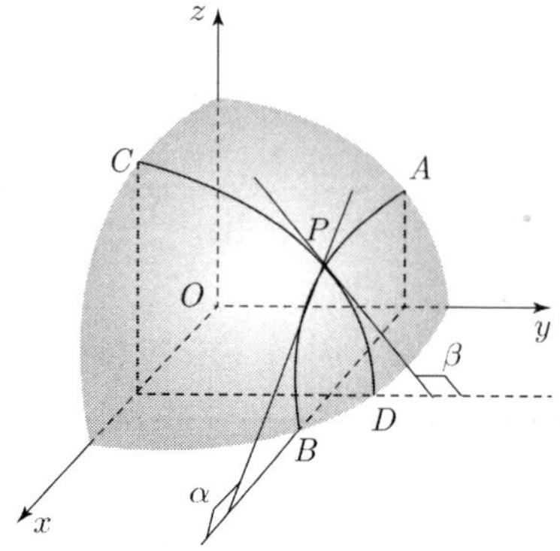

그림 1

곡면 위의 한 점 $P(a,\ b,\ c)$를 지나고 zx평면과 평행인 평면으로 곡면을 자르면 곡선 APB를 얻는다. 한 점이 이 곡선을 따라 움직이면 z와 x는 변하지만 y는 변하지 않을 것이다. 따라서 점 $P(a,\ b,\ c)$에서의 함수 $z=f(x,\ y)$의 x에 관한 편미분계수 $f_x(a,\ b)$는 곡선 APB의 점 P에서의 접선의 기울기를 의미한다. 곡선 CPD에 대해서도 같은 방법으로 생각하여 다음과 같은 편미분계수의 기하학적 의미를 얻는다.

$f_x(a,\ b)=\tan\alpha=$점 P에서의 zx평면에 평행인 접선

$f_y(a,\ b)=\tan\beta=$점 P에서의 yz평면에 평행인 접선

그림 2는 편도함수의 기하학적 의미를 설명하기 위해 컴퓨터를 이용하여 그래프를 그린 것이다.

이변수함수 $z=f(x,\ y)$의 편도함수는 또 하나의 이변수함수이다. 이 함수의 편도함수가 다시 존재하면 이것을 주어진 함수의 **이계편도함수**라 하고 다음과 같은 기호로 나타낸다.

$$\frac{\partial}{\partial x}\left(\frac{\partial z}{\partial x}\right)=\frac{\partial^2 z}{\partial x^2}=z_{xx}=\frac{\partial^2 f}{\partial x^2}=f_{xx}$$

$$\frac{\partial}{\partial x}\left(\frac{\partial z}{\partial y}\right)=\frac{\partial^2 z}{\partial x\partial y}=z_{yx}=\frac{\partial^2 f}{\partial x\partial y}=f_{yx}$$

$$\frac{\partial}{\partial y}\left(\frac{\partial z}{\partial x}\right)=\frac{\partial^2 z}{\partial y\partial x}=z_{xy}=\frac{\partial^2 f}{\partial y\partial x}=f_{xy}$$

$$\frac{\partial}{\partial y}\left(\frac{\partial z}{\partial y}\right)=\frac{\partial^2 z}{\partial y^2}=z_{yy}=\frac{\partial^2 f}{\partial y^2}=f_{yy}$$

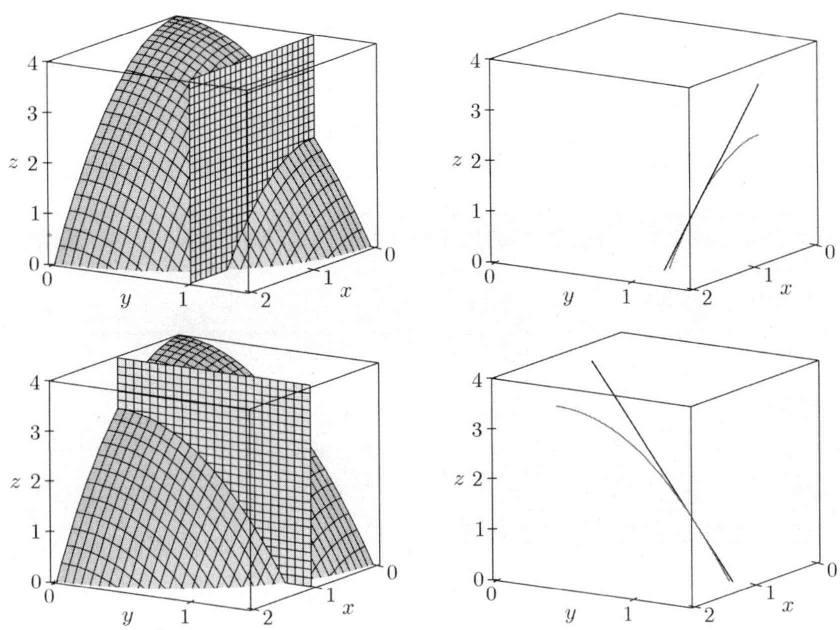

그림 2

표기 방법에서 f_{xy} 또는 $\dfrac{\partial^2 f}{\partial y \partial x}$로 나타낼 때, 그 순서가 같지 않음을 주의해야 한다.

예제 3 |

z가 x와 y의 함수로서 음함수적으로 $x^3+y^3+z^3+6xyz=1$로 정의될 때, $\dfrac{\partial z}{\partial x}$, $\dfrac{\partial z}{\partial y}$를 구하여라.

풀이 $\dfrac{\partial z}{\partial x}$를 구하기 위해 y를 상수로 취급하면서, x에 관하여 음함수 미분을 한다.

$$3x^2+3z^2\frac{\partial z}{\partial x}+6yz+6xy\frac{\partial z}{\partial x}=0$$

$\dfrac{\partial z}{\partial x}$에 대해 이 방정식을 풀면

$$\frac{\partial z}{\partial x}=-\frac{x^2+2yz}{z^2+2xy}$$

를 얻는다. 마찬가지 방법으로, y에 관해 음함수 미분을 하면

$$\frac{\partial z}{\partial y} = -\frac{y^2 + 2xz}{z^2 + 2xy}$$

이다. ■

예제 4 |

$z = x^2 y + \cos y + y \sin x$의 모든 이계편도함수를 구하여라.

풀이 일계편도함수는

$$z_x = 2xy + y\cos x,\ z_y = x^2 - \sin y + \sin x$$

이고, 이것의 편도함수를 구하면 다음의 이계편도함수를 얻는다.

$$\begin{aligned} z_{xx} &= 2y - y\sin x \\ z_{xy} &= 2x + \cos x \\ z_{yx} &= 2x + \cos x \\ z_{yy} &= -\cos y \end{aligned}$$

■

예제 5 |

$f(x, y) = \begin{cases} \dfrac{xy(x^2 - y^2)}{x^2 + y^2}, & (x, y) \neq (0, 0) \\ 0, & (x, y) = (0, 0) \end{cases}$일 때, $f_{xy}(0, 0) \neq f_{yx}(0, 0)$임을 보여라.

풀이 $y \neq 0$일 때 $f(0, y) = 0$이므로

$$f_x(0, y) = \lim_{h \to 0} \frac{f(h, y) - f(0, y)}{h} = \lim_{h \to 0} \frac{y(h^2 - y^2)}{h^2 + y^2} = -y$$

이고, $f_x(0, 0) = \lim_{h \to 0} \dfrac{f(h, 0) - f(0, 0)}{h} = 0$이므로

$$f_{xy}(0, 0) = \lim_{k \to 0} \frac{f_x(0, k) - f_x(0, 0)}{k} = \lim_{k \to 0} \frac{-k - 0}{k} = -1$$

같은 방법으로, $x \neq 0$일 때 $f(x, 0) = 0$이므로

$$f_y(x,\ 0) = \lim_{k \to 0} \frac{f(x,\ k) - f(x,\ 0)}{k} = \lim_{k \to 0} \frac{x(x^2 - k^2)}{x^2 + k^2} = x$$

이고, $f_y(0,\ 0) = \lim_{k \to 0} \dfrac{f(0,\ k) - f(0,\ 0)}{k} = 0$이므로

$$f_{yx}(0,\ 0) = \lim_{h \to 0} \frac{f_y(h,\ 0) - f_y(0,\ 0)}{h} = \lim_{h \to 0} \frac{h - 0}{h} = 1$$

그러므로 $f_{xy}(0,\ 0) \neq f_{yx}(0,\ 0)$이다. ■

앞의 예제에서 이계 편미분가능한 함수 $f(x,\ y)$에 대하여 x와 y의 순서로 편미분한 결과 f_{xy} 그리고 y와 x의 순서로 편미분한 결과 f_{yx}가 항상 같은 것은 아니라는 사실을 보여준다. 그러나 이변수함수 f에서 f_{xy}와 f_{yx}는 x, y에 관한 편미분의 순서가 다르지만 프랑스 수학자 클레로(Alexis Clairaut, 1713~1765)에 의해 발견된 다음 정리의 조건을 만족하면 두 편도함수는 같다.

정리 3　클레로 정리(Clairaut's Theorem)

f가 이변수함수이고 f_{xy}와 f_{yx}가 점 $(x,\ y)$의 근방에서 연속이면

$$f_{xy}(x,\ y) = f_{yx}(x,\ y)$$

이다.

이변수함수에 대한 편도함수의 개념을 삼변수 이상의 함수로 확장할 수 있다. 예를 들어, $w = f(x,\ y,\ z)$에 대하여 x에 관한 편도함수는

$$f_x(x,\ y,\ z) = \lim_{h \to 0} \frac{f(x+h,\ y,\ z) - f(x,\ y,\ z)}{h}$$

으로 정의하며, 또한 y와 z에 관한 편도함수도 동일한 방법으로 정의한다. 따라서 삼변수함수 $f(x,\ y,\ z)$의 x에 대한 편도함수를 구하기 위하여 다른 변수들은 상수로 취급하고 오로지 변수 x에 대한 도함수만 구하면 된다. 그리고 이것은 n변수함수에도 동일하게 적용할 수 있다.

예제 6 |

$f(x, y, z) = e^{xy}\ln z$일 때 f_x, f_y, f_z을 구하여라.

풀이 y와 z를 상수로 유지하고 x에 관해 미분하면 $f_x = ye^{xy}\ln z$이다. 마찬가지 방법으로

$$f_y = xe^{xy}\ln z \quad \text{그리고} \quad f_z = \frac{e^{xy}}{z}$$

이다. ■

연습문제 | 3.3

1. 다음 함수의 편도함수를 구하여라.

(1) $f(x, y) = \dfrac{1}{\sqrt{x^2+y^2}}$

(2) $f(x, y) = e^x(a\cos y + b\sin y)$

(3) $f(x, y) = \tan^{-1}x^2y^3$

(4) $f(x, y) = \ln\sin xy$

2. 점 Q가 구면 $x^2+y^2+z^2=1$과 x축에 수직인 평면 $x=\dfrac{2}{3}$와의 교선인 원을 따라 움직인다고 할 때, 그 점이 $P\left(\dfrac{2}{3}, \dfrac{1}{3}, \dfrac{2}{3}\right)$에 왔을 때 y에 대한 z의 변화율을 구하여라.

3. $z = xf(ax+by) + yg(ax+by)$에서 다음을 구하여라.

$$b^2\frac{\partial^2 z}{\partial x^2} - 2ab\frac{\partial^2 z}{\partial x\partial y} + a^2\frac{\partial^2 z}{\partial y^2}$$

3.4 접평면과 선형근사

일변수 미적분학에서 가장 중요한 개념은 미분가능한 함수의 그래프상의 한 점으로 향해 초점을 맞추고 급격히 확대할 때 그래프는 그것의 접선과 구별할 수 없게 된다는 것이다. 따라서 그 함수의 근사식으로 일차함수를 이용할 수 있다. 여기서 그런 아이디어를 삼차원으로 발전시킨다. 미분가능한 이변수함수의 그래프인 곡면상의 한 점에 초점을 맞추어 확대해보면 곡면은 더욱더 평면(그것의 접평면)과 닮게 보인다. 그래서 이 함수를 이변수함수의 선형함수로 근사시킬 수 있다. 또한 이변수 이상의 함수에 대한 미분으로 이 아이디어를 확장시킬 수 있다

곡면 S가 방정식 $z=f(x,\ y)$를 만족한다고 하자. 단 f는 연속인 일계편도함수를 가진다.

$P(x_0,\ \ y_0,\ z_0)$를 S상의 점이라 하자. C_1과 C_2를 곡면 S와 수직면 $y=y_0$와 $x=x_0$가 교차함으로써 얻는 곡선이라 하자. 그러면 점 P는 C_1과 C_2상에 놓인다. T_1과 T_2를 점 P에서 C_1과 C_2에 대한 접선이라 하자. 그러면 P에서 S에 대한 **접평면**(tangent plane)은 접선 T_1과 T_2를 포함하는 평면으로 정의된다(그림 1 참조).

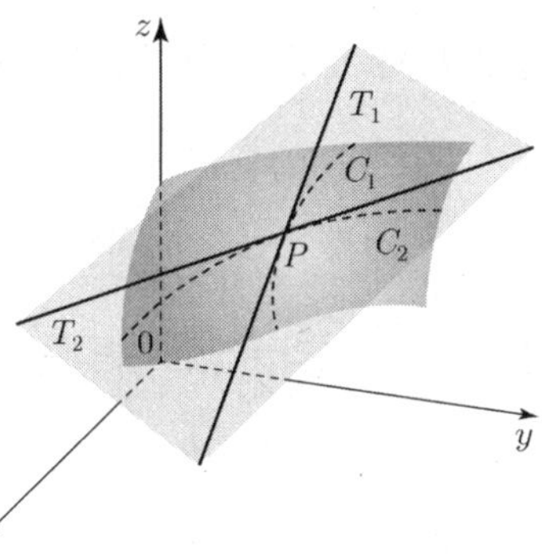

그림 1

만약 C가 곡면 S상에 있고 P를 통과하는 또 다른 곡선이면, P에서 그 접선 또한 접평면 안에 놓이게 된다. 그러므로 P에서 S에 대한 접평면은 S상에 있고 P를 통과하는 곡선에 대한 P에서의 가능한 모든 접선으로 이루어진 것으로 생각할 수 있다. P에서의 접평면은 점 P 근방에서 곡면 S에 가장 가까이 근접한 평면이다.

점 $P(x_0,\ \ y_0,\ z_0)$를 통과하는 평면은

$$A(x-x_0)+B(y-y_0)+C(z-z_0)=0$$

형태의 방정식을 가진다. C로 나누고 $a=-A/C$, $b=-B/C$라 함으로서 다음 형태로 다시 쓸 수 있다.

$$z-z_0=a(x-x_0)+b(y-y_0)$$

만약 위 식이 점 P에서 접평면을 의미하면, 평면 $y=y_0$와의 교선은 접선 T_1임에 틀림없다.

위 식에서 $y=y_0$로 놓으면 다음과 같다.

$$z-z_0=a(x-x_0), \quad y=y_0$$

그리고 이것을 기울기 a인 직선의 방정식으로 알고 있다. 그러나 3.2절에서 접선 T_1의 기울기는 $f_x(x_0, y_0)$라고 알고 있다. 그러므로 $a=f_x(x_0, y_0)$이다.

이와 마찬가지로 $x=x_0$로 놓으면 $z-z_0=b(y-y_0)$를 얻으며, 이것은 접선 T_2를 의미하고, 따라서 $b=f_y(x_0, y_0)$이다.

정리 1

$P(x_0, y_0, z_0)$를 곡면 $z=f(x, y)$상의 점이라 하고, $f(x, y)$가 점 (x_0, y_0)에서 연속인 일계편도함수를 가진다면, 곡면은 P에서 수직이 아닌 접평면을 갖고, 그 방정식은

$$f_x(x_0, y_0)(x-x_0)+f_y(x_0, y_0)(y-y_0)-(z-z_0)=0$$

이고, P을 지나고 접평면에 수직인 직선(법선)의 방정식은

$$\frac{x-x_0}{f_x(x_0, y_0)}=\frac{y-y_0}{f_y(x_0, y_0)}=\frac{z-z_0}{-1}$$

이다.

예제 1 |

점 $P(2, 1, 4)$에서 곡면 $z=x^2y$의 접평면의 방정식과 법선의 방정식을 구하여라.

풀이 $f(x, y)=x^2y$이므로

$$f_x(x, y)=2xy, \quad f_x(x, y)=x^2$$

점 $(2, 1)$에서 $f_x(2, 1)=4$, $f_y(2, 1)=4$이므로 구하는 접평면의 방정식은

$$4(x-2)+4(y-10-(z-4))=0 \quad \text{또는} \quad 4x+4y=8$$

이고, 법선의 방정식은

$$\frac{x-2}{4}=\frac{y-1}{4}=\frac{z-4}{-1}$$

이다. ■

일반적으로 점 $(a, b, f(a, b))$에서 이변수함수의 그래프에 대한 접평면의 방정식이

$$z=f(a, b)+f_x(a, b)(x-a)+f_y(a, b)(y-b)$$

임을 안다. 그래프가 이 접평면인 일차함수, 즉

$$L(x, y)=f(a, b)+f_x(a, b)(x-a)+f_y(a, b)(y-b)$$

는 (a, b)에서 f의 **선형화**(linearization)라 부르고 근사

$$f(x, y)\approx f(a, b)+f_x(a, b)(x-a)+f_y(a, b)(y-b)$$

는 (a, b)에서 f의 **선형근사**(linear approximation) 또는 **접평면근사**(tangent plane approximation)라 부른다.

한편 일변수함수에 대한 증분과 미분의 개념은 다변수함수로 확장하여 생각할 수 있다. 예를 들어, $z=f(x, y)$로 정의된 이변수함수에서 변수 x와 y의 증분을 각각 Δx와 Δy라 할 때,

$$\Delta z=f(x+\Delta x, y+\Delta y)-f(x, y)$$

를 점 (x, y)에서 증분 Δx와 Δy에 대응하는 z의 **증분**(increment)이라 한다.

예제 2 |

함수 $z=2x^2+y^2$에서 x가 1에서 1.2로, y가 2에서 1.9로 변했을 때 주어진 함수의 증분을 구하여라.

풀이
$$\begin{aligned}\Delta z &= f(1.2,\ 1.9) - f(1,\ 2) \\ &= 2(1+0.2)^2 + (1+0.1)(2-0.2) - (2 \cdot 1^2 + 2^2) \\ &= 0.49\end{aligned}$$
■

다음 정리는 앞으로 유용하게 사용할 정리로서 증명 없이 결과만 소개한다.

정리 2

함수 $z = f(x,\ y)$에서 세 함수 $f,\ f_x,\ f_y$가 모두 점 $(x,\ y)$의 근방에서 연속이면 다음이 성립한다.

$$\Delta z = \frac{\partial z}{\partial x}\Delta x + \frac{\partial z}{\partial y}\Delta y + \epsilon_1 \Delta x + \epsilon_2 \Delta y$$

여기서 ϵ_1과 ϵ_2는 $x,\ y$에 관한 이변수함수이고 다음 성질을 가진다.

$$\lim_{\Delta x \to 0,\ \Delta y \to 0} \epsilon_1 = 0, \qquad \lim_{\Delta x \to 0,\ \Delta y \to 0} \epsilon_2 = 0$$

앞의 정리에 의하여 $\frac{\partial z}{\partial x}\Delta x + \frac{\partial z}{\partial y}\Delta y$에서 Δx와 Δy가 충분히 작을 때 $\epsilon_1 \Delta x + \epsilon_2 \Delta y$는 훨씬 작은 수이므로 Δz의 근삿값으로 취할 수 있다. 이를 z의 **전미분**(total derivation)이라 하고 dz로 나타낸다. 즉,

$$dz = \frac{\partial z}{\partial x}\Delta x + \frac{\partial z}{\partial y}\Delta y$$

이다.

$z = x$ 또는 $z = y$일 때는 $dx = \Delta x,\ dy = \Delta y$이므로 함수 z의 전미분은

$$dz = \frac{\partial z}{\partial x}dx + \frac{\partial z}{\partial y}dy$$

로 표시된다.

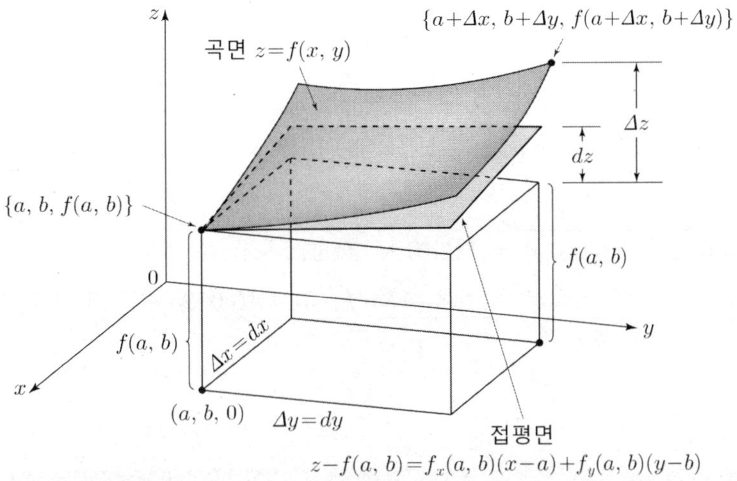

그림 2

예제 3 |

함수 $z=2x^2+y^2$에서 x가 1에서 1.2로, y가 2에서 1.9로 변했을 때 주어진 함수의 전미분 dz를 구하고, 증분 Δz와의 오차를 구하여라.

풀이 $dz=\dfrac{\partial z}{\partial x}\Delta x+\dfrac{\partial z}{\partial y}\Delta y=4x\Delta x+2y\Delta y$이므로

$$x=1,\ y=2,\ \Delta x=0.2,\ \Delta y=-0.1$$

을 대입하면 $dz=0.4$를 얻는다. 예제 2에서 구한 $\Delta z=0.49$와 비교하면 오차는 $\Delta z-dz=0.49-0.4=0.09$이다. ■

예제 4 |

$\sqrt{(3.012)^2+(3.997)^2}$의 근삿값을 구하여라.

풀이 $f(x, y)=\sqrt{x^2+y^2}$이라고 두고, $a=3,\ b=4,\ \Delta x=0.0012,\ \Delta y=-0.003$으로 잡는다.

$$f_x(x, y)=\frac{x}{\sqrt{x^2+y^2}},\ f_y(x, y)=\frac{y}{\sqrt{x^2+y^2}}$$

이고

$$f_x(3,\ 4)=\frac{3}{5},\ f_y(3,\ 4)=\frac{4}{5}$$

이다. 따라서 다음 식을 얻는다.

$$\begin{aligned}\sqrt{(3.012)^2+(3.997)^2} &= f(3.012,\ 3.997)\\ &\fallingdotseq f(3,\ 4)+f_x(3,\ 4)(0.012)+f_y(3,\ 4)(-0.003)\\ &= 5+\frac{3}{5}(0.012)+\frac{4}{5}(-0.003)=5.0048\end{aligned}$$

■

예제 5 |

반지름 r, 높이 h인 직원뿔의 부피는 $V=\frac{1}{3}\pi r^2 h$이다. 반지름이 12cm에서 11.95cm로 줄어드는 동안에 높이가 10cm에서 10.01cm로 증가한다고 하자. 전미분을 이용하여 부피 V의 변화량 ΔV의 근삿값을 구하여라.

풀이

$$dV=\frac{\partial V}{\partial r}dr+\frac{\partial V}{\partial h}dh=\frac{2}{3}\pi rh dr+\frac{1}{3}\pi r^2 dh$$

여기에서 $h=10$, $dh=0.01$, $r=12$, $dr=-0.05$를 대입하면

$$\begin{aligned}\Delta V\approx dV &= \frac{2}{3}\pi(12)(10)(-0.05)+\frac{1}{3}\pi(12)^2(0.01)\\ &=-3.52\pi\approx-11.06\end{aligned}$$

이다. 따라서 부피는 대략 11.06cm^3으로 감소한다. ■

함수 $u=f(x,\ y,\ z)$에서 독립변수의 작은 변화에 대해 전미분 du는 증분 Δu의 근삿값이므로, 이 du를 u의 **(근사)오차**(approximate error), $\frac{du}{u}$를 **상대오차**(relative error), $\frac{du}{u}\times 100$을 **백분율 오차**(percentage error)라고 한다.

예제 6 |

한 직원주의 반지름과 높이가 기껏해야 각각 2%, 4%의 오차로 측정되었다고 하자. 이때 원주의 부피를 계산할 때, 최대 백분율 오차를 구하여라.

풀이 원주의 반지름, 높이, 부피를 각각 r, h, V라 하고, Δr, Δh, ΔV를 그들의 측정오차라 하면

$$\left|\frac{\Delta r}{r}\right| \le 0.02, \quad \left|\frac{\Delta h}{h}\right| \le 0.04$$

이다. 원주의 부피 $V = \pi r^2 h$이므로

$$dV = \frac{\partial V}{\partial r}dr + \frac{\partial V}{\partial h}dh = 2\pi rh dr + \pi r^2 dh$$

를 얻을 수 있고, 여기서 $dr = \Delta r$, $dh = \Delta h$로 취하면

$$\Delta V \approx dV \quad \text{또는} \quad \frac{\Delta V}{V} \approx \frac{dV}{V}$$

이다. 따라서

$$\frac{dV}{V} = \frac{2\pi rh dr + \pi r^2 dh}{\pi r^2 h} = 2\frac{dr}{r} + \frac{dh}{h}$$

$$\left|\frac{dV}{V}\right| = \left|2\frac{dr}{r} + \frac{dh}{h}\right| \le 2\left|\frac{dr}{r}\right| + \left|\frac{dh}{h}\right| \le 2(0.02) + (0.04) = 0.08$$

이므로 부피의 최대 백분율 오차는 대략 8%이다. ■

연습문제 3.4

1. 주어진 점에서 주어진 곡면에 대한 접평면과 법선의 방정식을 구하여라.

(1) $z = 4x^3y^2 + 2y$; $P(1,\ -2,\ 12)$

(2) $z = e^{3y}\sin 3x$; $P\left(\frac{\pi}{6},\ 0,\ 1\right)$

(3) $z = xe^{-y}$; $P(1,\ 0,\ 1)$

(4) $x^2 + y^2 + z^2 = 25$; $P(-3,\ 0,\ 4)$

(5) $x^2 + 4y^2 = 4z$; $P(2,\ 1,\ 2)$

(6) $xy + yz + zx = 11$; $P(1,\ 2,\ 3)$

(7) $xyz = x + y + z$; $P\left(\frac{1}{2},\ \frac{1}{3},\ -1\right)$

(8) $4x^2 + 3y^2 + z^2 = 8$; $P\left(\frac{1}{2},\ 1,\ 2\right)$

2. 다음 함수의 전미분을 구하여라.

(1) $z = (x^2 + y^3)^3$

(2) $z = \sin^{-1}\frac{y}{x}$

(3) $f(x,\ y) = x^{\sin y}$

(4) $f(x,\ y) = \sqrt{x^2 + y^2}$

(5) $z = 3x^3 + 4x^2y - 2y^3$

(6) $u = xy + z^2$

3. 반지름과 높이가 각각 10cm와 25cm인 직원뿔이 있다. 각각의 측정오차는 0.1cm이다. 전미분을 이용하여 원뿔 부피의 최대오차를 구하여라.

4. $\sqrt{(4)(1.97)^2 + (3.02)^2}$ 의 근삿값을 구하여라.

5. 가로 a, 세로 b인 직사각형의 넓이 S에 대한 전미분 dS와 증분 ΔS를 구하여라.

6. 점 $(1,\ 1,\ 3)$에서 타원포물면 $z = 2x^2 + y^2$에 대한 접평면을 구하고 $f(1.1,\ 0.95)$의 값과 $(1.1,\ 0.95)$에서 선형근사를 비교하여라.

3.5 연쇄법칙

일변수함수의 미분법에서 $w=f(x)$이고 $x=g(t)$인 일변수함수의 합성함수 $w=f(g(t))$의 도함수는

$$\frac{dw}{dt}=\frac{dw}{dx}\cdot\frac{dx}{dt}$$

인 것을 살펴보았다. 이러한 성질은 이변수함수에도 적용할 수 있으며, 그 결과는 다음과 같다.

정리 1

이변수함수 $z=f(x, y)$가 x, y에 관하여 편미분가능하고, $x=g(t)$, $y=h(t)$이며 x, y가 t에 관하여 미분가능하면 다음과 같다.

$$\frac{dz}{dt}=\frac{\partial z}{\partial x}\frac{dx}{dt}+\frac{\partial z}{\partial y}\frac{dy}{dt}$$

증명 t의 증분 Δt에 대한 x, y, z의 증분을 각각 Δx, Δy, Δz라 할 때 이들 사이에는 다음 관계식이 성립한다.

$$\Delta z=\frac{\partial z}{\partial x}\Delta x+\frac{\partial z}{\partial y}\Delta y+\epsilon_1\Delta x+\epsilon_2\Delta y$$

양변을 Δt로 나누면

$$\frac{\Delta z}{\Delta t}=\frac{\partial z}{\partial x}\frac{\Delta x}{\Delta t}+\frac{\partial z}{\partial y}\frac{\Delta y}{\Delta t}+\epsilon_1\frac{\Delta x}{\Delta t}+\epsilon_2\frac{\Delta y}{\Delta t}$$

$\Delta t\to 0$일 때 g가 미분가능이므로 연속이고 따라서 $\Delta x=g(t+\Delta t)-g(t)\to 0$이다. 마찬가지로 $\Delta y\to 0$이고, 따라서 $\epsilon_1\to 0$, $\epsilon_2\to 0$이므로 다음 결과를 얻는다.

$$\frac{dz}{dt}=\frac{\partial z}{\partial x}\frac{dx}{dt}+\frac{\partial z}{\partial y}\frac{dy}{dt}$$ □

예제 1 |

$z=x^2y-\ln y,\quad x=e^{2t},\quad y=\cos 3t$일 때 $\dfrac{dz}{dt}$를 구하여라.

풀이 $\dfrac{\partial z}{\partial x}=2xy,\ \dfrac{\partial z}{\partial y}=x^2-\dfrac{1}{y},\ \dfrac{dx}{dt}=2e^{2t},\ \dfrac{dy}{dt}=-3\sin 3t,$

그러므로

$$\frac{dz}{dt}=4xye^{2t}-3\left(x^2-\frac{1}{y}\right)\sin 3t=e^{4t}(4\cos 3t-3\sin 3t)+3\tan 3t$$

이다. ■

$z=f(x,\ y)$이고 $x=g(t),\ y=h(t)$일 때, t를 독립변수(independent variable)라 하고, x와 y를 중간변수(intermediate variable), w를 종속변수(dependent variable)라고 한다.

이제 다음 상황을 생각해보자. $z=f(x,\ y)$이고 x와 y는 각각 s와 t의 이변수함수이다. $x=g(s,\ t),\ y=h(s,\ t)$라고 하면 z는 간접적으로 s와 t의 함수이고 $\dfrac{\partial z}{\partial s},\ \dfrac{\partial z}{\partial t}$를 구할 수 있다.

정리 2

함수 $z=f(x,\ y)$가 연속인 일계편도함수를 갖고 $x=g(s,\ t),\ y=h(s,\ t)$이고 $x,\ y$ 또한 연속인 일계편도함수를 가지면

(1) $\dfrac{\partial z}{\partial s}=\dfrac{\partial z}{\partial x}\dfrac{\partial x}{\partial s}+\dfrac{\partial z}{\partial y}\dfrac{\partial y}{\partial s}$

(2) $\dfrac{\partial z}{\partial t}=\dfrac{\partial z}{\partial x}\dfrac{\partial x}{\partial t}+\dfrac{\partial z}{\partial y}\dfrac{\partial y}{\partial t}$

이다.

증명 (1)에서는 함수 $g,\ h$에서 t를 상수로 보고, (2)에서는 s를 상수로 생각하면 정리 1에 의해 명백하다. □

예제 2 |

$z=e^{xy}$, $x=2s+t$, $y=\dfrac{s}{t}$ 에서 $\dfrac{\partial z}{\partial s}$, $\dfrac{\partial z}{\partial t}$ 를 구하여라.

풀이

$$\frac{\partial z}{\partial s}=\frac{\partial z}{\partial x}\frac{\partial x}{\partial s}+\frac{\partial z}{\partial y}\frac{\partial y}{\partial s}=(ye^{xy})(2)+(xe^{xy})\left(\frac{1}{t}\right)$$

$$=\left[2y+\frac{x}{t}\right]e^{xy}=\left[\frac{2s}{t}+\frac{2s+t}{t}\right]e^{(2s+t)\left(\frac{s}{t}\right)}=\left[\frac{4s}{t}+1\right]e^{(2s+t)\left(\frac{s}{t}\right)}$$

$$\frac{\partial z}{\partial t}=\frac{\partial z}{\partial x}\frac{\partial x}{\partial t}+\frac{\partial z}{\partial y}\frac{\partial y}{\partial t}=(ye^{xy})(1)+(xe^{xy})\left(-\frac{s}{t^2}\right)$$

$$=\left[y-x\left(\frac{s}{t^2}\right)\right]e^{xy}=\left[\frac{s}{t}-(2s+t)\left(\frac{s}{t^2}\right)\right]e^{(2s+t)\left(\frac{s}{t}\right)}=-\frac{2s^2}{t^2}e^{(2s+t)\left(\frac{s}{t}\right)}$$ ■

정리 2는 세 개의 변수를 포함하고 있는데, s와 t는 독립변수이고, x와 y는 중간변수, 그리고 z는 종속변수이다. 정리 2는 각각의 중간변수가 한 개의 항으로 되어 있으며 이들 각 항들은 정리 1의 연쇄법칙과 유사함을 알 수 있다.

연쇄법칙을 기억하기 위해 수형도를 그리는 것이 도움이 된다. z가 x, y의 함수임을 알 수 있도록 종속변수 z에서 중간변수 x, y까지 가지로 연결한다. 그 다음 x, y로부터 독립변수 s, t까지 가지로 연결한다. 각각의 가지에 대응하는 편도함수를 쓴다. $\dfrac{\partial z}{\partial s}$ 를 구하기 위해 z로부터 s까지 각각의 경로를 따라 편도함수를 곱하고 다시 합한다. 마찬가지로 $\dfrac{\partial z}{\partial t}$ 는 z부터 t까지 경로를 이용하여 구한다.

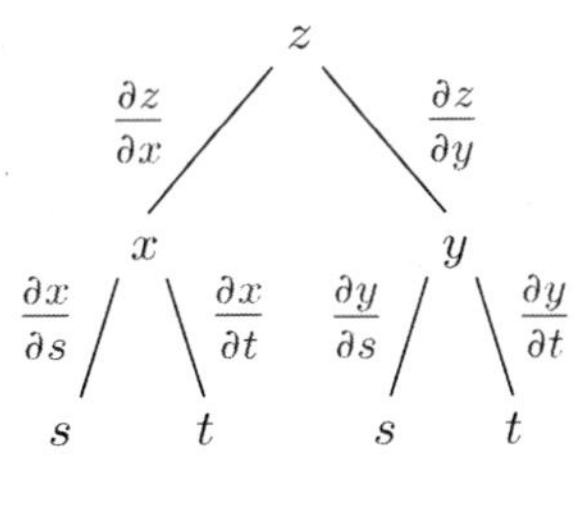

연쇄법칙은 일반적인 경우까지 확장할 수 있다.

연쇄법칙(일반적인 경우) u는 n개의 변수 $x_1,\ x_2,\ \cdots,\ x_n$의 미분가능한 함수이고 각각의 x_j는 m개의 변수 $t_1,\ t_2,\ \cdots,\ t_m$의 미분가능한 함수라고 하자. 그러면 u는 $t_1,\ t_2,\ \cdots,\ t_m$의 함수이고 각 $i=1,\ 2,\ \cdots,\ m$에 대해

$$\frac{\partial u}{\partial t_i}=\frac{\partial u}{\partial x_1}\frac{\partial x_1}{\partial t_i}+\frac{\partial u}{\partial x_2}\frac{\partial x_2}{\partial t_i}+\cdots+\frac{\partial u}{\partial x_n}\frac{\partial x_n}{\partial t_i}$$

이다.

예제 3 |

$w=f(x,\ y,\ z,\ t),\ x=x(u,\ v),\ y=y(u,\ v),\ z=z(u,\ v),\ t=t(u,\ v)$인 경우에 대한 연쇄법칙을 적어라.

풀이 $n=4$와 $m=2$를 적용하자. 그림은 이에 대한 수형도이다.

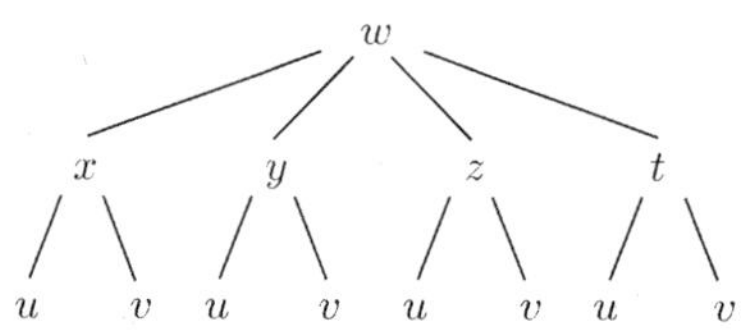

가지에 대한 도함수를 적지는 않았지만 어떤 가지가 y에서 u로 향한다면 그 가지에 대한 편도함수는 $\partial y/\partial u$이다. 이 수형도의 도움을 받아서 이제 다음과 같이 연쇄법칙을 나타낼 수 있다.

$$\frac{\partial w}{\partial u}=\frac{\partial w}{\partial x}\frac{\partial x}{\partial u}+\frac{\partial w}{\partial y}\frac{\partial y}{\partial u}+\frac{\partial w}{\partial z}\frac{\partial z}{\partial u}+\frac{\partial w}{\partial t}\frac{\partial t}{\partial u}$$

$$\frac{\partial w}{\partial v}=\frac{\partial w}{\partial x}\frac{\partial x}{\partial v}+\frac{\partial w}{\partial y}\frac{\partial y}{\partial v}+\frac{\partial w}{\partial z}\frac{\partial z}{\partial v}+\frac{\partial w}{\partial t}\frac{\partial t}{\partial v}$$ ■

예제 4 |

$x=rse^t,\ y=rs^2e^{-t},\ z=r^2s\sin t$이고 $u=x^4y+y^2z^3$이면, $r=2,\ s=l,\ t=0$일 때 $\partial u/\partial s$의 값을 구하여라.

풀이 수형도를 이용하여 다음을 얻는다.

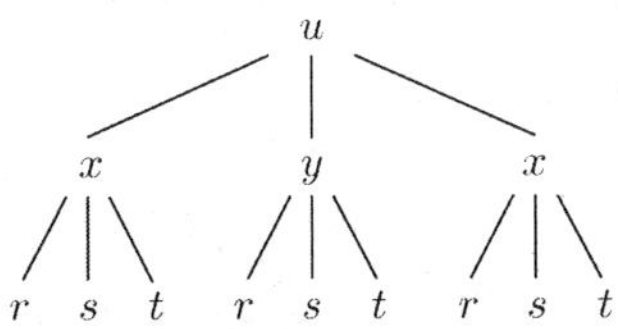

$$\frac{\partial u}{\partial s} = \frac{\partial u}{\partial x}\frac{\partial x}{\partial s} + \frac{\partial u}{\partial y}\frac{\partial y}{\partial s} + \frac{\partial u}{\partial z}\frac{\partial z}{\partial s}$$

$$= (4x^3y)(re^t) + (x^4 + 2yz^3)(2rse^{-t}) + (3y^2z^2)(r^2 \sin t)$$

$r = 2,\ s = 1,\ t = 0$일 때 $x = 2,\ y = 2,\ z = 0$이므로

$$\frac{\partial u}{\partial s} = (64)(2) + (16)(4) + (0)(0) = 192$$ ■

예제 5 |

가로 15미터, 세로 6미터의 직사각형의 땅이 있다. 만약 가로, 세로가 각각 매초 당 3미터, 2미터로 증가할 때, 땅의 넓이는 어떻게 변하는가?

풀이 $x,\ y,\ A,\ t$를 각각 가로, 세로, 넓이, 시간의 변수라 하자. 여기서 $x = 15,\ y = 6,\ \frac{dx}{dt} = 3,\ \frac{dy}{dt} = 2$일 때에 $\frac{dA}{dt}$를 구하는 문제이다. $A = xy$이므로

$$\begin{aligned} dA &= \frac{\partial A}{\partial x}\frac{dx}{dt} + \frac{\partial A}{\partial y}\frac{dy}{dt} \\ &= y\frac{dx}{dt} + x\frac{dy}{dt} \\ &= 6(3) + 15(2) \\ &= 48 \end{aligned}$$

이다. 따라서 넓이는 그 순간에 매 초당 48m^2만큼 증가한다. ■

연쇄법칙은 음함수 미분법을 좀 더 완벽하게 설명하는 데 이용될 수 있다. $F(x,\ y) = 0$ 형의 방정식이 x의 미분가능한 함수로서 y를 음함수적으로 정의한다고 하자. 즉, f의 정의역에 있는 모든 x에 대하여 $F(x,\ f(x)) = 0$일 때 $y = f(x)$이다. 만약 F가 미분가능이면, x에 관해 식 $F(x,\ y) = 0$의 양변을 미분하는 데 정리 1을 적용할 수 있다.

정리 3

음함수 $F(x, y)=0$에서

$$\frac{dy}{dx}=-\frac{F_x}{F_y} \quad (\text{단, } F_y \neq 0).$$

증명 $z=F(x, y)=0$로 놓으면 y가 x의 함수이므로 정리 1에 의하여

$$\frac{dz}{dx}=\frac{\partial F}{\partial x}+\frac{\partial F}{\partial y}\frac{dy}{dx}$$

인데 $z=0$이므로 $\frac{dz}{dx}=0$이다. 따라서

$$\frac{\partial F}{\partial x}+\frac{\partial F}{\partial y}\frac{dy}{dx}=0, \text{ 즉 } F_x+F_y\frac{dy}{dx}=0.$$

이 식을 $\frac{dy}{dx}$에 관하여 풀면 $F_y \neq 0$일 때 $\frac{dy}{dx}=-\frac{F_x}{F_y}$이다. □

예제 6 |

$x\sin y+y\cos x=0$일 때, $\frac{dy}{dx}$를 구하여라.

풀이 $f(x, y)=x\sin y+y\cos x$로 놓으면

$$\frac{\partial f}{\partial x}=\sin y-y\sin x, \quad \frac{\partial f}{\partial y}=x\cos y+\cos x$$

이므로 다음 결과를 얻는다.

$$\frac{dy}{dx}=-\frac{\sin y-y\sin x}{x\cos y+\cos x}$$ ■

x, y의 함수 z가 $F(x, y, z)=0$에 의해서 음함수로 정의되어 있을 때, y를 상수로 보면

$$\frac{\partial z}{\partial x}=-\frac{\frac{\partial F}{\partial x}}{\frac{\partial F}{\partial z}}, \quad \frac{\partial F}{\partial z}\neq 0$$

또한, x를 상수로 보면 $\frac{\partial z}{\partial y}$도 구할 수 있다. 따라서 다음 정리를 얻는다.

정리 4

z가 방정식 $F(x,\ y,\ z)=0$에 의해서 x, y의 음함수로 정의되어 있을 때 다음 식이 성립한다.

$$\frac{\partial z}{\partial x}=-\frac{F_x}{F_z},\ \frac{\partial z}{\partial y}=-\frac{F_y}{F_z},\ F_z \neq 0$$

예제 7 |

$x^3+y^3+z^3+3xyz=0$에서 $\frac{\partial z}{\partial x}$, $\frac{\partial z}{\partial y}$를 구하여라.

풀이 $F(x,\ y,\ z)=x^3+y^3+z^3+3xyz$로 놓으면

$$F_x=3x^2+3yz,\quad F_y=3y^2+2xz,\quad F_z=3z^2+3xy$$

이므로 다음 결과를 얻는다.

$$\frac{\partial z}{\partial x}=-\frac{x^2+yz}{z^2+xy},\ \frac{\partial z}{\partial y}=-\frac{y^2+xz}{z^2+xy}$$ ■

연습문제 | 3.5

1. 다음 함수에서 $\frac{dz}{dt}$를 구하여라.

(1) $z=x^2-2xy+y^2;\ x=(t+1)^2,\ y=(t-1)^2$

(2) $z=3x^2y^3;\ x=t^4,\ y=t^2$

(3) $z=3\cos x-\sin xy;\ x=\frac{1}{t},\ y=3t$

(4) $z=e^{1-xy};\ x=t^{\frac{1}{3}},\ y=t^3$

2. $w = e^{rst}$이고 $r = yz$, $s = xz$, $t = xy$일 때 $\dfrac{\partial w}{\partial x}$, $\dfrac{\partial w}{\partial y}$, $\dfrac{\partial w}{\partial z}$를 구하여라.

3. $z = x\ln y$이고 $x = u^2 + v^2$, $y = u^2 - v^2$일 때 $\dfrac{\partial z}{\partial u}$와 $\dfrac{\partial z}{\partial v}$를 구하여라.

4. $z = f\left(\dfrac{x}{y}\right)$일 때, 다음 등식을 증명하여라.

$$x\frac{\partial z}{\partial x} + y\frac{\partial z}{\partial y} = 0$$

5. 다음에서 $\dfrac{dy}{dx}$를 구하여라.

(1) $2x^3 + 2x^2y - y^3 = 1$

(2) $x^3 - 2xy^2 + y^3 = 5$

(3) $x^y y^x = 1$

(4) $x - \sqrt{xy} + 3y = 4$

(5) $3x^2 - 5xy + \tan xy = 0$

(6) $x\ln y + \sin(x - y) = \pi$

6. $x^3 + y^3 + z^3 + 3xyz = 0$에서 $\dfrac{\partial z}{\partial x}$, $\dfrac{\partial z}{\partial y}$를 구하여라.

7. $x + y + z = a$, $x^2 + y^2 + z^2 = b$에서 $\dfrac{dy}{dx}$, $\dfrac{dz}{dx}$를 구하여라.

3.6 이변수함수의 극대·극소

도함수의 주요한 사용은 최댓값과 최솟값(극값)을 찾는 것이다. 이 절에서는 이변수함수의 최댓값과 최솟값을 찾는 데 편도함수를 어떻게 사용하는지를 배운다.

그림 1의 f의 그래프를 보면 언덕과 계곡을 볼 수 있다. 여기에는 $f(a,\ b)$가 주변의 $f(x,\ y)$의 값보다 더 큰 값을 갖는 두 점 $(a,\ b)$가 있는데, 이 두 점을 f의 극댓값이라 한다. 이 두 값 중에서 더 큰 값을 최댓값이라 한다. 마찬가지로 $f(a,\ b)$가 주변의 값보다 더 작을 때 f는 두 개의 극솟값을 가진다. 이 두 값 중에서 더 작은 값을 최솟값이라 한다.

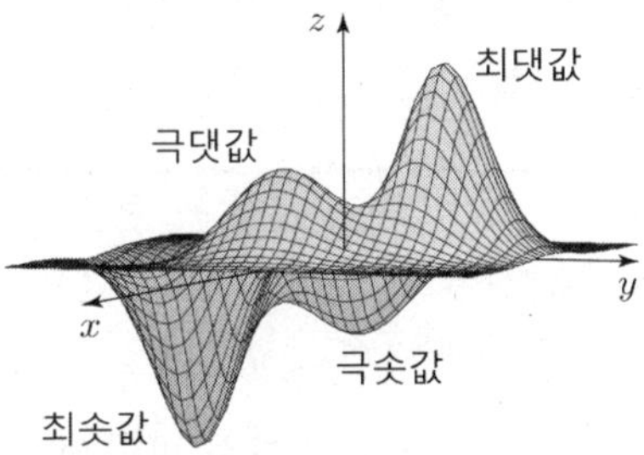

그림 1

정의 1

이변수함수 $z=f(x,\ y)$에서 점 $(a,\ b)$의 근방 안의 모든 점 $(x,\ y)$에 대하여

(1) $f(x,\ y)\le f(a,\ b)$

이면, 함수 f는 $(a,\ b)$에서 **극댓값**(relative maximum value) $f(a,\ b)$를 갖는다고 하고 $(a,\ b,\ f(a,\ b))$를 **극대점**이라 한다.

(2) $f(x,\ y)\ge f(a,\ b)$

이면, 함수 f는 $(a,\ b)$에서 **극솟값**(relative maximum value) $f(a,\ b)$를 갖는다고 하고 $(a,\ b,\ f(a,\ b))$를 **극소점**이라 한다. 또, 극댓값과 극솟값을 통틀어 **극값**이라 하고, 극대점, 극소점을 통틀어 **극점**이라 한다.

정의 2

이변수함수 $z=f(x, y)$의 정의역 D안의 모든 점 (x, y)에 대하여

(1) $f(x, y) \le f(a, b)$

이면, 함수 f는 (a, b)에서 **최댓값**(maximum value) $f(a, b)$를 갖는다고 한다.

(2) $f(x, y) \ge f(a, b)$

이면, 함수 f는 (a, b)에서 **최솟값**(maximum value) $f(a, b)$를 갖는다고 한다.

정리 3

$z=f(x, y)$가 점 (a, b)에서 극값을 가지며, 점 (a, b)에서 편도함수가 존재하면 $f_x(a, b)=0$, $f_y(a, b)=0$이다.

증명 $z=f(x, y)$가 점 (a, b)에서 극대(극소)가 된다고 하면 (a, b) 근방의 임의의 점 (x, y)에 대하여 $f(a, b) \ge (\le) f(x, y)$이므로 $f(a, b) \ge (\le) f(x, b)$이다. 이것은 x만의 일변수함수 $f(x, b)$가 $x=a$에서 극댓값(극솟값)을 가지므로 $f_x(a, b)=0$이다. 같은 방법으로 $f_y(a, b)=0$이다. □

정리를 기하학적으로 해석하면 f의 그래프가 극값을 갖는 점에서 접평면을 가질 때, 그 접평면은 수평이 된다는 것이다.

(a, b)가 이변수함수 $z=f(x, y)$의 정의역의 점이며 $f_x(a, b)=f_y(a, b)=0$ 또는 (a, b)에서 편도함수들 중 하나 혹은 두 개 모두 존재하지 않을 때 $f(x, y)$는 (a, b)에서 **임계점**(critical point)을 갖는다고 한다. 따라서 정리 3으로부터 f의 정의역에 있는 임계점에서만 극값을 가짐을 알 수 있다.

예제 1 |

$f(x, y)=2+2x-x^2+2y-y^2$의 모든 임계점을 구하여라.

풀이 f의 정의역에 있는 모든 점에서 편도함수가 존재하므로 극값은 편도함수가 0이 되는 점에서만 나타난다.

$$f_x(x,\ y) = -2x + 2 = 0,\ f_y(x,\ y) = -2y + 2 = 0$$

에서 $(x,\ y) = (1,\ 1)$이다. $f(1,\ 1) = 4$이므로 $(1,\ 1,\ 4)$가 유일한 임계점이다. 또한

$$f(x,\ y) = 2 + 2x - x^2 + 2y - y^2 = 4 - (x-1)^2 - (y-1)^2 \leq 4$$

이므로 $(1,\ 1,\ 4)$은 극대점이다. ■

일변수의 미적분학에서와 같이 모든 임계점에서 극값을 갖는 것은 아니다. 임계점에서 함수는 극대, 극소 또는 아무것도 갖지 않을 수도 있다.

예제 2 |

$f(x,\ y) = y^2 - x^2$의 극값을 구하여라.

풀이

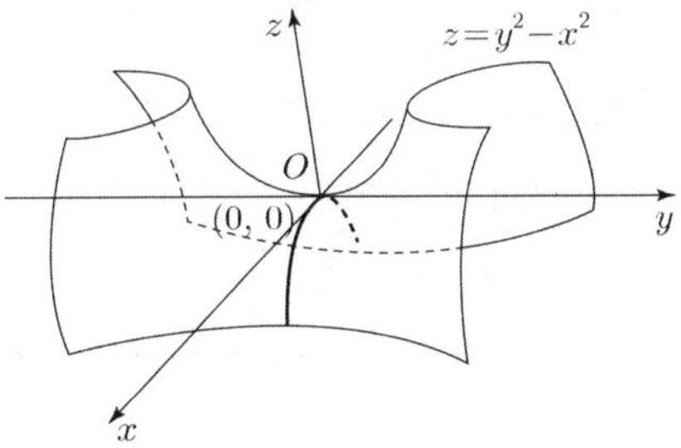

그림 2

$f_x = -2x,\ f_y = 2y$이므로 유일한 임계점은 $(0,\ 0)$이다. 점 $(0,\ 0)$에서 함수 f는 $f_x(0,\ 0) = f_y(0,\ 0) = 0$을 만족하지만 $(0,\ 0)$에서 극값을 갖지 않는다. 왜냐하면, 점 $(0,\ 0)$을 중심으로 하는 어떤 원을 잡더라도 y축상의 점 $y(\neq 0)$는 $f(x,\ y) > 0$을 만족하고 x축상의 점 $x(\neq 0)$는 $f(x,\ y) < 0$을 만족하기 때문이다. $f(x,\ y)$는 점 $(0,\ 0)$에서 극대도 극소도 아니므로 어떠한 극값도 존재하지 않는다. ■

예제 2는 임계점에서 함수가 반드시 최댓값 또는 최솟값을 가질 필요가 없다는 사실을 예시하고 있다. f의 그래프는 쌍곡포물면이고 이것은 원점에서 수평의 접평면 $(z=0)$을 가진다. $f(0,\ 0) = 0$은 x축 방향에서는 최대이나 y축 방향에서는 최소라는 것을 알 수 있다. 원점 근방에서 그래프는 말안장 모양을 하며, 따라서 (0, 0)은 f의 **안장점**(saddle point)이라 부른다.

산에 난 길도 안장 모양을 하고 있다. 지질학적으로 산이 형성된 과정을 살펴보면, 한쪽 방향으로 산을 오르는 사람의 경우 안장점은 그 길에서 가장 낮은 지점이고, 반면 다른 방향으로 오르는 사람들의 경우 가장 높은 지점이 안장점이다.

이제 임계점에서 함수가 극값을 갖는지 결정할 수 있는 것이 필요하다.

정리 4

함수 $f(x,\ y)$가 점 $(a,\ b)$의 근방에서 연속인 이계편도함수를 갖고, $f_x(a,\ b)=0$, $f_y(a,\ b)=0$이라 하고

$$\Delta(a,\ b)=f_{xx}(a,\ b)f_{yy}(a,\ b)-[f_{xy}(a,\ b)]^2$$

라 놓자.

(1) $\Delta>0$일 때

① $f_{xx}(a,\ b)<0$이면 f는 $(a,\ b)$에서 극댓값 $f(a,\ b)$를 갖고,

② $f_{xx}(a,\ b)>0$이면 f는 $(a,\ b)$에서 극솟값 $f(a,\ b)$를 갖는다.

(2) $\Delta<0$이면 f는 $(a,\ b)$에서 안장점을 가진다.

(3) $\Delta=0$이면 이 방법에 의하여 판정할 수 없다

예제 3 |

함수 $f(x,\ y)=x^3-3xy+y^3$의 극값을 구하여라.

풀이

$$f_x(x,\ y)=3x^2-3y,\ f_y(x,\ y)=-3x+3y^2$$
$$f_{xx}(x,\ y)=6x,\ f_{xy}(x,\ y)=-3,\ f_{yy}(x,\ y)=6y$$

또한 $f_x(x,\ y)=f_y(x,\ y)=0$에서 임계점들 $(0,\ 0)$, $(1,\ 1)$을 얻는다. 그리고

$$\Delta=f_{xx}(0,\ 0)f_{yy}(0,\ 0)-f_{xy}(0,\ 0)^2=-9<0$$
$$\Delta=f_{xx}(1,\ 1)f_{yy}(1,\ 1)-f_{xy}(1,\ 1)^2=27>0$$

$f_{xx}(1,\ 1)=6>0$이므로, f의 극솟값은 $f(1,\ 1)=\ -1$이고, 점 $(0,\ 0)$은 $D<0$이므로 안장점이다. ■

일변수함수에 대한 극값 정리는 만약 f가 폐구간 $[a,\ b]$에서 연속이면 f는 최댓값과 최솟값을 갖는다는 것이다. 이변수함수도 비슷한 방법이 있다. 폐구간이 그 끝점을 포함하는 것처럼 **폐집합**(closed set)은 모든 경계점을 포함한다. 또한 **유계집합**(bounded set)은 어떤 원판 안에 포함되는 집합이다. 다시 말해 그것은 크기에서 유한이다. 그러면 폐집합과 유계집합의 용어를 사용하여 이차원에서 극값정리를 다음과 같이 말할 수 있다.

정리 5 최대·최솟값의 정리

R이 유계인 폐집합이고 f가 R에서 연속함수이면 f는 R에서 최댓값, 최솟값을 가진다.

유계인 폐집합 D에서 연속함수 f의 최댓값과 최솟값을 구하기 위하여 다음 단계를 거친다.

(1) D 안의 f의 임계점에서 f의 값을 구한다.

(2) D의 경계 위에서 f의 값을 구한다.

(3) (1)과 (2)로부터 가장 큰 값은 최댓값이고, 가장 작은 값은 최솟값이다

예제 4 |

$f(x,\ y) = xy - x^2$이고 D가 그림과 같은 정사각형 영역일 때 D에서 f의 최댓값, 최솟값을 구하여라.

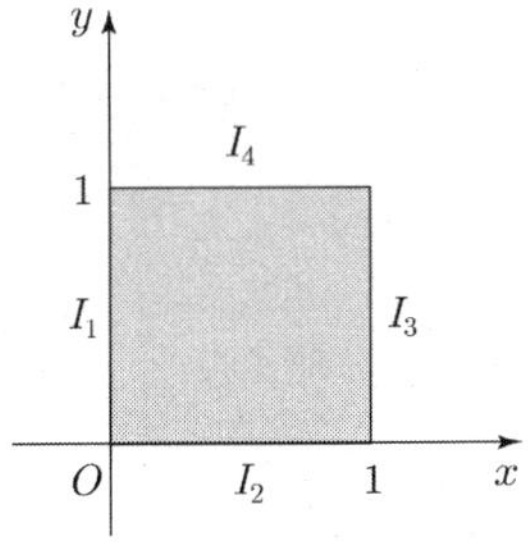

그림 3

풀이 $f_x(x,\ y) = y - 2x,\ f_y(x,\ y) = x$이므로 $y = 2x$이면 $f_x = 0$이고, $x = 0$이면 $f_y = 0$이다. 따라서 원점 $(0,\ 0)$은 f의 유일한 임계점이고 D의 경계에 있다. 따라서

최대, 최솟값은 네 개의 선분 I_1, I_2, I_3, I_4로 이루어진 D의 경계에 있다.

① I_1에서는 $x=0$, $0 \le y \le 1$이며 $f(0,\ y)=0$이므로 최대, 최솟값은 모두 0이다.

② I_2에서는 $y=0$, $0 \le x \le 1$이며 $f(x,\ 0)=-x^2$이므로 최댓값은 0이고 최솟값은 -1이다.

③ I_3에서는 $x=1$, $0 \le y \le 1$이며 $f(1,\ y)=y-1$이므로 최댓값은 0이고 최솟값은 -1이다.

④ I_4에서는 $y=1$, $0 \le x \le 1$이며 $f(x,\ 1)=x-x^2$이므로 최댓값은 $\frac{1}{4}$이고 최솟값은 0이다.

그러므로 D에서 f의 최댓값은 $\frac{1}{4}$이고 최솟값은 -1이다. ■

예제 5 |

원점에서 곡면 $z^2=x^2y+4$에 이르는 최단거리를 구하여라.

풀이 원점에서 주어진 곡면 위의 임의의 점 $(x,\ y,\ z)$에 이르는 거리 d는

$$d=\sqrt{x^2+y^2+z^2}=\sqrt{x^2+y^2+x^2y+4}$$

이다. 따라서 $f(x,\ y)=x^2+y^2+x^2y+4$라 하고 f의 최솟값을 구한다. 이를 위하여, $f_x(x,\ y)=0$, $f_y(x,\ y)=0$이라 하면,

$$2x+2xy=0,\ 2y+x^2=0$$

이고, 변수 y를 소거하면 $2x-x^3=0$이다. 그러므로 두 식을 만족하는 해를 구하면

$$(0,\ 0),\ (\sqrt{2},\ -1),\ (-\sqrt{2},\ -1)$$

이다. 한편

$$f_{xx}(x,\ y)=2+2y,\ f_{yy}(x,\ y)=2,\ f_{xy}(x,\ y)=2x$$

이므로

$$\Delta(x,\ y)=f_{xx}f_{yy}-f_{xy}^2=4+4y-4x^2.$$

따라서 $\Delta(\pm\sqrt{2},\ -1)=-8<0$이므로 $(\pm\sqrt{2},\ -1)$에서 안장점이 된다. 한편

$\Delta(0,\ 0)=4>0,\ f_{xx}(0,\ 0)=2>0$이므로 $(0,\ 0)$에서 f는 극솟값 $f(0,\ 0)=4$를 가지고, 따라서 구하는 최소거리는 2이다. ■

연습문제 | 3.6

1. $f(x,\ y)=x^2y+xy^2-3xy$일 때 f가 극값을 가지는 점과 안장점을 구하여라.

2. $f(x,\ y)=x^3+6xy+3y^2$일 때 f의 극댓값과 극솟값을 구하여라.

3. $f(x,\ y)=x^4+y^4-4xy+1$의 극값과 안장점을 구하여라.

4. 점 $(1,\ 0,\ -2)$와 평면 $x+2y+z=4$ 사이의 최단거리를 구하여라.

5. 뚜껑이 없는 직육면체 모양의 상자를 $12\mathrm{m}^2$ 넓이의 판지로 만들려고 한다. 이 상자의 부피의 최댓값을 구하여라.

6. 사각형 $D=\{(x,\ y):0\le x\le 3,\ 0\le y\le 2\}$에서 함수 $f(x,\ y)=x^2-2xy+2y$의 최댓값과 최솟값을 구하여라.

3.7 방향도함수와 기울기 벡터

임의의 단위벡터 $\mathbf{u}=(a,\ b)$ 방향으로 $(x_0,\ y_0)$에서의 z의 변화율을 구해보자. 이것을 구하기 위해 방정식 $z=f(x,\ y)$ (f의 그래프)인 곡면 S를 생각하고 $z_0=f(x_0,\ y_0)$라 하자. 그러면 점 $P(x_0,\ y_0,\ z_0)$는 S상에 놓인다. $\mathbf{u}$ 방향으로 P를 지나는 xy평면에 수직인 평면은 곡선 C에서 S를 가로지른다. P에서 C에 대한 접선 T의 기울기는 $\mathbf{u}$ 방향으로의 z의 변화율이다.

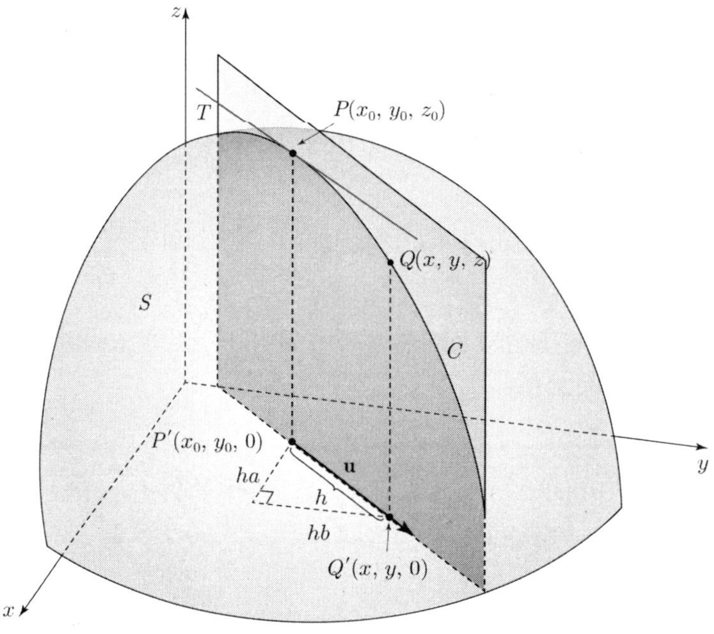

그림 1

P에서 C에 대한 접선 T의 기울기는 $\mathbf{u}$ 방향으로의 z의 변화율이다.

만약 $Q(x,\ y,\ z)$가 S상의 또 다른 점이고 P'과 Q'이 xy평면상으로 P와 Q를 투사한 것이 라면, 벡터 $\overrightarrow{P'Q'}$는 $\mathbf{u}$에 평행이고, 따라서 어떤 실수 h에 대해

$$\overrightarrow{P'Q'}=h\mathbf{u}=(ha,\ hb)$$

이다. 그러므로 $x-x_0=ha,\ y-y_0=hb$이고, 따라서 $x=x_0+ha,\ y=y_0+hb$이고

$$\frac{\Delta z}{h}=\frac{z-z_0}{h}=\frac{f(x_0+ha,\ y_0+hb)-f(x_0,\ y_0)}{h}$$

이다. 만약 $h\to 0$일 때 극한을 취하면 $\mathbf{u}$ 방향에 대한(거리에 관한) z의 변화율을 얻는다.

이것을 $\mathbf{u}$ 방향에 대한 f의 방향도함수라고 부른다.

정의 1

단위벡터 $\mathbf{u}=(a,\ b)$ 방향에 대한 $(x_0,\ y_0)$에서 f의 **방향도함수**(directional derivative)는

$$D_{\mathbf{u}}f(x_0,\ y_0)=\lim_{h\to 0}\frac{f(x_0+ha,\ y_0+hb)-f(x_0,\ y_0)}{h}$$

이다.

정의 1에서 $\mathbf{u}=\mathbf{i}=(1,\ 0)$일 때 $D_{\mathbf{i}}f=f_x$이고 $\mathbf{u}=\mathbf{j}=(0,\ 1)$일 때 $D_{\mathbf{j}}f=f_y$임을 알 수 있다. 다시 말해서 x와 y에 관한 f의 편도함수는 방향도함수의 특별한 경우이다.

식으로 정의된 함수의 방향도함수를 계산할 때 일반적으로 다음 정리를 이용한다.

정리 2

f가 x와 y의 미분가능한 함수이면, f는 모든 단위벡터 $\mathbf{u}=(a,\ b)$ 방향으로의 방향도함수를 갖고

$$D_{\mathbf{u}}f(x,\ y)=f_x(x,\ y)a+f_y(x,\ y)b$$

이다.

증명 단일변수 h의 함수 g를

$$g(h)=f(x_0+ha,\ y_0+hb)$$

로 정의하면 도함수의 정의에 의해

$$\begin{aligned} g'(0)&=\lim_{h\to 0}\frac{g(h)-g(0)}{h} \\ &=\lim_{h\to 0}\frac{f(x_0+ha,\ y_0+hb)-f(x_0,\ y_0)}{h}=D_{\mathbf{u}}f(x_0,\ y_0) \end{aligned}$$

이다. 한편, $x=x_0+ha$, $y=y_0+hb$로 두면, $g(h)=f(x, y)$로 쓸 수 있다. 그래서 연쇄법칙에 의해 다음을 얻는다.

$$g'(h)=\frac{\partial f}{\partial x}\frac{dx}{dh}+\frac{\partial f}{\partial y}\frac{dy}{dh}=f_x(x, y)a+f_y(x, y)b$$

이제 $h=0$으로 두면, $x=x_0$, $y=y_0$이고

$$g'(0)=f_x(x_0, y_0)a+f_y(x_0, y_0)b$$

이다. 그러므로

$$D_{\mathbf{u}}f(x_0, y_0)=f_x(x_0, y_0)a+f_y(x_0, y_0)b$$

이 성립한다. □

예제 1 |

$f(x, y)=x^3-3xy+4y^2$이고 단위벡터 $\mathbf{u}$와 양의 x축과 이루는 각 θ가 $\theta=\pi/6$일 때 방향도함수 $D_{\mathbf{u}}f(x, y)$를 구하여라. $D_{\mathbf{u}}f(1, 2)$의 값은 얼마인가?

풀이

$$\begin{aligned}D_{\mathbf{u}}f(x, y)&=f_x(x, y)\cos\frac{\pi}{6}+f_y(x, y)\sin\frac{\pi}{6}\\&=(3x^2-3y)\frac{\sqrt{3}}{2}+(-3x+8y)\frac{1}{2}\\&=\frac{1}{2}[3\sqrt{3}x^2-3x+(8-3\sqrt{3})y]\end{aligned}$$

이다. 그러므로 다음과 같다.

$$D_{\mathbf{u}}f(1, 2)=\frac{1}{2}[3\sqrt{3}(1)^2-3(1)+(8-3\sqrt{3})(2)]=\frac{13-3\sqrt{3}}{2}$$ ■

정리 2로부터 방향도함수는 두 벡터의 내적으로 쓸 수 있다.

$$\begin{aligned}D_{\mathbf{u}}f(x, y)&=f_x(x, y)a+f_y(x, y)b=(f_x(x, y), f_y(x, y))\cdot(a, b)\\&=(f_x(x, y), f_y(x, y))\cdot\mathbf{u}\end{aligned}$$

이 내적에서 첫 번째 벡터는 방향도함수에서뿐만 아니라 다른 많은 상황에서도 나타난다. 그래서 f의 기울기 벡터(f의 gradient)라는 특별한 이름을 붙이고, grad f 또는 ∇f

로 표기하며 "del f"라고 읽는다.

정의 3

f가 두 변수 x와 y의 함수이면, f의 기울기 벡터는 벡터함수 ∇f이고 다음과 같이 정의된다.

$$\nabla f(x,\ y) = (f_x(x,\ y),\ f_y(x,\ y)) = \frac{\partial f}{\partial x}\mathbf{i} + \frac{\partial f}{\partial y}\mathbf{j}$$

기울기 벡터에 대한 이 표기법을 사용해서 방향도함수에 대한 식을 다음과 같이 다시 쓸 수 있다.

$$D_{\mathbf{u}} f(x,\ y) = \nabla f(x,\ y) \cdot \mathbf{u}$$

예제 2 |

벡터 $\mathbf{v} = 2\mathbf{i} + 5\mathbf{j}$의 방향으로 점 $(2,\ -1)$에서의 함수 $(f,\ y) = x^2y^3 - 4y$의 방향도함수를 구하여라.

풀이 먼저 $(2,\ -1)$에서 기울기 벡터를 계산한다.

$$\nabla f(x,\ y) = 2xy^3\mathbf{i} + (3x^2y^2 - 4)\mathbf{j}$$
$$\nabla f(2,\ -1) = -4\mathbf{i} + 8\mathbf{j}$$

$\mathbf{v}$는 단위벡터가 아님을 주의하여라. 그러나 $|\mathbf{v}| = \sqrt{29}$이므로 $\mathbf{v}$ 방향으로의 단위벡터는

$$\mathbf{u} = \frac{\mathbf{v}}{|\mathbf{v}|} = \frac{2}{\sqrt{29}}\mathbf{i} + \frac{5}{\sqrt{29}}\mathbf{j}$$

이다. 그러므로 다음을 얻는다.

$$D_{\mathbf{u}} f(2,\ -1) = \nabla f(2,\ -1) = (-4\mathbf{i} + 8\mathbf{j}) \cdot \left(\frac{2}{\sqrt{29}}\mathbf{i} + \frac{5}{\sqrt{29}}\mathbf{j}\right)$$
$$= \frac{-4 \cdot 2 + 8 \cdot 5}{\sqrt{29}} = \frac{32}{\sqrt{29}}$$

■

같은 방법으로 삼변수함수에 대한 방향도함수를 정의할 수 있다. 즉 $D_{\mathbf{u}}f(x,\ y,\ z)$는 단위벡터 $\mathbf{u}$의 방향으로 함수의 변화율로 해석할 수 있다. 이 경우 $f(x,\ y,\ z)$의 편도함수가 $P_0(x_0,\ y_0,\ z_0)$에서 정의되면 P_0에서 f의 기울기 벡터는 P_0에서 f의 편도함수를 구하여 얻어진 벡터

$$\nabla f = \frac{\partial f}{\partial x}\mathbf{i} + \frac{\partial f}{\partial y}\mathbf{j} + \frac{\partial f}{\partial z}\mathbf{k}$$

이다.

$f(x,\ y,\ z)$가 $P_0(x_0,\ y_0,\ z_0)$에서 연속인 편도함수들을 갖고, $\mathbf{u}$가 단위벡터라면 $\mathbf{u}$의 방향으로 P_0에서 f의 도함수는 P_0에서 $\mathbf{u}$와 f의 기울기 벡터와의 내적인

$$D_{\mathbf{u}}f(x,\ y,\ z) = \nabla f(x,\ y,\ z) \cdot \mathbf{u}$$

이 된다.

예제 3 |

$f(x,\ y,\ z) = x^3 - xy^2 - z$의 방향도함수를 벡터 $\mathbf{v} = 2\mathbf{i} - 3\mathbf{j} + 6\mathbf{k}$의 방향으로 $P_0(1,\ 1,\ 0)$에서 구하여라.

풀이 $\mathbf{v}$의 방향은 $\mathbf{v}$를 그 길이로 나눔으로써 얻어진다.

$$\|\mathbf{v}\| = \sqrt{(2)^2 + (-3)^2 + (6)^2} = \sqrt{49} = 7,$$

$$\mathbf{u} = \frac{\mathbf{v}}{\|\mathbf{v}\|} = \frac{2}{7}\mathbf{i} - \frac{3}{7}\mathbf{j} + \frac{6}{7}\mathbf{k}$$

P_0에서 f의 편도함수는

$$f_x = 3x^2 - y^2 \big|_{(1,\ 1,\ 0)} = 2,$$

$$f_y = -2xy \big|_{(1,\ 1,\ 0)} = -2,$$

$$f_z = -1 \big|_{(1,\ 1,\ 0)} = -1$$

P_0에서 f의 그래디언트는

$$\nabla f \big|_{(1,\ 1,\ 0)} = 2\mathbf{i} - 2\mathbf{j} - \mathbf{k}$$

그러므로 $\mathbf{v}$의 방향으로 P_0에서 f의 도함수는

$$\begin{aligned}(D_{\mathbf{u}}f)\big|_{(1,\,1,\,0)} &= \nabla f\,\big|_{(1,\,1,\,0)}\cdot\mathbf{u}\\ &= (2\mathbf{i}-2\mathbf{j}-\mathbf{k})\cdot\left(\frac{2}{7}\mathbf{i}-\frac{3}{7}\mathbf{j}+\frac{6}{7}\mathbf{k}\right)\\ &= \frac{4}{7}+\frac{6}{7}-\frac{6}{7}\\ &= \frac{4}{7}\end{aligned}$$

■

방향도함수를

$$D_{\mathbf{u}}f = \nabla f\cdot\mathbf{u} = \|\nabla f\|\,\|\mathbf{u}\|\cos\theta = \|\nabla f\|\cos\theta$$

와 같이 쓰면 다음 사실들이 얻어진다.

(1) $\cos\theta = 1$ 혹은 $\mathbf{u} = \dfrac{\nabla f}{\|\nabla f\|}$ 일 때 방향도함수는 가장 큰 양의 값을 갖는다. 즉, f는 그 영역 내에서 ∇f의 방향으로 가장 빨리 증가한다.

$$D_{\mathbf{u}}f = \|\nabla f\|\cos(0) = \|\nabla f\|$$

이므로 방향도함수 $D_u f(x)$의 최댓값은 $|\nabla f(x)|$이고, 이것은 기울기 벡터 $\nabla f(x)$와 벡터 $\mathbf{u}$의 방향이 일치할 때 나타난다.

(2) 같은 방법으로 f는 $-\nabla f$의 방향으로 가장 빨리 감소한다. 이 방향으로 도함수는

$$D_{\mathbf{u}}f = \|\nabla f\|\cos(\pi) = -\|\nabla f\|$$

(3) $D_{\mathbf{u}}f = \nabla f\cdot(-\mathbf{u}) = -\nabla f\cdot\mathbf{u} = -D_{\mathbf{u}}f$

(4) 방향도함수와 f의 편도함수의 관계들은

$$D_{\mathbf{i}}f = \nabla f\cdot\mathbf{i} = f_x,\ D_{\mathbf{j}}f = \nabla f\cdot\mathbf{j} = f_y,\ D_{\mathbf{k}}f = \nabla f\cdot\mathbf{k} = f_z$$

따라서

$f_x = \mathbf{i}$ 방향으로 f의 방향도함수

$f_y = \mathbf{j}$ 방향으로 f의 방향도함수

$f_z = \mathbf{k}$ 방향으로 f의 방향도함수

이고, 그러므로

$$D_{-\mathbf{i}}f = -f_x,\ D_{-\mathbf{j}}f = -f_y,\ D_{-\mathbf{k}}f = -f_z$$

이 성립한다.

(5) $D_{\mathbf{u}}f = \|\nabla f\|\cos(\pi/2) = \|\nabla f\| \cdot 0 = 0$이므로 그래디언트에 수직인 $\mathbf{u}$는 f에 변화를 주지 않는 방향이다.

예제 4 |

(1) 단위벡터 $\mathbf{u} = a\mathbf{i} + b\mathbf{j}$의 방향으로 점 $P_0(3,\ 4)$에서 $f(x,\ y) = 100 - x^2 - y^2$의 방향도함수를 구하여라.

(2) xy평면의 영역에서 어느 방향으로 P_0에서 f가 가장 빨리 증가하는가?

(3) f의 방향도함수가 0이 되는 방향을 정하여라.

풀이 (1) $f(x,\ y) = 100 - x^2 - y^2$,

$$f_x(3,\ 4) = -2x\,|_{(3,\ 4)} = -6,$$
$$f_y(3,\ 4) = -2y\,|_{(3,\ 4)} = -8,$$
$$D_{\mathbf{u}}f = \nabla f \cdot \mathbf{u} = (-6\mathbf{i} - 8\mathbf{j}) \cdot \mathbf{u} = -6u_1 - 8u_2$$

(2) 이 함수는 그래디언트의 방향으로 가장 빨리 증가한다.

$$\|\nabla f\| = \sqrt{(-6)^2 + (-8)^2} = \sqrt{36 + 64} = 10$$

이므로, 이 방향은

$$\frac{\nabla f}{\|\nabla f\|} = -\frac{6}{10}\mathbf{i} - \frac{8}{10}\mathbf{j} = -\frac{3}{5}\mathbf{i} - \frac{4}{5}\mathbf{j}$$

이고, 이 방향에서 도함수는 $\|\nabla f\| = 10$이다.

(3) f의 도함수가 ∇f에 수직인 방향에서 0이다. 이 방향은

$$\frac{\nabla f}{\|\nabla f\|} = -\frac{3}{5}\mathbf{i} - \frac{4}{5}\mathbf{j}$$

의 성분을 바꾸고 처음 성분의 부호를 바꾸면 얻을 수 있다. 그 결과는

$$n = \frac{4}{5}\mathbf{i} - \frac{3}{5}\mathbf{j}$$

이고, $\nabla f \cdot n$을 계산하면

$$\nabla f \cdot n = (-6\mathbf{i} - 8\mathbf{j})\left(\frac{4}{5}\mathbf{i} - \frac{3}{5}\mathbf{j}\right)$$

$$=-\frac{24}{5}+\frac{24}{5}=0$$

이다. xy평면에서 f의 변화를 주지 않는 다른 방향은

$$-n=-\frac{4}{5}\mathbf{i}+\frac{3}{5}\mathbf{j}$$

이다. ■

그림 2를 보면 $f(x,\ y)=100-x^2-y^2$의 $(3,\ 4)$에서 변화율을 향한 방향에서 가장 크다. 이는 곡면 $z=100-x^2-y^2$ 위의 가장 가파른 방향에 대응한다.

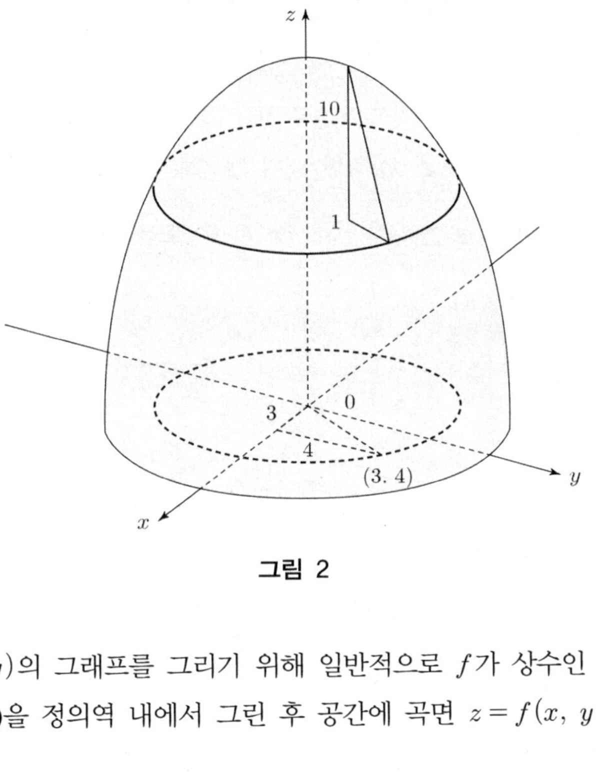

그림 2

한편 $z=f(x,\ y)$의 그래프를 그리기 위해 일반적으로 f가 상수인 $f(x,\ y)=0$의 준위곡선(level curve)을 정의역 내에서 그린 후 공간에 곡면 $z=f(x,\ y)$로서 f의 그래프를 그린다.

예제 5 |

$z=f(x,\ y)=100-x^2-y^2$의 그래프를 그리고 준위곡선들 $f(x,\ y)=0,\ 51,\ 75$을 그려라.

풀이 그림에서 f는 포물선이다.

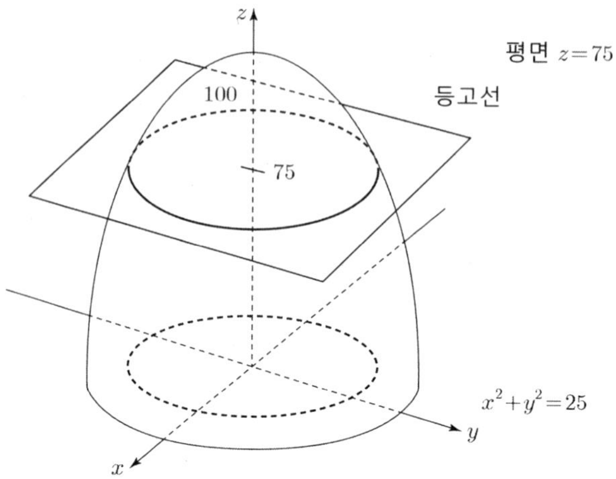

그림 3

그 정의역은 xy평면이고, 치역은 실수집합 $z \le 100$이다(z의 음의 값도 생각한다). 준위곡선들 $f(x,\ y)=0$은 xy평면 내의 점으로 원점에 중심을 갖는 반경 100인 원

$$f(x,\ y)=100-x^2-y^2=0 \quad \text{또는} \quad x^2+y^2=100$$

인 아래의 그림이다.

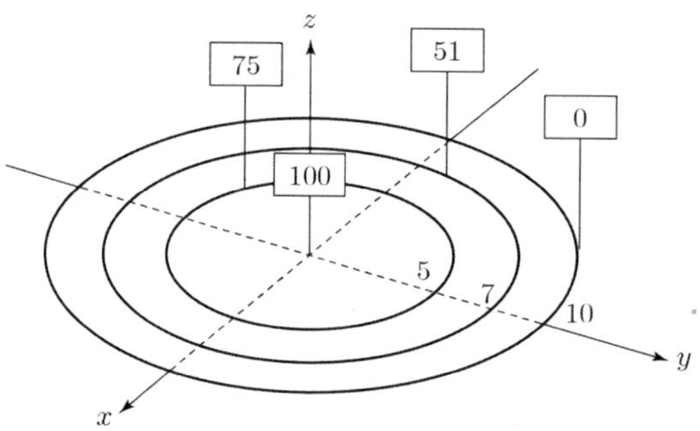

그림 4

같은 방법으로 준위곡선 $f(x,\ y)=51$과 $f(x,\ y)=75$는 원

$$f(x,\ y)=100-x^2-y^2=75 \quad \text{즉} \quad x^2+y^2=25$$
$$f(x,\ y)=100-x^2-y^2=51 \quad \text{즉} \quad x^2+y^2=49$$

이다. ■

다음으로 삼변수의 함수 $w = f(x, y, z)$가 상수값 $f(x, y, z) = c$ 위에서 취한 공간의 점(x, y, z)은 함수의 **준위곡면**(level surface)이라 부르는 곡면을 이룬다.

예제 6 |

함수 $w = \sqrt{x^2 + y^2 + z^2}$의 준위곡면을 설명하여라.

풀이 함숫값 w는 직교좌표에서 원점으로부터 점(x, y, z)까지의 거리라고 생각할 수 있다. 각 준위곡면

$$\sqrt{x^2 + y^2 + z^2} = a, \quad a > 0$$

은 원점에 중심을 둔 반경 a인 구이다. 그림에서 준위곡면 세 개가 표시되어 있다. 준위곡면 $\sqrt{x^2 + y^2 + z^2} = 0$은 오직 원점 밑으로 되어 있다.

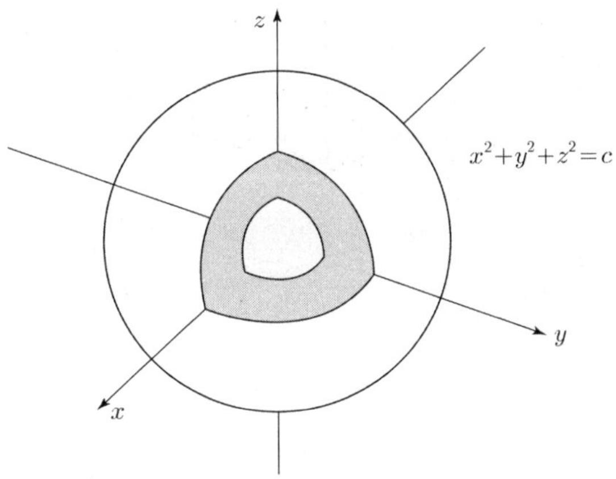

그림 5

■

$f(x, y, z)$이 연속인 편도함수를 갖고, 곡면

$$S: f(x, y, z) = c$$

이 f의 준위곡면 중의 하나이며.

$$x = x(t), \; y = y(t), \; z = z(t)$$

가 S 위에서 점 $P_0(x_0, y_0, z_0)$를 지나는 미분가능 곡선이라 하자. 이때 모든 t에 대해

$$f(x(t), y(t), z(t)) = c$$

이다. 만일 이 식의 양변을 t에 관해 도함수를 취하고 좌변에 연쇄법칙을 적용하면

$$\frac{d}{dt}f(x(t),\ y(t),\ z(t)) = \frac{d}{dt}(c) = 0$$

$$\frac{\partial f}{\partial x}\frac{dx}{dt} + \frac{\partial f}{\partial y}\frac{dy}{dt} + \frac{\partial f}{\partial z}\frac{dz}{dt} = 0$$

혹은

$$\nabla f \cdot \boldsymbol{v} = 0$$

이다. 여기에서 $\boldsymbol{v}$는 곡선의 접선벡터이다. 그러므로 그래디언트는 P_0를 지나는 S 위의 모든 미분가능 곡선의 접선벡터에 수직이다.

따라서 ∇f는 P_0를 지나는 S 위의 모든 미분가능 곡선의 접선에 수직이다. 즉 이 직선들은 ∇f에 수직이고 P_0를 지나는 평면 내에 있다.

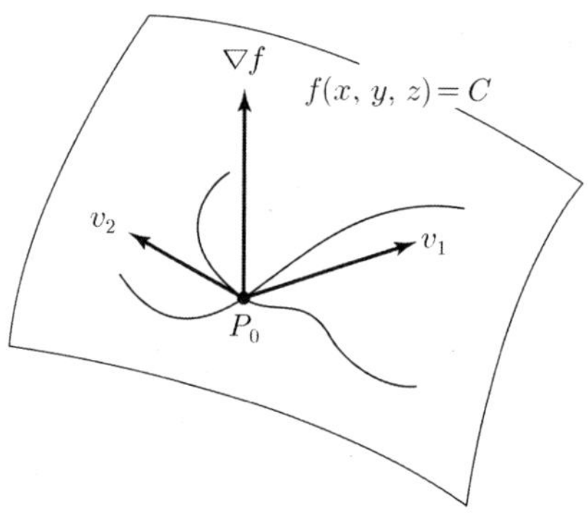

그림 6

이 평면방정식은

$$f_x(P_0)(x - x_0) + f_y(P_0)(y - y_0) + f_z(P_0)(z - z_0) = 0$$

이며 이 평면을 P_0에서 S에 접하는 **접평면**(tangent plane)이라 한다. 이 평면에 수직이고 P_0에서 ∇f에 평행인 P_0를 지나는 직선은 P_0에서 곡면에 **법선**(normal line)이라 한다. 이상을 요약하면 다음과 같다.

(1) $f(x,\ y,\ z)$가 준위곡면

$$S : f(x,\ y,\ z) = c$$

위의 점 $P_0(x_0,\ y_0,\ z_0)$에서 연속인 편도함수를 가지면, P_0에서 S에 접평면은 P_0에서

∇f에 수직이고 P_0를 지나는 평면이다. 방정식은

$$f_x(P_0)(x-x_0)+f_y(P_0)(y-y_0)+f_z(P_0)(z-z_0)=0$$

이며, 이 방정식에서 편도함수들은 P_0에서 얻어져야 한다.

(2) P_0에서 S에 법선은 접평면에 수직이고 P_0에서 ∇f에 평행한 직선이다. 이 법선은 다음과 같이 주어진다.

$$x=x_0+f_x(P_0)t$$
$$y=y_0+f_y(P_0)t$$
$$z=z_0+f_z(P_0)t$$

f의 어느 편도함수도 P_0에서 0이 아니면, 법선은 또한

$$\frac{x-x_0}{f_x(P_0)}=\frac{y-y_0}{f_y(P_0)}=\frac{z-z_0}{f_z(P_0)}$$

으로 주어진다.

예제 7 |

점 $P_0(1,\ 1,\ 1)$에서 곡면

$$x^2+xyz-z^3=1$$

에 접평면과 법선을 구하여라.

풀이 P_0에서 그래디언트를 구하면

$$f_x(1,\ 1,\ 1)=(2x+yz)\big|_{(1,\ 1,\ 1)}=3$$
$$f_y(1,\ 1,\ 1)=xz\big|_{(1,\ 1,\ 1)}=1$$
$$f_z(1,\ 1,\ 1)=(xy-3z^2)\big|_{(1,\ 1,\ 1)}=-2$$
$$\nabla f\big|_{(1,\ 1,\ 1)}=3\mathbf{i}+\mathbf{j}-2\mathbf{k}$$

이며 $P_0(1,\ 1,\ 1)$에서 곡면에 접하는 평면은

$$3(x-1)+(y-1)-2(z-1)=0$$

즉,

$$3x+y-2z=2$$

이다. 또한 $P_0(1,\ 1,\ 1)$에서 곡면에 수직인 직선은

$$x=1+3t,\ y=1+t,\ z=1-2t$$

이다. ■

예제 8 |

곡면

$$f(x,\ y,\ z)=x^2+y^2-z^2=1,\ g(x,\ y,\ z)=x+y+z=5$$

은 곡선 C에서 교차한다. 점 $P_0(1,\ 2,\ 2)$에서 C에 접하는 직선을 구하여라.

풀이 접선은 P_0에서 ∇f와 ∇g에 수직이다. 그러므로

$$\mathbf{v}=\nabla f\times\nabla g$$

는 구하는 직선에 평행한 벡터이다. 이 직선의 방정식을 구하기 위해 $\mathbf{v}$의 성분과 P_0의 좌표를 이용하면

$$\begin{aligned}\nabla f\,|_{(1,\ 2,\ 2)}&=(2x\mathbf{i}+2y\mathbf{j}-2z\mathbf{k})\,|_{(1,\ 2,\ 2)}\\&=2\mathbf{i}+4\mathbf{j}-4\mathbf{k}\\ \nabla g&=\mathbf{i}+\mathbf{j}+\mathbf{k}\end{aligned}$$

그러므로

$$\mathbf{v}=\nabla f\times\nabla g=\begin{vmatrix}\mathbf{i}&\mathbf{j}&\mathbf{k}\\2&4&-4\\1&1&1\end{vmatrix}=8\mathbf{i}-6\mathbf{j}-2\mathbf{k}$$

접선의 방정식은

$$x=1+8t,\ \ y=2-6t,\ \ z=2-2t$$

일반적으로 $f(x,\ y,\ z)$의 그래디언트는 바로 f의 준위곡면에 수직이고, 이변수함수 $g(x,\ y)$의 그래디언트는 준위곡선에 수직이다. ■

곡면 $z=f(x,\ y)$에 대한 방정식은

$$\underbrace{f(x,\ y) - z}_{F(x,\ y,\ z)} = 0$$

와 같은 형태로 쓰일 수 있다. 이로부터 이 곡면은 함수 $w = F(x,\ y,\ z)$의 준위곡면

$$F(x,\ y,\ z) = 0$$

이다. 따라서 F가 연속인 편도함수를 가지면 곡면 위의 한 점 $P_0(x_0,\ y_0,\ z_0)$에서 곡면 $z = f(x,\ y)$에 접평면을 P_0에서 ∇F에 수직인 평면으로 정의할 수 있다. 이 평면방정식은

$$F_x(P_0)(x - x_0) + F_y(P_0)(y - y_0) + F_z(P_0)(z - z_0) = 0$$

이다. 그러나

$$F_x(P_0) = \frac{\partial}{\partial x}(f(x,\ y) - z)\Big|_{(x_0,\ y_0,\ z_0)} = f_x(x_0,\ y_0)$$

$$F_y(P_0) = \frac{\partial}{\partial y}(f(x,\ y) - z)\Big|_{(x_0,\ y_0,\ z_0)} = f_y(x_0,\ y_0)$$

$$F_z(P_0) = \frac{\partial}{\partial z}(f(x,\ y) - z)\Big|_{(x_0,\ y_0,\ z_0)} = -1$$

이므로 접평면방정식은

$$f_x(x_0,\ y_0)(x - x_0) + f_y(x_0,\ y_0)(y - y_0) - (z - z_0) = 0$$

이다. f_x와 f_y가 $(x_0,\ y_0)$에서 연속이면 F_x, F_y와 F_z는 P_0에서 연속일 것이라는 것을 알 수 있다.

이를 요약하면 다음과 같다.

(1) 만일 $P_0(x_0,\ y_0,\ z_0)$가 곡면 $z = f(x,\ y)$ 위의 한 점이고 f_x와 f_y가 $(x_0,\ y_0)$에서 연속이면, P_0에서 곡면에 대한 접평면은

$$f_x(x_0,\ y_0)(x - x_0) + f_y(x_0,\ y_0)(y - y_0) - (z - z_0) = 0$$

이다.

(2) P_0에서 곡면에 대한 법선은

$$x = x_0 + tf_x(x_0,\ y_0)$$

$$y = y_0 + tf_y(x_0,\ y_0)$$

$$z = z_0 - t$$

혹은 $f_x(x_0, y_0) \neq 0$이고 $f_y(x_0, y_0) \neq 0$일 때

$$\frac{x - x_0}{f_x(x_0, y_0)} = \frac{y - y_0}{f_y(x_0, y_0)} = \frac{z - z_0}{-1}$$

이다.

예제 9 |

점 $P_0(1, 2, 4)$에서 곡면

$$z = f(x, y) = 9 - x^2 - y^2$$

에 대한 접평면과 법선의 방정식을 구하여라.

풀이1 $f_x(1, 2) = -2x\,|_{(1,2)} = -2$, $f_y(1, 2) = -2y\,|_{(1,2)} = -4$

이므로

접평면의 방정식: $(-2)(x-1) + (-4)(y-2) - (z-4) = 0$

즉, $2x + 4y + z = 14$이고

법선의 방정식: $x = 1 - 2t$, $y = 2 - 4t$, $z = 4 - t$

이다.

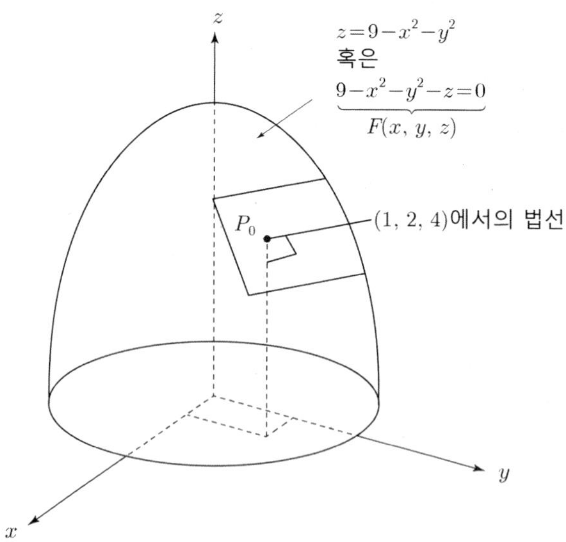

그림 7 $P_0(1, 2, 4)$에서 곡면 $z = f(x, y) = 9 - x^2 - y^2$에 접평면과 법선

풀이2 주어진 식 $z = 9 - x^2 - y^2$을

$$9 - x^2 - y^2 - z = 0$$

으로 쓰면 곡면 $z = f(x, y)$는 함수

$$F(x, y, z) = 9 - x^2 - y^2 - z$$

의 준위곡면

$$F(x, y, z) = 0$$

인 꼴이 된다. 그러므로 접평면은 $P_0(1, 2, 4)$에서 ∇F에 수직인 평면이고

$$\begin{aligned} F_x &= -2x \,|_{(1,\ 2,\ 4)} = -2 \\ F_y &= -2y \,|_{(1,\ 2,\ 4)} = -4 \\ F_z &= -1 \,|_{(1,\ 2,\ 4)} = -1 \end{aligned}$$

이므로 풀이1처럼 접평면의 방정식: $(-2)(x-1)+(-4)(y-2)+(-1)(z-4)=0$ 즉, $2x+4y+z=14$와 법선의 방정식: $x=1-2t,\ y=2-4t,\ z=4-t$를 얻는다. ■

이제 기울기 벡터의 중요성을 알아보자. 우선 삼변수함수 f와 그 정의역에서 점 $P(x_0, y_0, z_0)$를 생각한다. 한편, 기울기 벡터 $\nabla f(x_0, y_0, z_0)$는 f의 가장 빠른 증가 방향을 제공한다는 것을 알고 있다. 또 다른 한편으로 $\nabla f(x_0, y_0, z_0)$는 P를 통과하는 f의 등위곡면 S에 직각임을 안다. 이러한 두 성질은 직관적으로 완전히 양립할 수 있다. 왜냐하면 등위곡면상에서 점 P를 움직일 때, f의 값은 조금도 변하지 않기 때문이다. 그래서 수직방향으로 움직이면 최대 증가치를 얻는 것은 타당하다.

마찬가지로 이변수함수 f와 그 정의역에서 점 $P(x_0, y_0)$를 생각한다. 기울기 벡터 $\nabla f(x_0, y_0)$는 f의 가장 빠른 증가 방향을 제공한다. 또한 접평면에 대한 논의와 비슷한 생각을 하면 $\nabla f(x_0, y_0)$는 P를 통과하는 등위곡선 $f(x, y)=k$와 수직임을 보여준다. 이것은 직관적으로 그럴 듯하다. 왜냐하면 곡선을 따라 움직여도 f의 값이 일정하기 때문이다.

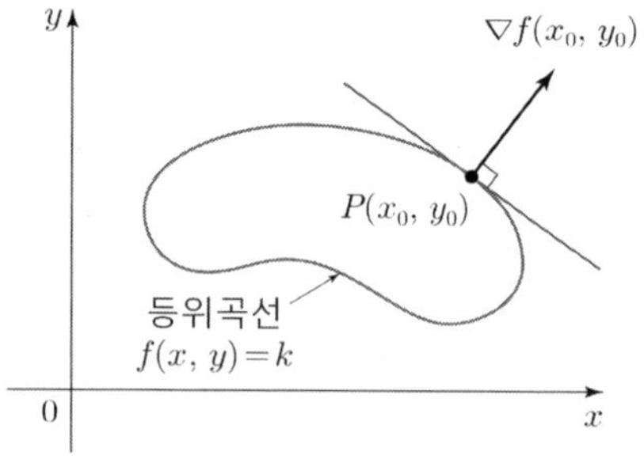

그림 8

만약 언덕의 지형도를 생각하고 $f(x, y)$가 좌표 (x, y)인 지점에서 해수면으로부터의 높이를 나타낸다고 하면, 그림처럼 가장 가파른 오르막길은 모든 경로선과 수직이 되도록 그려진다.

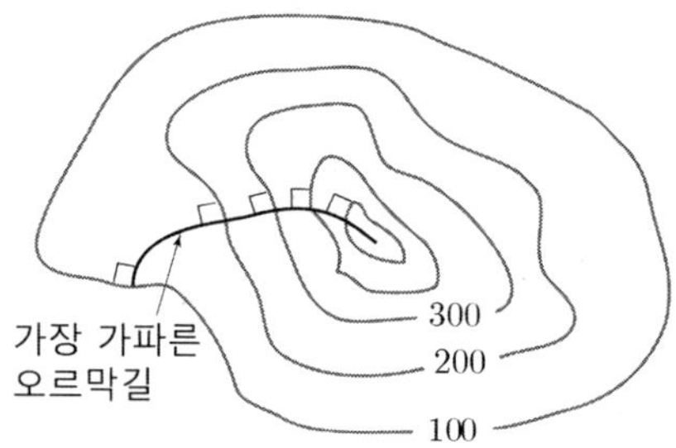

그림 9

연습문제 | 3.7

1. $f(x, y, z)=x\sin yz$일 때 $v=\mathbf{i}+2\mathbf{j}-\mathbf{k}$ 방향으로 (1, 3, 0)에서의 f의 방향도함수를 구하여라.

2. (1) $f(x, y)=xe^y$일 때, 점 $P(2, 0)$에서 점 $Q\left(\frac{1}{2}, 2\right)$의 방향으로 점 $P(2, 0)$에서 f의 변화율을 구하여라.

(2) 어느 방향에서 f는 최대 변화율을 가지는가? 이 경우 변화율의 최댓값은 얼마인가?

3. 공간상의 점 $(x,\ y,\ z)$에서의 온도가 $T(x,\ y,\ z)=\dfrac{80}{1+x^2+2y^2+3z^2}$으로 주어졌다고 하자. 단 T의 단위는 °C이고, $x,\ y,\ z$의 단위는 m이다. 점 $(1,\ 1,\ -2)$에서 어느 방향으로 온도가 가장 빨리 증가하는가? 이 경우 최대 증가율은 얼마인가?

4. 점 $P(x,\ y,\ z)$가 $P_0(2,\ 0,\ 0)$으로부터 $P_1(4,\ 1,\ -2)$를 향해 $\Delta S=0.1$의 거리로 움직이면

$$f(x,\ y,\ z)=xe^y+yz$$

이 얼마나 변할 것인가를 추정하여라.

5. $P_0(-2,\ 1)$을 지나는 준위곡선

$$f(x,\ y)=\frac{x^2}{4}+y^2$$

을 그리고 P_0에서 이 곡선에 수직이고, 곡선을 품는 평면 내의 한 벡터를 구하여라.

6. 타원면 $\dfrac{x^2}{4}+y^2+\dfrac{z^2}{9}=3$에 대한 점 $(-2,\ 1,\ -3)$에서의 접평면과 법선의 방정식을 구하여라.

Chapter

4

중적분

4.1 | 이중적분의 정의

xy평면상의 유계폐영역 D에서 함수 $f(x,\ y)$가 연속이라 하자. 여기서 유계폐영역 D는 폐곡선에 의해서 둘러싸인 평면도형을 말한다.

영역 D를 임의의 방법으로 n개의 부분폐영역 $A_1,\ A_2,\ \cdots,\ A_n$으로 나누어 $(x_i,\ y_i)$가 부분폐영역 A_i에 속하는 임의의 점이라 하자.

유계폐영역 D와 부분폐영역 A_i, 곡면 $z=f(x,\ y)$에 의해서 둘러싸인 입체의 부피를 각각 $V,\ \Delta V_i$라 하고, 부분폐영역 A_i의 넓이를 ΔA_i 그리고 부분폐영역 A_i에서의 $f(x,\ y)$의 최솟값을 m_i, 최댓값을 M_i라 하면

$$m_i \Delta A_i \le \Delta V_i \le M_i \Delta A_i$$

이므로

$$\sum_{i=1}^{n} m_i \Delta A_i \le \sum_{i=1}^{n} \Delta V_i \le \sum_{i=1}^{n} M_i \Delta A_i$$

가 된다.

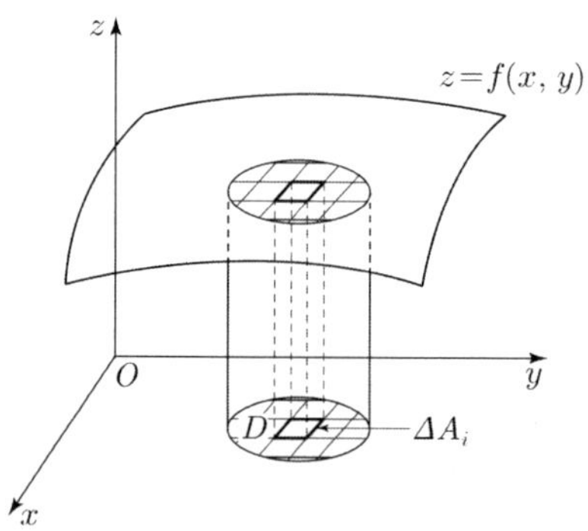

그림 1

$M_i - m_i = \epsilon_i$라 하면 $f(x,\ y)$가 D에서 연속이므로 $n \to \infty$일 때 모든 i에 대해서 $\Delta A_i \to 0$이 되도록 하면

$$V = \lim_{n\to\infty} \sum_{i=1}^{n} m_i \Delta A_i = \lim_{n\to\infty} \sum_{i=1}^{n} M_i \Delta A_i = \lim_{n\to\infty} \sum_{i=1}^{n} f(x_i,\ y_i) \Delta A_i$$

가 됨을 증명할 수 있다. 나아가서 함수 $f(x, y)$가 유계폐영역 D에서 연속함수일 때

$$\sum_{i=1}^{n} f(x_i, y_i)\Delta A_i$$

는 $n\to\infty$ (즉 $\Delta A_i\to 0$)일 때 일정한 극한값에 수렴함을 증명할 수 있다. 여기서 (x_i, y_i)는 부분폐영역 A_i에서 임의로 선택된 점이다. 이 일정한 극한값을 $\iint_D f(x, y)dxdy$ 또는 $\iint_D f(x, y)dA$로 나타내고 함수 $f(x, y)$의 D에서의 **이중적분**(double integral)이라 한다. 함수 $f(x, y)$가 유계폐영역 D에서 이중적분을 가지면 함수 $f(x, y)$는 D에서 **적분 가능**(integrable)하다고 한다. 양의 값을 갖는 일변수함수의 정적분은 평면에서의 넓이를 나타내지만 양의 값을 갖는 이변수함수의 이중적분은 공간좌표에서의 입체의 부피를 나타낸다.

아래와 같은 사실이 성립함을 알 수 있다.

정리 1

(1) $f(x, y)$가 유계폐영역 D에서 연속이면 적분가능하다.

(2) 유계폐영역 D, D_1, D_2가 $D=D_1\bigcup D_2$, $D_1\bigcap D_2=\phi$일 때

$$\iint_D f(x, y)dxdy = \iint_{D_1} f(x, y)dxdy + \iint_{D_2} f(x, y)dxdy$$

이다.

(3) $f(x, y)$, $g(x, y)$가 유계폐영역 D에서 적분가능이고 D에서 $f(x, y) \ge g(x, y)$이면

$$\iint_D f(x, y)dxdy \ge \iint_D g(x, y)dxdy$$

이다.

(4) a, b가 상수이고 $f(x, y)$, $g(x, y)$가 유계폐영역 D에서 적분가능일 때

$$\begin{aligned}&\iint_D \{af(x, y)+bg(x, y)\}dxdy \\ &\qquad = a\iint_D f(x, y)dxdy + b\iint_D g(x, y)dxdy\end{aligned}$$

이다.

(5) $f(x, y)$가 유계폐영역 D에서 적분가능이면 $|f(x, y)|$도 D에서 적분가능하고

$$\left| \iint_D f(x, y) dxdy \right| \leq \iint_D |f(x, y)| dxdy$$

이다.

(6) **(적분에 관한 평균값정리)** 유계폐영역 D에서 $f(x, y)$가 연속이면

$$\iint_D f(x, y) dxdy = f(x_0, y_0) \times (D\text{의 넓이})$$

로 되는 점(x_0, y_0)가 D 내에서 존재한다.

(6)의 평균값정리는 밑면 D와 높이 $f(x_0, y_0)$를 갖는 상자는 f의 그래프 아래에 놓인 입체와 같은 부피를 갖는다는 것이다. 만약 $z = f(x, y)$가 산이 많은 지역을 묘사하고 높이 $f(x_0, y_0)$에서 산꼭대기를 잘라내면, 주변 지역을 완전히 편평하도록 계곡을 메울 수 있다.

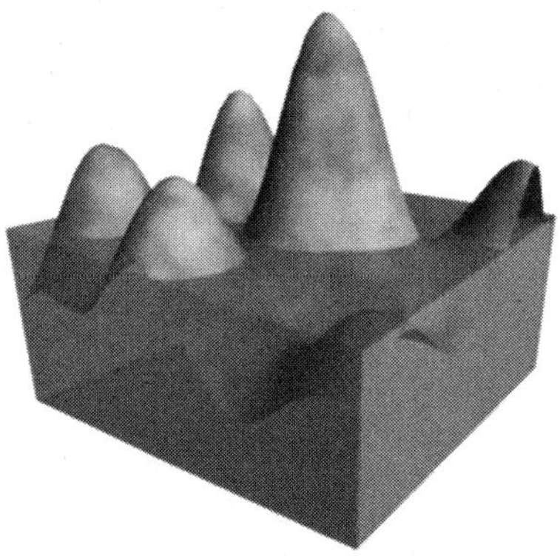

그림 2

예제 1 |

$D = \{(x, y) | 0 \leq x \leq 1, 0 \leq y \leq 4\}$이고 $f(x, y) = 1$일 때 부피 $\iint_D f(x, y)\ dxdy$를 구하여라.

풀이 영역 D와 평면 $z = f(x, y) = 1$에 의해 만들어지는 사각기둥의 부피를 V라 하면

$$\iint_D f(x, y)dxdy = V$$

이다. 따라서 $V = 4$이므로

$$\iint_D f(x, y)dxdy = 4$$

이다. ■

예제 2 |

$D = \{(x, y) | x \geq 0, y \geq 0, x + y \leq 1\}$라 하고 $f(x, y) = 1 - x - y$라 할 때 $\iint_D f(x, y)dxdy$를 구하여라.

풀이 xy평면, yz평면, zx평면, $f(x, y) = 1 - x - y$에 의해 둘러싸인 입체의 부피를 V라 하면 $V = \frac{1}{6}$이다. 따라서

$$\iint_D f(x, y)dxdy = V = \frac{1}{6}$$

이다.

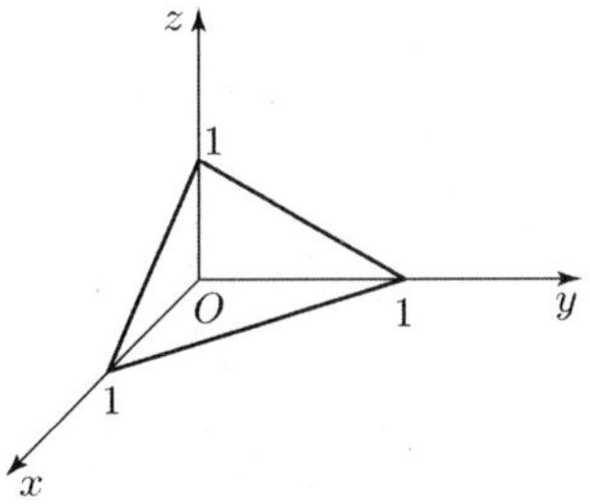

그림 3 ■

연습문제 4.1

1. $D=\{(x,\ y)|-1\le x\le 1,\ -2\le y\le 2\}$일 때 $\iint_D \sqrt{1-x^2}\,dxdy$를 구하여라.

2. $D=\{(x,\ y): a\le x\le b,\ c\le y\le d\}$이고 $f(x,\ y)=k$ (k는 상수)일 때

$$\iint_D f(x,\ y)dxdy=k(b-a)(d-c)$$

임을 보여라.

3. $D=\{(x,\ y)|0\le x\le 1,\ 0\le y\le 1\}$일 때 $\iint_D (4-2y)dxdy$를 구하여라.

4. 연습문제 2의 결과를 이용하여 $0\le \iint_D \sin\pi x\cos\pi y dxdy\le \frac{1}{32}$임을 증명하여라. 여기서 $D=\left\{(x,\ y): 0\le x\le \frac{1}{4},\ \frac{1}{4}\le y\le \frac{1}{2}\right\}$이다.

4.2 반복적분

유계폐영역 D가 $D=\{(x,\ y)\ |\ a\le x\le b,\ \ c\le y\le d\}$로 주어지고 함수 $f(x,\ y)$가 유계폐영역 D에서 연속이라 하자. 이때 $\iint_D f(x,\ y)dxdy$를 계산하는 문제를 다루고자 한다.

$$\int_c^d\left\{\int_a^b f(x,\ y)dx\right\}dy$$

$$\int_a^b\left\{\int_c^d f(x,\ y)dy\right\}dx$$

위 첫 번째 식은 y의 함수 $\int_a^b f(x,\ y)dx$를 다시 구간 $c\le y\le d$상에서 y에 관해서 적분한 것이고, 두 번째 식은 x의 함수 $\int_c^d f(x,\ y)dy$를 다시 구간 $a\le x\le b$상에서 x에 관해서 적분한 것이다. 이와 같은 표현들을 **반복적분**(iterated integral)이라 하고, 괄호를 생략하고 각각

$$\int_c^d\int_a^b f(x,\ y)dxdy \ \text{또는}\ \int_a^b\int_c^d f(x,\ y)dydx$$

로 나타내기도 한다.

아래의 정리는 영역 D가 $D=\{(x,\ y)|a\le x\le b,\ c\le y\le d\}$로 주어질 때 이중적분은 반복적분에 의해서 결정될 수 있고, 더욱이 반복적분에 있어서 순서를 바꿔서 적분할 수 있음을 보여준다.

정리 1

함수 $z=f(x,\ y)$가 $D=\{(x,\ y)|a\le x\le b,\ c\le y\le d\}$에서 연속이면

$$\iint_D f(x,\ y)dxdy=\int_a^b\left\{\int_c^d f(x,\ y)dy\right\}dx=\int_c^d\left\{\int_a^b f(x,\ y)dx\right\}dy$$

가 성립한다.

일반적으로 $A(x)$가 x축과 수직으로 x를 지나는 절단면의 넓이라고 할 때 입체의 부

피는 $V=\int_a^b A(x)dx$ 이다.

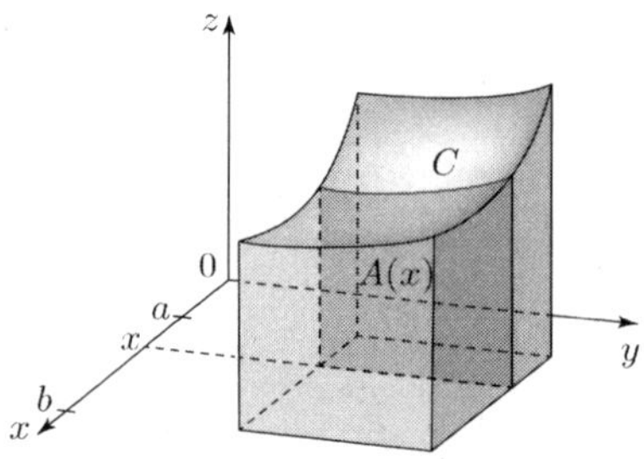

그림 1

그림 1로부터 $A(x)$는 x가 상수이고 $c \le y \le d$일 때 방정식이 $z=f(x,\ y)$인 곡선 C 아래의 넓이이다. 그러므로

$$A(x)=\int_c^d f(x,\ y)dy$$

이며

$$V=\int_a^b A(x)dx=\int_a^b \int_c^d f(x,\ y)dydx$$

이 성립한다.

비슷한 방법으로 그림 2에서와 같이 y축에 수직인 절단면을 이용하여

$$V=\int_c^d A(y)dy=\int_c^d \int_a^b f(x,\ y)dxdy$$

임을 보일 수 있다.

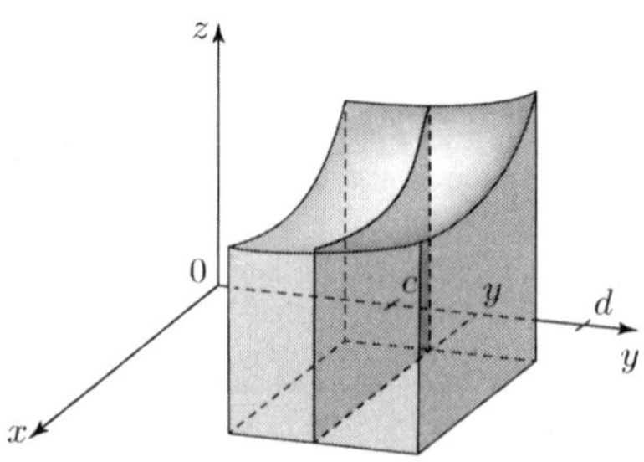

그림 2

예제 1 |

반복적분 $\int_0^1\int_0^1 xydxdy$를 구하여라.

풀이

$$\begin{aligned}\int_0^1\int_0^1 xydxdy &= \int_0^1\left\{\int_0^1 xy\,dx\right\}dy\\ &= \int_0^1\left[\frac{1}{2}x^2y\right]_0^1 dy\\ &= \int_0^1 \frac{1}{2}ydy\\ &= \left[\frac{1}{4}y^2\right]_0^1\\ &= \frac{1}{4}\end{aligned}$$

■

예제 2 |

$D=\{(x,\ y)|0\le x\le 1,\ 0\le y\le 4\}$일 때 반복적분 $\int_0^1\int_0^4 x^3dydx$를 이용하여 중적분 $\iint_D x^3dxdy$구하여라.

풀이

$$\begin{aligned}\iint_D x^3dxdy &= \int_0^1\int_0^4 x^3dydx\\ &= \int_0^1\left\{\int_0^4 x^3dy\right\}dx\\ &= \int_0^1 [x^3y]_0^4\, dx\\ &= \int_0^1 4x^3dx\\ &= 1\end{aligned}$$

■

연속 곡선 $y=\phi_1(x)$, $y=\phi_2(x)$에 대해서 $z=f(x,\ y)$가 $D=\{(x,\ y)|a\le x\le b,$ $\phi_1(x)\le y\le\phi_2(x)\}$에서 연속이면

$$\iint_D f(x,\ y)dxdy = \int_a^b \left\{ \int_{\phi_1(x)}^{\phi_2(x)} f(x,\ y)dy \right\} dx$$

가 성립한다.

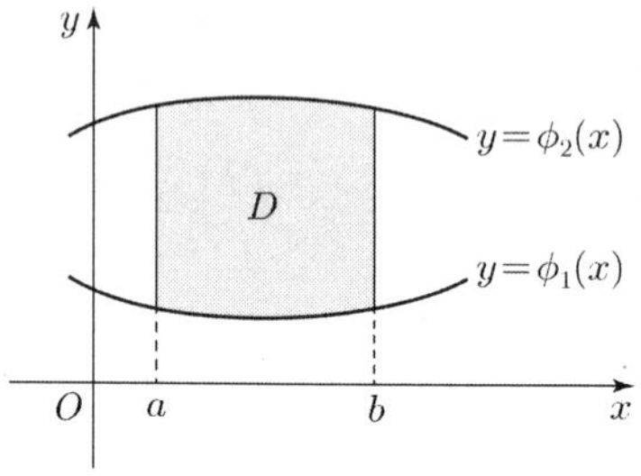

그림 3

$$\int_a^b \left\{ \int_{\phi_1(x)}^{\phi_2(x)} f(x,\ y)dy \right\} dx \text{를 } \int_a^b \int_{\phi_1(x)}^{\phi_2(x)} f(x,\ y)dydx$$

또는 $\int_a^b dx \int_{\phi_1(x)}^{\phi_2(x)} f(x,\ y)dy$로 나타내기도 한다.

마찬가지로 연속곡선 $x=\psi_1(y)$, $x=\psi_2(y)$에 대해서 $z=f(x,\ y)$가 $D=\{(x,\ y)\,|\,\psi_1(y) \le x \le \psi_2(y),\ c \le y \le d\}$에서 연속이면

$$\iint_D f(x,\ y)dxdy = \int_c^d \left\{ \int_{\psi_1(y)}^{\psi_2(y)} f(x,\ y)dx \right\} dy$$

가 성립한다.

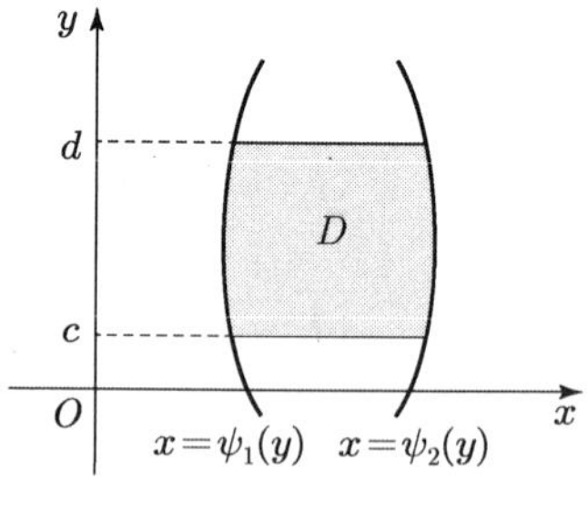

그림 4

예제 3 |

반복적분 $\int_1^2 \int_0^{2y} x^3 y\,dx\,dy$를 구하여라.

풀이

$$\int_1^2 \int_0^{2y} x^3 y\,dx\,dy = \int_1^2 \left[\frac{1}{4}x^4 y\right]_0^{2y} dy$$
$$= \int_1^2 4y^5 dy$$
$$= \left[\frac{2}{3}y^6\right]_1^2$$
$$= 42$$

■

예제 4 |

$D = \{(x,\ y) \mid 0 \le x \le 2,\ 0 \le y \le \sqrt{x}\}$일 때, 다음을 구하여라.

(1) $\iint_D x^2 y\,dx\,dy$

(2) $\iint_D y^3\,dx\,dy$

풀이 (1) $\iint_D x^2 y\,dx\,dy = \int_0^2 \left\{\int_0^{\sqrt{x}} x^2 y\,dy\right\} dx = \frac{1}{2}\int_0^2 x^3 dx = 2$

(2) $\iint_D y^3\,dx\,dy = \int_0^2 \left\{\int_0^{\sqrt{x}} y^3 dy\right\} dx = \frac{1}{4}\int_0^2 x^2 dx = \frac{2}{3}$ ■

예제 5 |

영역 D가 x축, 직선 $y = x$, 그리고 직선 $x = 1$에 의해 둘러싸인 삼각형이고 $f(x,\ y) = \frac{\sin x}{x}$일 때 $\iint_D f(x,\ y)\,dx\,dy$를 구하여라.

풀이 우선 영역 D는 $D = \{(x,\ y) \mid 0 \le x \le 1,\ 0 \le y \le x\}$로 표시할 수 있으며 이 경우

$$\iint_D f(x,\ y)\,dx\,dy = \int_0^1 \left[\int_0^x \frac{\sin x}{x} dy\right] dx$$

$$= \int_0^1 \left[\left(y \frac{\sin x}{x} \right) \Big|_{y=0}^{y=x} \right]$$

$$= \int_0^1 \sin x dx = -\cos 1 + 1$$

가 된다. 그러나 영역 D를

$$D = \{(x,\ y) | 0 \le y \le 1,\ y \le x \le 1\}$$

로 표시하면 이 경우

$$\iint_D f(x,\ y) dx dy = \int_0^1 \left[\int_y^1 \frac{\sin x}{x} dx \right] dy$$

가 되며, $\int \frac{\sin x}{x} dx$는 기본함수로 표현할 수 없으므로 계산할 수 없다.

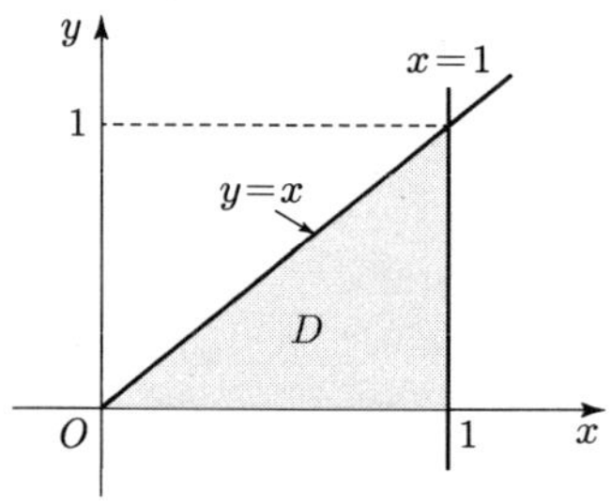

그림 5

■

예제 6 |

반복적분의 순서를 바꾸어서 다음 반복적분을 구하여라.

(1) $\int_0^1 \int_y^1 \sin x^2 dx dy$

(2) $\int_0^a \int_0^{\sqrt{a^2 - x^2}} \sqrt{a^2 - y^2}\, dy dx$ (단, $a > 0$)

풀이 (1) $D = \{(x,\ y) | y \le x \le 1,\ 0 \le y \le 1\}$라 두면

$D = \{(x,\ y) | 0 \le x \le 1,\ 0 \le y \le x\}$가 된다. 따라서,

$$\int_0^1 \int_y^1 \sin x^2 dx dy = \iint_D \sin x^2 dx dy$$

$$= \int_0^1 \int_0^x \sin x^2 dy dx = \int_0^1 \left[y \sin x^2 \right]_0^x dx$$

$$= \left[-\frac{1}{2} \cos x^2 \right]_0^1 = \frac{1}{2}(1 - \cos 1)$$

이다.

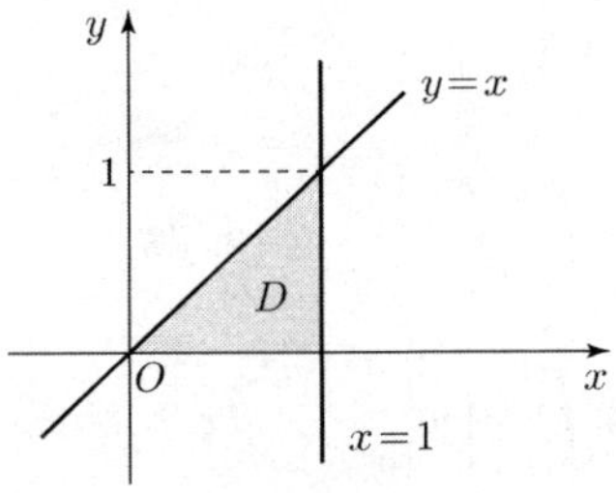

그림 6

(2) $D = \left\{ (x,\ y) | 0 \le x \le a,\ 0 \le y \le \sqrt{a^2 - x^2} \right\}$라 두면

$D = \left\{ (x,\ y) | 0 \le x \le \sqrt{a^2 - y^2},\ 0 \le y \le a \right\}$가 된다. 따라서,

$$\int_0^a \int_0^{\sqrt{a^2 - x^2}} \sqrt{a^2 - y^2}\, dy dx = \iint_D \sqrt{a^2 - y^2}\, dx dy$$

$$= \int_0^a \int_0^{\sqrt{a^2 - y^2}} \sqrt{a^2 - y^2}\, dx dy$$

$$= \int_0^a \left[x \sqrt{a^2 - y^2} \right]_0^{\sqrt{a^2 - y^2}} dy$$

$$= \int_0^a (a^2 - y^2) dy = \frac{2}{3} a^3$$

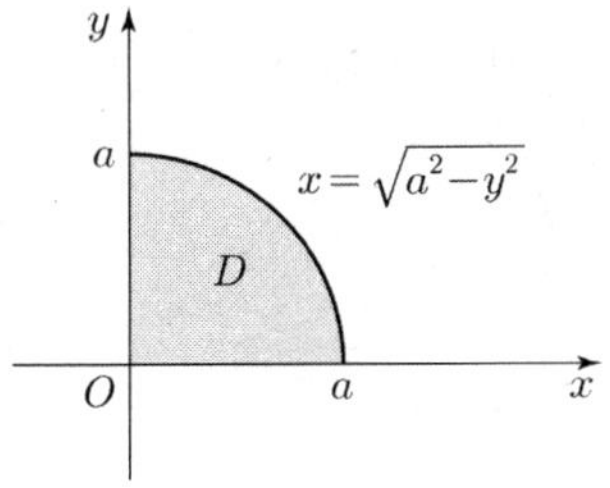

그림 7 ■

예제 7 |

xy평면상의 위쪽, 평면 $z=2x$의 아래쪽에 있는 원주 $x^2+y^2=1$의 부피 V를 구하여라.

풀이 D를 4분원 $x^2+y^2 \le 1,\ x \ge 0,\ y \ge 0$이라 하고, 함수 $z=2x$의 이중적분을 계산하여 2배하면 부피 V를 구할 수 있다.

$$\begin{aligned} V &= 2\int_0^1 \int_0^{\sqrt{1-x^2}} 2x\,dy\,dx \\ &= 4\int_0^1 x\Big[y\Big]_0^{\sqrt{1-x^2}} dx \\ &= 4\int_0^1 x\sqrt{1-x^2}\,dx \\ &= 2\left[-\frac{2}{3}(1-x^2)^{\frac{3}{2}}\right]_0^1 \\ &= \frac{4}{3} \end{aligned}$$

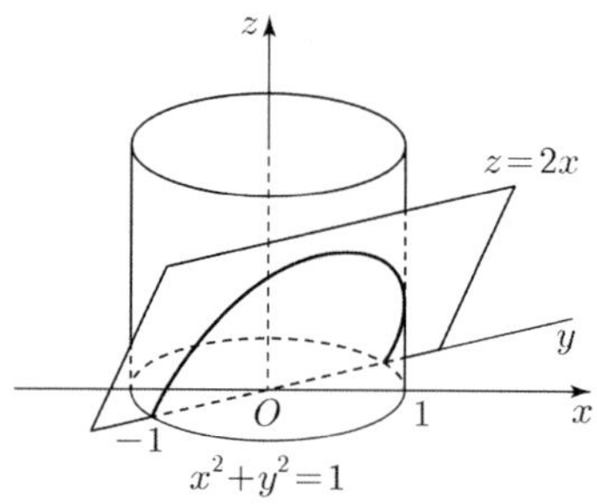

그림 8

■

예제 8 |

집합 $\{(x,\ y)\,|\,x^2+y^2 \le a^2\}$과 xy좌표계의 제1사분면이 만나는 유계폐영역을 D라 할 때 $\iint_D xy\,dx\,dy$를 구하여라. (단, $a>0$)

풀이 $D=\left\{(x,\ y)\,|\,0 \le x \le a,\quad 0 \le y \le \sqrt{a^2-x^2}\ \right\}$이므로 다음과 같이 구한다.

$$\begin{aligned} \iint_D xy\,dx\,dy &= \int_0^a \int_0^{\sqrt{a^2-x^2}} xy\,dy\,dx \\ &= \int_0^a \left[\frac{xy^2}{2}\right]_0^{\sqrt{a^2-x^2}} dx \\ &= \frac{1}{2}\int_0^a x(a^2-x^2)\,dx \\ &= \frac{a^4}{8} \end{aligned}$$

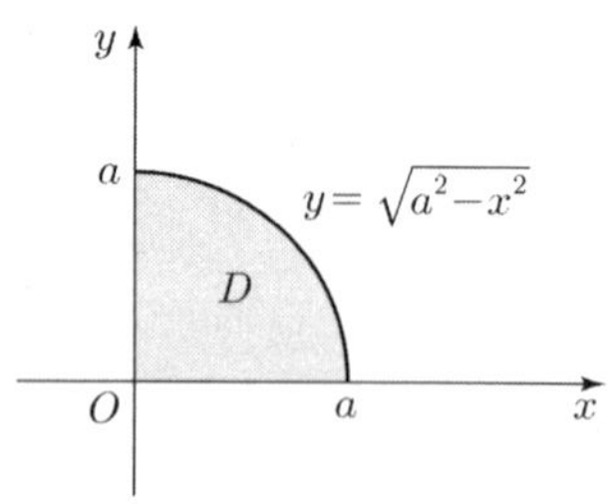

그림 9

■

연습문제 4.2

1. 다음 반복적분을 구하여라.

(1) $\int_1^2 \int_0^3 (1+8xy)dxdy$

(2) $\int_0^3 \int_0^{\sqrt{9-y^2}} ydxdy$

(3) $\int_1^{\log 2} \int_0^{3y} e^{x+y}dxdy$

(4) $\int_0^1 \int_0^x e^{x+y}dydx$

(5) $\int_0^a \int_0^{\sqrt{a^2-x^2}} (x+y)dydx$

(6) $\int_2^4 \int_{\frac{x}{2}}^{\sqrt{x}} xydydx$

(7) $\int_1^{\sqrt{3}} \int_y^{y^2} \frac{y}{x^2+y^2}dxdy$

(8) $\int_0^1 \int_y^{5y} \sqrt{xy-y^2}\,dxdy$

2. 주어진 영역 D에서 다음 이중적분을 구하여라.

(1) $D=\{(x,\ y)|0 \le x \le 1,\ 0 \le y \le 2\}$일 때 $\iint_D (x+y)dxdy$

(2) $D=\{(x,\ y)|x \ge 0,\ y \ge 0,\ x+y \le 1\}$일 때 $\iint_D (x^2+y^2)dxdy$

(3) $D=\{(x,\ y)|2+x \ge y \ge x^2\}$일 때 $\iint_D (x+y)dxdy$

(4) $D=\{(x,\ y)|0 \le y \le 1,\ 2y^2 \le x \le 2y\}$일 때 $\iint_D x^2ydxdy$

(5) $D=\{(x,\ y)|x \ge 0,\ y \ge 0,\ x^2+y^2 \le 1\}$일 때 $\iint_D xydxdy$

(6) $D=\{(x,\ y)|0 \le x \le 1,\ 0 \le y \le 2\}$일 때 $\iint_D \sin(x+y)dxdy$

(7) $D=\{(x,\ y)|y \ge x,\ x \ge 0,\ y \le 1\}$일 때 $\iint_D \frac{1}{1+x^2}dxdy$

3. $y=-x+1,\ y=x+1,\ y=3$으로 둘러싸인 유계폐영역 D상에서 $f(x,\ y)=2x-y^2$의 이중적분을 구하여라.

4. xy평면상의 위쪽, 평면 $z=2x$의 아래쪽에 있는 원주 $x^2+y^2=1$의 부피 V를 구하여라.

5. $\int_0^2 \left[\int_{x^2}^{2x} f(x,\ y)dy \right] dx$ 의 적분 영역을 그리고 적분순서를 바꾸어 적분값이 같아지도록 반복적분을 표시하여라.

6. 반복적분 $\int_0^1 \int_x^1 \sin y^2 dydx$ 를 구하여라.

4.3 | 극좌표계에서 이중적분

직교좌표계에서의 영역 D가 극좌표계에서의 영역 $R=\{(r,\ \theta)\,|\,r_1(\theta)\le r_2(\theta),\ \alpha\le\theta\le\beta\}$로 변환된다고 하자. 그러면 영역 D에서 정의된 함수 $\phi(x,\ y)$는 변환식

$$x=r\cos\theta,\ y=r\sin\theta$$

에 의해 R에서 정의된 새로운 $r,\ \theta$의 함수

$$\phi(x,\ y)=\phi(r\cos\theta,\ r\sin\theta)=f(r,\ \theta)$$

로 표시할 수 있으며 이 경우 이중적분은

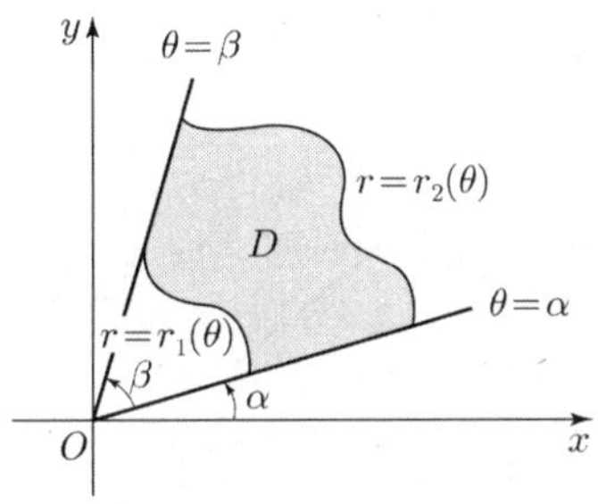

그림 1

$\iint_R f(r,\ \theta)dA$로 표시된다. 영역 R을 원점 O를 지나는 반직선군(동경군)과 원점 O를 중심으로 하는 동심원군으로 분할하고 부분영역 R_{ij}의 면적을 ΔA_{ij}라고 하면

$$\Delta A_{ij}=\frac{1}{2}\{(r_i+\Delta r_i)^2-r_i^2)\}\Delta\theta_j=\left(r_i+\frac{1}{2}\Delta r_i\right)\Delta r_i\Delta\theta_j$$

이다. 그러므로 극좌표계에서의 적분은 부분영역 R_{ij} 내의 임의의 점 $(r_i',\ \theta_j')$에 대하여

$$\begin{aligned}\iint_R f(r,\ \theta)dA&=\lim_{m,\ n\to\infty}\sum_{i=1}^{n}\sum_{j=1}^{m}f(r_i',\ \theta_j')\Delta A_{ij}\\&=\lim_{m,\ n\to\infty}\sum_{i=1}^{n}\sum_{j=1}^{m}f(r_i',\ \theta_j')\left(r_i+\frac{1}{2}\Delta r_i\right)\Delta r_i\Delta\theta_j\\&=\lim_{m,\ n\to\infty}\sum_{i=1}^{n}\sum_{j=1}^{m}f(r_i',\ \theta_j')r_i\Delta r_i\Delta\theta_j\end{aligned}$$

$$= \iint_R f(r,\ \theta) r dr d\theta$$

이다.

따라서 극좌표계에서 반복적분을 계산하고자 하는 경우에는 상수 r이 피적분 함수에 추가되어야 함을 알 수 있다. 위 사실을 다음과 같이 요약할 수 있다.

> [극좌표계에서 적분 $\iint_R \Phi(x,\ y) dA$를 계산하는 방법]
>
> (1) $\Phi(x,\ y)$를 $\Phi(x,\ y) = \Phi(r\cos\theta,\ r\sin\theta) = f(r,\ \theta)$로 변환한다.
>
> (2) 극좌표계의 영역 R을 $\alpha \le \theta \le \beta,\ r_1(\theta) \le r \le r_2(\theta)$로 표현한다.
>
> (3) 반복적분 $\int_\alpha^\beta \left[\int_{r_1(\theta)}^{r_2(\theta)} f(r,\ \theta) r dr \right] d\theta$을 계산한다.

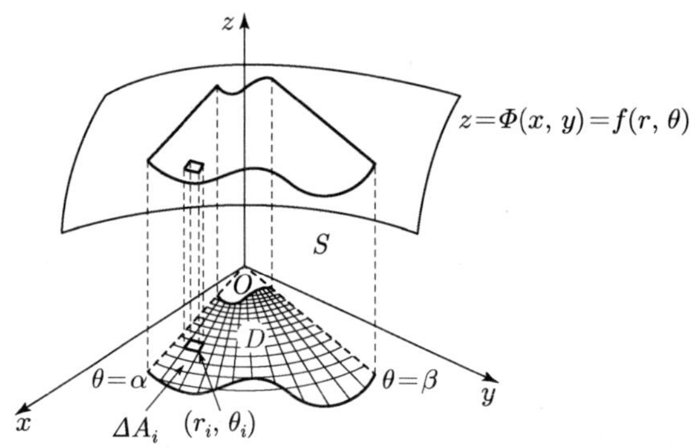

그림 2

특히, 영역 R상에서 $f(r,\ \theta) > 0$일 경우에 극좌표에서의 이중적분은 곡면 $\phi(x,\ y)$와 유계폐영역 R에 의해 만들어지는 입체 S의 부피를 나타낸다.

식 (3)은 이중적분에서 $x = r\cos\theta$, $y = r\sin\theta$로 하고, r과 θ에 대한 적분의 구간을 이용하며, dA를 $r dr d\theta$로 대신하여 직교좌표에서 극좌표로 변환한 것을 나타낸다. 식 오른편에 첨가된 인자 r을 잊지 않도록 조심해야 한다. 이것을 기억하는 고전적인 방법은 그림에서 볼 수 있다. 여기서 '무한소' 극장방형은 치수가 $r d\theta$와 dr인 보통의 직사각형으로 간주될 수 있고, 그러므로 '넓이'는 $dA = r dr d\theta$이다.

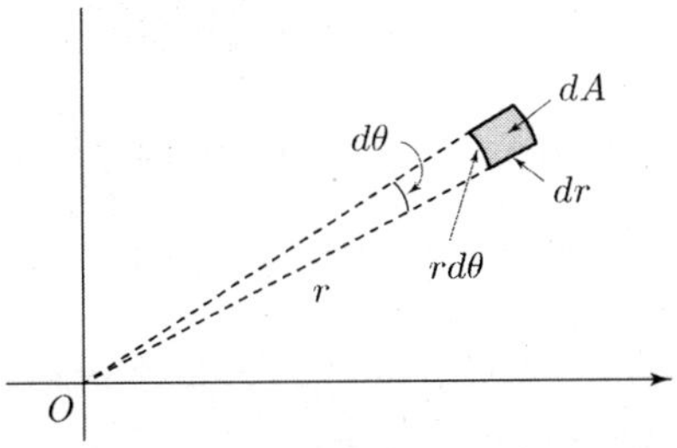

그림 3

예제 1 |

$D=\{(x,\ y)|1\le x^2+y^2\le 4,\ 0\le y\le \sqrt{3}x\}$일 때 $\iint_D (x^2+y^2)^{\frac{3}{2}}dxdy$를 구하여라.

풀이 $D=\left\{(r,\ \theta)|1\le r\le 2,\ 0\le\theta\le\dfrac{\pi}{3}\right\}$, $(x^2+y^2)^{\frac{3}{2}}=(r^2\cos^2\theta+r^2\sin^2\theta)^{\frac{3}{2}}=r^3$ 이므로

$$\begin{aligned}\iint_D (x^2+y^2)^{\frac{3}{2}}dxdy &= \int_0^{\frac{\pi}{3}}\int_1^2 r^3\cdot r\ drd\theta\\ &= \int_0^{\frac{\pi}{3}}\left[\frac{1}{5}r^5\right]_1^2 d\theta\\ &= \left[\frac{31}{5}\theta\right]_0^{\frac{\pi}{3}}\\ &= \frac{31}{15}\pi\end{aligned}$$

이다.

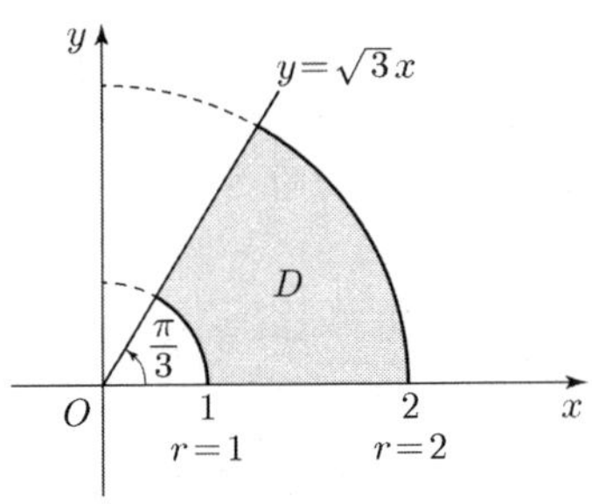

그림 4

■

예제 2 |

$D=\{(x, y) \mid x^2+y^2-2x \le 0,\ x^2+y^2 \ge 1\}$일 때 $\iint_D \sqrt{x^2+y^2}\,dxdy$를 구하여라.

풀이 $r^2-2r\cos\theta \le 0$이고 $r^2 \ge 1$이므로 $1 \le r \le 2\cos\theta$, $r=1$, $r=2\cos\theta$를 연립하여 풀면 $\theta=\frac{\pi}{3}$, $-\frac{\pi}{3}$이므로 영역 D는 $D=\left\{(r, \theta) \mid 1 \le r \le 2\cos\theta,\ -\frac{\pi}{3} \le \theta \le \frac{\pi}{3}\right\}$로 나타낼 수 있다. 따라서

$$\begin{aligned}\iint_D \sqrt{x^2+y^2}\,dxdy &= \int_{-\frac{\pi}{3}}^{\frac{\pi}{3}}\int_1^{2\cos\theta} r\cdot r\ drd\theta \\ &= \frac{1}{3}\int_{-\frac{\pi}{3}}^{\frac{\pi}{3}}(8\cos^3\theta-1)d\theta \\ &= \frac{1}{3}\int_{-\frac{\pi}{3}}^{\frac{\pi}{3}}\left[8\cos\theta(1-\sin^2\theta)-1\right]d\theta \\ &= \left[\frac{8}{3}\sin\theta-\frac{8}{9}\sin^3\theta-\frac{1}{3}\theta\right]_{-\frac{\pi}{3}}^{\frac{\pi}{3}} \\ &= 2\sqrt{3}-\frac{2}{9}\pi\end{aligned}$$

이다.

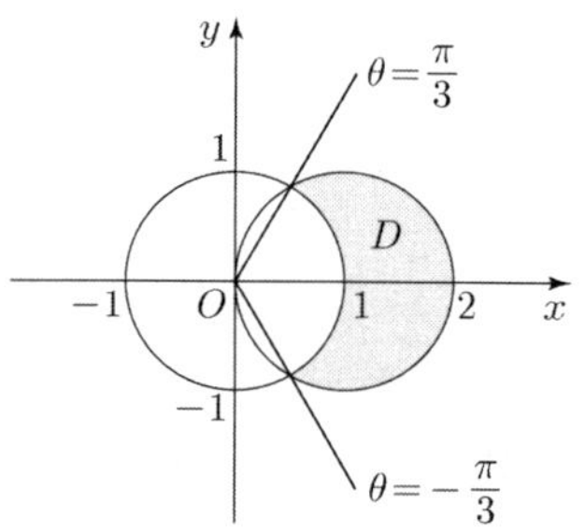

그림 5

■

예제 3 |

평면 $z=0$와 포물면 $z=1-x^2-y^2$으로 갇힌 입체의 부피를 구하여라.

풀이 포물면의 방정식에 $z=0$을 대입하면 $x^2+y^2=1$을 얻는다. 그러므로 평면과 포물면의 교선은 $x^2+y^2=1$이고, 이에 따라 부피를 갖는 입체는 $x^2+y^2 \le 1$로 정의된 원판 R 위에 놓여 있다. 극좌표 R은 $0 \le r \le 1$, $0 \le \theta \le 2\pi$로 정의된다.

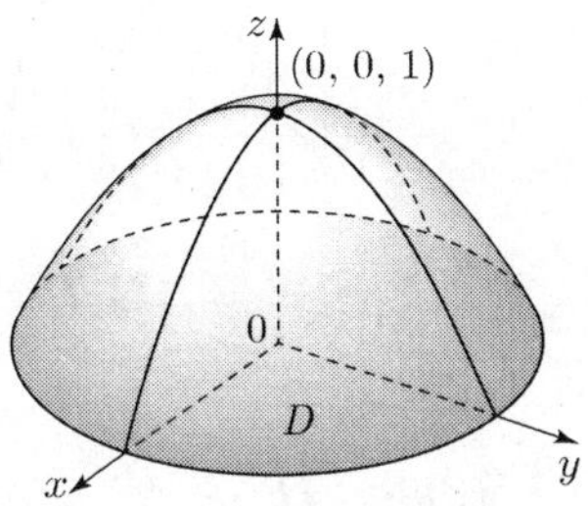

그림 6

$1-x^2-y^2=1-r^2$이므로 구하는 부피는

$$\iint_R (1-x^2-y^2)dA = \int_0^{2\pi}\int_0^1 (1-r^2)rdrd\theta = \int_0^{2\pi} d\theta \int_0^1 (r-r^3)dr$$

$$= 2\pi\left[\frac{r^2}{2}-\frac{r^4}{4}\right]_0^1 = \frac{\pi}{2}$$

이다. ■

극좌표 대신에 직교좌표를 사용했다면 다음을 얻었을 것이다.

$$\iint_R (1-x^2-y^2)dA = \int_{-1}^{1}\int_{-\sqrt{1-x^2}}^{\sqrt{1-x^2}} (1-x^2-y^2)dydx$$

이의 계산은 극좌표에 비해 쉽지 않은데, $\int (1-x^2)^{3/2}dx$을 구해야 하기 때문이다.

예제 4 |

극좌표에 의한 이중적분을 이용하여 적분 $\int_0^{\infty} e^{-x^2}dx$을 구하여라.

풀이 $0 \le x \le a$, $0 \le y \le a$의 정방형을 A, 원점을 중심으로 하고 반지름이 각각 a, $\sqrt{2}a$인 원의 제1사분면의 부분을 각각 A_1, A_2라고 하면(그림 7)

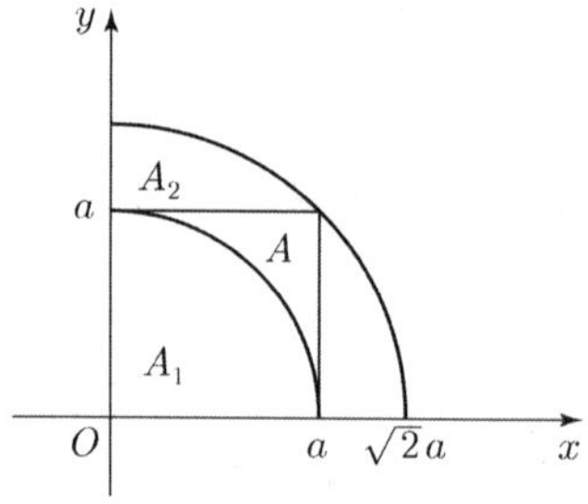

그림 7

$$\iint_{A_1} e^{-(x^2+y^2)}dxdy < \iint_{A} e^{-(x^2+y^2)}dxdy < \iint_{A_2} e^{-(x^2+y^2)}dxdy$$

이다. 여기서

$$\iint_{A} e^{-(x^2+y^2)}dxdy = \int_0^a dx\int_0^a e^{-x^2}dy = \left\{\int_0^a e^{-x^2}dx\right\}^2$$

이고 극좌표를 이용하면

$$x^2+y^2 = (r\cos\theta)^2 + (r\sin\theta)^2 = r^2$$

이므로

$$\begin{aligned}\iint_{A_1} e^{-(x^2+y^2)}dxdy &= \int_0^{\frac{\pi}{2}} d\theta \int_0^a e^{-r^2} r dr = \int_0^{\frac{\pi}{2}} \left[-\frac{1}{2}e^{-r^2}\right]_0^a d\theta \\ &= \frac{1}{2}\int_0^{\frac{\pi}{2}}(1-e^{-a^2})d\theta = \frac{\pi}{4}(1-e^{-a^2})\end{aligned}$$

이다. 같은 방법으로 계산하면

$$\iint_{A_2} e^{-(x^2+y^2)}dxdy = \frac{\pi}{4}(1-e^{-2a^2})$$

이 된다. 따라서 위의 부등식은

$$\frac{\pi}{4}(1-e^{-a^2}) < \left\{\int_0^a e^{-x^2}dx\right\}^2 < \frac{\pi}{4}(1-e^{-2a^2})$$

가 된다. 이 부등식에서 $a \to \infty$로 하면

$$\left\{\int_0^a e^{-x^2}dx\right\}^2 = \frac{\pi}{4}$$

이므로 $\int_0^a e^{-x^2}dx = \frac{\sqrt{\pi}}{2}$가 된다. ■

연습문제 | 4.3

1. 극좌표를 사용하여 다음 반복적분을 구하여라.

(1) $\int_{-1}^{1}\int_0^{\sqrt{1-x^2}} (x^2+y^2)^{\frac{3}{2}} dydx$

(2) $\int_0^a\int_0^{\sqrt{a^2-x^2}} e^{x^2+y^2} dydx$

2. 극좌표를 사용하여 다음 이중적분을 구하여라.

(1) $D=\{(x,\ y)|x^2+y^2 \le 4x\}$일 때 $\iint_D x dxdy$

(2) $D=\{(x,\ y)|0 \le x \le 2,\ 0 \le y \le \sqrt{4-x^2}\}$일 때 $\iint_D (x^2+y^2)dxdy$

(3) $D=\{(x,\ y)|1 \le x^2+y^2 \le 4,\ 0 \le y \le \sqrt{3}x\}$일 때 $\iint_D (x^2+y^2)^{\frac{3}{2}} dxdy$

(4) $D=\{(x,\ y)|x^2+y^2 \le 1\}$일 때 $\iint_D \sqrt{\frac{1-x^2-y^2}{1+x^2+y^2}}\, dxdy$

3. 포물면 $z=x^2+y^2$ 아래, xy평면 위, 원기둥 $x^2+y^2=2x$ 내부에 놓여 있는 입체의 부피를 구하여라.

4.4 | 이중적분의 응용

유계폐영역 D상에서 연속인 음이 아닌 함수 $z=f(x, y)$를 생각하자. 이때 곡면 $z=f(x, y)$를 높이로 하고 D의 영역을 밑면으로 하는 입체의 부피 V는

$$V=\iint_D f(x, y)dxdy$$

이다. 단면이 D이고 높이 1인 입체의 부피는

$$V=(D\text{의 넓이})\times 1$$

이므로 D에서의 함수 $f(x, y)=1$의 이중적분은 D의 넓이임을 알 수 있다.

정리 1

(1) 곡선 $y=\phi_1(x)$, $y=\phi_2(x)$와 직선 $x=a$, $x=b$로 둘러싸인 부분의 넓이 D는

$$D=\int_a^b\int_{\phi_1(x)}^{\phi_2(x)} dydx \ (\text{단, } \phi_1(x)<\phi_2(x),\ a<b).$$

(2) 극좌표 곡선 $r=r_1(\theta)$, $r=r_2(\theta)$와 동경직선 $\theta=\alpha$, $\theta=\beta$로 둘러싸인 넓이 R은

$$R=\int_\alpha^\beta\int_{r_1(\theta)}^{r_2(\theta)} rdrd\theta \ (\text{단, } r_1(x)<r_2(x),\ \alpha<\beta).$$

예제 1 |

곡선 $xy=2$, $4y=x^2$과 직선 $y=4$로 둘러싸인 평면도형의 면적을 구하여라.

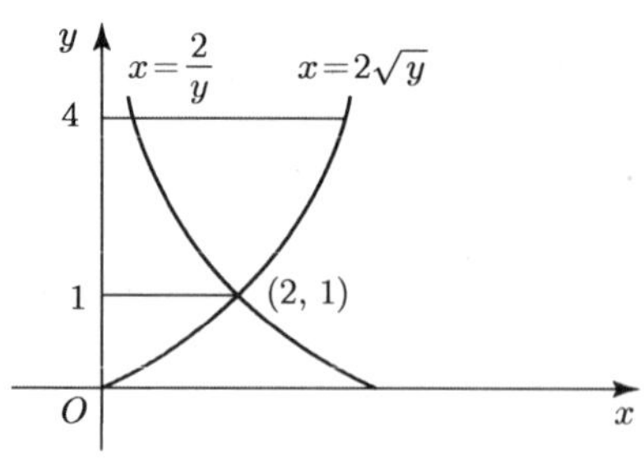

그림 1

풀이 $xy=2$, $4y=x^2$의 교점의 좌표는 $(2,\ 1)$이다. 그러므로 영역 R은

$$D=\left\{(x,\ y)\,|\,1 \le y \le 4,\ 2\sqrt{y} \le x \le \frac{2}{y}\right\}$$

로 표시할 수 있고 따라서 구하고자 하는 면적은

$$\int_D 1dA = \int_1^4 \int_{\frac{2}{y}}^{2\sqrt{y}} dxdy = \int_1^4 \left(2\sqrt{y} - \frac{2}{y}\right)dy = \frac{28}{3} - 2\ln 4$$ ■

예제 2 |

원 $r=2\cos\theta$의 내부에 있고, 원 $r=1$의 외부에 있는 부분의 넓이를 구하여라.

풀이 두 원의 교점을 구하면 $\left(1,\ \frac{\pi}{3}\right)$, $\left(1,\ -\frac{\pi}{3}\right)$이므로 구하는 넓이를 R이라고 하면

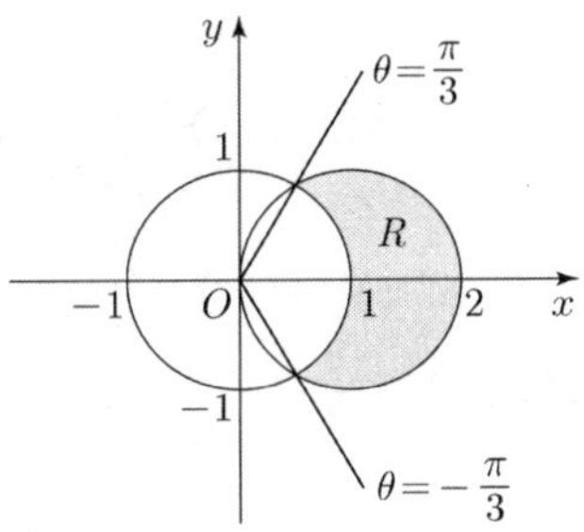

그림 2

$$R = 2\int_0^{\frac{\pi}{3}} \int_1^{2\cos\theta} rdrd\theta = \int_0^{\frac{\pi}{3}} (4\cos^2\theta - 1)d\theta = \frac{\pi}{3} + \frac{\sqrt{3}}{2}$$

이다. ■

f가 연속인 편도함수를 갖는 함수일 때 $z=f(x,\ y)$로 표현되는 곡면을 S라고 하자. 논의를 간단히 하기 위해 $f(x,\ y) \ge 0$이고 f의 정의역 D는 직사각형이라 가정한다.

D를 작은 직사각형 R_{ij}로 분할하면 R_{ij}의 넓이는 $\Delta A = \Delta x \Delta y$이다. $(x_i,\ y_j)$를 R_{ij}의 꼭짓점 중에서 원점에 가장 가까운 점이라 할 때 $P_{ij}(x_i,\ y_j,\ f(x_i,\ y_i))$는 점 $(x_i,\ y_j)$ 바로 위에 있는 S 위의 점이다. 점 P_{ij}에서 S의 접평면은 P_{ij} 근방에서는 S에 근사적으로 접근한다. 따라서 R_{ij} 바로 위에 있는 이 접평면의 부분(평행사변형)의 넓이 ΔT_{ij}는

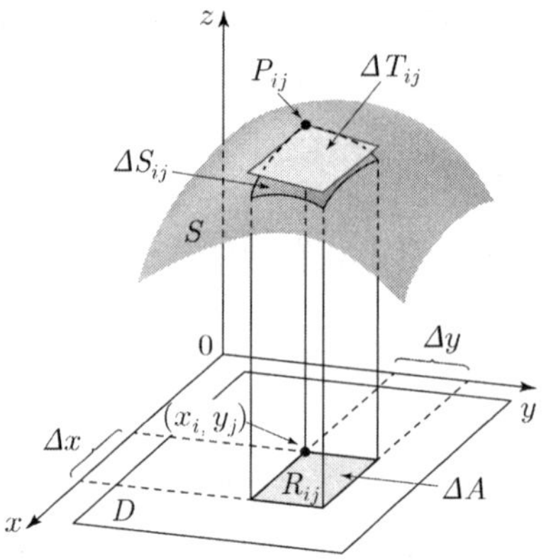

그림 3

R_{ij} 바로 위에 있는 S의 부분 넓이 ΔS_{ij}의 근삿값이다. 그러므로 합 $\sum\sum \Delta T_{ij}$는 S의 전체넓이의 근삿값이고, D의 직사각형 분할의 수를 늘리면 S의 넓이에 더 가까이 접근하게 된다. 따라서 S의 곡면 넓이(surface area) $A(S)$를 다음과 같이 정의한다.

$$A(S) = \sum_{i=1}^{m}\sum_{j=1}^{n} \Delta T_{ij}$$

위 식보다 계산이 편리한 공식을 찾아보자. 꼭짓점 P_{ij}를 시작점으로 하고 넓이 ΔT_{ij}를 갖는 평행사변형의 두 변을 따라 놓인 벡터를 $\mathbf{a}$, $\mathbf{b}$라 하자.

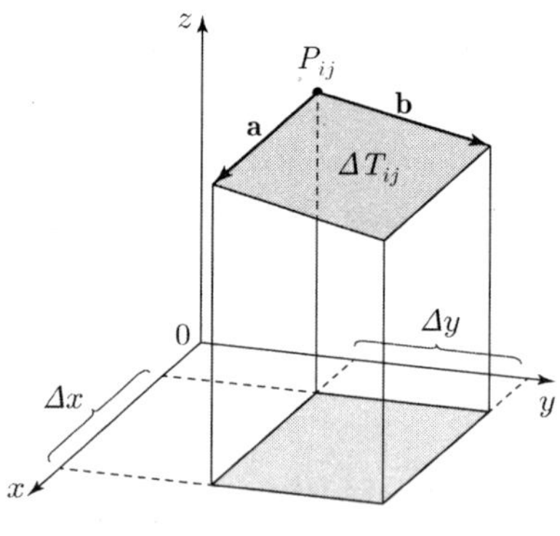

그림 4

그러면 $\Delta T_{ij} = |\boldsymbol{a} \times \boldsymbol{b}|$이다. $f_x(x_i, y_j)$, $f_y(x_i, y_j)$는 P_{ij}를 지나고 방향이 $\mathbf{a}$, $\mathbf{b}$인 접선의 기울기이므로

$$\mathbf{a} = \Delta x\mathbf{i} + f_x(x_i,\ y_i)\Delta x\mathbf{k}$$

$$\mathbf{b} = \Delta y\mathbf{j} + f_y(x_i,\ y_i)\Delta y\mathbf{k}$$

이고

$$\begin{aligned}\mathbf{a}\times\mathbf{b} &= \begin{vmatrix} \mathbf{i} & \mathbf{j} & \mathbf{k} \\ \Delta x & 0 & f_x(x_i,\ y_j)\Delta x \\ 0 & \Delta y & f_y(x_i,\ y_j)\Delta y \end{vmatrix} \\ &= -f_x(x_i,\ y_j)\Delta x\,\Delta y\mathbf{i} - f_y(x_i,\ y_j)\Delta x\,\Delta y\mathbf{j} + \Delta x\,\Delta y\mathbf{k} \\ &= [-f_x(x_i,\ y_j)\mathbf{i} - f_y(x_i,\ y_j)\mathbf{j} + \mathbf{k}]\Delta A\end{aligned}$$

그러므로 $\Delta T_{ij} = |\mathbf{a}\times\mathbf{b}| = \sqrt{[f_x(x_i,\ y_j)]^2 + [f_y(x_i,\ y_j)]^2 + 1}\,\Delta A$

$$\begin{aligned}A(S) &= \lim_{m,n\to\infty}\sum_{i=1}^{m}\sum_{j=1}^{n}\Delta T_{ij} \\ &= \lim_{m,n\to\infty}\sum_{i=1}^{m}\sum_{j=1}^{n}\sqrt{[f_x(x_i,\ y_j)]^2 + [f_y(x_i,\ y_j)]^2 + 1}\,\Delta A\end{aligned}$$

가 성립하고 곡면의 넓이는 정리 2와 같게 된다.

정리 2

D가 xy평면상에서 유계폐영역이고 함수 $f(x,\ y)$가 D상에서 연속일 때 D에 대응하는 곡면 $z = f(x,\ y)$의 표면적 S는

$$A(S) = \iint_D \sqrt{1 + f_x(x,\ y)^2 + f_y(x,\ y)^2}\,dxdy$$

이다.

예제 3 |

평면 $\frac{x}{a} + \frac{y}{b} + \frac{z}{c} = 1$의 좌표면에 의해 잘리는 부분(제1팔분공간 내에 있는 부분)의 표면적을 구하여라. (단, $a>0,\ b>0,\ c>0$)

풀이 주어진 방정식에서 $z = c\left(1 - \frac{x}{a} - \frac{y}{b}\right)$이고 $\frac{\partial z}{\partial x} = -\frac{c}{a}$, $\frac{\partial z}{\partial y} = -\frac{c}{b}$이므로

$$
\begin{aligned}
S &= \int_0^a \int_0^{b\left(1-\frac{x}{a}\right)} \sqrt{1+\left(\frac{\partial z}{\partial x}\right)^2+\left(\frac{\partial z}{\partial y}\right)^2}\, dydx \\
&= \int_0^a \int_0^{b\left(1-\frac{x}{a}\right)} \sqrt{1+\frac{c^2}{a^2}+\frac{c^2}{b^2}}\, dydx \\
&= \sqrt{1+\frac{c^2}{a^2}+\frac{c^2}{b^2}} \int_0^a \int_0^{b\left(1-\frac{x}{a}\right)} dydx \\
&= \frac{\sqrt{a^2b^2+b^2c^2+a^2c^2}}{ab} \int_0^a b\left(1-\frac{x}{a}\right) dx \\
&= \frac{\sqrt{a^2b^2+b^2c^2+a^2c^2}}{ab}\, b\left[x-\frac{x^2}{2a}\right]_0^a \\
&= \frac{1}{2}\sqrt{a^2b^2+b^2c^2+a^2c^2}
\end{aligned}
$$

이다. ■

연습문제 | 4.4

1. $r=\cos 2\theta$의 내부의 넓이를 이중적분을 이용하여 구하여라.

2. 직선 $x=y+2$와 포물선 $x=y^2$에 의해 둘러싸인 영역의 넓이를 구하여라.

3. 세 꼭짓점이 (0, 0), (1, 0), (1, 1)인 삼각형 영역 T 위의 곡면 $z=x^2+2y$의 넓이를 구하여라.

4. 평면 $z=9$ 아래에 놓여 있는 포물면 $z=x^2+y^2$ 부분의 넓이를 구하여라.

4.5 변수변환

uv평면의 영역 S가 미분가능함수

$$x = g(u,\ v),\ y = h(u,\ v)$$

에 의해 xy평면의 영역 R와 일대일로 대응된다고 하자.

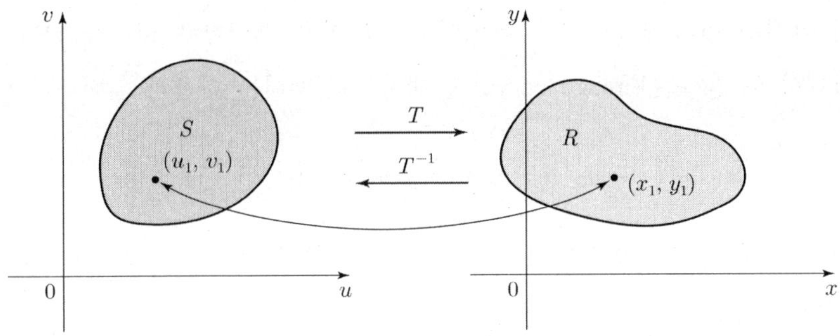

그림 1

이 경우 $T(u_1,\ v_1) = (x_1,\ y_1)$이며 점 $(x_1,\ y_1)$을 $(u_1,\ v_1)$의 상이라고 한다. 만약 어떠 한 두 점도 같은 상을 갖지 않으면, T를 **일대일 변환**(one-to-one)이라고 한다. 그림은 uv평면 안에 있는 한 영역 S상에서의 변환 T의 성질을 보여준다. T가 S를 xy평면에서의 영역 R로 변환하면, R을 S에 있는 모든 점의 상으로 이루어진 S의 상이라 한다. 만약 T가 일대일 변환이면 xy평면에서 uv평면으로의 **역변환**(inverse transformation) T^{-1}을 갖는다.

이제 변수변환이 이중적분에 어떤 영향을 미치는지 알아보자. uv평면에 있는 작은 직사각형 S를 가지고 시작한다. 이 직사각형의 아래 왼쪽 모서리는 점 $(u_0,\ v_0)$이고 크기는 Δu와 Δv이다. S의 상은 xy평면의 영역 R이고 그것의 경계점 중 하나는 $(x_0,\ y_0) = T(u_0,\ v_0)$이다. 벡터

$$r(u,\ v) = g(u,\ v)\boldsymbol{i} + h(u,\ v)\boldsymbol{j}$$

는 점 $(u,\ v)$에 대한 상의 위치벡터이다.

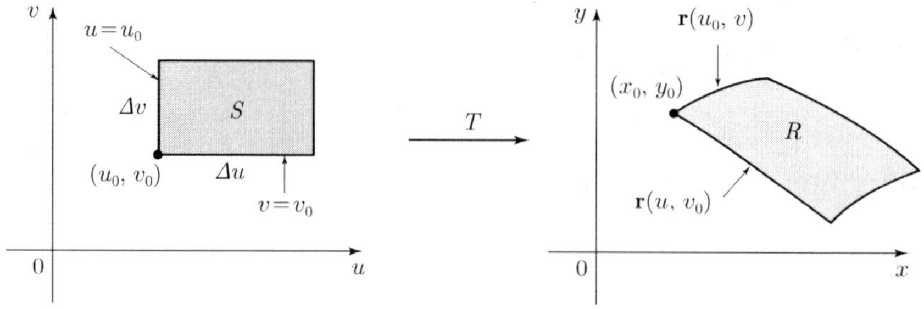

그림 2

S에서 아래쪽 변의 방정식은 $v = v_0$이고, 그 상은 벡터함수 $\mathbf{r}(u,\ v_0)$으로 주어진다. $(x_0,\ y_0)$에서 이 상 곡선(image curve)에 대한 접선벡터는 다음과 같다.

$$\mathbf{r}_u = g_u(u_0,\ v_0)\mathbf{i} + h_u(u_0,\ v_0)\mathbf{j} = \frac{\partial x}{\partial u}\mathbf{i} + \frac{\partial y}{\partial u}\mathbf{j}$$

같은 방법으로 S의 왼쪽 변(곧 $u = u_0$)의 상 곡선에 있는 $(x_0,\ y_0)$에서의 접선벡터는 다음과 같다.

$$\mathbf{r}_v = g_v(u_0,\ v_0)\mathbf{i} + h_v(u_0,\ v_0)\mathbf{j} = \frac{\partial x}{\partial v}\mathbf{i} + \frac{\partial y}{\partial v}\mathbf{j}$$

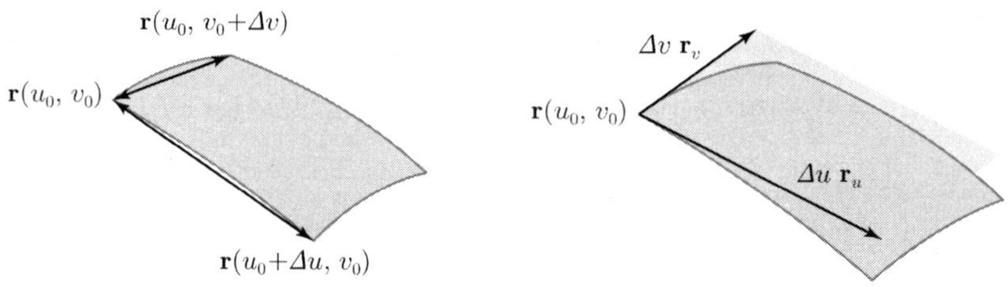

그림 3

그림 3에서 보인 할선 벡터를

$$\mathbf{a} = \mathbf{r}(u_0 + \Delta u) - \mathbf{r}(u_0,\ v_0),\ \mathbf{b} = \mathbf{r}(u_0,\ v_0 + \Delta v) - \mathbf{r}(u_0,\ v_0)$$

에 의해 결정되는 평행사변형으로 상 치역(image range) $R = T(S)$에 근사할 수 있다. 그러나

$$\mathbf{r}_u = \lim_{\Delta u \to 0} \frac{\mathbf{r}(u_0 + \Delta u,\ v_0) - \mathbf{r}(u_0,\ v_0)}{\Delta u}$$

이다. 그래서

$$\mathbf{r}(u_0+\Delta u,\ v_0)-\mathbf{r}(u_0,\ v_0)\approx \Delta u\mathbf{r}_u$$

마찬가지로

$$\mathbf{r}(u_0,\ v_0+\Delta v)-\mathbf{r}(u_0,\ v_0)\approx \Delta v\mathbf{r}_v$$

이다. 이것은 벡터 $\Delta u\mathbf{r}_u$와 벡터 $\Delta v\mathbf{r}_v$에 의해 결정되는 평행사변형으로 R에 근사할 수 있음을 의미한다. 그러므로 평행사변형의 넓이와 근사된다. 그런데 이 평행사변형의 넓이는

$$|(\Delta u\mathbf{r}_u)\times(\Delta v\mathbf{r}_v)| = |\boldsymbol{r}_u\times\boldsymbol{r}_u|\,\Delta u\Delta v$$

이다. 외적을 이용하여 계산하면 다음을 얻는다.

$$\boldsymbol{r}_u\times\boldsymbol{r}_u=\begin{vmatrix}\mathbf{i} & \mathbf{j} & \mathbf{k}\\ \dfrac{\partial x}{\partial u} & \dfrac{\partial y}{\partial u} & 0\\ \dfrac{\partial x}{\partial v} & \dfrac{\partial y}{\partial v} & 0\end{vmatrix}=\begin{vmatrix}\dfrac{\partial x}{\partial u} & \dfrac{\partial y}{\partial u}\\ \dfrac{\partial x}{\partial v} & \dfrac{\partial y}{\partial v}\end{vmatrix}\mathbf{k}=\begin{vmatrix}\dfrac{\partial x}{\partial u} & \dfrac{\partial x}{\partial v}\\ \dfrac{\partial y}{\partial u} & \dfrac{\partial y}{\partial v}\end{vmatrix}\mathbf{k}$$

이 계산에서 나타나는 행렬식을 야코비안(Jacobian)이고 부른다. 그리고 다음과 같이 특별한 표기법으로 나타낸다.

정의 1

$x=g(u,\ v)$와 $y=h(u,\ v)$에 의해 주어진 변환 T의 야코비안은 다음과 같다.

$$\frac{\partial(x,\ y)}{\partial(u,\ v)}=\begin{vmatrix}\dfrac{\partial x}{\partial u} & \dfrac{\partial x}{\partial v}\\ \dfrac{\partial y}{\partial u} & \dfrac{\partial y}{\partial v}\end{vmatrix}=\frac{\partial x}{\partial u}\frac{\partial y}{\partial v}-\frac{\partial x}{\partial v}\frac{\partial y}{\partial u}$$

이 기호를 이용하면 R의 넓이 ΔA에 대한 근사식

$$\Delta A\approx\left|\frac{\partial(x,\ y)}{\partial(u,\ v)}\right|\Delta u\Delta v$$

을 얻는다. 여기서 야코비안은 $(u_0,\ v_0)$에서 계산된다.

다음으로 uv평면에 있는 영역 S를 직사각형 S_k로 나누고 변환 T에 의한 xy평면 위의 상을 R_k라 하자.

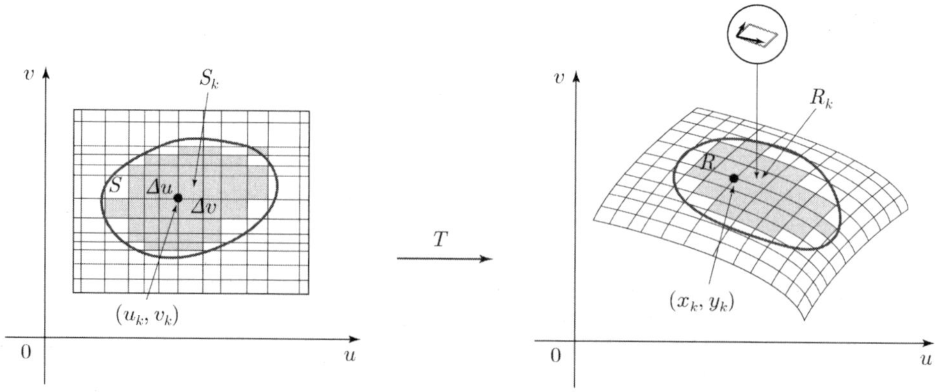

그림 4

각 R_k에 대하여 $\triangle A_k$의 근삿값을 적용하면, R 위에서 f의 이중적분을 다음과 같이 근접시킬 수가 있다.

$$\begin{aligned}\iint_R f(x,\ y)dA &\approx \sum_{k=1}^{n} f(x_k,\ y_k)\triangle A_k \\ &= \sum_{k=1}^{n} f(g(u_k,\ v_k),\ h(u_k,\ v_k)) \left| \frac{\partial(x,\ y)}{\partial(u,\ v)} \right| \triangle u_k \triangle v_k\end{aligned}$$

$x = g(u,\ v)$와 $y = h(u,\ v)$로 정의된 변환 T가 야코비안이 0이 아니고 uv평면에서의 영역 S를 xy평면에서의 영역 R 위로 사상시키는 C^1변환이라고 하자. f는 R에서 연속이고 R과 S는 평면 영역이라고 하자. 또한 가능하다면 S의 경계를 제외하고 T가 일대일이면 다음 식이 성립한다.

$$\iint_R f(x,\ y)dA = \iint_S f(g(u,\ v),\ h(u,\ v)) \left| \frac{\partial(x,\ y)}{\partial(u,\ v)} \right| dudv$$

예를 들어, 극좌표의 경우를 생각해보자. 직교좌표를 극좌표로 치환하는 식 $x = r\cos\theta$, $y = r\sin\theta$로부터

$$\frac{\partial(x,\ y)}{\partial(r,\ \theta)} = \begin{vmatrix} \cos\theta & -r\sin\theta \\ \sin\theta & r\cos\theta \end{vmatrix} = r(\cos^2\theta + \sin^2\theta) = r.$$

따라서

$$\iint_R f(x,\ y)dxdy = \iint_S f(r\cos\theta,\ r\sin\theta)r\,drd\theta$$

이 성립하고, 이것은 극좌표 변수변환공식과 일치한다.

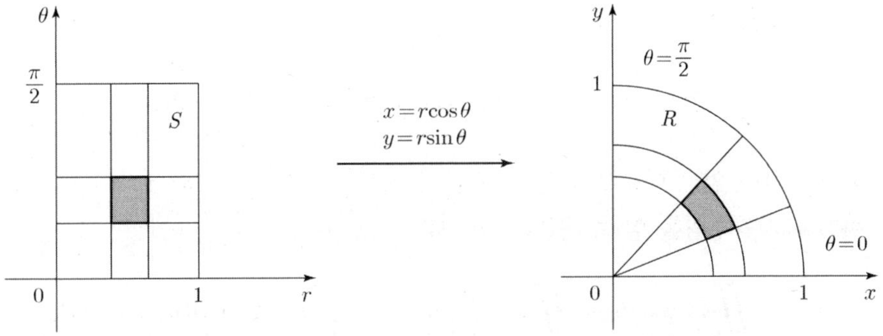

그림 5 식 $x=r\cos\theta$, $y=r\sin\theta$는 S를 R로 변환한다.

그림은 변환식 $x=r\cos\theta$, $y=r\sin\theta$에 의해 직사각형 $S: 0\le r\le 1,\ 0\le\theta\le\pi/2$가 xy평면의 $x^2+y^2=1$에 의해 둘러싸인 1/4 원으로 어떻게 변환하는가를 보여주고 있다.

예제 1 |

영역 R이 직선 $x-2y=0$, $x-2y=2$와 직선 $2x+3y=0$, $2x+3y=3$으로 둘러싸인 xy평면 위의 평행사변형이고 변수변환식이

$$x=\frac{1}{7}(2u+3v),\ y=\frac{1}{7}(u-2v)$$

로 주어졌을 때, 이중적분

$$\iint_R 7xy\,dx\,dy$$

을 구하여라.

풀이 주어진 변환식 $x=\frac{1}{7}(2u+3v)$, $y=\frac{1}{7}(u-2v)$로부터 야코비안 $\frac{\partial(x,\ y)}{\partial(r,\ \theta)}=-\frac{1}{7}$을 구한 다음 영역 S를 결정한다. 영역 S에서 이중적분을 구하기 위해서는 영역 S가 수직 또는 수평 경계의 유형이 되도록 취하는 것이 유리하다. 그런데 영역 R의 경계로 주어진 식으로부터

$$0 = x - 2y = \frac{1}{7}(2u + 3v) - 2 \cdot \frac{1}{7}(u - 2v) = v$$

와 $v = 2$를 얻는다. 또한

$$0 = 2x + 3y = 2 \cdot \frac{1}{7}(2u + 3v) + 3 \cdot \frac{1}{7}(u - 2v) = u$$

와 $u = 0$을 얻고 이로부터 영역 S가 네 직선 $u = 0$, $u = 3$와 $v = 0$, $v = 2$로 둘러 싸인 직사각형임을 알 수 있다. 따라서

$$\iint_R 7xydxdy = \iint_S 7 \cdot \frac{1}{7}(2u + 3v)\frac{1}{7}(u - 2v)|J(u, v)|dudv$$
$$= \frac{1}{49}\int_0^3 \int_0^2 (2u^2 - uv - 6v^2)dvdu = -\frac{21}{49}.$$ ■

예제 2 |

$R = \left\{(x, y) \,\middle|\, \frac{x^2}{a^2} + \frac{y^2}{b^2} \le 1\right\}$일 때 $I = \iint_R (x^2 + y^2)dxdy$를 구하여라.

풀이 변환식을 $x = au$, $y = bv$로 정의하면 $\frac{\partial(x, y)}{\partial(u, v)} = ab$이고 R은 $S = \{(u, v) \,|\, u^2 + v^2 \le 1\}$와 일대일로 대응한다. 따라서

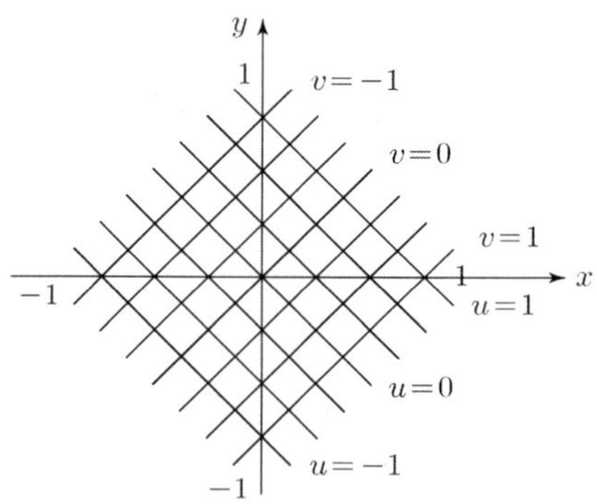

그림 6

$$I = ab\iint_S (a^2u^2 + b^2v^2)dudv = a^3b\iint_S u^2dudv + ab^3\iint_S v^2dudv$$

이고 $u = r\cos\theta$, $v = r\sin\theta$라 놓으면

$$\iint_S u^2 dudv = \int_0^{2\pi}\int_0^1 r^2\cos^2\theta \cdot r\, drd\theta = \frac{\pi}{4}$$

가 된다. 마찬가지로 $\iint_S v^2 dudv = \frac{\pi}{4}$이므로

$$I = \frac{\pi}{4}ab(a^2+b^2)$$

이다. ■

예제 3 |

R이 꼭짓점 $(1,\ 0)$, $(2,\ 0)$, $(0,\ -2)$, $(0,\ -1)$을 가지는 사다리꼴 영역일 때 적분 $\iint_R e^{\frac{x+y}{x-y}}dxdy$를 구하여라.

풀이 $u = x+y$, $v = x-y$로 정의하면 $x = \frac{1}{2}(u+v)$, $y = \frac{1}{2}(u-v)$이다. 야코비안은

$$\frac{\partial(x,\ y)}{\partial(u,\ v)} = \begin{vmatrix} \frac{\partial x}{\partial u} & \frac{\partial x}{\partial v} \\ \frac{\partial y}{\partial u} & \frac{\partial y}{\partial v} \end{vmatrix} = \begin{vmatrix} \frac{1}{2} & \frac{1}{2} \\ \frac{1}{2} & -\frac{1}{2} \end{vmatrix} = -\frac{1}{2}$$

이다. R에 대응하는 uv평면의 영역 S를 구하기 위하여 R의 변이 직선

$$y = 0,\ x-y = 2,\ x = 0,\ x-y = 1$$

상에 놓여 있음에 유념한다. uv평면의 **상 직선**(image line)은 다음과 같다.

$$u = v,\ v = 2,\ u = -v,\ v = 1$$

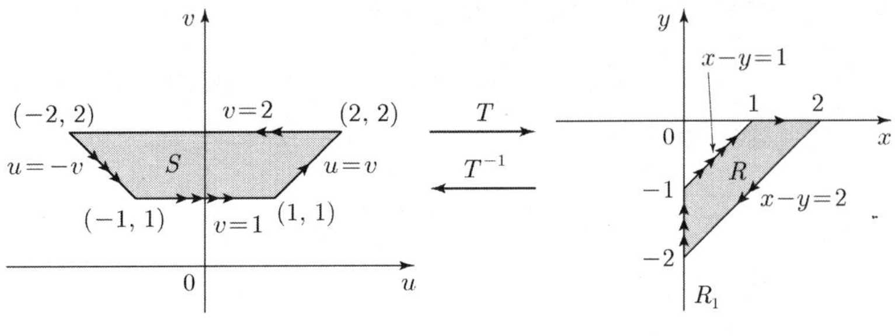

그림 7

그러므로 영역 S는 그림 7에 나타낸 네 꼭짓점 $(1,\ 1)$, $(2,\ 2)$, $(-2,\ 2)$, $(-1,\ 1)$

인 사다리꼴이다.

$$S = \{(u,\ v) | 1 \le v \le 2,\ -v \le u \le v\}$$

이므로 다음과 같이 계산된다.

$$\begin{aligned}\iint_R e^{(x+y)/(x-y)} dA &= \iint_S e^{u/v} \left| \frac{\partial(x,\ y)}{\partial(u,\ v)} \right| dudv \\ &= \int_1^2 \int_{-v}^{v} e^{u/v}\left(\frac{1}{2}\right) dudv = \frac{1}{2}\int_1^2 \left[ve^{u/v}\right]_{u=-v}^{u=v} dv \\ &= \frac{1}{2}\int_1^2 (e - e^{-1})vdv = \frac{3}{4}(e - e^{-1})\end{aligned}$$

■

연습문제 | 4.5

1. 영역 R을 $(1,\ 0)$, $(0,\ 1)$, $(-1,\ 0)$, $(0,\ -1)$을 정점으로 하는 정사각형일 때

$$\iint_R (x+y)^2 e^{x-y} dxdy$$

를 구하여라.

2. R이 x축과 포물선 $y^2 = 4 - 4x$ $y^2 = 4 + 4x$, $y \ge 0$에 의해 유계된 영역일 때, 변수변환 $x = u^2 - v^2$, $y = 2uv$를 이용하여 적분 $\iint_R y dxdy$를 계산하여라.

3. 적합한 변수변환을 하여 적분을 계산하여라.

(1) $\iint_R (x+y)e^{x^2-y^2} dA$, 단 R은 직선 $x-y=0$, $x-y=2$, $x+y=0$, $x+y=3$에 둘러싸인 직사각형

(2) $\iint_R \cos\left(\frac{y-x}{y+x}\right) dA$, 단 R은 꼭짓점 $(1,\ 0)$, $(2,\ 0)$, $(0,\ 2)$, $(0,\ 1)$을 갖는 사다리꼴 영역이다.

4. R이 타원 $9x^2 + 4y^2 = 36$에 의해 유계된 영역이라고 할 때 $\iint_R x^2 dxdy$를 구하여라.

4.6 삼중적분

일변수함수에 대한 정적분과 이변수함수에 대한 이중적분을 정의한 것과 같이 삼변수 함수에 대한 삼중적분을 정의할 수 있다. 함수 $u=f(x,\ y,\ z)$가 일정한 공간의 부분이 되는 직육면체에서 삼변수 $x,\ y,\ z$에 대하여 연속일 때 직육면체

$$B=(x,\ y,\ z):a \le x \le b,\ \ c \le y \le d,\ \ r \le z \le s$$

에서 V를 작은 직육면체

$$B_{ijk}=[x_{i-1},\ x_i]\times[y_{j-1},\ y_j]\times[z_{k-1},\ z_k]$$

으로 분할한다. 이러한 부분 구간의 끝점을 지나고 좌표평면과 평행한 평면은 직육면체 B를 그림에서 보이는 lmn개의 부분 직육면체로 분할한다. 각부분 직육면체의 부피는 $\Delta V=\Delta x\Delta y\Delta z$이다.

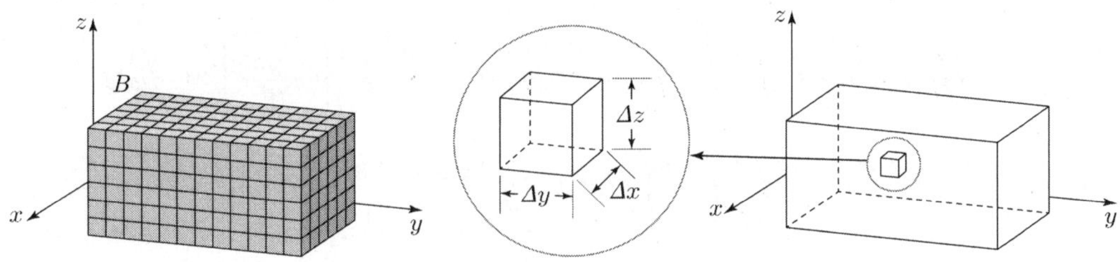

그림 1

그 중의 하나인 B_{ijk} 내의 임의의 한점 $(x_{ijk}^*,\ y_{ijk}^*,\ z_{ijk}^*)$를 취하여 합

$$\sum_{i=1}^{l}\sum_{j=1}^{m}\sum_{k=1}^{n}f(x_{ijk}^*,\ y_{ijk}^*,\ z_{ijk}^*)\Delta V$$

의 합을 구하고 그 극한이 존재하면 함수 f는 적분가능하다고 말한다.

정의 1

직육면체 영역 V 위의 f의 **삼중적분**(triple integral)은

$$\iiint_B f(x,\ y,\ z)dV=\lim_{i,\ j,\ k\to\infty}\sum_{i=1}^{l}\sum_{j=1}^{m}\sum_{k=1}^{n}f(x_{ijk}^*,\ y_{ijk}^*,\ z_{ijk}^*)\Delta V$$

이다.

이중적분과 마찬가지로 삼중적분을 계산하는 실제적인 방법은 다음과 같이 삼중적분을 반복적분으로 표현하는 것이다.

삼중적분에 대한 푸비니 정리

f가 직육면체 $[a, b]\times[c, d]\times[r, s]$상에서 연속일 때 다음이 성립한다.

$$\iiint_B f(x, y, z)dV = \int_r^s \int_c^d \int_a^b f(x, y, z)dxdydz$$

예제 1 |

$B=\{(x, y, z): 0 \le x \le 1, -1 \le y \le 2, 0 \le z \le 3\}$일 때 $\iiint_B xyz^2 dV$를 구하여라.

풀이 x, y, z에 관한 순서로 적분하면 다음과 같다.

$$\begin{aligned}\iiint_B xyz^2 dV &= \int_0^3 \int_{-1}^2 \int_0^1 xyz^2 dxdydz = \int_0^3 \int_{-1}^2 \left[\frac{x^2yz^2}{2}\right]_{x=0}^{x=1} dydz \\ &= \int_0^3 \int_{-1}^2 \frac{yz^2}{2} dydz = \int_0^3 \left[\frac{y^2z^2}{4}\right]_{y=-1}^{y=2} dx \\ &= \int_0^3 \frac{3z^2}{4} dz = \left[\frac{z^3}{4}\right]_0^3 = \frac{27}{4}\end{aligned}$$

■

예제 2 |

$\int_0^a \int_0^b \int_0^c (x^2+y^2+z^2)dzdydx$를 구하여라.

풀이

$$\begin{aligned}\int_0^a \int_0^b \int_0^c (x^2+y^2+z^2)dzdydx &= \int_0^a \int_0^b \left(cx^2+cy^2+\frac{1}{3}c^3\right)dydx \\ &= \int_0^a \left(bcx^2+\frac{1}{3}cb^3+\frac{1}{3}bc^3\right)dx \\ &= \frac{1}{3}abc(a^2+b^2+c^2)\end{aligned}$$

■

이제 이중적분에 대해 사용했던 같은 절차에 의해 삼차원 공간(어떤 입체)에 있는 일반적인 유계영역 E에 대한 삼중적분을 정의한다. 주어진 형태의 직육면체 B 안에 영역 E가 있다고 하자.

직육면체가 아닌 공간영역에서 정의된 함수의 삼중적분을 구하기 위하여 우선 D가 xy평면 위의 수직 또는 수평경계의 유형인 영역이라고 하자. $H(x,\ y)$와 $G(x,\ y)$가 D에서 연속이고 $H(x,\ y) \le G(x,\ y)$일 때 공간영역 E가

$$E = (x,\ y,\ z) \in R^3 : (x,\ y) \in D,\ H(x,\ y) \le z \le G(x,\ y)$$

이면 E에서 연속인 함수 f에 대한 삼중적분은

$$\iiint_E f\,dV = \iint_D \left[\int_{H(x,\ y)}^{G(x,\ y)} f(x,\ y,\ z)\,dz \right] dA$$

로 정의하고 영역 D가 수직경계의 유형이면

$$\iiint_E f\,dV = \int_a^b \left(\int_{g_1(x)}^{g_2(x)} \left[\int_{H(x,\ y)}^{G(x,\ y)} f(x,\ y,\ z)\,dz \right] dy \right) dx$$

이고 영역 D가 수평경계의 유형이면

$$\iiint_E f\,dV = \int_c^d \left(\int_{h_1(x)}^{h_2(x)} \left[\int_{H(x,\ y)}^{G(x,\ y)} f(x,\ y,\ z)\,dz \right] dx \right) dy$$

로 계산한다.

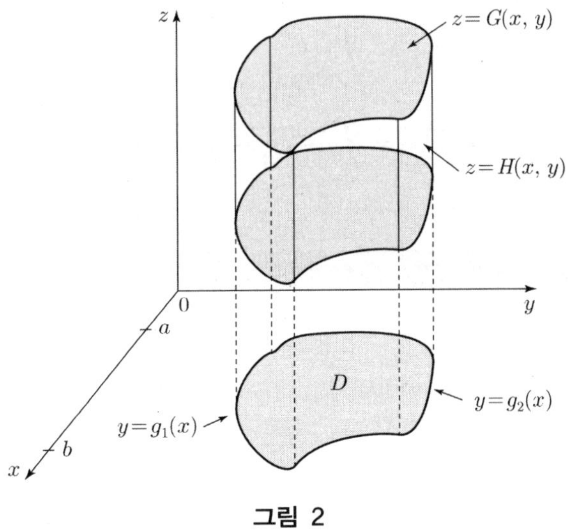

그림 2

특히 E의 모든 점에서 $f(x, y, z)=1$인 특별한 경우 삼중적분은 E의 부피를 나타낸다.

예제 3 |

E가 평면 $x=0$, $y=0$, $z=0$ 그리고 $x+y+z=1$로 둘러싸인 사면체일 때 $\iiint_E z\,dV$를 구하여라.

풀이 [0, 1] 안의 임의의 x에 대하여 yz평면에 평행이고 $(x, 0, 0)$을 통과하는 평면에 의해 형성된 사면체의 단면은 삼각형이다. 이러한 삼각형 위에서 $0 \le y \le 1-x$이다. 또한 이러한 x, y에 대하여 $0 \le z \le 1-x-y$이다. 그러므로

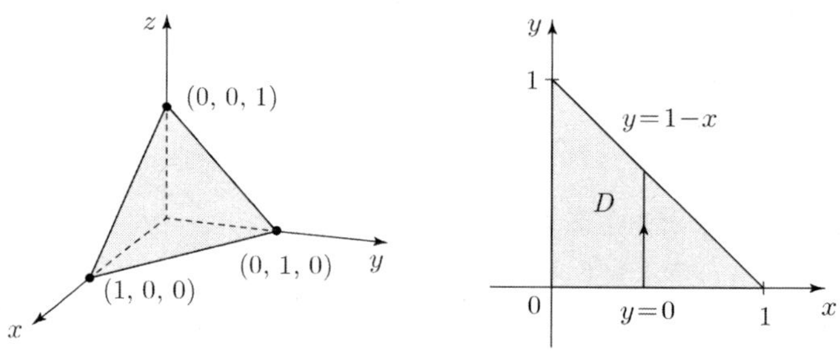

그림 3

$$
\begin{aligned}
\int_R z\,dV &= \int_0^1 \int_0^{1-x} \int_0^{1-x-y} z\,dz\,dy\,dx \\
&= \int_0^1 \int_0^{1-x} \frac{(1-x-y)^2}{2}\,dy\,dx \\
&= \int_0^1 \frac{(1-x)^3}{6}\,dx = \frac{1}{24}
\end{aligned}
$$
■

예제 4 |

삼중적분을 이용하여 원기둥 $x^2+y^2=2ax$가 두 평면 $z=bx$, $z=cx\,(b>c)$에 의해서 잘리는 부분의 부피를 구하여라.

풀이 구하는 부피를 V라 하면

$$V = \int_0^{2a}\int_{-\sqrt{2ax-x^2}}^{\sqrt{2ax-x^2}}\int_{cx}^{bx} dzdydx = \int_0^{2a}\int_{-\sqrt{2ax-x^2}}^{\sqrt{2ax-x^2}} (b-c)xdydx$$

$$= 2(b-c)\int_0^{2a} x\sqrt{2ax-x^2}\,dx$$

$$= 2(b-c)\int_0^{2a} x\sqrt{a^2-(x-a)^2}\,dx$$

여기서 $x-a=t$로 놓으면

$$V = 2(b-c)\int_{-a}^{a}(t+a)\sqrt{a^2-t^2}\,dt$$

$$= 2(b-c)\left\{\int_{-a}^{a} t\sqrt{a^2-t^2}\,dt + a\int_{-a}^{a}\sqrt{a^2-t^2}\,dt\right\}$$

$$= 2(b-c)\left[-\frac{1}{3}(a^2-t^2)^{\frac{3}{2}} + \frac{a}{2}\left(t\sqrt{a^2-t^2}+a^2\sin^{-1}\frac{t}{a}\right)\right]_{-a}^{a}$$

$$= \pi(b-c)a^3$$ ■

예제 5 |

삼중적분을 이용하여 네 평면 $x+2y+z=2$, $x=2y$, $x=0$, $z=0$로 둘러싸인 사면체의 부피를 구하여라.

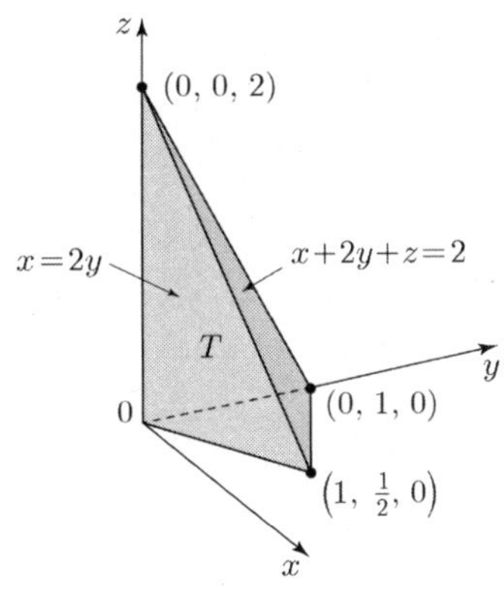

그림 4

풀이 사면체와 이의 xy평면으로의 사영 D를 그림으로 표시하면 다음과 같다.

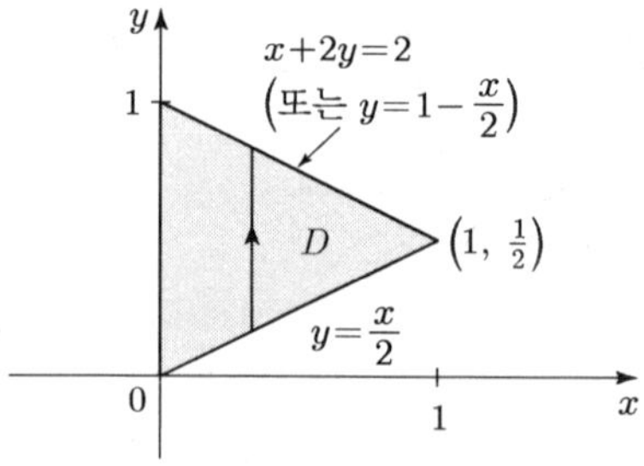

그림 5

사면체의 아래 경계는 평면 $z=0$이고 위쪽 경계는 평면 $x+2y+z=2$, 즉 $z=2-x-2y$이다. 그러므로 부피는

$$\begin{aligned}\iiint_D dV &= \int_0^1 \int_{x/2}^{1-x/2} \int_0^{2-x-2y} dzdydx \\ &= \int_0^1 \int_{x/2}^{1-x/2} (2-x-2y)dydx \\ &= \int_0^1 [2y-xy-y^2]_{x/2}^{1-x/2} dx = \int_0^1 (x^2-2x+1)dx \\ &= \frac{1}{3}\end{aligned}$$

■

연습문제 4.6

1. 다음 반복적분의 값을 구하여라.

(1) $\displaystyle\int_0^1 \int_0^z \int_0^y dxdydx$

(2) $\displaystyle\int_0^\pi \int_0^2 \int_0^{\sqrt{4-z^2}} z\sin y\, dxdzdy$

(3) $\displaystyle\int_0^1 \int_y^{y^2} \int_0^{\ln x} ye^z\, dzdxdy$

(4) $\displaystyle\int_0^{\frac{\pi}{2}} \int_0^a \int_{1-\cos\theta}^{1+\cos\theta} rz\, dzdrd\theta$

2. 영역 E가 $x^2+y^2+z^2=a^2$의 내부로 제1팔분공간에 있는 부분으로 주어질 때 삼중적분 $\iiint_E xyz\,dV$를 구하여라.

3. 영역 E가 포물주면 $y=x^2$과 평면 $y+z=1$, $z=0$으로 둘러싸인 부분일 때 삼중적분 $\iiint_E (x^2+y^2)\,dV$를 구하여라.

4. 포물면 $y=x^2+z^2$과 평면 $y=4$에 의해 유계된 영역을 E라 할 때 $\iiint_E \sqrt{x^2+z^2}\,dV$를 계산하여라.

4.7 원주좌표로 나타낸 삼중적분

적분 영역이 회전곡면, 즉 원주, 구, 타원체 등일 때 적분 $\iiint_E f(x,\ y,\ z)dV$는 직교좌표계를 원주좌표계 또는 구면좌표계라는 특수한 좌표계로 변환함으로써 계산을 쉽게 할 수 있다. 먼저 원주좌표계에 대하여 알아보자.

이미 앞에서 공부한 바 있는 평면에서의 극좌표계 $(r,\ \theta)$에 공간에서의 직교좌표계에서 나타나는 성분 z를 결합하면 **원주좌표계**(cylinderical coordinate system)가 얻어진다.

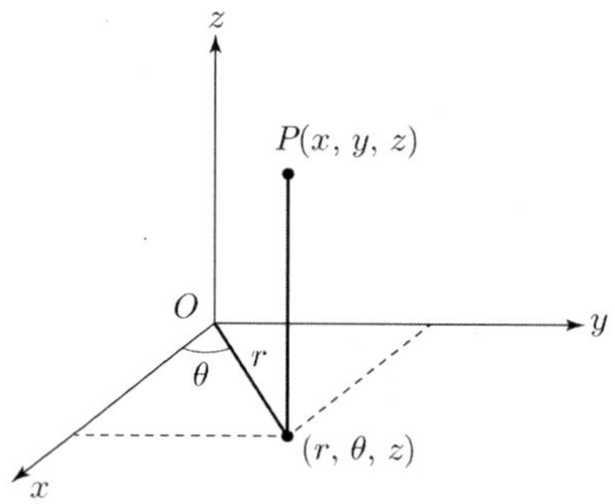

그림 1

공간의 점 P의 직교좌표 $(x,\ y,\ z)$과 원주좌표 $(r,\ \theta,\ z)$ 사이에는 다음과 같은 관계식이 성립한다.

$$x = r\cos\theta, \quad y = r\sin\theta, \quad z = z \ :$$

$$r^2 = x^2 + y^2, \quad \theta = Tan^{-1}\frac{y}{x}$$

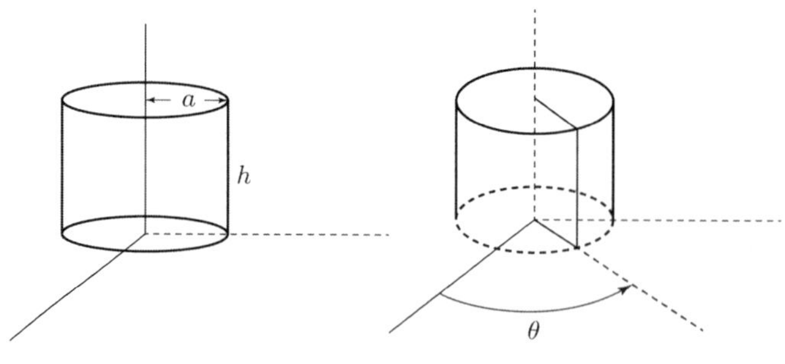

그림 2

예를 들어, 반경 a, 높이 h를 갖는 원주를 원주좌표로 표시하면, xy평면에서는 중심이 원점인 하나의 원이므로 $0 \le \theta \le 2\pi$, $0 \le r \le a$이고 z는 직교좌표에서의 높이를 의미하므로 $0 \le z \le h$이다.

예제 1 |

(1) 원주좌표가 $(2,\ 2\pi/3,\ 1)$인 점을 직교좌표로 표시하여라.

(2) 직교좌표가 $(3,\ -3,\ -7)$인 점의 원주좌표를 찾아라.

풀이 (1) 원주좌표가 $(2,\ 2\pi/3,\ 1)$인 점을 직교좌표로 표시하면

$$x = 2\cos\frac{2\pi}{3} = -1,\ y = 2\sin\frac{2\pi}{3} = \sqrt{3}$$

이므로 이 점의 직교좌표는 $(-1,\ \sqrt{3},\ 1)$이다.

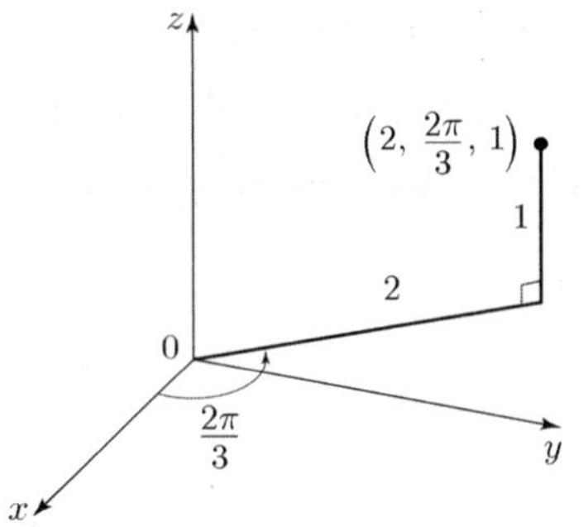

그림 3

(2) $r = \sqrt{3^2 + (-3)^2} = 3\sqrt{2}$이고 $\tan\theta = -\dfrac{3}{3} = -1$이므로 $\theta = \dfrac{7\pi}{4} + 2n\pi$이며 $z = -7$이다. 그러므로 하나의 원주좌표는 $\left(3\sqrt{2},\ \dfrac{7\pi}{4},\ -7\right)$이고 또 다른 원주좌표는 $(3\sqrt{2},\ -\pi\sqrt{4},\ -7)$이다. 극좌표와 같이 원주좌표도 무수히 많은 선택이 가능하다. ■

원주좌표계는 z축에 관하여 대칭인 문제에 유용하다. 예를 들면, 방정식이 $x^2 + y^2 = c^2$인 원기둥의 축은 z축이다. 원주좌표계에서 원기둥은 그림과 같이 아주 간단한 방정식 $r = c$로 표시된다. 이것이 "원주좌표"라는 이름이 붙은 이유이다.

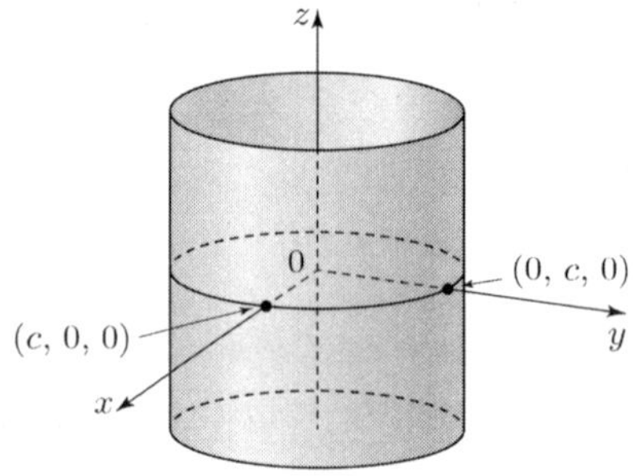

그림 4 원주 $r=c$

예제 2 |

원주좌표에서 방정식 $z=r$인 곡면을 설명하여라.

풀이 방정식을 살펴보면 곡면의 모든 점의 z값 또는 높이는 그 점에서 z축까지의 거리 r과 같다. θ가 없으므로 θ의 값이 마음대로 변한다. 따라서 평면 $z=k(k>0)$ 위의 임의의 수평자취는 반지름이 k인 원이다. 따라서 이들 자취로부터 곡면이 원뿔면임을 알 수 있다. 이러한 예상은 다음과 같이 확인할 수 있다. 먼저 직교좌표계에서 방정식으로 변환시킨다. $z^2=r^2=x^2+y^2$이므로 $z^2=x^2+y^2$은 z축이 원뿔면임을 알 수 있다.

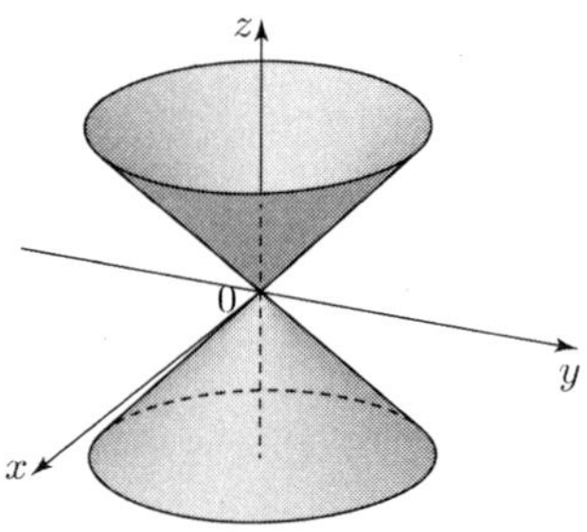

그림 5 원뿔면 $z=r$ ■

이제, 원주좌표에 의한 삼중적분에 대해서 알아보자.

영역 E를 z축을 축으로 반지름의 차가 Δr 되는 원기둥과 z축을 축으로 하고 회전각의 차가 $\Delta\theta$ 되는 평면 및 z축에 수직이고, 차가 Δz인 평면들로 분할하면 영역 R의 부분영역 안의 임의의 한 점 (r', θ', z')에 대하여 부분영역의 부피 V_i는

$$V_{i=}r'\Delta r\Delta\theta\Delta z$$

로 표시된다. 그러므로 구하고자 하는 원주좌표계에서의 삼중적분은

$$\iiint_E f(x,\ y,\ z)dV = \iiint_E f(x,\ y,\ z)dxdydz$$

$$= \iiint_E f(r\cos\theta,\ r\sin\theta,\ z)rdrd\theta dz$$

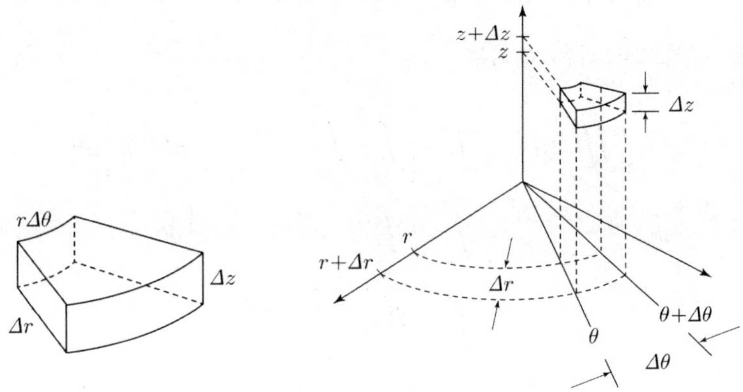

그림 6

원주좌표에서의 삼중적분에 대한 공식은 $x = rcos\,\theta$, $y = r\sin\theta$, $z = z$로 하고 z, r, θ에 대한 알맞은 적분한계를 이용하고 dV를 $rdzdrd\theta$로 바꾸어서 삼중적분을 직교좌표에서 원주좌표로 전환한 것이다. 그림 7은 이것을 기억하는 방법을 보여준다. E가 원주좌표로 쉽게 설명되는 입체 영역이고, 특히 함수 $f(x,\ y,\ z)$가 식 x^2+y^2을 포함할 때 이 공식을 사용하는 것이 좋다. 또한 원주좌표 변환이 $x = r\cos\theta$, $y = r\sin\theta$, $z = z$이므로 야코비안은

$$\frac{\partial(x,\ y)}{\partial(r,\ \theta)} = \begin{vmatrix} \cos\theta & -r\sin\theta & 0 \\ \sin\theta & r\cos\theta & 0 \\ 0 & 0 & 1 \end{vmatrix} = r$$

이며, 결국 변수변환에서 학습한 이론이 원주좌표계에도 그대로 적용된다.

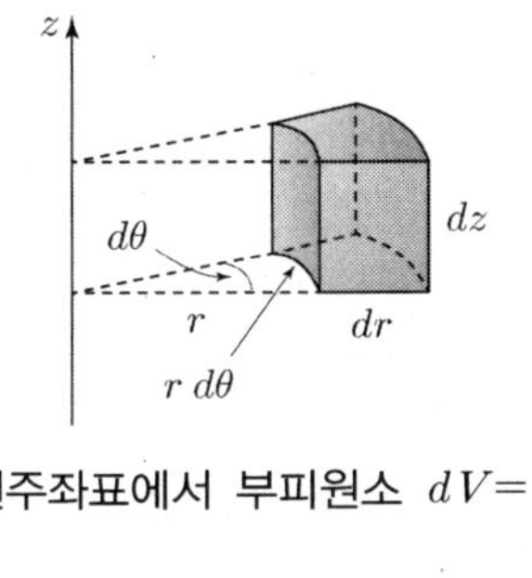

그림 7 원주좌표에서 부피원소 $dV = r\,dz\,dr\,d\theta$

예제 3 |

원주좌표를 이용하여 반경 a의 구 R의 부피를 구하여라.

풀이 E를 원주좌표로 표현하면

$$0 \le \theta \le 2\pi,\ 0 \le r \le a,\ -\sqrt{a^2-r^2} \le z \le \sqrt{a^2-r^2}$$

이므로 구하고자 하는 부피는

$$\begin{aligned}\iiint_E 1dV &= \int_0^{2\pi}\left[\int_0^a\left(\int_{-\sqrt{a^2-r^2}}^{\sqrt{a^2-r^2}} 1\cdot rdz\right)dr\right]d\theta \\ &= \int_0^{2\pi}\left[\int_0^a 2r\sqrt{a^2-r^2}\,dr\right]d\theta \\ &= \int_0^{2\pi}\frac{2a^3}{3}d\theta = 4\pi\frac{a^3}{3}\end{aligned}$$

■

예제 4 |

$\int_{-2}^{2}\int_{-\sqrt{4-x^2}}^{\sqrt{4-x^2}}\int_{\sqrt{x^2+y^2}}^{2}(x^2+y^2)dzdydx$를 계산하여라.

이 반복적분은 다음 입체 영역 위에서의 삼중적분이다.

$$E=\left\{(x,\ y,\ z)\mid -2 \le x \le 2,\ -\sqrt{4-x^2} \le y \le \sqrt{4-x^2},\ \sqrt{x^2+y^2} \le z \le 2\right\}$$

그리고 E의 xy평면 위로의 정사영은 원판 $x^2+y^2 \le 4$이다. E의 아래쪽 곡면은 원뿔 $z=\sqrt{x^2+y^2}$이고, 위쪽 곡면은 평면 $z=2$이다(그림 8).

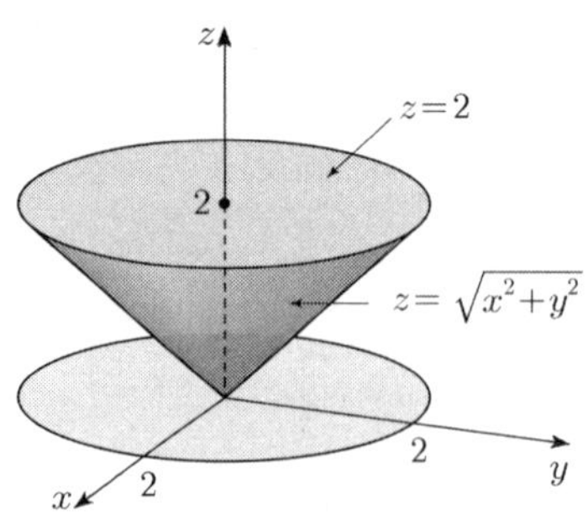

그림 8

이 영역은 원주좌표에서 훨씬 간단하게 설명된다.

$$E = \{(r,\ \theta,\ z) \mid 0 \le \theta \le 2\pi,\ 0 \le r \le 2,\ r \le z \le 2\}$$

그러므로

$$\int_{-2}^{2}\int_{-\sqrt{4-x^2}}^{\sqrt{4-x^2}}\int_{\sqrt{x^2+y^2}}^{2}(x^2+y^2)dzdydx$$

$$= \iiint_E (x^2+y^2)dV = \int_0^{2\pi}\int_0^2\int_r^2 r^2 r dz dr d\theta$$

$$= \int_0^{2\pi}d\theta\int_0^2 r^3(2-r)dr = 2\pi\left[\frac{1}{2}r^4 - \frac{1}{5}r^5\right]_0^2 = \frac{16}{5}\pi$$

연습문제 | 4.7

1. 다음 원주좌표의 점을 그리고, 이 점의 직교좌표를 구하여라

(1) $(4,\ \pi/3,\ -2)$　　(2) $(1,\ 1,\ 1)$

2. 다음 직교좌표를 원주좌표로 바꾸어라.

(1) $(-1,\ 1,\ 1)$　　(2) $(4,\ -3,\ 2)$

3. 영역 E가 반지름의 길이가 3과 4인 원기둥과 평면 $z=0$, $z=3$으로 둘러싸인 영역일 때, 삼중적분 $\iiint_E x^2 dV$의 값을 구하여라.

4. 포물면 $z = 1-(x^2+y^2)$와 평면 $z=0$으로 둘러싸인 입체의 부피를 삼중적분을 이용하여 구하여라.

5. E는 원기둥 $x^2+y^2=16$의 내부와 평면 $z=-5$와 $z=4$ 사이에 놓인 영역일 때 $\iiint_E \sqrt{x^2+y^2}\,dV$를 계산하여라.

4.8 구면좌표로 나타낸 삼중적분

삼차원 공간에서 다른 하나의 유용한 좌표계로 구면좌표계가 있다. 이것은 구면 또는 원뿔면에 의해 유계된 영역 위에서의 삼중적분의 계산을 더 단순화한다.

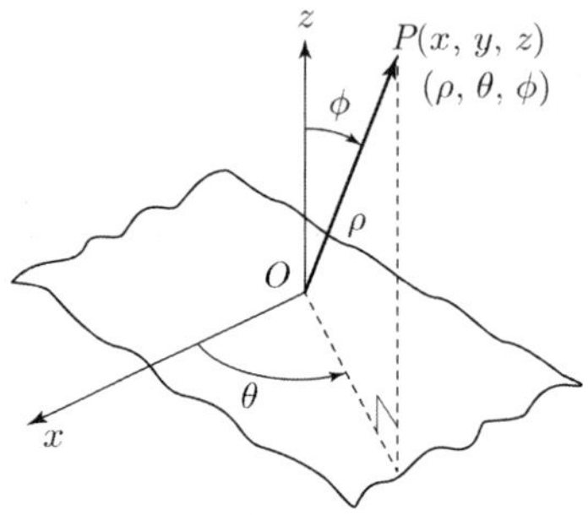

그림 1

원점 O와 공간의 점 P와의 거리 ρ와 xy평면에서의 z축을 축으로하는 평면의 회전각 θ및 $\overline{OP}$와 z축이 이루는 각 ϕ로 구성되는 좌표계를 도입함으로써 직교좌표계를 새로운 좌표계로 변환시킬 수 있다. 이러한 새로운 좌표계를 **구면좌표계**(spherical coordinate system)라고 한다. 이 경우 P는 $(\rho,\ \theta,\ \phi)$로 표시된다. 중심이 원점인 반경 a의 구는 방정식 $\rho = a$로 표시할 수 있다. 이러한 구는 직교좌표계에서는 $x^2 + y^2 + z^2 = a^2$, 원주좌표계에서는 $r^2 + z^2 = a^2$으로 표현할 수 있는 데 구면좌표계에서의 표현이 더 간결함을 알 수 있다. 구면좌표는 구상에서의 적분을 하는 데 매우 이상적이다. 또한 ϕ가 상수 α인 점 집합은 그림에서 보듯이 하나의 **원뿔**(cone)을 형성한다. 이러한 이유로, 구면좌표계는 원뿔상에서 적분을 할 때 편리할 수 있다.

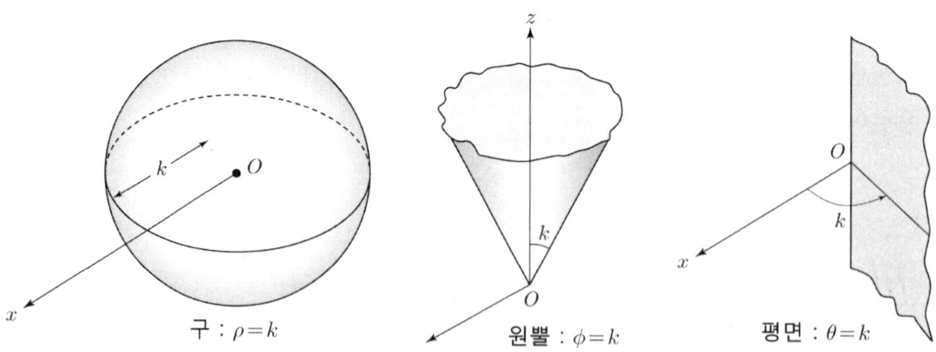

그림 2

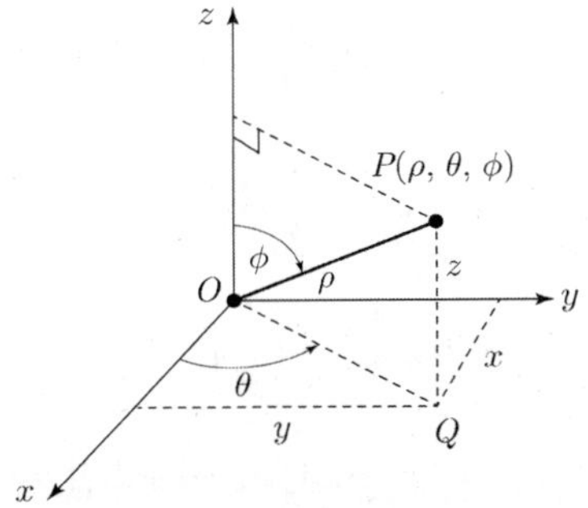

그림 3

한편 그림 3에서 보듯이 직교좌표와 구면좌표 사이에는 다음과 같은 관계식이 성립한다.

$$z = \overline{OP}\cos\phi = \rho\cos\phi$$
$$y = \overline{OQ}\sin\theta = \rho\sin\phi\sin\theta$$
$$x = \overline{OQ}\cos\theta = \rho\sin\phi\cos\theta$$

이 관계식을 사용하면 직교좌표로 표시된 곡면의 방정식을 구면좌표로 표시되는 곡면의 방정식으로 나타낼 수 있다.

또한 거리공식으로부터

$$\rho^2 = x^2 + y^2 + z^2$$

이다. 이 방정식을 이용하면 직교좌표를 구면좌표로 변환할 수 있다.

예제 1 |

구면좌표계에서 점 $(2,\ \pi/4,\ \pi/3)$가 주어져 있다. 직교좌표를 구하여라.

풀이 그림과 같이 점을 표시한 후,

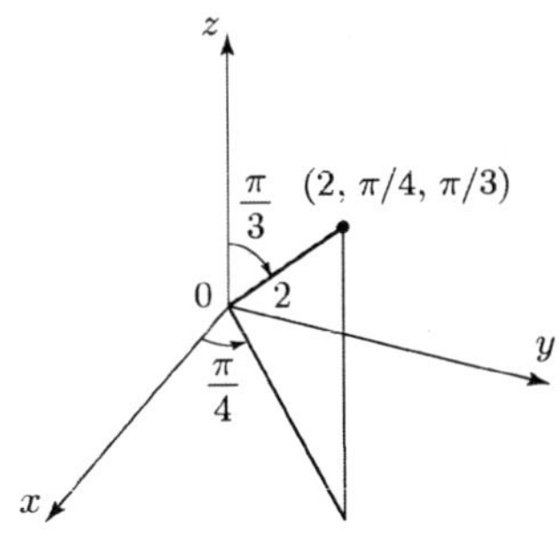

그림 4

$$x = \rho \sin\phi \cos\theta = 2\sin\frac{\pi}{3}\cos\frac{\pi}{4} = 2\left(\frac{\sqrt{3}}{2}\right)\left(\frac{1}{\sqrt{2}}\right) = \sqrt{\frac{3}{2}}$$

$$y = \rho \sin\phi \sin\theta = 2\sin\frac{\pi}{3}\sin\frac{\pi}{4} = 2\left(\frac{\sqrt{3}}{2}\right)\left(\frac{1}{\sqrt{2}}\right) = \sqrt{\frac{3}{2}}$$

$$z = \rho\cos\phi = 2\cos\frac{\pi}{3} = 2\left(\frac{1}{2}\right) = 1$$

을 얻는다. 따라서 점 $(2,\ \pi/4,\ \pi/3)$의 직교좌표는 $(\sqrt{3/2},\ \sqrt{3/2},\ 1)$이다. ■

예제 2 |

점 $(0,\ 2\sqrt{3},\ -2)$가 직교좌표로 주어져 있다. 이 점의 구면좌표를 구하여라.

풀이

$$\rho = \sqrt{x^2+y^2+z^2} = \sqrt{0+12+4} = 4$$

가 얻어지므로,

$$\cos\phi = \frac{z}{\rho} = -\frac{2}{4} = -\frac{1}{2} \qquad \phi = \frac{2\pi}{3}$$

$$\cos\theta = \frac{x}{\rho\sin\phi} = 0 \qquad \theta = \frac{\pi}{2}$$

이다. ($y = 2\sqrt{3} > 0$이므로 $\theta \neq 3\pi/2$임을 주목하여라.) 따라서 주어진 점의 구면좌표는 $(4,\ \pi/2,\ 2\pi/3)$이다. ■

이제 구면좌표계에 의한 적분에 관해서 생각해보기로 하자.

ρ좌표가 ρ와 $\rho+\Delta\rho$ 사이, θ좌표가 θ와 $\theta+\Delta\theta$ 사이, 그리고 ϕ좌표가 ϕ와 $\phi+\Delta\phi$ 사이에 있도록 하는 집합 R은 두 개의 평면과 네 개의 곡면으로 둘러싸인 영역이다.

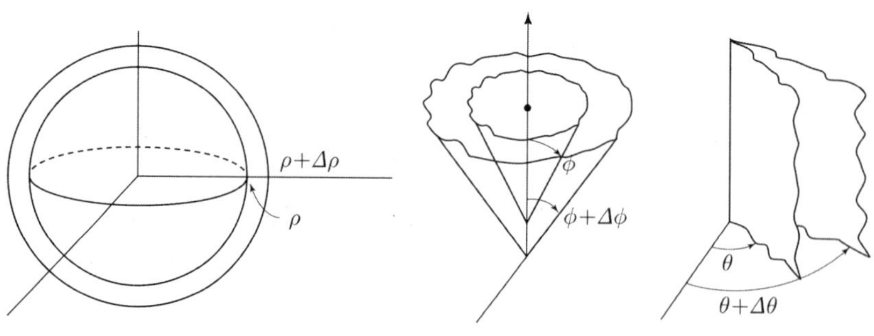

그림 5

이에 대한 정확한 그림은 아래에 있다.

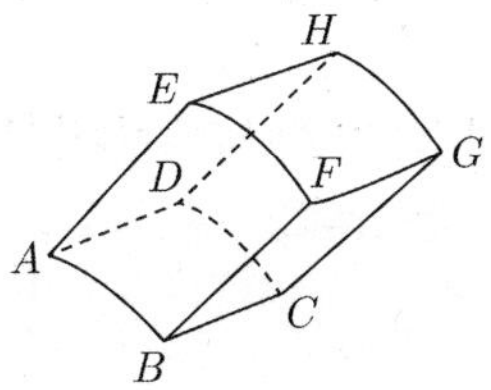

그림 6

영역 R은 사면체와 비슷하므로 부피는 근사적으로

$$\overline{AE}\cdot\widehat{AB}\cdot\widehat{AD}$$

이며 $\overline{AE}=\Delta\rho$, $\widehat{AB}=\rho\Delta\phi$가 성립한다.

한편 그림 7에서 보듯이 AD는 z축에 수직인 원의 호이므로, 우측 삼각형 ADQ을 이용하면

$$\widehat{AD}=\rho\sin\phi\Delta\theta$$

가 성립한다.

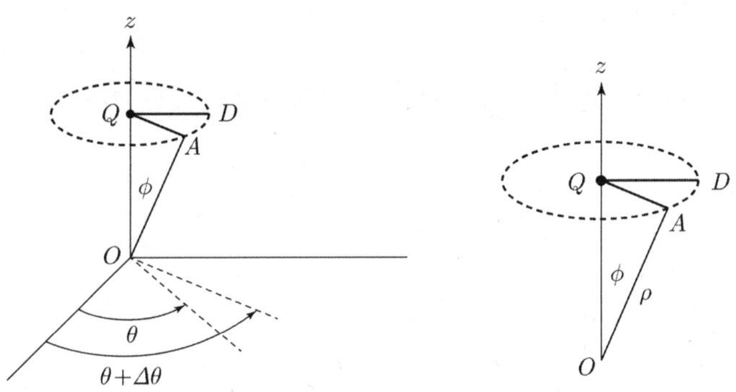

그림 7

그러므로

$$R\text{의 부피의 근삿값} = \Delta\rho(\rho\Delta\phi)(\rho\sin\phi\Delta\theta)=\rho^2\sin\phi\Delta\rho\Delta\phi\Delta\theta$$

이며, 이를 이용하면 다음과 같은 식을 얻을 수 있다.

$$\iiint_R f(x,\ y,\ z)dxdydz=\iiint_R f(\rho\sin\phi\cos\theta,\ \rho\sin\phi\sin\theta,\ \rho\cos\phi)\rho^2\sin\phi d\rho d\theta d\phi$$

위 식은

$$x = \rho\sin\phi\cos\theta, \quad y = \rho\sin\phi\sin\theta, \quad z = \rho\cos\phi$$

로 쓰고 적분한계를 이용하며 dV를 $\rho^2\sin\phi d\rho d\phi d\theta$로 대체하여 삼중적분을 직교좌표로부터 구면좌표에 변환시킨 것을 말해준다. 이것은 그림 8에서 설명된다.

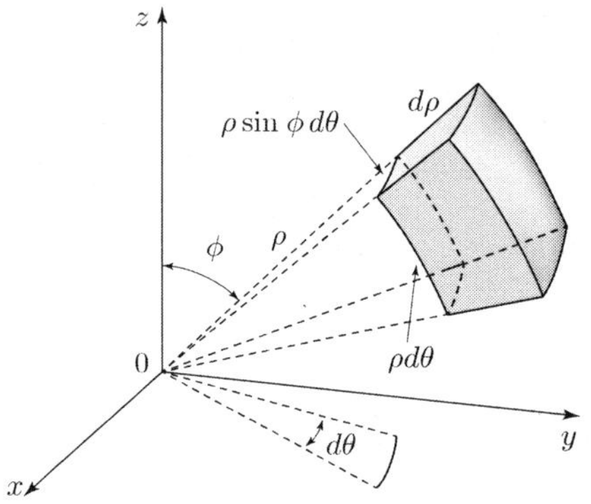

그림 8 구면좌표에서 부피원소 $dV = \rho^2\sin\phi\, d\rho\, d\theta\, d\phi$

일반적으로 구면좌표는 원뿔면이나 구면과 같은 곡면이 적분 영역의 경계를 이룰 때의 삼중적분에 사용된다.

예제 3 |

$R = \{(x,\ y,\ z):\ x^2 + y^2 + z^2 \le 1\}$일 때 $\iiint_R e^{(x^2+y^2+z^2)^{3/2}} dxdydz$을 구하여라.

풀이 구면좌표를 이용하면

$$R = \{(\rho,\ \theta,\ \phi):\ 0 \le \rho \le 1,\ 0 \le \theta \le 2\pi,\ 0 \le \phi \le \pi\}$$

이다. 더욱이

$$x^2 + y^2 + z^2 = \rho^2$$

이므로 구면좌표가 적합하다는 사실을 알 수 있다. 그러므로

$$\iiint_R e^{(x^2+y^2+z^2)^{3/2}} dxdydz = \int_0^{\pi}\int_0^{2\pi}\int_0^1 e^{(\rho^2)^{3/2}} \rho^2 \sin\phi d\rho d\theta d\phi$$

$$= \int_0^{\pi} \sin\phi d\phi \int_0^{2\pi} d\theta \int_0^1 \rho^2 e^{\rho^3} d\rho$$

$$= [-\cos\phi]_0^{\pi}(2\pi)\left[\frac{1}{3}e^{\rho^3}\right]_0^1 = \frac{4}{3}\pi(e-1)$$ ■

예제 3의 적분을 구면좌표를 이용하지 않고 직교좌표에서 반복적분으로 구하면 다음과 같은데 계산하기는 매우 어렵다.

$$\int_{-1}^{1}\int_{-\sqrt{1-x^2}}^{\sqrt{1-x^2}}\int_{-\sqrt{1-x^2-y^2}}^{\sqrt{1-x^2-y^2}} e^{(x^2+y^2+z^2)^{3/2}} dzdydx$$

예제 4 |

반지름의 길이가 6인 구에서 원점을 꼭짓점으로 하고 z축과 이루는 각이 $\frac{\pi}{6}$인 원뿔 모양의 아이스크림콘의 부피를 구하여라.

풀이 구면좌표계에서 아이스크림콘 R는

$$R = \left\{(\rho,\ \theta,\ \phi) | 0 \le \rho \le 6,\ 0 \le \theta \le 2\pi,\ 0 \le \phi \le \frac{\pi}{6}\right\}$$

로 표시된다. 따라서 구하는 아이스크림콘의 부피는

$$\int_R 1dV = \int_0^{\frac{\pi}{6}}\int_0^{2\pi}\int_0^6 \rho^2 \sin\phi d\rho d\theta d\phi$$

$$= 72\pi(2-\sqrt{3})$$

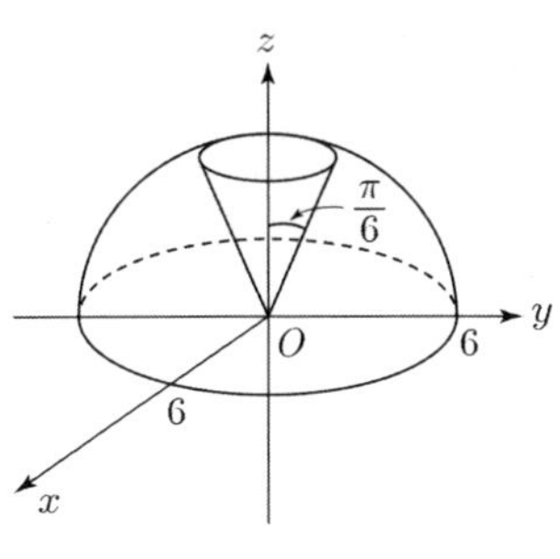

그림 9 ■

연습문제 4.8

1. 다음 구면좌표의 점을 그리고, 이 점의 직교좌표를 구하여라.

(1) $\left(6,\ \frac{\pi}{3},\ \frac{\pi}{6}\right)$　　(2) $\left(2,\ \frac{\pi}{2},\ \frac{\pi}{2}\right)$

2. 다음 직교좌표를 구면좌표로 바꾸어라.

(1) $(0,\ -2,\ 0)$　　(2) $(1,\ 0,\ \sqrt{3})$

3. 영역 R가 반지름의 길이가 a인 구일 때 삼중적분 $\iiint_R (x^2+y^2)dxdydz$의 값을 구하여라.

4. 원뿔면 $z=\sqrt{x^2+y^2}$ 위와 구 $x^2+y^2+z^2=z$ 아래에 놓인 입체의 부피를 구면좌표를 이용하여 구하여라.

5. 영역 R가 중심이 원점이고 반지름이 5인 구일 때 삼중적분 $\iiint_R (x^2+y^2+z^2)^2 dxdydz$을 구하여라.

Chapter

5

벡터해석

5.1 선적분

미적분학에서 구간 $[a, b]$에서의 적분 방법에 대하여 공부하였다. 또한 어떤 물체를 a에서 b까지 이동하는데 행해진 일 W는 적분

$$W = \int_a^b f(x)dx$$

임을 알고 있다. 이 절에서는 곡선 위의 적분, 즉 선적분에 대하여 알아보고자 한다. 이는 일에 대한 물리학적인 개념으로부터 유래하였다.

물리학에서, 일에 대한 직관적인 개념은

$$\text{일} = \text{힘} \times \text{거리}$$

이다. 평면상의 매끄러운 곡선 C가 매개변수방정식

$$x = x(t),\ y = y(t),\ (a \le t \le b)$$

로 주어질 때, 아래 그림 1과 같이 $f(x, y)$의 힘으로 곡선 C를 따라 물체를 이동시킬 때 일의 총량 W에 대하여 알아보자.

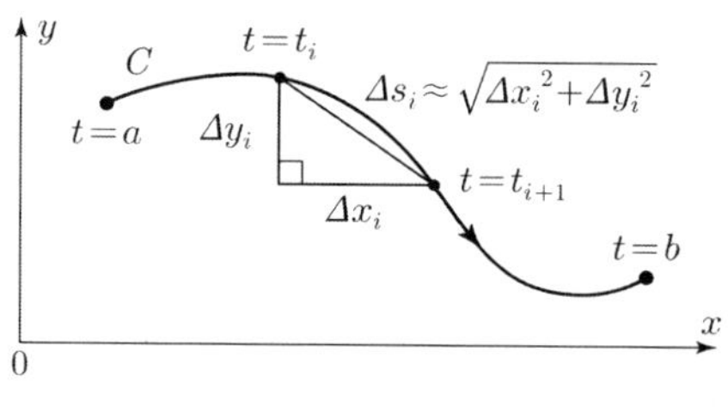

그림 1

$f(x, y)$는 연속이고

$$a = t_0 < t_1 < t_2 < \cdots < t_{n-1} < t_n = b$$

를 $[a, b]$의 분할이라 하자. 그림 1에서 보는 바와 같이 구간 $[t_i, t_{i+1}]$에 곡선을 따라 움직인 거리 s_i는 근사적으로

$$\Delta s_i \approx \sqrt{\Delta x_i^2 + \Delta y_i^2}$$

이다. 따라서 구간 $[t_i,\ t_{i+1}]$가 충분히 작다면 $t_i^* \in [t_i,\ t_{i+1}]$, $(x_i^*,\ y_i^*) = \left(x(t_i^*),\ y(t_i^*)\right)$에 대하여 곡선을 따라 행해진 전체 일의 양은 근사적으로

$$W \approx \sum_{i=0}^{n-1} f(x_i^*,\ y_i^*)\sqrt{\Delta x_i^2 + \Delta y_i^2}$$

임을 알 수 있다. 그런데 $\Delta t_i = t_{i+1} - t_i$라 하면

$$\sqrt{\Delta x_i^2 + \Delta y_i^2} = \sqrt{\left(\frac{\Delta x_i}{\Delta t_i}\right)^2 + \left(\frac{\Delta y_i}{\Delta t_i}\right)^2}\,\Delta t_i$$

이므로

$$W \approx \sum_{i=0}^{n-1} f\left(x_i^*,\ y_i^*\right)\sqrt{\left(\frac{\Delta x_i}{\Delta t_i}\right)^2 + \left(\frac{\Delta y_i}{\Delta t_i}\right)^2}\,\Delta t_i$$

가 된다. 따라서

$$\begin{aligned} W &= \lim_{n\to\infty}\sum_{i=0}^{n-1} f\left(x_i^*, y_i^*\right)\sqrt{\left(\frac{\Delta x_i}{\Delta t_i}\right)^2 + \left(\frac{\Delta y_i}{\Delta t_i}\right)^2}\,\Delta t_i \\ &= \int_a^b f(x(t), y(t))\sqrt{x'(t)^2 + y'(t)^2}\,dt \end{aligned}$$

이다.

정의 1

매개변수방정식 $x = x(t)$, $y = y(t)$, $(a \le t \le b)$로 주어지는 곡선 C와 실함수 $f(x,\ y)$에 대하여, 호의 길이 s에 의한 C를 따르는 $f(x,\ y)$의 **선적분**(line integral)은

$$\int_C f(x,\ y)ds = \int_a^b f(x(t),\ y(t))\sqrt{x'(t)^2 + y'(t)^2}\,dt$$

으로 정의한다.

예제 1 |

C가 단위원 $x^2 + y^2 = 1$의 제1사분면일 때, $\int_C (2 + xy)ds$을 구하여라.

풀이 C의 매개변수방정식은

$$x=\cos t,\ y=\sin t\ \left(0\le t\le \frac{\pi}{2}\right)$$

이므로,

$$\begin{aligned}\int_C (2+xy)ds &= \int_0^{\frac{\pi}{2}} (2+\cos t\sin t)\sqrt{\left(\frac{dx}{dt}\right)^2+\left(\frac{dy}{dt}\right)^2}\,dt \\ &= \int_0^{\frac{\pi}{2}} (2+\cos t\sin t)\sqrt{(-\sin t)^2+\cos^2 t}\,dt \\ &= \int_0^{\frac{\pi}{2}} \left(2+\frac{1}{2}\sin 2t\right)dt \\ &= \left[2t-\frac{1}{4}\cos 2t\right]_0^{\frac{\pi}{2}} = \pi+\frac{1}{2}\end{aligned}$$

이다. ■

예제 2 |

C가 매개변수방정식

$$x=\cos t,\ y=\sin t,\ z=t\ (0\le t\le 2\pi)$$

로 주어질 때, $\int_C (xy+z^2)ds$을 구하여라.

풀이

$$\begin{aligned}\int_C (2xy+z^2)ds &= \int_0^{2\pi} (2\cos t\sin t+t^2)\sqrt{\left(\frac{dx}{dt}\right)^2+\left(\frac{dy}{dt}\right)^2+\left(\frac{dz}{dt}\right)^2}\,dt \\ &= \int_0^{2\pi} (\sin 2t+t^2)\sqrt{(-\sin t)^2+\cos^2 t+1^2}\,dt \\ &= \int_0^{2\pi} \sqrt{2}(\sin 2t+t^2)dt \\ &= \sqrt{2}\left[\frac{t^3}{3}-\frac{1}{2}\cos 2t\right]_0^{2\pi} = \frac{8\sqrt{2}\pi^3}{3}\end{aligned}$$

이다. ■

C가 매개변수방정식

$$x = x(t),\ y = y(t)\ (a \le t \le b)$$

로 주어진 매끄러운 곡선일 때, $-C$는 C와 방향이 반대인 같은 곡선을 의미한다. 그러면 $-C$는 매개변수방정식

$$x = x(a+b-t),\ y = y(a+b-t)\ (a \le t \le b)$$

로 표현되고,

$$\int_C f(x,\ y)ds = \int_{-C} f(x,\ y)ds$$

임을 알 수 있다. 한편 $dx = x'(t)dt,\ dy = y'(t)dt$를 이용하여 x에 대한 $f(x,\ y)$의 선적분을

$$\int_C f(x,\ y)dx = \int_a^b f(x(t),\ y(t))x'(t)dt$$

로 정의하고, y에 대한 $f(x,\ y)$의 선적분을

$$\int_C f(x,\ y)dy = \int_a^b f(x(t),\ y(t))y'(t)dt$$

로 정의한다.

선적분의 공식을 유도할 때 일이 힘과 거리의 곱이라는 사실을 이용하였다. 그런데 실제로 힘이 벡터임을 알고 있다. 이는 벡터에 대한 선적분을 이해하는 데 도움이 된다. 연속함수 $P(x,\ y)$와 $Q(x,\ y)$에 대하여

$$\mathbf{f}(x,\ y) = P(x,\ y)\mathbf{i} + Q(x,\ y)\mathbf{j}$$

로 정의되는 함수 $\mathbf{f}(x,\ y)$를 $\mathbb{R}^2$상의 **벡터장**(vector field)이라 한다. 벡터장은 $\mathbb{R}^2$상의 점에서 정의되고, 그것의 값은 $\mathbb{R}^2$상의 벡터이다. 매개변수방정식

$$x = x(t),\ y = y(t)\ (a \le t \le b)$$

로 주어지는 매끄러운 곡선 C에 대하여,

$$\mathbf{r}(x,\ y) = x(t)\mathbf{i} + y(t)\mathbf{j}$$

를 C 위의 점 $(x(t),\ y(t))$에 대한 위치벡터라 하자. 그러면 $\mathbf{r}'(x,\ y) = x'(t)\mathbf{i} + y'(t)\mathbf{j}$이므로 $\mathbf{f}(x,\ y)$의 정의로부터 다음을 얻는다.

$$\int_C P(x,y)dx + \int_C Q(x,\ y)dy = \int_a^b P(x(t),\ y(t))x'(t)dt + \int_a^b Q(x(t),\ y(t))y'(t)dt$$
$$= \int_a^b [P(x(t), y(t))x'(t) + Q(x(t),\ y(t))y'(t)]\,dt$$
$$= \int_a^b \mathbf{f}(x(t), y(t)) \cdot \mathbf{r}'(t)dt.$$

정의 2

벡터장 $\mathbf{f}(x,\ y) = P(x,\ y)\mathbf{i} + Q(x,\ y)\mathbf{j}$와 매개변수방정식

$$x = x(t),\ y = y(t)\ (a \le t \le b)$$

를 갖는 매끄러운 곡선 C, C 위의 점들에 대한 위치벡터 $\mathbf{r}(x,\ y) = x(t)\mathbf{i} + y(t)\mathbf{j}$에 대하여, C에서 $\mathbf{f}$의 선적분은

$$\int_C \mathbf{f} \cdot d\mathbf{r} = \int_C P(x,y)dx + \int_C Q(x,\ y)dy$$
$$= \int_a^b \mathbf{f}(x(t), y(t)) \cdot \mathbf{r}'(t)dt$$

이다.

$d\mathbf{r} = \mathbf{r}'(t)dt = dx\mathbf{i} + dy\mathbf{j}$는 벡터함수 $\mathbf{r}$의 미분이다. 종종 정의 1의 선적분을 스칼라장에 대한 선적분이라 하고, 정의 2의 선적분을 벡터장에 대한 선적분이라 한다. 편의상 다음의 식을 사용한다.

$$\int_C P(x,\ y)dx + \int_C Q(x,\ y)dy = \int_C P(x,\ y)dx + Q(x,\ y)dy.$$

C가 벡터방정식 $\mathbf{r}(x,\ y) = x(t)\mathbf{i} + y(t)\mathbf{j}$로 주어지면, $(x(t),\ y(t))$에서 C에 대한 단위 접선벡터는

$$\mathbf{T}(t) = \frac{\mathbf{r}'(t)}{\|\mathbf{r}'(t)\|}$$

이므로 정의 1과 2로부터 다음 정의를 얻는다.

정의 3

벡터장 $\mathbf{f}(x, y) = P(x, y)\mathbf{i} + Q(x, y)\mathbf{j}$와 매개변수방정식

$$x = x(t),\ y = y(t)\ (a \le t \le b)$$

와 위치벡터 $\mathbf{r}(x, y) = x(t)\mathbf{i} + y(t)\mathbf{j}$를 갖는 매끄러운 곡선 C에 대하여

$$\int_C \mathbf{f} \cdot d\mathbf{r} = \int_C \mathbf{f} \cdot \mathbf{T}\, ds$$

이다.

벡터장 $\mathbf{f}(x, y)$가 곡선 C를 따라 움직이는 물체의 힘이라 하면, 이 힘으로 행해진 일은

$$W = \int_C \mathbf{f} \cdot \mathbf{T}\, ds = \int_C \mathbf{f} \cdot d\mathbf{r}$$

이다.

예제 3 |

단위원 $\mathbf{r}(t) = \cos t\mathbf{i} + \sin t\mathbf{j}\ (0 \le t \le \pi)$을 따라 한 입자를 이동하는데 움직이는 장력 $\mathbf{f}(x, y) = x^2\mathbf{i} - xy\mathbf{j}$가 한 일을 구하여라.

풀이

$$W = \int_C \mathbf{f} \cdot d\mathbf{r} = \int_0^{\pi} [\cos^2 t(-\sin t) - \cos t \sin t \cos t]\, dt$$

$$= \int_0^{\pi} (-2\sin t \cos^2 t)\, dt = -\frac{4}{3}$$ ■

예제 4 |

다음과 같은 곡선 C에 대하여 $\int_C (x + y^2)dx + 2xy\,dy$를 구하여라.

(1) $C: x = t,\ y = 2t,\ 0 \le t \le 1$

(2) $C: x = t,\ y = 2t^2,\ 0 \le t \le 1$

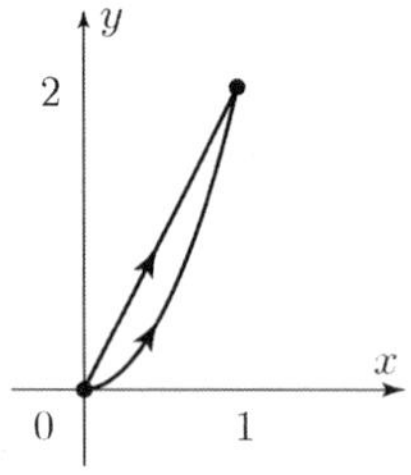

그림 2

풀이 (1) $x'(t)=1,\ y'(t)=2$이므로

$$\begin{aligned}\int_C (x+y^2)dx+2xydy &= \int_0^1 \big((x(t)+y(t)^2)x'(t)dt+2x(t)y(t)y'(t)\big)dt \\ &= \int_0^1 \big((t+4t^2)(1)+2t(2t)(2)\big)dt \\ &= \int_0^1 (12t^2+t)dt=\frac{9}{2}\end{aligned}$$

(2) $x'(t)=1,\ y'(t)=4t$이므로

$$\begin{aligned}\int_C (x+y^2)dx+2xydy &= \int_0^1 \big((x(t)+y(t)^2)x'(t)dt+2x(t)y(t)y'(t)\big)dt \\ &= \int_0^1 \big((t+4t^4)(1)+2t(2t^2)(4t)\big)dt \\ &= \int_0^1 (20t^4+t)dt=\frac{9}{2}\end{aligned}$$

■

예제 4는 벡터장 $\mathbf{f}(x,\ y)=(x+y^2)\mathbf{i}+2xy\mathbf{j}$가 곡선 C를 따라 어떤 물체를 $(0,\ 0)$에서 $(1,\ 2)$로 이동할 때의 힘을 나타낼 때 행해진 일이 $\frac{9}{2}$임을 나타낸다. 위의 예로부터 선적분이 경로와 무관하지 않을까 하는 생각을 할 수 있는데, 다음 장에서 보듯이 그렇지는 않다.

$C_1,\ C_2,\ \cdots,\ C_n$이 매끄러운 곡선들일 때,

$$C=C_1\cup C_2\cup\cdots\cup C_n$$

인 C를 구분적으로 **매끄러운 곡선**(piecewise smooth curve)이라 하는데, 이때 곡선 C_i의 위치벡터 $\mathbf{r}_i$에 대하여 C에 따른 $\mathbf{f}(x,\ y)$의 선적분을

$$\int_C \mathbf{f}\cdot d\mathbf{r} = \int_{C_1} \mathbf{f}\cdot d\mathbf{r}_1 + \int_{C_2} \mathbf{f}\cdot d\mathbf{r}_2 + \cdots + \int_{C_n} \mathbf{f}\cdot d\mathbf{r}_n$$

으로 정의한다.

예제 5 |

다음 그림 3과 같이 C가 $y=x^3$ 위의 두 점 $(0,\ 0)$과 $(1,\ 1)$을 잇는 곡선 C_1과 두 점 $(1,\ 1)$과 $(1,\ 2)$를 잇는 직선 C_2로 구성된 곡선일 때 $\int_C (x+y^2)dx + 2xydy$를 구하여라.

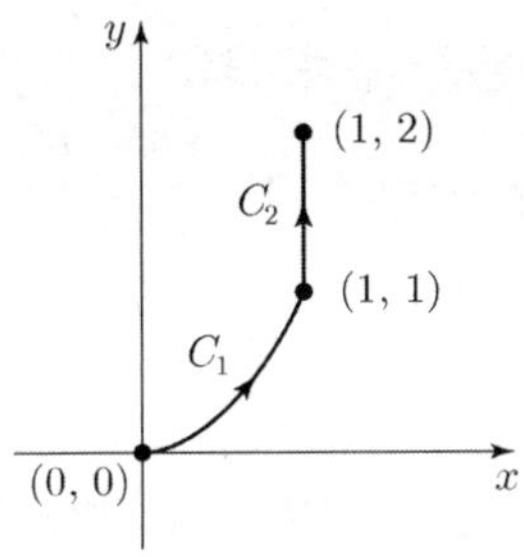

그림 3

풀이 C_1에 대한 매개변수방정식은 $x=t,\ y=t^3\ (0 \le t \le 1)$이고 C_2에 대한 매개변수방정식은 $x=1,\ y=t\ (1 \le t \le 2)$이므로

$$\begin{aligned}\int_C (x+y^2)dx + 2xydy &= \int_{C_1} (x+y^2)dx + 2xydy + \int_{C_2} (x+y^2)dx + 2xydy \\ &= \int_0^1 \left((t+t^6)(1) + 2t(t^3)(3t^2)\right)dt \\ &\quad + \int_1^2 \left((1+t^2)(0) + 2(1)t(1)\right)dt \\ &= \int_0^1 (t+7t^6)dt + \int_1^2 2tdt = \frac{9}{2}\end{aligned}$$

이다. ■

선적분 $\int_C f(x,\ y)ds$에 대한 물리적인 해석은 함수 f의 물리적인 해석에 따라 달라진다. 밀도함수 ρ를 갖는 철사의 **질량중심** $(\overline{x},\ \overline{y})$는 다음과 같다.

$$\bar{x}=\frac{1}{m}\int_C x\rho(x,\ y)ds,\ \bar{y}=\frac{1}{m}\int_C y\rho(x,\ y)ds$$

여기서, $m=\int_C \rho(x,\ y)ds$ 이다.

연습문제 | 5.1

1. 주어진 곡선 C에 대한 선적분을 구하여라.

(1) $\int_C xyds,\ C: x=\cos t,\ y=\sin t,\ 0\le t\le \pi$

(2) $\int_C yds,\ C: x=t^2,\ y=t,\ 0\le t\le 1$

(3) $\int_C xy^4 ds$, C는 곡선 $x^2+y^2=9$의 위쪽 반원이다.

(4) $\int_C xydx+(x-y)dy$, C는 $(0,\ 0)$에서 $(3,\ 0)$까지의 선분과 $(3,\ 0)$에서 $(5,\ 2)$까지의 선분이다.

(5) $\int_C xy^2 ds,\ C: x=2\cos t,\ y=2\sin t,\ 0\le t\le \pi$

(6) $\int_C xe^{yz}ds$, C는 $(0,\ 0,\ 0)$에서 $(1,\ 3,\ 2)$까지의 선분이다.

2. 주어진 곡선 C와 벡터장 $\mathbf{f}$에 대하여 $\int_C \mathbf{f}\cdot d\mathbf{r}$을 구하여라.

(1) $\mathbf{f}(x,\ y)=\mathbf{i}+\mathbf{j},\ C: x=t,\ y=3t,\ 0\le t\le 2$

(2) $\mathbf{f}(x,\ y)=x^2y^3\mathbf{i}+x\sqrt{y}\mathbf{j},\ C: x=t^2,\ y=-3t,\ 0\le t\le 1$

(3) $\mathbf{f}(x,\ y,\ z)=yz\mathbf{i}+xz\mathbf{j}+xy\mathbf{k},\ C: \mathbf{r}(t)=t\mathbf{i}+t^3\mathbf{j}+t^2\mathbf{k},\ 0\le t\le 2$

(4) $\mathbf{f}(x,\ y,\ z)=\sin x\mathbf{i}+\cos y\mathbf{j}+xz\mathbf{k},\ C: \mathbf{r}(t)=t^2\mathbf{i}+t^3\mathbf{j}+t^2\mathbf{k},\ 0\le t\le 2$

3. 가는 철사가 반원 $x^2+y^2=4,\ y\ge 0$의 모양으로 구부러져 있고 선형밀도함수가 철사위의 각 점에서 직선 $y=1$과의 거리에 비례할 때 그 철사의 질량과 질량중심을 구하여라.

4. 사이클로이드 $\mathbf{r}(t) = (t - \sin t)\mathbf{i} + (1 - \cos t)\mathbf{j},\ 0 \le t \le 2\pi$의 호를 따라 어떤 물체를 움직이는 장력 $\mathbf{f}(x,\ y) = x\mathbf{i} + (y+2)\mathbf{j}$가 한 일을 구하여라.

5. 70킬로그램의 남자가 반경이 6미터인 저장고를 둘러싸고 있는 나선형의 계단을 따라 11킬로그램의 물감통을 나른다. 이 저장고의 높이가 27미터일 때 이 남자가 정확히 세 번을 회전하여 올라갔다면, 이 남자가 꼭대기까지 올라갈 때 중력에 대하여 앞으로 행한 일은 얼마인가?

5.2 선적분의 성질

앞 절에서 실함수의 선적분은 적분경로의 방향이 반대로 바뀌어도 변하지 않음을 알 수 있었다. 즉

$$\int_C f(x,\ y)ds = \int_{-C} f(x,\ y)ds$$

이다. 그러나 벡터장의 선적분은 경로에 따라 값이 변한다. 이를 위해 연속적으로 미분가능한 함수 P, Q에 대하여 $\mathbf{f}(x,\ y) = P(x,\ y)\mathbf{i} + Q(x,\ y)\mathbf{j}$를 벡터장이라 하자. 또한 매개변수방정식 $x = x(t)$, $y = y(t)$, $a \le t \le b$와 위치벡터 $\mathbf{r}(t) = x(t)\mathbf{i} + y(t)\mathbf{j}$를 갖는 매끄러운 곡선을 C라 하자. 편의상 이 곡선을 $C: \mathbf{r}(t) = x(t)\mathbf{i} + y(t)\mathbf{j}$, $a \le t \le b$로 표기한다. 한편, $-C: \mathbf{r}(t) = x(a+b-t)\mathbf{i} + y(a+b-t)\mathbf{j}$, $a \le t \le b$이므로

$$\begin{aligned}\int_{-C} P(x,y)dx &= \int_a^b P(x(a+b-t),\ y(a+b-t))\frac{d}{dt}(x(a+b-t))dt \\ &= \int_a^b P(x(a+b-t), y(a+b-t))(-x'(a+b-t))dt \\ &= \int_b^a P(x(u), y(u))(-x'(u))(-du)\ \ (u = a+b-t) \\ &= \int_b^a P(x(u), y(u))x'(u)du = -\int_a^b P(x(u), y(u))x'(u)du\end{aligned}$$

이다. 즉 $\int_{-C} P(x,\ y)dx = -\int_C P(x,\ y)dx$가 된다. 같은 방법으로

$$\int_{-C} Q(x,\ y)dy = -\int_C Q(x,\ y)dy$$

이므로

$$\begin{aligned}\int_{-C} \mathbf{f} \cdot d\mathbf{r} &= \int_{-C} P(x,y)dx + Q(x,\ y)dy \\ &= -\left(\int_C P(x,y)dx + Q(x,\ y)dy\right) \\ &= -\int_C \mathbf{f} \cdot d\mathbf{r}\end{aligned}$$

임을 알 수 있다. 따라서 벡터장의 선적분을 이용할 때 경로의 방향이 매우 중요함을 명심해야 한다.

예제 1

C가 다음과 같이 두 점 $(0,\ 0)$과 $(1,\ 1)$을 잇는 곡선이고 $\mathbf{f}(x,\ y) = y\mathbf{i} + x\mathbf{j}$일 때 $\int_C \mathbf{f} \cdot d\mathbf{r}$을 구하여라.

(1) $C: y = x$ (2) $C: y = x^2$ (3) $C: y = x^3$

풀이 (1) $C: x = t,\ y = t,\ 0 \le t \le 1$이므로

$$\int_C \mathbf{f} \cdot d\mathbf{r} = \int_C (y\mathbf{i} + x\mathbf{j}) \cdot (dx\mathbf{i} + dy\mathbf{j}) = \int_C ydx + xdy = \int_0^1 2tdt = 1$$

(2) $C: x = t,\ y = t^2,\ 0 \le t \le 1$이므로

$$\int_C \mathbf{f} \cdot d\mathbf{r} = \int_C ydx + xdy = \int_0^1 3t^2dt = 1$$

(3) $C: x = t,\ y = t^3,\ 0 \le t \le 1$이므로

$$\int_C \mathbf{f} \cdot d\mathbf{r} = \int_C ydx + xdy = \int_0^1 4t^3dt = 1$$ ■

위의 예제에서 알 수 있듯이 두 점 $(0,\ 0)$과 $(1,\ 1)$을 잇는 매끄러운 곡선 위에서의 선적분값이 모두 같음을 알 수 있다. 이처럼 양 끝점이 같은 매끄러운 곡선 위에서의 선적분이 모두 같을 때 이 선적분은 **경로와 무관하다**(independent of path)고 한다. 다음 정리는 선적분에 대한 기본 정리이다.

정리 1

$\mathbf{f}(x,\ y) = P(x,\ y)\mathbf{i} + Q(x,\ y)\mathbf{j}$가 벡터장이고, $P,\ Q$는 $(x_0,\ y_0)$, $(x_1,\ y_1)$을 포함하는 영역 D에서 연속이라 하자. C가 시작점 $(x_0,\ y_0)$와 끝점 $(x_1,\ y_1)$을 갖는 D에 있는 매끄러운 곡선이고, D의 각 점에서

$$\mathbf{f}(x,\ y) = \nabla \psi(x,\ y)$$

이면

$$\int_C \mathbf{f}(x,\ y)\cdot d\mathbf{r} = \psi(x_1,\ y_1) - \psi(x_0,\ y_0)$$

이다.

증명 $C: x = x(t),\ y = y(t),\ a \le t \le b$라 하면 $(x_0,\ y_0) = (x(a),\ y(a)),\ (x_1,\ y_1) = (x(b),\ y(b))$가 된다. 가정에서 $\mathbf{f}(x,\ y) = \nabla\psi(x,\ y)$이므로

$$\mathbf{f}(x,\ y) = \frac{\partial\psi}{\partial x}\mathbf{i} + \frac{\partial\psi}{\partial y}\mathbf{j}$$

이고, 따라서

$$\begin{aligned}\int_C \mathbf{f}(x, y)\cdot d\mathbf{r} &= \int_C \frac{\partial\psi}{\partial x}dx + \frac{\partial\psi}{\partial y}dy \\ &= \int_a^b \left(\frac{\partial\psi}{\partial x}\frac{dx}{dt} + \frac{\partial\psi}{\partial y}\frac{dy}{dt}\right)dt \\ &= \int_a^b \frac{d}{dt}[\psi(x(t), y(t)]dt \\ &= \psi(x(b), y(b)) - \psi(x(a),\ y(a)) \\ &= \psi(x_1, y_1) - \psi(x_0,\ y_0)\end{aligned}$$

이다. □

예제 1에서 벡터장 $\mathbf{f}(x,\ y) = y\mathbf{i} + x\mathbf{j}$는 $\psi(x,\ y) = xy$의 그래디언트, 즉 $\mathbf{f}(x,\ y) = \nabla\psi(x,\ y)$이므로 선적분에 대한 기본정리로부터

$$\int_C \mathbf{f}\cdot d\mathbf{r} = \psi(1,\ 1) - \psi(0,\ 0) = 1$$

임을 알 수 있다.

시작점과 끝점이 같은 곡선 C, 즉

$$C: x = x(t),\ y = y(t),\ a \le t \le b,\ (x(a),\ y(a)) = (x(b),\ y(b))$$

를 **폐곡선**(closed curve)이라 한다. 시작점과 끝점 이외에는 자신이 서로 만나지 않는 폐곡선을 **단일폐곡선**(simple closed curve)이라 하는데, 임의의 폐곡선은 단일폐곡선들의 합집합으로 나타낼 수 있다.

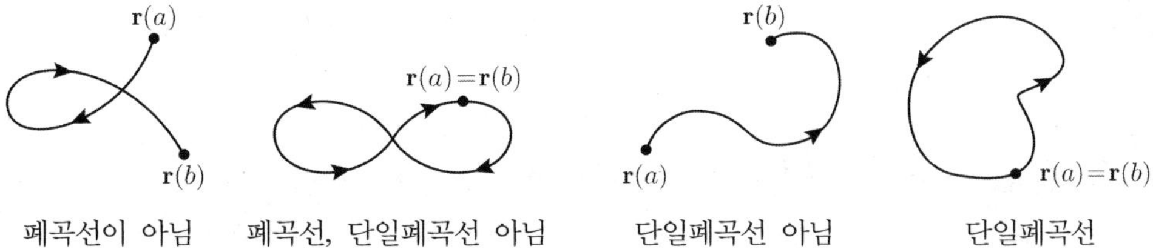

그림 1

영역 D에 있는 임의의 두 점을 D에 있는 조각별 매끄러운 곡선들로 연결할 수 있을 때 이 영역 D를 **연결영역**(connected region)이라 한다. 영역 D 안의 임의의 단일폐곡선에 의해 둘러싸인 모든 점들이 D 안에 포함되는 영역, 즉 구멍을 포함하지 않는 연결영역 D를 **단일연결영역**(simple connected region)이라 하고, 단일연결영역이 아닌 연결영역을 **다중연결영역**(multiply connected region)이라 한다.

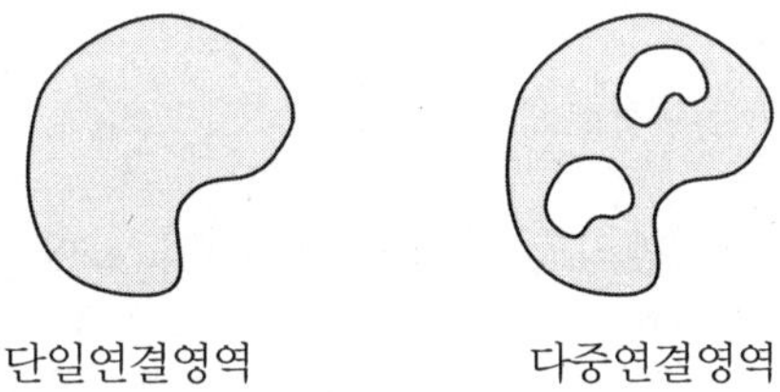

그림 2

정의 2

벡터장 $\mathbf{f}$가 어떤 영역 D의 함수 ϕ의 그래디언트일 때 그 $\mathbf{f}$를 D에서의 **보존장**(conservative)이라 하고, 함수 ϕ를 $\mathbf{f}$에 대한 **잠재적 함수**(potential function)라 한다.

정리 3

$\mathbf{f}(x, y) = P(x, y)\mathbf{i} + Q(x, y)\mathbf{j}$가 열린 연결영역 D에서 연속이면 다음이 서로 동치이다.

(1) $\mathbf{f}(x, y)$는 D에서 보존장이다.

(2) $\int_C \mathbf{f} \cdot d\mathbf{r} = 0$, 여기서 C는 D에 있는 임의의 폐곡선이다.

(3) D에 있는 임의의 조각별 매끄러운 곡선 C에 대하여 $\int_C \mathbf{f} \cdot d\mathbf{r}$ 는 경로에 무관하다.

증명 (1) ⇒ (2): $\mathbf{f}(x, y) = \nabla\psi(x, y)$라 하자. 가정에서 $(x_0, y_0) = (x_1, y_1)$이므로 정리 1로부터

$$\int_C \mathbf{f}(x, y) \cdot d\mathbf{r} = \psi(x_1, y_1) - \psi(x_0, y_0) = 0$$

임은 쉽게 알 수 있다.

(2) ⇒ (3): D에서 시작점과 끝점이 같은 두 곡선 C_1, C_2에 대하여 C_1, $-C_2$로 구성된 폐곡선을 C라 하면

$$0 = \int_C \mathbf{f} \cdot d\mathbf{r} = \int_{C_1} \mathbf{f} \cdot d\mathbf{r} + \int_{-C_2} \mathbf{f} \cdot d\mathbf{r} = \int_{C_1} \mathbf{f} \cdot d\mathbf{r} - \int_{C_2} \mathbf{f} \cdot d\mathbf{r}$$

즉,

$$\int_{C_1} \mathbf{f} \cdot d\mathbf{r} = \int_{C_2} \mathbf{f} \cdot d\mathbf{r}$$

이므로 $\int_C \mathbf{f} \cdot d\mathbf{r}$는 경로에 무관하다.

(3) ⇒ (1): D에 있는 임의의 고정점 (a, b)와 D에 있는 임의의 점 (x, y)에 대하여

$$\phi(x, y) = \int_{(a, b)}^{(x, y)} \mathbf{f} \cdot d\mathbf{r}$$

이라 하자. D가 열린영역이므로 그림 3과 같이 중심이 (x, y)이고 D에 포함되는 원판을 생각할 수 있다.

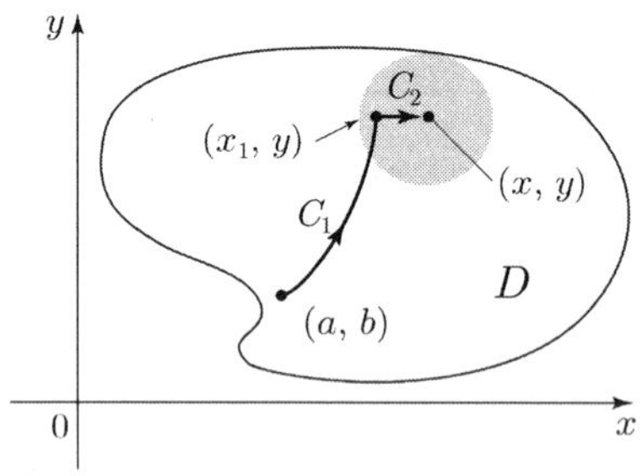

그림 3

이제 $x_1 < x$인 D의 점 (x_1, y)를 택하고, C를 (a, b)에서 (x_1, y)까지의 임의의 경로 C_1과 (x_1, y)에서 (x, y)까지의 수평선분 C_2로 이루어진 곡선이라 하자. 그러면

$$\phi(x, y) = \int_{C_1} \mathbf{f} \cdot d\mathbf{r} + \int_{C_2} \mathbf{f} \cdot d\mathbf{r} = \int_{(a, b)}^{(x_1, y)} \mathbf{f} \cdot d\mathbf{r} + \int_{C_2} \mathbf{f} \cdot d\mathbf{r}$$

이 된다. 그런데 위 식의 첫째항은 x와 독립적이므로 x에 관한 편도함수는 0이 된다. 따라서

$$\frac{\partial \phi}{\partial x} = \frac{\partial}{\partial x} \int_{C_2} \mathbf{f} \cdot d\mathbf{r} = \frac{\partial}{\partial x} \int_{C_2} P(x, y)dx + Q(x, y)dy$$

가 된다. 그런데 C_2상에서 y는 상수이므로 $dy = 0$이고

$$\frac{\partial \phi}{\partial x} = \frac{\partial}{\partial x} \int_{C_2} P(x, y)dx$$

가 된다. 한편

$$C_2 : x = t,\ y = y,\ x_1 \le t \le x$$

이므로 미적분학의 기본정리로부터

$$\frac{\partial \phi}{\partial x} = \frac{\partial}{\partial x} \int_{x_1}^{x} P(t, y)dt = P(x, y)$$

을 얻을 수 있다. 유사한 방법으로

$$\frac{\partial \phi}{\partial y} = Q(x, y)$$

를 얻을 수 있고,

$$\mathbf{f}(x, y) = P(x, y)\mathbf{i} + Q(x, y)\mathbf{j} = \frac{\partial \phi}{\partial x}\mathbf{i} + \frac{\partial \phi}{\partial y}\mathbf{j}$$

이므로 $\mathbf{f}(x, y)$는 D에서 보존장이 된다. □

다음 정리는 주어진 벡터장이 보존장인지를 판별하는 도구를 제공해준다.

정리 4

$\mathbf{f}(x, y) = P(x, y)\mathbf{i} + Q(x, y)\mathbf{j}$가 열린 단일연결영역 D에서의 벡터장이고, P, Q가 D에서 연속인 일계편도함수를 가질 때, $\mathbf{f}(x, y)$가 D에서 보존장이기 위한 필요충분조건은 $\dfrac{\partial P}{\partial y} = \dfrac{\partial Q}{\partial x}$을 만족하는 것이다.

증명 $\mathbf{f}(x, y)$가 D에서 보존장일 때 $\dfrac{\partial P}{\partial y} = \dfrac{\partial Q}{\partial x}$인 것만 보이도록 하자.
$\mathbf{f}(x, y) = \nabla\psi(x, y)$라 하면

$$\frac{\partial \psi}{\partial x} = P, \ \frac{\partial \psi}{\partial y} = Q$$

이므로

$$\frac{\partial P}{\partial y} = \frac{\partial}{\partial y}\left(\frac{\partial \psi}{\partial x}\right) = \frac{\partial^2 \psi}{\partial y \partial x}, \ \frac{\partial Q}{\partial x} = \frac{\partial}{\partial x}\left(\frac{\partial \psi}{\partial y}\right) = \frac{\partial^2 \psi}{\partial x \partial y}$$

이고 클레로 정리로부터 결과를 얻는다. □

예제 2 |

벡터장 $\mathbf{f}(x, y) = (3 + 2xy)\mathbf{i} + (x^2 + 3y^2)\mathbf{j}$에 대하여

(1) $\mathbf{f}(x, y)$는 $\mathbb{R}^2$에서 보존장임을 보여라.

(2) $\mathbf{f}(x, y) = \nabla\phi(x, y)$를 만족하는 ϕ를 구하여라.

풀이 (1) $\dfrac{\partial}{\partial y}(3 + 2xy) = 2x = \dfrac{\partial}{\partial x}(x^2 + 3y^2)$이므로 정리 4에 의해 $\mathbf{f}(x, y)$는 $\mathbb{R}^2$에서 보존장이 된다.

(2) (1)로부터 $\mathbf{f}(x, y)$가 보존장이므로 $\mathbf{f}(x, y) = \nabla\phi(x, y)$을 만족하는 함수 ϕ가 존재하고, $\dfrac{\partial \phi}{\partial x} = 3 + 2xy$, $\dfrac{\partial \phi}{\partial y} = x^2 + 3y^2$이다. 따라서

$$\phi(x, y) = \int (3 + 2xy)dx = 3x + x^2 y + h(y)$$

가 된다. 윗 식의 양변을 y에 관하여 편미분하면

$$x^2 + 3y^2 = \frac{\partial \phi}{\partial y} = x^2 + h'(y)$$

이므로 $h'(y) = 3y^2$임을 알 수 있다. 이를 다시 y에 관하여 적분하면

$$h(y) = y^3 + C$$

이고, 여기서 C는 상수이다. 따라서 임의의 상수 C에 대하여

$$\phi(x, y) = 3x + x^2 y + y^3 + C$$

임을 알 수 있다. ■

예제 3 |

예제 2에서 구한 잠재함수를 이용하여

$$\int_{(1,\ 2)}^{(3,\ 2)} (3+2xy)dx+(x^2+3y^2)dy$$

를 구하여라.

풀이 선적분에 대한 기본정리로부터

$$\int_{(1,\ 2)}^{(3,\ 2)} (3+2xy)dx+(x^2+3y^2)dy= \int_{(1,\ 2)}^{(3,\ 2)} \mathbf{f}\cdot d\mathbf{r}=\phi(3,\ 2)-\phi(1,\ 2)=22$$

임을 알 수 있다. ■

연습문제 | 5.2

1. f가 보존장인가를 판별하고, 보존장이면 f에 대한 잠재함수를 구하여라.

(1) $\mathbf{f}(x,\ y)=x\mathbf{i}+y\mathbf{j}$

(2) $\mathbf{f}(x,\ y)=(6x+5y)\mathbf{i}+(5x+y)\mathbf{j}$

(3) $\mathbf{f}(x,\ y)=x^2y\mathbf{i}+5xy^2\mathbf{j}$

(4) $\mathbf{f}(x,\ y)=xe^y\mathbf{i}+e^xy\mathbf{j}$

(5) $\mathbf{f}(x,\ y)=(\cos y+y\cos x)\mathbf{i}+(\sin x-x\sin y)\mathbf{j}$

(6) $\mathbf{f}(x,\ y)=(ye^x+\sin y)\mathbf{i}+(e^x+x\cos y)\mathbf{j}$

2. 주어진 적분이 경로에 독립임을 보이고 적분값을 구하여라.

(1) $\displaystyle\int_{(0,\ 2)}^{(1,\ 3)} y^2dx+2xydy$

(2) $\displaystyle\int_{(0,\ 1)}^{(\pi,\ -1)} 2y\sin x dx-2\cos x dy$

(3) $\displaystyle\int_{(1,\ 2)}^{(4,\ 0)} 3ydx+3xdy$

(4) $\int_{(2,\ -2)}^{(-1,\ 0)} 2xy^3dx + 3x^2y^2dy$

3. 어떤 물체를 P에서 Q까지 이동시키는 힘장 $\mathbf{f}$가 한 일을 구하여라.

(1) $\mathbf{f}(x,\ y) = xy^2\mathbf{i} + x^2y\mathbf{j}$; $P(1,\ 1)$, $Q(0,\ 0)$

(2) $\mathbf{f}(x,\ y) = 2y^{\frac{3}{2}}\mathbf{i} + 3x\sqrt{y}\,\mathbf{j}$; $P(1,\ 1)$, $Q(2,\ 4)$

4. $\mathbf{f}(x,\ y) = \phi(x)(x\cos y + y\cos x)\mathbf{i} + \phi(x)(x\sin y - y\sin x)\mathbf{j}$가 보존장이 되도록 하는 함수 $h(x)$를 구하여라.

5. $\mathbf{F}(x,\ y,\ z) = f(x,\ y,\ z)\mathbf{i} + g(x,\ y,\ z)\mathbf{j} + h(x,\ y,\ z)\mathbf{k}$가 보존장이고, $f,\ g,\ h$가 연속인 일계편도함수를 가지면 다음이 성립함을 보여라.

$$\frac{\partial f}{\partial y} = \frac{\partial g}{\partial x},\ \frac{\partial f}{\partial z} = \frac{\partial h}{\partial x},\ \frac{\partial g}{\partial z} = \frac{\partial h}{\partial y}$$

5.3 그린 정리

이 절에서는 단일폐곡선 C에 대한 선적분과 C로 둘러싸인 평면상에서의 중적분과의 관계에 대하여 알아보고자 한다. 한 영역의 경계 C가 **양의방향**(positive orientation)으로 돌아간다는 것은 영역을 항상 왼쪽에 두고 돌 때를 말한다. 이와는 반대로 영역을 오른쪽에 두고 돌때를 **음의방향**(negative orientation)으로 돈다고 말한다. 그러나 만일 영역에 대한 언급이 없이 한 단일폐곡선이 주어졌다면 그 영역은 곡선의 내부를 뜻하는 것으로 간주하고 반시계방향을 양의방향으로 한다.

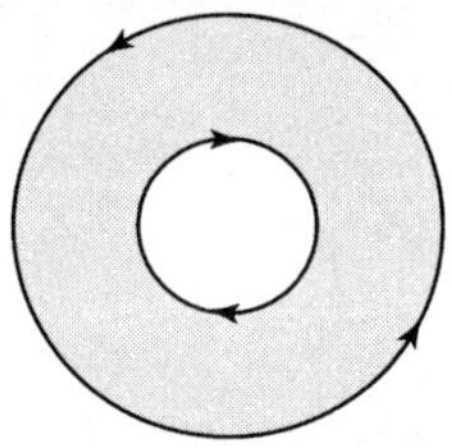

그림 1 양의방향

그림 1에서 보는 바와 같이 밖에 있는 원은 반시계방향으로 돌고, 내부의 원은 시계방향으로 도는 것이 두 원으로 둘러싸인 영역의 경계에 대한 양의방향이다.

정리 1 그린(Green) 정리

R을 **단일연결폐영역**(simply connected closed domain)이라 하고, 그의 경계를 C, 여기서 C는 반시계방향으로 돈다고 하자. $P(x,\ y)$와 $Q(x,\ y)$가 R의 내부에서 연속인 편도함수를 갖는 연속함수라고 할 때,

$$\int_C P(x,\ y)dx + Q(x,\ y)dy = \int\int_R \left(\frac{\partial Q}{\partial x} - \frac{\partial P}{\partial y}\right)dxdy$$

이 성립한다.

증명 [i] 그림 2와 같은 영역 R을 생각하자. 그러면

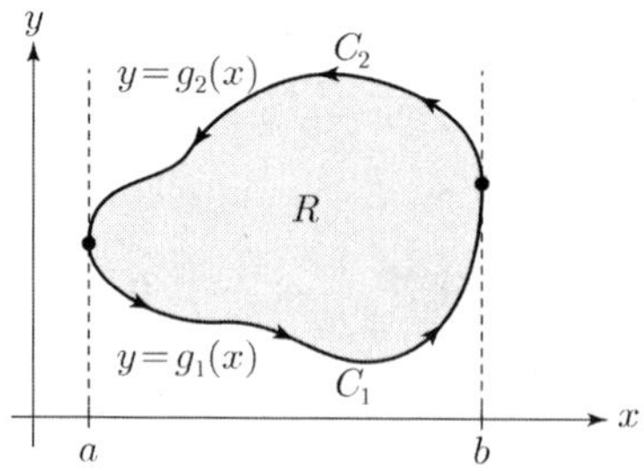

그림 2

$$C = C_1 + C_2,$$
$$C_1 : z(t) = t + ig_1(t), \quad (a \le t \le b),$$
$$C_2 : z(t) = -t + ig_2(-t), \quad (-b \le t \le -a)$$

이므로

$$\begin{aligned}
\int\int_R P_y(x,\ y)dxdy &= \int_a^b \int_{g_1(x)}^{g_2(x)} P_y(x,\ y)dxdy \\
&= \int_a^b \left[P(x,\ g_2(x)) - P(x,\ g_1(x))\right]dx \\
&= \int_a^b P(x,\ g_2(x))dx - \int_a^b P(x,\ g_1(x))dx \\
&= \int_{-a}^{-b} P(-t,\ g_2(-t))(-dt) - \int_a^b P(x,\ g_1(x))dx \\
&= -\int_{-b}^{-a} P(-x,\ g_2(-x))(-dx) - \int_a^b P(x,\ g_1(x))dx \\
&= -\int_{C_2} P(x,\ y)dx - \int_{C_1} P(x,\ y)dx \\
&= -\int_C P(x,\ y)dx
\end{aligned}$$

이다.

[ii] 다시 그림 3과 같은 영역 R을 생각하자. 그러면
$C = C_3 + C_4$이고,

$$C_3 : z(t) = h_1(-t) - it, \quad (-d \le t \le -c),$$
$$C_4 : z(t) = h_2(t) + it, \quad (c \le t \le d)$$

이므로

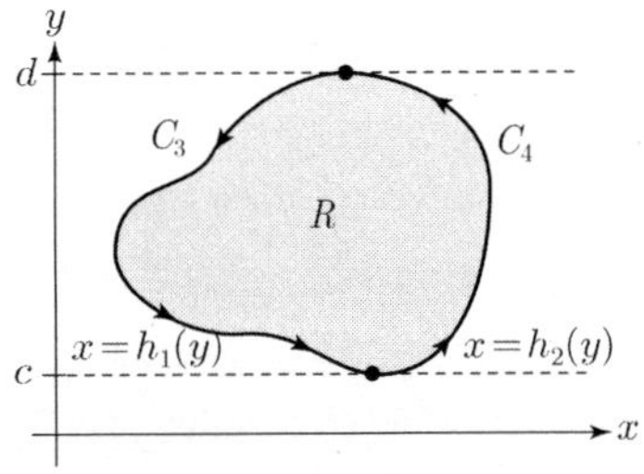

그림 3

$$
\begin{aligned}
\int\int_R Q_x(x, y)dxdy &= \int_c^d \int_{h_1(y)}^{h_2(y)} Q_x(x,\ y)dxdy \\
&= \int_c^d \{Q(h_2(y),\ y) - Q(h_1(y),\ y)\}dy \\
&= \int_c^d Q(h_2(y),\ y)dy - \int_{-c}^{-d} Q(h_1(-t),\ -t)\Big\}(-dt) \\
&= \int_c^d Q(h_2(y),\ y)dy + \int_{-d}^{-c} Q(h_1(-t),\ -t)\Big\}(-dt) \\
&= \int_{C_4} Q(x,\ y)dy + \int_{C_3} Q(x,\ y)dy \\
&= \int_C Q(x,\ y)dy
\end{aligned}
$$

임을 알 수 있고, [i], [ii]로부터

$$\int_C P(x,\ y)dx + Q(x,\ y)dy = \int\int_R \left(\frac{\partial Q}{\partial x} - \frac{\partial P}{\partial y}\right)dxdy$$

가 된다. □

예제 1 |

C가 정사각형 $0 \le x \le 1,\ 0 \le y \le 1$의 경계일 때

$$\int_C xydx + (x^2 + y^2)dy$$

의 값을 구하여라.

풀이 그린 정리에 의해

$$\int_C xydx + (x^2+y^2)dy = \int\int_R \left[\frac{\partial}{\partial x}(x^2+y^2) - \frac{\partial}{\partial y}(xy)\right] dxdy$$
$$= \int_0^1 \int_0^1 (2x - x)dxdy = \frac{1}{2}$$

이다. ■

예제 2 |

C가 (1, 1), (2, 1), (2, 2)를 꼭지점으로 갖는 삼각형의 경계일 때

$$\int_C xdy - ydx$$

를 구하여라.

풀이 그린 정리에 의해

$$\int_C xdy - ydx = \int\int_R (1+1)dxdy = \int_1^2 \int_1^x 2dxdy = 1$$

이다. ■

그린 정리는 다중연결영역으로까지 확장할 수 있다. 그림 4에서 영역 D의 경계 C는 두 개의 단일폐곡선 C_1과 C_2로 이루어져 있고 모두 양의방향으로 움직임을 알 수 있다. 이제 그림 5에서와 같이 영역 D를 두 영역 D'과 D''으로 나누고 각 영역에 그린 정리를 적용하면

$$\iint_D \left(\frac{\partial Q}{\partial x} - \frac{\partial P}{\partial y}\right)dA = \iint_{D'} \left(\frac{\partial Q}{\partial x} - \frac{\partial P}{\partial y}\right)dA + \iint_{D''} \left(\frac{\partial Q}{\partial x} - \frac{\partial P}{\partial y}\right)dA$$
$$= \int_{\partial D'} Pdx + Qdy + \int_{\partial D''} Pdx + Qdy$$

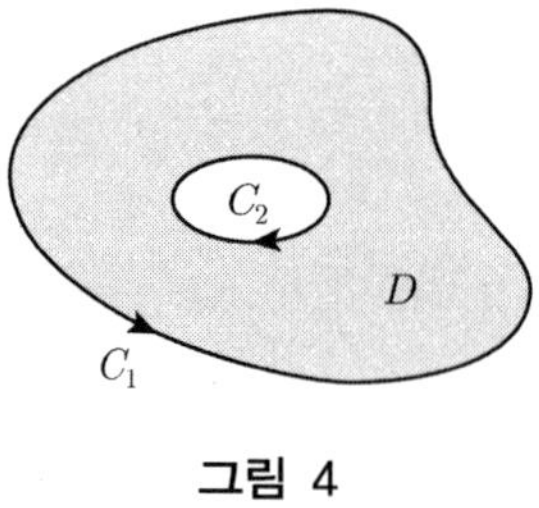

그림 4

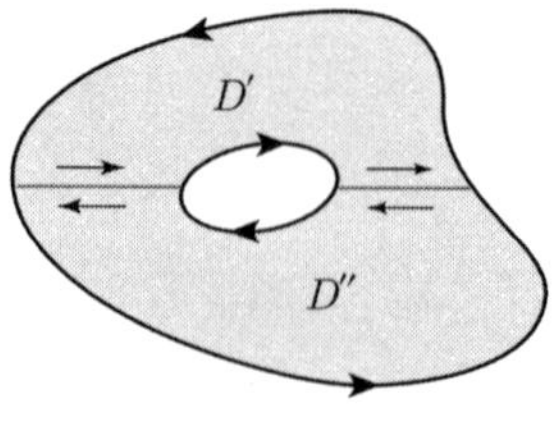

그림 5

인데, 여기서 ∂D는 D의 경계를 의미한다. 그런데 잘린 부분의 두 선분은 방향이 서로 반대이므로 두 선분상에서의 선적분의 합은 영이 되므로

$$\iint_D \left(\frac{\partial Q}{\partial x} - \frac{\partial P}{\partial y}\right) dA = \int_{C_1} Pdx + Qdy + \int_{C_2} Pdx + Qdy = \int_C Pdx + Qdy$$

가 되어 그린 정리를 만족함을 알 수 있다.

예제 3 |

C가 원점을 둘러싸고 있는 양의방향의 단일폐곡선일 때

$$\int_C \frac{-ydx + xdy}{x^2 + y^2}$$

의 값을 구하여라.

풀이 사실 C가 원점을 둘러싸고 있는 임의의 폐경로이므로 주어진 적분을 직접 계산하기는 쉽지 않다. 그림과 같이 중심이 원점이고 반지름이 a인 반시계방향으로 도는 원 C_a를 생각하자. 여기서 a는 원 C_a가 C에 포함되도록 충분히 작은 값을 잡는다. C_a와 C로 둘러싸인 영역을 R이라 하면 그린 정리에 의해

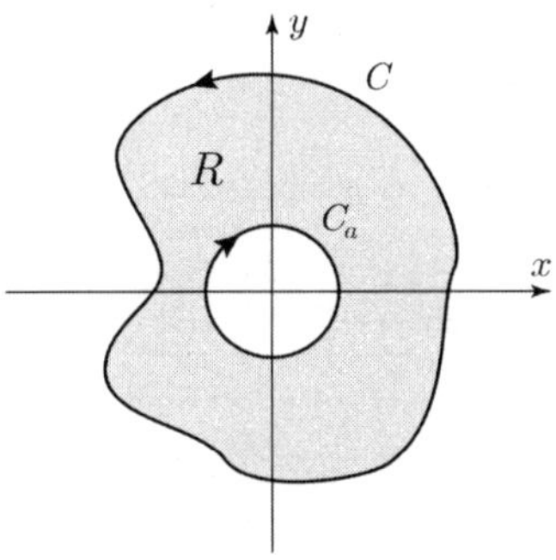

그림 6

$$\int_C \frac{-ydx + xdy}{x^2 + y^2} + \int_{-C_a} \frac{-ydx + xdy}{x^2 + y^2}$$
$$= \iint_R \left(\frac{\partial}{\partial y}\left(\frac{-y}{x^2 + y^2}\right) - \frac{\partial}{\partial x}\left(\frac{x}{x^2 + y^2}\right)\right) dA = 0$$

즉,

$$\int_C \frac{-ydx+xdy}{x^2+y^2} = \int_{C_a} \frac{-ydx+xdy}{x^2+y^2}$$

임을 알 수 있다. 한편, $C_a : x = a\cos t,\ y = a\sin t,\ 0 \le t \le 2\pi$이므로

$$\begin{aligned}\int_C \frac{-ydx+xdy}{x^2+y^2} &= \int_{C_a} \frac{-ydx+xdy}{x^2+y^2} \\ &= \int_0^{2\pi} \frac{(-a\cos t)(-a\sin t)dt + (a\cos t)(a\cos t)dt}{(a\cos t)^2 + (a\sin t)^2} \\ &= \int_0^{2\pi} 1dt = 2\pi\end{aligned}$$

가 된다. ■

연습문제 5.3

1. 다음 적분값을 구하여라.

(1) $\int_C (3y - e^{\sin x})dx + (7x + \sqrt{y^4+1})dy$, C는 중심이 원점이고 반지름이 3인 반시계방향으로 도는 원

(2) $\int_C (x^2-y^2)dx + 2xydy$, C는 $R = \{(x,\ y) : 0 \le x \le 1,\ 2x^2 \le y \le 2x\}$의 경계

(3) 타원 $\frac{x^2}{a^2} + \frac{y^2}{b^2} = 1$로 둘러싸인 영역의 넓이를 구하여라.

(4) $\int_C xydx + x^2y^3dy$, C는 $(0,\ 0),\ (1,\ 0),\ (1,\ 2)$를 잇는 삼각형

2. C가 양의방향으로 돌 때 그린 정리를 이용하여 다음 적분값을 구하여라.

(1) $\int_C (x^2-y^2)dx + 2xydy$, C는 직선 $x=0,\ x=1,\ y=0,\ y=1$로 둘러싸인 사각형

(2) $\int_C y\tan x^2 dx + \tan x dy$, C는 원 $x^2 + (y+2)^2 = 4$

(3) $\int_C (y + e^{\sqrt{x}})dx + (2x + \cos y^2)dy$, C는 포물선 $y = x^2$과 $x = y^2$으로 둘러싸인 영역

(4) $\displaystyle\int_C \ln(1+y)dx - \frac{xy}{1+y}dy$, C는 $(0,\ 0)$, $(2,\ 0)$, $(0,\ 4)$를 잇는 삼각형

3. 그린 정리를 이용하여 한 입자를 원점에서 $(1,\ 0)$, $(0,\ 1)$을 지나 다시 원점으로 움직이는데 드는 힘 $\mathbf{f}(x,\ y) = x(x+y)\mathbf{i} + xy^2\mathbf{j}$가 한 일을 구하여라.

4. 순차적으로 꼭짓점 $(x_1,\ y_1)$, $(x_2,\ y_2)$, $\cdots$, $(x_n,\ y_n)$을 갖는 다각형의 넓이가

$$\frac{1}{2}\left[(x_1y_2 - x_2y_1) + (x_2y_3 - x_3y_2) + \cdots + (x_{n-1}y_n - x_ny_{n-1}) + (x_ny_1 - x_1y_n)\right]$$

임을 보여라.

5.4 면적분

이 절에서는 $\mathbb{R}^3$에 있는 표면상에서의 적분에 대하여 알아보고자 한다. 공간상의 곡선 C는

$$C: x = x(t),\ y = y(t),\ z = z(t),\ a \leq t \leq b$$

로 나타낼 수 있다. 이는 그림 1과 같이 $\mathbb{R}$ 상의 구간 $[a,\ b]$을 $\mathbb{R}^3$상의 곡선 C로 보내는 사상이다. 즉, 이 사상은 구간에 있는 각 점을 위치벡터

$$\mathbf{r}(t) = x(t)\mathbf{i} + y(t)\mathbf{j} + z(t)\mathbf{k}$$

를 갖는 곡선 C 위의 한 점으로 보내는 것이다.

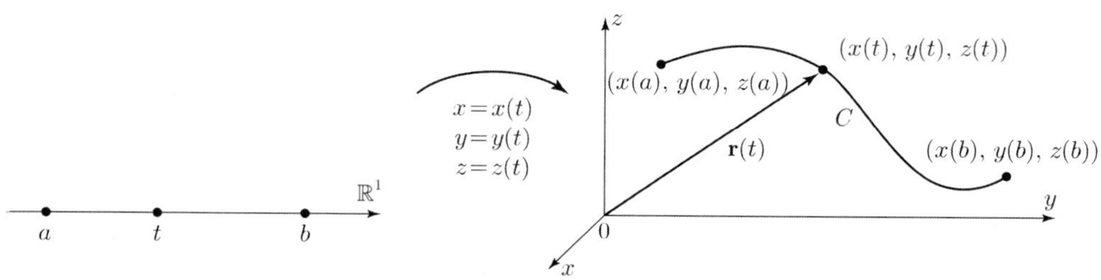

그림 1

유사한 방법으로 두 매개변수 $u,\ v$를 사용하여 공간상의 곡면 Σ를

$$\Sigma : x = x(u,\ v),\ y = y(u,\ v),\ z = z(u,\ v),\ (u,\ v) \in R$$

로 나타낼 수 있다.

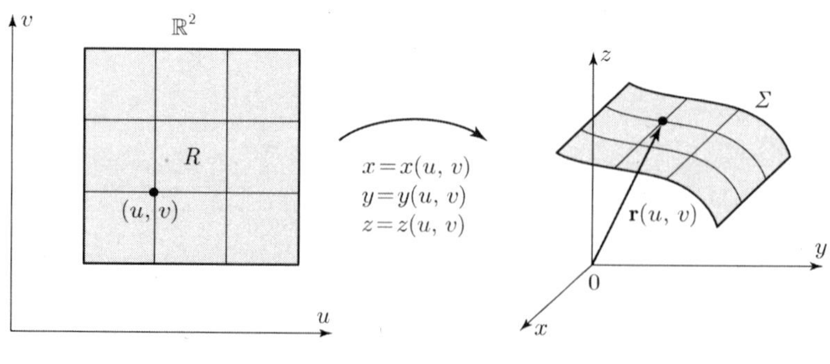

그림 2

이러한 경우 곡면 Σ상의 위치벡터는 벡터함수

$$\mathbf{r}(u,\ v) = x(u,\ v)\mathbf{i} + y(u,\ v)\mathbf{j} + z(u,\ v)\mathbf{k},\ (u,\ v) \in R$$

로 주어진다. 원주면 $x^2 + y^2 = 1,\ -1 \le z \le 1$은 높이가 2이고 반지름이 1이며 z축을 축으로 갖는다. 이 원주면의 매개변수식은 다음과 같다.

$$\mathbf{r}(u,\ v) = \cos u\mathbf{i} + \sin u\mathbf{j} + v\mathbf{k},\ 0 \le u \le 2\pi,\ -1 \le v \le 1 \tag{1}$$

그림 2와 같이 사각형의 좌하 구석점 $(u,\ v) \in R$를 택하자. 충분히 작은 $\Delta u,\ \Delta v$에 대하여 네 점 $(u,\ v),\ (u+\Delta u,\ v),\ (u+\Delta u,\ v+\Delta v),\ (u,\ v+\Delta v)$를 꼭짓점으로 갖는 사각형의 면적 A는

$$A = \Delta u \Delta v$$

가 된다. 그러면 충분히 작은 $\Delta u,\ \Delta v$에 대하여 위 사각형은 곡면 Σ의 어떤 부분으로 사영되고, 사영된 곡면의 면적은 $\mathbf{r}(u+\Delta u,\ v) - \mathbf{r}(u,\ v)$와 $\mathbf{r}(u,\ v+\Delta v) - \mathbf{r}(u,\ v)$를 두 변으로 하는 평행사변형의 면적과 매우 근사함을 알 수 있다. 또한,

$$\frac{\partial \mathbf{r}}{\partial u} \approx \frac{\mathbf{r}(u+\Delta u,\ v) - \mathbf{r}(u,\ v)}{\Delta u},\quad \frac{\partial \mathbf{r}}{\partial v} \approx \frac{\mathbf{r}(u,\ v+\Delta v) - \mathbf{r}(u,\ v)}{\Delta v}$$

이므로 표면적 원소 dA는 근사적으로

$$\begin{aligned} &\| (\mathbf{r}(u+\Delta u, v) - \mathbf{r}(u,\ v)) \times (\mathbf{r}(u,\ v+\Delta v) - \mathbf{r}(u,\ v)) \| \\ &\approx \left\| \left(\Delta u \frac{\partial \mathbf{r}}{\partial u}\right) \times \left(\Delta v \frac{\partial \mathbf{r}}{\partial v}\right) \right\| = \left\| \frac{\partial \mathbf{r}}{\partial u} \times \frac{\partial \mathbf{r}}{\partial v} \right\| \Delta u \Delta v \end{aligned}$$

이 된다. 따라서 곡면 Σ의 총 표면적 S는 근사적으로 $\left\| \frac{\partial \mathbf{r}}{\partial u} \times \frac{\partial \mathbf{r}}{\partial v} \right\| \Delta u \Delta v$의 합이 된다. 가장 큰 사각형의 대각선이 0으로 수렴하도록 극한을 취하면

$$S = \iint_R \left\| \frac{\partial \mathbf{r}}{\partial u} \times \frac{\partial \mathbf{r}}{\partial v} \right\| du dv$$

가 된다.

정의 1

공간상의 곡면 Σ를

$$\Sigma : x = x(u,\ v),\ y = y(u,\ v),\ z = z(u,\ v),\ (u,\ v) \in R$$

라 하고, $\mathbf{r}(u,\ v)=x(u,\ v)\mathbf{i}+y(u,\ v)\mathbf{j}+z(u,\ v)\mathbf{k}$ 을 Σ상의 점들에 대한 위치벡터라 하자. 또한 $f(x,\ y,\ z)$을 Σ를 포함하는 공간상의 부분집합에서 정의된 함수라 하자. 이때

$$\iint_{\Sigma} f(x,\ y,\ z)ds=\iint_{R} f(x(u,\ v),\ y(u,\ v),\ z(u,\ v))\left\| \frac{\partial \mathbf{r}}{\partial u}\times\frac{\partial \mathbf{r}}{\partial v}\right\| dudv$$

을 Σ상에서 $f(x,\ y,\ z)$의 **표면적분**(surfac integral)이라 한다. 특히 Σ의 표면적은

$$S=\iint_{R}\left\| \frac{\partial \mathbf{r}}{\partial u}\times\frac{\partial \mathbf{r}}{\partial v}\right\| dA$$

이다.

예제 1 |

아래 그림 3과 같이 원 $(y-b)^2+z^2=a^2$을 z축을 축으로 하여 회전하였을 때 생성되는 토러스의 표면적을 구하여라.

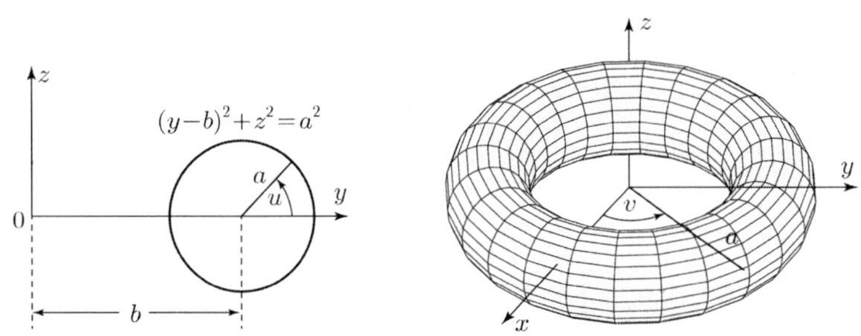

그림 3

풀이 그림 3과 같이 원 위에 있는 임의의 점에 대하여 y축과 주어진 점이 이루는 각을 u라 하고, x축과 원점에서 토러스의 중심까지의 선분이 이루는 각을 v라 하자. 그러면 주어진 토러스는 매개변수식

$$x=(b+a\cos u)\cos v,\ y=(b+a\cos u)\sin v,$$
$$z=a\sin u,\ 0\le u\le 2\pi,\ 0\le v\le 2\pi$$

로 나타난다. 따라서 위치벡터

$$\mathbf{r}(u,\ v)=x(u,\ v)\mathbf{i}+y(u,\ v)\mathbf{j}+z(u,\ v)\mathbf{k}$$

에 대하여

$$\frac{\partial \mathbf{r}}{\partial u} = -a\sin u\cos v\mathbf{i} - a\sin u\sin v\mathbf{j} + a\cos u\mathbf{k}$$

$$\frac{\partial \mathbf{r}}{\partial v} = -(b+a\cos u)\sin v\mathbf{i} + (b+a\cos u)\cos v\mathbf{j} + 0\mathbf{k}$$

이므로

$$\left\| \frac{\partial \mathbf{r}}{\partial u} \times \frac{\partial \mathbf{r}}{\partial v} \right\| = a(b+a\cos u)$$

가 된다. 따라서 표면적은

$$S = \int_0^{2\pi}\int_0^{2\pi} \left\| \frac{\partial \mathbf{r}}{\partial u} \times \frac{\partial \mathbf{r}}{\partial v} \right\| dudv = \int_0^{2\pi}\int_0^{2\pi} a(b+a\cos u)dudv = 4ab\pi^2$$

이 된다. ■

공간상의 곡면 S가 $\mathbf{r} = \mathbf{r}(u,\ v)$로 주어지면, S 위의 곡선은 한 개의 매개변수 t에 대한 연속함수

$$u = u(t),\ v = v(t)$$

로 나타낼 수 있다. 식 (1)에서 $u = t,\ v = at$라 하면

$$\mathbf{r}(u(t),\ v(t)) = \cos t\mathbf{i} + \sin t\mathbf{j} + at\mathbf{k}$$

가 되는데, 이는 주면 위의 원형나선인 공간곡선이다. 따라서 곡면 S 위의 곡선 C의 위치벡터는

$$\tilde{\mathbf{r}}(t) = \mathbf{r}(u(t),\ v(t))$$

로 나타낼 수 있다. 이 함수들이 미분가능하다고 가정하면 C의 접선벡터

$$\tilde{\mathbf{r}}'(t) = \frac{\partial \mathbf{r}}{\partial u}u' + \frac{\partial \mathbf{r}}{\partial v}v'$$

을 얻는다. 따라서 그림 4에서 보는 바와 같이 S 위의 한 점 P에서의 편도함수 $\mathbf{r}_u$, $\mathbf{r}_v$는 P에서 S에 접한다. 만일 $\mathbf{r}_u$, $\mathbf{r}_v$가 서로 일차독립이면 이들이 P에서 S의 접평면이 됨을 알 수 있다. 따라서

$$\mathbf{N} = \mathbf{r}_u \times \mathbf{r}_v \neq 0$$

은 P에서 S의 법선벡터가 되고, 이 법선벡터의 단위벡터는

$$\mathbf{n}=\frac{1}{|\mathbf{r}_u\times\mathbf{r}_v|}\mathbf{r}_u\times\mathbf{r}_v$$

이 된다.

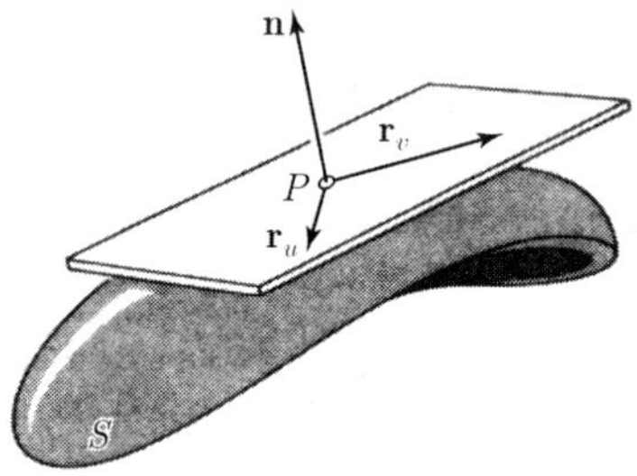

그림 4

따라서

$$\iint_R f(x(u,\ v),\ y(u,\ v),\ z(u,\ v))\left\|\frac{\partial\mathbf{r}}{\partial u}\times\frac{\partial\mathbf{r}}{\partial v}\right\|dudv$$

$$=\iint_R f(x(u,\ v),\ y(u,\ v),\ z(u,\ v))\|\mathbf{N}\|dudv$$

임을 알 수 있다.

모든 점에서 접평면을 갖는 양면이 있는 곡면 S를 가향곡면이라 한다. 앞으로 우리는 가향곡면만 다룬다. 단위법선벡터 $\mathbf{n}$이 S 위에서 연속으로 변하도록 S의 모든 점에서 $\mathbf{n}$을 택할 수 있을 때 S를 **유향곡면**(oriented surface)이라 한다. 이때 $\mathbf{n}$이 S의 방향을 제공해준다. S가 매개변수식 $\mathbf{r}=\mathbf{r}(u,\ v)$를 갖는 매끄러운 가향곡면이면, 이 곡면은 단위법선벡터

$$\mathbf{n}=\frac{\mathbf{r}_u\times\mathbf{r}_v}{|\mathbf{r}_u\times\mathbf{r}_v|}$$

의 방향을 갖는다. 구 $x^2+y^2+z^2=a^2$의 매개변수식은

$$\mathbf{r}(u,\ v)=a\sin u\cos v\mathbf{i}+a\sin u\sin v\mathbf{j}+a\cos u\mathbf{k},\ 0\le u\le\pi,\ 0\le v\le 2\pi$$

이다. 따라서

$$\left\| \frac{\partial \mathbf{r}}{\partial u} \times \frac{\partial \mathbf{r}}{\partial v} \right\| = a^2 \sin u$$

이고

$$\mathbf{n} = \frac{\mathbf{r}_u \times \mathbf{r}_v}{|\mathbf{r}_u \times \mathbf{r}_v|} = \sin u \cos v \mathbf{i} + \sin u \sin v \mathbf{j} + \cos u \mathbf{k} = \frac{1}{a}\mathbf{r}(u,\ v)$$

이므로, $\mathbf{n}$은 위치벡터와 같은 방향, 즉 구의 외부를 가리킴을 알 수 있다. 또한 $-\mathbf{n}$은 반대방향, 즉 원의 내부를 가리킴을 알 수 있다.

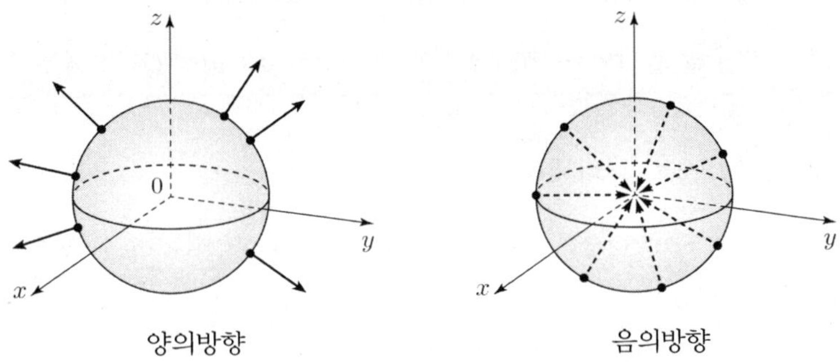

그림 5

입체의 경계상에 있는 곡면에 대해서는 곡면의 외부로 향하는 법선벡터의 방향을 양의 방향, 곡면의 내부로 향하는 법선벡터의 방향을 음의방향으로 약속한다.

정의 2

$\mathbf{f}$가 단위법선벡터 $\mathbf{n}$을 갖는 유향곡면 S에서 정의된 연속인 벡터장일 때,

$$\iint_S \mathbf{f} \cdot dS = \iint_S \mathbf{f} \cdot \mathbf{n} dS$$

을 S 위에서 $\mathbf{f}$의 **면적분**(surface integral)이라 한다. 이 적분은 S를 가로지르는 $\mathbf{f}$의 **유량**(flux)을 나타낸다.

한편, 매개변수영역 D에 대하여

$$\iint_S \mathbf{f} \cdot d\mathbf{S} = \iint_S \mathbf{f} \cdot \mathbf{n} dS = \iint_S \mathbf{f} \cdot \frac{\mathbf{r}_u \times \mathbf{r}_v}{\|\mathbf{r}_u \times \mathbf{r}_v\|} dS$$

$$= \iint_D \mathbf{f}(\mathbf{r}(u, v)) \cdot \frac{\mathbf{r}_u \times \mathbf{r}_v}{\|\mathbf{r}_u \times \mathbf{r}_v\|} \|\mathbf{r}_u \times \mathbf{r}_v\| dA$$

$$= \iint_D \mathbf{f}(\mathbf{r}(u, v)) \cdot (\mathbf{r}_u \times \mathbf{r}_v) dA$$

임을 알 수 있다.

예제 2 |

구 $x^2 + y^2 + z^2 = 1$을 통과하는 벡터장 $\mathbf{f}(x,\ y,\ z) = z\mathbf{i} + y\mathbf{j} + x\mathbf{k}$의 유량을 구하여라.

풀이 구를 매개변수식으로 나타내면

$$\mathbf{r}(u,\ v) = \sin u \cos v \mathbf{i} + \sin u \sin v \mathbf{j} + \cos u \mathbf{k},\ 0 \le u \le \pi,\ 0 \le v \le 2\pi$$

이므로

$$\mathbf{f}(\mathbf{r}(u,\ v)) = \cos u \mathbf{i} + \sin u \sin v \mathbf{j} + \sin u \cos v \mathbf{k}$$

이다. 한편

$$\mathbf{r}_u \times \mathbf{r}_v = \sin^2 u \cos v \mathbf{i} + \sin^2 u \sin v \mathbf{j} + \sin u \cos u \mathbf{k}$$

이므로

$$\mathbf{f}(\mathbf{r}(u,\ v)) \cdot (\mathbf{r}_u \times \mathbf{r}_v) = \cos u \sin^2 u \cos v + \sin^3 u \sin^2 v + \sin^2 u \cos u \cos v$$

이다. 따라서

$$\iint_S \mathbf{f} \cdot \mathbf{n} dS = \int_0^{2\pi} \int_0^{\pi} (2\sin^2 u \cos u \cos v + \sin^3 u \sin^2 v) du dv = \frac{4\pi}{3}$$

이다. ■

한편 곡면 S가 $z = g(x,\ y)$로 주어지면, x와 y를 매개변수로 생각할 수 있다. 그런데

$$\mathbf{f} \cdot (\mathbf{r}_x \times \mathbf{r}_y) = (P\mathbf{i} + Q\mathbf{j} + R\mathbf{k}) \cdot \left(-\frac{\partial g}{\partial x}\mathbf{i} - \frac{\partial g}{\partial y}\mathbf{j} + \mathbf{k}\right)$$

$$= -P\frac{\partial g}{\partial x} - Q\frac{\partial g}{\partial y} + R$$

이므로

$$\iint_S \mathbf{f} \cdot d\mathbf{S} = \iint_D \mathbf{f}(\mathbf{r}(u,\ v)) \cdot (\mathbf{r}_u \times \mathbf{r}_v)dA = \iint_D \left(-P\frac{\partial g}{\partial x} - Q\frac{\partial g}{\partial y} + R\right)dA$$

임을 알 수 있다.

연습문제 5.4

1. 면적분을 구하여라.

(1) $\iint_\Sigma z^2 dS$, 여기서 Σ는 $z=1$과 $z=2$ 사이에 있는 원뿔 $z=\sqrt{x^2+y^2}$의 일부이다.

(2) $\iint_\Sigma (x^2+y^2+z^2)dS$, 여기서 Σ는 평면 $x-y=4$와 원통 $y^2+z^2=4$의 안쪽이다.

(3) $\iint_\Sigma x^2yz dS$, 여기서 Σ는 $[0,\ 3]\times[0,\ 2]$ 위에 있는 평면 $z=1+2x+3y$이다.

(4) $\iint_\Sigma (x^2+y^2)z dS$, 여기서 Σ는 반구 $x^2+y^2+z^2=4,\ z\ge 0$이다.

2. 주어진 벡터장 $\mathbf{f}$와 유향곡면 S에 대하여 S를 통과하는 $\mathbf{f}$의 유량을 구하여라.

(1) $\mathbf{f}(x,\ y,\ z)=xy\mathbf{i}+yz\mathbf{j}+zx\mathbf{k}$, S는 정사각형 $0\le x\le 1,\ 0\le y\le 1$ 위에 놓여 있는 포물체 $z=4-x^2-y^2$의 부분이며 위로 방향을 갖는다.

(2) $\mathbf{f}(x,\ y,\ z)=x\mathbf{i}+y\mathbf{j}+z^4\mathbf{k}$, S는 평면 $z=2$ 밑에서 아래를 향하고 있는 원뿔 $z=\sqrt{x^2+y^2}$의 부분.

(3) $\mathbf{f}(x,\ y,\ z)=xz\mathbf{i}+y\mathbf{j}+yz\mathbf{k}$, S는 양의 y축 방향성을 반구 $x^2+y^2+z^2=36$, $y\ge 0$이다.

(4) $\mathbf{f}(x,\ y,\ z)=y\mathbf{j}-yz\mathbf{k}$, S는 포물면체 $y=x^2+z^2$, $0\le y\le 1$과 원판 $x^2+z^2\le 1$, $y=1$로 이루어진 입체.

3. 질량이 m인 균질의 구형박막 $S: x^2+y^2+z^2=a^2$의 y축에 관한 관성모멘트를 구하여라.

5.5 | 회전, 발산, 발산정리

정의 1

$\mathbf{r}$이 반경벡터이고 c가 상수일 때, 벡터장

$$\mathbf{f}(\mathbf{r}) = \frac{c}{\|\mathbf{r}\|^3}\mathbf{r}$$

을 역 평방장(inverse-square field)이라 한다.

정의 2

$\mathbf{F}(x, y, z) = f(x, y, z)\mathbf{i} + g(x, y, z)\mathbf{j} + h(x, y, z)\mathbf{k}$일 때, $\mathbf{F}$의 발산 $\mathrm{div}\mathbf{F}$을

$$\mathrm{div}\mathbf{F} = \frac{\partial f}{\partial x} + \frac{\partial g}{\partial y} + \frac{\partial h}{\partial z}$$

로 정의한다.

정의 3

$\mathbf{F}(x, y, z) = f(x, y, z)\mathbf{i} + g(x, y, z)\mathbf{j} + h(x, y, z)\mathbf{k}$일 때, $\mathbf{F}$의 회전 $\mathrm{curl}\mathbf{F}$를

$$\mathrm{curl}\mathbf{F} = \left(\frac{\partial h}{\partial y} - \frac{\partial g}{\partial z}\right)\mathbf{i} + \left(\frac{\partial f}{\partial z} - \frac{\partial h}{\partial x}\right)\mathbf{j} + \left(\frac{\partial g}{\partial x} - \frac{\partial f}{\partial y}\right)\mathbf{k}$$

로 정의한다.

위의 정의에서 알 수 있듯이 $\mathrm{div}\mathbf{F}$는 스칼라이고, $\mathrm{curl}\mathbf{F}$는 벡터이다. 편의를 위하여 벡터연산자 ∇을 소개하는데 ∇을 del이라고 읽는다.

$$\nabla = \mathbf{i}\frac{\partial}{\partial x} + \mathbf{j}\frac{\partial}{\partial y} + \mathbf{k}\frac{\partial}{\partial z}$$

이 연산자를 스칼라함수에 작용시키면 f의 그래디언트

$$\nabla f = \mathbf{i}\frac{\partial f}{\partial x} + \mathbf{j}\frac{\partial f}{\partial y} + \mathbf{k}\frac{\partial f}{\partial z} = \frac{\partial f}{\partial x}\mathbf{i} + \frac{\partial f}{\partial y}\mathbf{j} + \frac{\partial f}{\partial z}\mathbf{k}$$

가 된다. ∇을 성분 $\frac{\partial}{\partial x}$, $\frac{\partial}{\partial y}$, $\frac{\partial}{\partial z}$을 갖는 벡터로 생각하면

$$\text{div}\mathbf{F} = \nabla \cdot \mathbf{F} = \frac{\partial f}{\partial x} + \frac{\partial g}{\partial y} + \frac{\partial h}{\partial z}$$

이고

$$\text{curl}\mathbf{F} = \nabla \times \mathbf{F} = \begin{vmatrix} \mathbf{i} & \mathbf{j} & \mathbf{k} \\ \frac{\partial}{\partial x} & \frac{\partial}{\partial y} & \frac{\partial}{\partial z} \\ f & g & h \end{vmatrix}$$

로 표현할 수 있다. 한편,

$$\nabla^2 = \nabla \cdot \nabla = \frac{\partial^2}{\partial x^2} + \frac{\partial^2}{\partial y^2} + \frac{\partial^2}{\partial z^2}$$

을 라플라스 연산자(Laplacian operator)라 한다. 라플라스 작용소를 $\phi(x, y, z)$에 적용하면

$$\nabla^2 \phi = \frac{\partial^2 \phi}{\partial x^2} + \frac{\partial^2 \phi}{\partial y^2} + \frac{\partial^2 \phi}{\partial z^2}$$

을 얻을 수 있고,

$$\nabla^2 \phi = \frac{\partial^2 \phi}{\partial x^2} + \frac{\partial^2 \phi}{\partial y^2} + \frac{\partial^2 \phi}{\partial z^2} = 0$$

을 라플라스 방정식(Laplace equation)이라 한다.

예제 1

벡터장 $\mathbf{F}(x, y, z) = x^2\mathbf{i} - 2\mathbf{j} + yz\mathbf{k}$의 발산과 회전을 구하여라.

풀이 $\text{div}\mathbf{F} = \frac{\partial}{\partial x}(x^2) + \frac{\partial}{\partial y}(-2) + \frac{\partial}{\partial z}(yz) = 2x + y$이다.

$$\text{curl}\mathbf{F} = \left(\frac{\partial}{\partial y}(yz) - \frac{\partial}{\partial z}(-2)\right)i + \left(\frac{\partial}{\partial z}x^2 - \frac{\partial}{\partial x}(yz)\right)j + \left(\frac{\partial}{\partial x}(-2) - \frac{\partial}{\partial y}x^2\right)k$$
$$= zi$$

■

회전과 발산 연산자들을 이용하여 보다 유용한 형태로 그린 정리를 다시 표현할 수 있다. 평면상의 영역 D에 대하여, 그 영역의 경계를 나타내는 곡선을 C라 하고 P, Q가 그린 정리의 가정을 만족한다고 하자. 벡터장 $\mathbf{F}(x, y) = P(x, y)\mathbf{i} + Q(x, y)\mathbf{j}$에 대한 선적분은

$$\int_C \mathbf{F} \cdot d\mathbf{r} = \int_C P(x, y)dx + Q(x, y)dy$$

이고, $\mathbf{F}(x, y) = P(x, y)\mathbf{i} + Q(x, y)\mathbf{j} + 0\mathbf{k}$ 으로 생각할 수 있으므로

$$\mathrm{curl}\mathbf{F} = \begin{vmatrix} \mathbf{i} & \mathbf{j} & \mathbf{k} \\ \dfrac{\partial}{\partial x} & \dfrac{\partial}{\partial y} & \dfrac{\partial}{\partial z} \\ P & Q & 0 \end{vmatrix} = \left(\frac{\partial Q}{\partial x} - \frac{\partial P}{\partial y}\right)\mathbf{k}$$

임을 알 수 있다. 따라서

$$(\mathrm{curl}\mathbf{F}) \cdot \mathbf{k} = \left(\frac{\partial Q}{\partial x} - \frac{\partial P}{\partial y}\right)\mathbf{k} \cdot \mathbf{k} = \left(\frac{\partial Q}{\partial x} - \frac{\partial P}{\partial y}\right)$$

이 되어 그린 정리에 있는 식을 벡터형식으로 나타내면 다음과 같다.

$$\int_C \mathbf{F} \cdot d\mathbf{r} = \iint_D (\mathrm{curl}\mathbf{F}) \cdot \mathbf{k}\, dA$$

사실 위의 식은 C에 대한 $\mathbf{F}$의 접선성분에 관한 선적분을 C로 둘러싸인 영역 D에서 $\mathrm{curl}\mathbf{F}$의 수직성분에 대한 중적분으로 표현한 것이다. 이제 그린 정리에 대한 두 번째 벡터형식에 대하여 알아보자.

$$C: \mathbf{r}(t) = x(t)\mathbf{i} + y(t)\mathbf{j}, \quad a \le t \le b$$

라 하면 단위접선벡터는

$$\mathbf{T}(t) = \frac{x'(t)}{|\mathbf{r}'(t)|}\mathbf{i} + \frac{y'(t)}{|\mathbf{r}'(t)|}\mathbf{j}$$

이고, 외부방향의 단위법선벡터가

$$\mathbf{n}(t) = \frac{y'(t)}{|\mathbf{r}'(t)|}\mathbf{i} - \frac{x'(t)}{|\mathbf{r}'(t)|}\mathbf{j}$$

이므로, 그린 정리로부터

$$\begin{aligned}
\int_C \mathbf{F} \cdot \mathbf{n} ds &= \int_a^b (\mathbf{F} \cdot \mathbf{n})(t)|\mathbf{r}'(t)|dt \\
&= \int_a^b \left(\frac{P(x(t),\ y(t))y'(t)}{|\mathbf{r}'(t)|} - \frac{Q(x(t),\ y(t))x'(t)}{|\mathbf{r}'(t)|} \right)|\mathbf{r}'(t)|dt \\
&= \int_a^b P(x(t),\ y(t))y'(t)dt - Q(x(t),\ y(t))x'(t)dt \\
&= \int_C Pdy - Qdx = \iint_D (P_x + Q_y)dA \\
&= \iint_D \mathrm{div}\mathbf{F}(x,\ y)dA
\end{aligned}$$

임을 알 수 있다. 이제 위의 결과를 공간상의 벡터장으로의 확장을 생각해 보자. S가 입체영역 E의 경계곡면이라 하면

$$\iint_S \mathbf{F} \cdot \mathbf{n} dS = \iiint_E \mathrm{div}\mathbf{F}(x,\ y,\ z)dV$$

으로 추측할 수 있다. 이 추측은 사실이며 이 결과를 발산정리라 한다.

정리 4　발산정리

G는 공간상의 입체영역이고 곡면 S에 의해 완전하게 경계가 지워졌다고 하자. $\mathbf{n}$은 S에 대한 외향단위 법선벡터이고, G를 포함하는 어떤 열린집합 위에서 연속인 이계 편도함수를 갖는 함수 f, g, h에 대하여

$$\mathbf{F}(x,\ y,\ z) = f(x,\ y,\ z)\mathbf{i} + g(x,\ y,\ z)\mathbf{j} + h(x,\ y,\ z)\mathbf{k}$$

이면

$$\iint_S \mathbf{F} \cdot \mathbf{n} dS = \iiint_G \mathrm{div}\mathbf{F}(x,\ y,\ z)dV \qquad (1)$$

가 성립한다.

증명 G를 위 곡면 $z = g_2(x,\ y)$, 아래 곡면 $z = g_1(x,\ y)$ 및 xy평면 위로의 정사영 R을 갖는 단일입체영역이라 하자. 또한, 위 곡면을 σ_1, 아래 곡면을 σ_2, 나머지 곡면을 σ_3라 하자.

$$\iint_S \mathbf{F} \cdot \mathbf{n} dS = \iiint_G \operatorname{div}\mathbf{F}(x,\ y,\ z) dV$$

또는 동치적으로

$$\iint_\sigma [f(x,\ y,\ z)\mathbf{i} + g(x,\ y,\ z)\mathbf{j} + h(x,\ y,\ z)\mathbf{k}] \cdot \mathbf{n} dS$$
$$= \iiint_G \left(\frac{\partial f}{\partial x} + \frac{\partial g}{\partial y} + \frac{\partial h}{\partial z} \right) dV$$

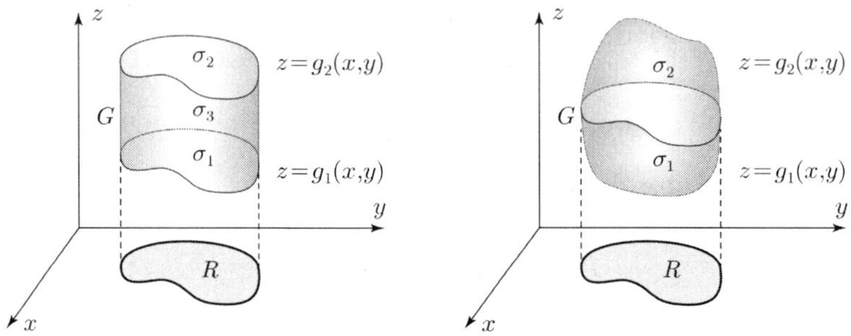

그림 1

임을 보이면 된다. 이를 위해 다음 세 등식을 증명하면 충분하다.

$$\iint_S [f(x,\ y,\ z)\mathbf{i} \cdot \mathbf{n}] dS = \iiint_G \frac{\partial f}{\partial x} dV \tag{2}$$

$$\iint_S [f(x,\ y,\ z)\mathbf{j} \cdot \mathbf{n}] dS = \iiint_G \frac{\partial g}{\partial y} dV \tag{3}$$

$$\iint_S [f(x,\ y,\ z)\mathbf{k} \cdot \mathbf{n}] dS = \iiint_G \frac{\partial h}{\partial z} dV \tag{4}$$

편의상

$$G = \{(x,\ y,\ z) : (x,\ y) \in R,\ g_1(x,\ y) \le z \le g_2(x,\ y)\}$$

를 생각하자. 삼중적분의 정리로부터

$$\iiint_G \frac{\partial h}{\partial z} dV = \iint_R \left[\int_{g_1(x,\ y)}^{g_2(x,\ y)} \frac{\partial h}{\partial z} dz \right] dA$$
$$= \iint_R \Big[h(x,\ y,\ z) \Big]_{g_1(x,\ y)}^{g_2(x,\ y)} dA$$
$$= \iint_R [h(x,\ y,\ g_2(x,\ y)) - h(x,\ y,\ g_1(x,\ y))] dA \tag{5}$$

을 얻는다. 경계곡면 S가 세 부분, 즉 윗곡면 σ_1, 아래곡면 σ_2, 나머지곡면 σ_3로 구성되어 있다(경우에 따라서는 σ_3가 없을 수도 있다). σ_3에서는 $\mathbf{k}$가 수직이고 $\mathbf{n}$이 수평이므로 $\mathbf{k}\cdot\mathbf{n}=0$이 되고, 이로부터

$$\iint_{\sigma_3}[h(x,\ y,\ z)\mathbf{k}\cdot\mathbf{n}]dS=0$$

임을 알 수 있다. 따라서 곡면 σ_3의 존재성과 무관하게

$$\begin{aligned}&\iint_S[f(x,\ y,\ z)\mathbf{k}\cdot\mathbf{n}]dS\\&\quad=\iint_{\sigma_1}[f(x,\ y,\ z)\mathbf{k}\cdot\mathbf{n}]dS+\iint_{\sigma_2}[f(x,\ y,\ z)\mathbf{k}\cdot\mathbf{n}]dS\end{aligned} \tag{6}$$

임을 알 수 있다. σ_2상에서의 외법선 $\mathbf{n}$은 위쪽을 향하고, σ_1상에서의 외법선 $\mathbf{n}$은 아래쪽을 향하므로

$$\begin{aligned}\iint_{\sigma_2}[h(x,y,\ z)\mathbf{k}\cdot\mathbf{n}]dS&=\iint_R\left[h(x,\ y,\ h(x,\ y))\mathbf{k}\cdot\left(-\frac{\partial z}{\partial x}-\frac{\partial z}{\partial y}+\mathbf{k}\right)\right]dA\\&=\iint_R h(x,y,\ g_2(x,\ y))dA\end{aligned} \tag{7}$$

이고

$$\begin{aligned}\iint_{\sigma_1}[h(x,y,\ z)\mathbf{k}\cdot\mathbf{n}]dS&=\iint_R\left[h(x,\ y,\ h(x,\ y))\mathbf{k}\cdot\left(\frac{\partial z}{\partial x}+\frac{\partial z}{\partial y}-\mathbf{k}\right)\right]dA\\&=-\iint_R h(x,y,\ g_1(x,\ y))dA\end{aligned} \tag{8}$$

이 된다. 이제 (7), (8)을 (6)에 대입하면

$$\begin{aligned}&\iint_S[h(x,\ y,\ z)\mathbf{k}\cdot\mathbf{n}]dS\\&\quad=\iint_R[h(x,\ y,\ g_2(x,\ y))-h(x,\ y,\ g_1(x,\ y))]dA\end{aligned} \tag{9}$$

이고, (5)와 (9)로부터 (4)를 얻을 수 있다. 유사한 방법으로 (2)와 (3)도 보일 수 있다. □

예제 2 |

σ가 포물형 원기둥 $z=1-x^2$과 평면 $y=0$, $z=0$, $y+z=2$로 둘러싸인 영역 G의 곡면일 때, σ를 통과하는 벡터장

$$\mathbf{F}(x,\ y,\ z)=xy\mathbf{i}+(y^2+\sin xz^3)\mathbf{j}+\sin x^2y^3\mathbf{k}$$

의 유량을 구하여라.

풀이 $G=\{(x,\ y,\ z):\ -1\le x\le 1,\ 0\le z\le 1-x^2,\ 0\le y\le 2-z\}$이고,

$$\text{div}\mathbf{F}=\frac{\partial}{\partial x}(xy)+\frac{\partial}{\partial y}(y^2+\sin xz^2)+\frac{\partial}{\partial z}(\sin x^2y^3)=3y$$

이므로 발산정리로부터

$$\begin{aligned}\iint_\sigma \mathbf{F}\cdot\mathbf{n}dS &= \iiint_G \text{div}\mathbf{F}\,dV\\ &= \iiint_G 3y\,dV\\ &= 3\int_{-1}^{1}\int_0^{1-x^2}\int_0^{2-z} ydydzdx\\ &= \frac{184}{35}\end{aligned}$$

이다. ■

연습문제 | 5.5

1. 다음 벡터장의 회전과 발산을 구하여라.

(1) $\mathbf{F}(x,\ y,\ z)=x^2\mathbf{i}-2\mathbf{j}+yz\mathbf{k}$

(2) $\mathbf{F}(x,\ y,\ z)=x^2yz\mathbf{i}-x^2y\mathbf{k}$

(3) $\mathbf{F}(x,\ y,\ z)=\mathbf{i}+(x+yz)\mathbf{j}+(xy-\sqrt{z})\mathbf{k}$

(4) $\mathbf{F}(x,\ y,\ z)=e^{xy}\mathbf{i}-\cos y\mathbf{j}+\cos^2 z\mathbf{k}$

(5) $\mathbf{F}(x, y, z) = \dfrac{1}{\sqrt{x^2+y^2+z^2}}(x\mathbf{i}+y\mathbf{j}+z\mathbf{k})$

(6) $\mathbf{F}(x, y, z) = (x^2-2z)\mathbf{i}-2(x+y+z)\mathbf{j}+yz\mathbf{k}$

2. 연속인 편도함수가 존재하고, $\mathbf{F}=\mathbf{F}(x, y, z)$, $\mathbf{G}=\mathbf{G}(x, y, z)$, $\phi=\phi(x, y, z)$일 때, 임의의 상수 k에 대하여 다음이 성립함을 보여라.

(1) $\mathrm{div}(k\mathbf{F}) = k\mathrm{div}\mathbf{F}$

(2) $\mathrm{div}(\mathbf{F}+\mathbf{G}) = \mathrm{div}\mathbf{F}+\mathrm{div}\mathbf{G}$

(3) $\mathrm{div}(\phi\mathbf{F}) = \phi\mathrm{div}\mathbf{F}+\nabla\phi\cdot\mathbf{F}$

(4) $\mathrm{curl}(k\mathbf{F}) = k\mathrm{curl}\mathbf{F}$

(5) $\mathrm{curl}(\mathbf{F}+\mathbf{G}) = \mathrm{curl}\mathbf{F}+\mathrm{curl}\mathbf{G}$

(6) $\mathrm{curl}(\phi\mathbf{F}) = \phi\mathrm{curl}\mathbf{F}+\nabla\phi\times\mathbf{F}$

(7) $\mathrm{dvi}(\mathrm{curl}\mathbf{F}) = 0$

(8) $\mathrm{curl}(\nabla\phi) = 0$

3. 발산정리를 이용하여 σ를 통과하는 벡터장 $\mathbf{F}$의 유량을 구하여라.

(1) $\mathbf{F}(x, y, z) = x^3\mathbf{i}+y^3\mathbf{j}+z^2\mathbf{k}$, σ는 주면 $x^2+y^2=9$와 평면 $z=0$, $z=2$로 둘러싸인 입체의 표면.

(2) $\mathbf{F}(x, y, z) = 3x^3\mathbf{i}+xy\mathbf{j}+2xz\mathbf{k}$, σ는 평면 $x=0$, $x=1$, $y=0$, $y=1$, $z=0$, $z=1$으로 둘러싸인 입체의 표면.

(3) $\mathbf{F}(x, y, z) = x^3\mathbf{i}+y^3\mathbf{j}+z^3\mathbf{k}$, σ는 반구 $z=\sqrt{a^2-x^2-y^2}$와 평면 $z=0$로 둘러싸인 입체의 표면.

(4) $\mathbf{F}(x, y, z) = e^x\sin y\mathbf{i}+e^x\cos y\mathbf{j}+yz^3\mathbf{k}$, σ는 평면 $x=0$, $x=1$, $y=0$, $y=1$, $z=0$, $z=2$로 둘러싸인 입체의 표면.

(5) $\mathbf{F}(x, y, z) = 3xy^2\mathbf{i}+xe^z\mathbf{j}+z^3\mathbf{k}$, σ는 주면 $y^2+z^2=1$과 평면 $x=-1$, $x=2$로 둘러싸인 입체의 표면.

5.6 | 스토크스 정리

스토크스(Stokes) 정리는 그린 정리의 고차원 버전이라 할 수 있다. 그린 정리가 평면 R 위에서의 중적분을 그것의 경계선 주위를 따라 선적분하는 것과 관련이 있는 것처럼, 스토크스 정리는 곡면 σ 위에서의 면적분과 σ의 경계선 주위를 따라는 선적분과의 관련성에 관한 것이다.

스토크스 정리

σ를 양의방향을 갖은 구분적으로 매끄러운 단일폐곡선 C로 둘러싸인 구분적으로 매끄러운 유향의 곡면이라 하자. 벡터장

$$\mathbf{F}(x,\ y,\ z)=f(x,\ y,\ z)\mathbf{i}+g(x,\ y,\ z)\mathbf{j}+h(x,\ y,\ z)\mathbf{k}$$

의 구성 성분들이 σ를 포함하는 공간상의 어떤 열린영역에서 연속인 편도함수를 갖고, $\mathbf{T}$가 C의 단위접선벡터이면

$$\int_C \mathbf{F}\cdot\mathbf{T}\,ds=\iint_\sigma (\text{curl}\mathbf{F})\cdot\mathbf{n}\,dS \tag{1}$$

가 성립한다.

$\dfrac{d\mathbf{r}}{ds}=\mathbf{T}$ 이므로 (1)로부터

$$\int_C \mathbf{F}\cdot d\mathbf{r}=\iint_\sigma (\text{curl}\mathbf{F})\cdot\mathbf{n}\,dS \tag{2}$$

임을 알 수 있다. 또한 $\iint_\sigma (\text{curl}\mathbf{F})\cdot d\mathbf{S}=\iint_\sigma (\text{curl}\mathbf{F})\cdot\mathbf{n}\,dS$이므로

$$\int_C \mathbf{F}\cdot\mathbf{T}\,ds=\iint_\sigma (\text{curl}\mathbf{F})\cdot\mathbf{n}\,dS=\iint_\sigma (\text{curl}\mathbf{F})\cdot d\mathbf{S}=\int_C \mathbf{F}\cdot d\mathbf{r}$$

임을 알 수 있다.

예제 1 |

$\mathbf{F}(x,\ y,\ z)=-y^2\mathbf{i}+x\mathbf{j}+z^2\mathbf{k}$ 이고 C가 원기둥 $x^2+y^2=1$과 평면 $y+z=2$가 만나서 생기는 곡선일 때, $\int_C \mathbf{F}\cdot d\mathbf{r}$을 구하여라. (단, C는 양의방향이다.)

풀이 $\text{curl}\mathbf{F} = \begin{vmatrix} \mathbf{i} & \mathbf{j} & \mathbf{k} \\ \dfrac{\partial}{\partial x} & \dfrac{\partial}{\partial y} & \dfrac{\partial}{\partial z} \\ -y^2 & x & z^2 \end{vmatrix} = (1+2y)\mathbf{k}$ 이다. 그림 1과 같이 곡선 C로 둘러싸인 영역을 S라 하자. C가 양의방향이므로 S는 위를 향하고 있음을 알 수 있다. 한편 S를 xy평면에 사영하여 생긴 영역을 D라 하면 $D = \{(x,\ y) : x^2 + y^2 \le 1\}$이고, $z = 2 - y$이므로

$$\int_C \mathbf{F} \cdot d\mathbf{r} = \iint_S (\ \text{curl}\mathbf{F}) \cdot dS = \iint_D (1+2y)dA$$

$$= \int_0^{2\pi} \int_0^1 (1 + 2r\sin\theta) r dr d\theta = \pi$$

이다.

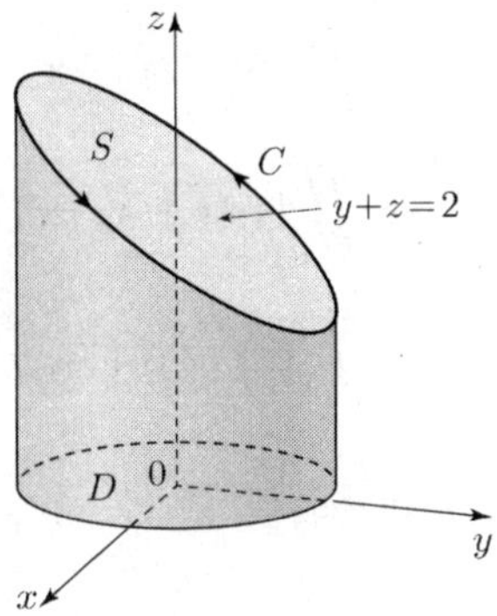

그림 1

■

예제 2 |

σ는 타원체 $z = 4 - x^2 - y^2,\ z \ge 0$이고 C가 xy평면에서 σ의 경계선을 형성하는 원 $x^2 + y^2 = 4$이라 하자. σ가 위 방향을 향하고 있을 때, 벡터장 $\mathbf{F}(x,\ y,\ z) = 2z\mathbf{i} + 3x\mathbf{j} + 5y\mathbf{k}$ 에 대한 스토크스 정리를 확인하여라.

풀이 σ가 위 방향을 향하고 있으므로 아래 그림에서 보는 바와 같이 C의 양의방향은 z축에서 내려다봤을 때 반시계방향이 된다. C의 매개변수식이

$$C : x = 2\cos t,\ y = 2\sin t,\ z = 0,\ 0 \le t \le 2\pi$$

이므로

$$\int_C \mathbf{F}\cdot d\mathbf{r} = \int_C (2zdx + 3xdy + 5ydz)$$

$$= \int_0^{2\pi} [0 + (6\cos t)(2\cos t) + 0]dt = 12\pi$$

임을 알 수 있다. 이제 식 (2)를 확인하자.

$$\mathrm{curl}\mathbf{F} = \begin{vmatrix} \mathbf{i} & \mathbf{j} & \mathbf{k} \\ \dfrac{\partial}{\partial x} & \dfrac{\partial}{\partial y} & \dfrac{\partial}{\partial z} \\ 2z & 3x & 5y \end{vmatrix} = 5\mathbf{i} + 2\mathbf{j} + 3\mathbf{k}$$

이고, $z = g(x,\ y) = 4 - x^2 - y^2$이므로 면적분을 이용하면

$$\iint_\sigma (\mathrm{curl}\mathbf{F})\cdot \mathbf{n}dS = \iint_R (\mathrm{curl}\mathbf{F})\cdot \left(-\frac{\partial g}{\partial x}\mathbf{i} - \frac{\partial g}{\partial y}\mathbf{j} + \mathbf{k}\right)dA$$

$$= \iint_R (5\mathbf{i} + 2\mathbf{j} + 3\mathbf{k})\cdot(2x\mathbf{i} + 2y\mathbf{j} + \mathbf{k})dA$$

$$= \iint_R (10x + 4y + 3)dA$$

$$= \int_0^{2\pi}\int_0^2 (10r\cos\theta + 4r\sin\theta + 3)rdrd\theta = 12\pi$$

이므로 스토크스 정리가 만족됨을 알 수 있다.

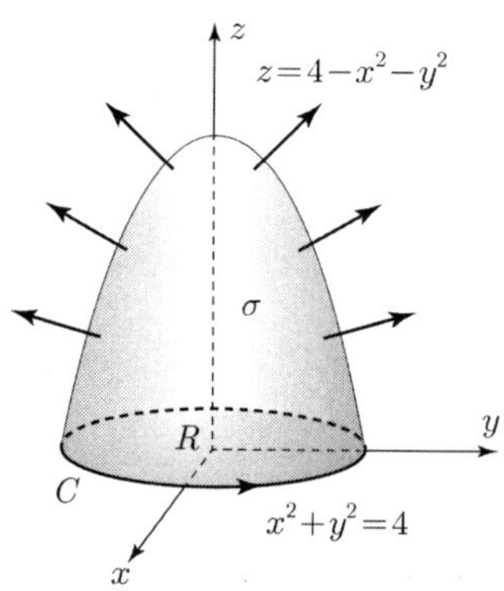

그림 2 ■

연습문제 | 5.6

1. 스토크스 정리를 이용하여 $\iint_S (\text{curl}\mathbf{F}) \cdot dS$ 구하여라.

(1) $\mathbf{F}(x, y, z) = xz\mathbf{i} + yz\mathbf{j} + xy\mathbf{k}$, S는 원기둥 $x^2 + y^2 = 1$의 내부와 구 $x^2 + y^2 + z^2 = 4$, $z \geq 0$이 만나는 영역

(2) $\mathbf{F}(x, y, z) = x^2\mathbf{i} + y^2\mathbf{j} + z^2\mathbf{k}$, S는 평면 $z = 1$ 내부와 원뿔 $z = \sqrt{x^2 + y^2}$이 만나는 영역

(3) $\mathbf{F}(x, y, z) = ze^y\mathbf{i} + x\cos y\mathbf{j} + xz\sin y\mathbf{k}$, S는 위쪽을 향하는 원기둥 $x^2 + y^2 + z^2 = 16$, $y \geq 0$

(4) $\mathbf{F}(x, y, z) = x^2z^2\mathbf{i} + y^2z^2\mathbf{j} + x^2y^2\mathbf{k}$, S는 양의 y축을 향하는 반구면 $x^2 + y^2 = 4$ 내부의 포물면 $z = x^2 + y^2$

2. 스토크스 정리를 이용하여 $\int_C \mathbf{F} \cdot d\mathbf{r}$ 구하여라. 단, C는 위에서 봤을 때 반시계방향이다.

(1) $\mathbf{F}(x, y, z) = z^2\mathbf{i} + 2x\mathbf{j} - y^3\mathbf{k}$, C는 xy평면상의 원 $x^2 + y^2 = 1$

(2) $\mathbf{F}(x, y, z) = (x + y^2)\mathbf{i} + (y + z^2)\mathbf{j} + (z + x^2)\mathbf{k}$, C는 $(1, 0, 0)$, $(0, 1, 0)$, $(0, 0, 1)$을 꼭짓점으로 갖는 삼각형

(3) $\mathbf{F}(x, y, z) = xy\mathbf{i} + x^2\mathbf{j} + z^2\mathbf{k}$, C는 타원체 $z = x^2 + y^2$과 평면 $z = y$의 교점

(4) $\mathbf{F}(x, y, z) = (z + \sin x)\mathbf{i} + (x + y^2)\mathbf{j} + (y + e^z)\mathbf{k}$, C는 구 $x^2 + y^2 + z^2 = 1$과 원뿔 $z = \sqrt{x^2 + y^2}$의 교점

3. 모든 폐곡선 C에 대해 $\int_C \mathbf{F} \cdot d\mathbf{s} = 0$일 필요충분조건은 항등적으로 $\text{curl}\mathbf{F} = 0$임을 증명하라.

4. 입자가 원점에서 점 $(1, 0, 0)$, $(0, 1, 0)$, $(0, 0, 1)$까지 선분을 따라 이동하고 힘의 장 $\mathbf{F}(x, y, z) = xy\mathbf{i} + x^2\mathbf{j} + z^2\mathbf{k}$의 영향 아래 원점으로 돌아갈 때 한 일을 구하여라.

Chapter

6

푸리에 해석

6.1 푸리에 급수

푸리에 급수는 주기를 갖는 임의의 함수를 무수히 많은 삼각함수의 조합으로 표현하는 방법이다. 전기적 진동이나 기계 시스템 등의 많은 공학적인 현상을 해석할 때 푸리에 급수는 매우 중요한 역할을 하게 된다.

구간 $[-p, p]$에서 정의된 함수 $f(x)$의 **푸리에 급수**(Fourier series)는 다음과 같이 정의된다.

$$f(x) = \frac{a_0}{2} + \sum_{n=1}^{\infty}\left(a_n \cos\frac{n\pi}{p}x + b_n \sin\frac{n\pi}{p}x\right)$$

푸리에 급수의 계수를 구하기 위해 양변을 $-p$부터 p까지 적분을 하면

$$\int_{-p}^{p} f(x)dx = \frac{a_0}{2}\int_{-p}^{p} dx + \sum_{n=1}^{\infty}\left(a_n \int_{-p}^{p} \cos\frac{n\pi}{p}x dx + b_n \int_{-p}^{p} \sin\frac{n\pi}{p}x dx\right)$$

이 된다. $n \geq 1$에 대하여

$$\int_{-p}^{p} \cos(n\pi x/p) dx = \int_{-p}^{p} \sin(n\pi x/p) dx = 0$$

이므로

$$\int_{-p}^{p} f(x)dx = \frac{a_0}{2}\int_{-p}^{p} dx = \frac{a_0}{2} x|_{-p}^{p} = pa_0$$

이며 a_0를 구하면

$$a_0 = \frac{1}{p}\int_{-p}^{p} f(x)dx$$

가 된다. 한편

$$\int_{-p}^{p} \sin\frac{n\pi}{p}x \cos\frac{m\pi}{p}x dx = \frac{1}{2}\int_{-p}^{p}\left[\sin\frac{(n-m)\pi x}{p} + \sin\frac{(n+m)\pi x}{p}\right]dx = 0$$

이고 $n \neq m$이면

$$\int_{-p}^{p} \cos\frac{n\pi}{p}x \cos\frac{m\pi}{p}x dx = \frac{1}{2}\int_{-p}^{p}\left[\cos\frac{(n-m)\pi x}{p} + \cos\frac{(n+m)\pi x}{p}\right]dx = 0$$

이고, $n=m$이면

$$\int_{-p}^{p}\cos\frac{n\pi}{p}x\cos\frac{m\pi}{p}xdx=\frac{1}{2}\int_{-p}^{p}\left[1+\cos\frac{2m\pi x}{p}\right]dx=0$$

이므로

$$\int_{-p}^{p}\cos\frac{n\pi}{p}x\cos\frac{m\pi}{p}xdx=\begin{cases}0, & m\neq n\\ p, & m=n\end{cases}$$

이 성립한다.

이를 이용하기 위해서 푸리에 급수에 $\cos(m\pi x/p)$을 곱하고 적분을 하면

$$\begin{aligned}&\int_{-p}^{p}f(x)\cos\frac{m\pi}{p}xdx\\&\quad=\frac{a_0}{2}\int_{-p}^{p}\cos\frac{m\pi}{p}xdx\\&\qquad+\sum_{n=1}^{\infty}\left(a_n\int_{-p}^{p}\cos\frac{n\pi}{p}x\cos\frac{m\pi}{p}xdx+b_n\int_{-p}^{p}\sin\frac{n\pi}{p}x\cos\frac{m\pi}{p}xdx\right)\end{aligned}$$

이다. 그러므로

$$\int_{-p}^{p}f(x)\cos\frac{n\pi}{p}xdx=a_np$$

가 되며 이를 간단히 하면

$$a_n=\frac{1}{p}\int_{-p}^{p}f(x)\cos\frac{n\pi}{p}xdx$$

이다. 마찬가지로 푸리에 급수에 $\sin(m\pi x/p)$을 곱한 후 적분을 하고

$$\int_{-p}^{p}\sin\frac{n\pi}{p}x\sin\frac{m\pi}{p}xdx=0$$

와

$$\int_{-p}^{p}\sin\frac{n\pi}{p}x\sin\frac{m\pi}{p}xdx=\begin{cases}0, & m\neq n\\ p, & m=n\end{cases}$$

을 적용하면

$$b_n = \frac{1}{p}\int_{-p}^{p} f(x)\sin\frac{n\pi}{p}x\,dx$$

이다.

정의 1 **푸리에 급수**

구간 $(-p,\ p)$에서 정의된 함수 f의 **푸리에 급수**는

$$f(x) = \frac{a_0}{2} + \sum_{n=1}^{\infty}\left(a_n\cos\frac{n\pi}{p}x + b_n\sin\frac{n\pi}{p}x\right)$$

이다. 여기서

$$a_0 = \frac{1}{p}\int_{-p}^{p} f(x)\,dx$$

$$a_n = \frac{1}{p}\int_{-p}^{p} f(x)\cos\frac{n\pi}{p}x\,dx$$

$$b_n = \frac{1}{p}\int_{-p}^{p} f(x)\sin\frac{n\pi}{p}x\,dx$$

이다.

참고 ▌푸리에(Jean-Baptiste Joseph Fourier, 1768~1830)

프랑스의 수학자이자 물리학자이다. 재봉사의 아들로 태어나 저학년 때 우수한 수학 실력을 보여 수학교사를 했다. 1798년에는 나폴레옹의 이집트 원정에 동반하여 1801년까지 이집트 고대 유물에 대한 폭넓은 연구와 공학 및 외교업무에 조언을 했으며, 프랑스로 돌아온 뒤에는 거대한 양의 이집트 자료들을 발행하는 일을 맡았다. 1815년 나폴레옹 세력이 몰락한 뒤 파리에서 조용한 학문연구 생활을 했다. 1817년 과학 아카데미에 선출된 후 종신간사가 되었으며 고대 이집트 문명 연구로 1826년 아카데미 프랑세즈와 의학 아카데미에 선출되었다.

그의 연구는 고체 내에서의 열전도에 관한 것으로 열전도 방정식(푸리에 방정식)을 유도하였으며, 이 방정식을 풀기 위해서 푸리에 해석으로 불리는 이론을 전개하였다. 푸리에 해석은 복잡한 주기함수를 보다 간단하게 기술하기 위해, 소리나 빛 등 파동의 연구에 넓게 이용되며 현재 조화 해석이라고 하는 수학의 한 분야를 형성하고 있다.

예제 1 |

$f(x) = |x| \quad (-p < x < p)$를 푸리에 급수로 전개하여라.

풀이 $n=0$인 경우는

$$a_0 = \frac{1}{p}\int_{-p}^{p} |x|\,dx = \frac{1}{p}\left[\int_{-p}^{0}(-x)dx + \int_{0}^{p} x\,dx\right] = p$$

이다. 또한

$$\begin{aligned}
a_n &= \frac{1}{p}\int_{-p}^{p} |x|\cos\frac{n\pi}{p}x\,dx = \frac{2}{p}\left[\int_{0}^{p} x\cos\frac{n\pi}{p}x\,dx\right] \\
&= \frac{2}{p}\left[\frac{xp}{n\pi}\sin\frac{n\pi}{p}x\,\Big|_0^p - \frac{p}{n\pi}\int_0^p \sin\frac{n\pi}{p}x\,dx\right] \\
&= \frac{2}{p}\left[\left(\frac{p}{n\pi}\right)^2\cos\frac{n\pi}{p}x\right]_0^p = \frac{2p}{n^2\pi^2}(\cos n\pi - 1) \\
&= \frac{2p}{n^2\pi^2}\left[(-1)^n - 1\right]
\end{aligned}$$

이며 $|x|\sin\frac{n\pi}{p}x$는 기함수이므로 $b_n = \frac{1}{p}\int_{-p}^{p}|x|\sin\frac{n\pi}{p}x\,dx$은 0이다. 그러므로 $f(x)$의 푸리에 급수는 다음과 같다.

$$f(x) = |x| = \frac{p}{2} - \frac{4p}{\pi^2}\left[\frac{\cos\frac{\pi}{p}x}{1^2} + \frac{\cos\frac{3\pi}{p}x}{3^2} + \frac{\cos\frac{5\pi}{p}x}{5^2} + \cdots\right]$$

■

예제 2 |

$f(x) = \begin{cases} 0, & -\pi < x < 0 \\ \pi - x, & 0 \le x < \pi \end{cases}$를 푸리에 급수로 전개하여라.

풀이 $n=0$인 경우는

$$a_0 = \frac{1}{\pi}\int_{-\pi}^{\pi} f(x)dx = \frac{1}{\pi}\left[\int_{-\pi}^{0} 0\,dx + \int_{0}^{\pi}(\pi - x)dx\right] = \frac{1}{\pi}\left[\pi x - \frac{x^2}{2}\right]_0^{\pi} = \frac{\pi}{2}$$

이다. 또한

$$a_n = \frac{1}{\pi}\int_{-\pi}^{\pi} f(x)\cos nx dx = \frac{1}{\pi}\left[\int_{-\pi}^{0} 0dx + \int_{0}^{\pi}(\pi - x)\cos nx dx\right]$$

$$= \frac{1}{\pi}\left[(\pi - x)\frac{\sin nx}{n}\Big|_0^{\pi} + \frac{1}{n}\int_0^{\pi}\sin nx dx\right]$$

$$= -\frac{1}{n\pi}\frac{\cos nx}{n}\Big|_0^{\pi} = \frac{1-(-1)^n}{n^2\pi}$$

이고, 같은 방법으로

$$b_n = \frac{1}{\pi}\int_0^{\pi}(\pi - x)\sin nx dx = \frac{1}{n}$$

이다. 그러므로 $f(x)$의 푸리에 급수는 다음과 같다.

$$f(x) = \frac{\pi}{4} + \sum_{n=1}^{\infty}\left\{\frac{1-(-1)^n}{n^2\pi}\cos nx + \frac{1}{n}\sin nx\right\}$$ ■

연습문제 6.1

1. 주어진 구간에서 f의 푸리에 급수를 구하여라.

(1) $f(x) = \begin{cases} 0, & -5 < x < 0 \\ 3, & 0 \le x < 5 \end{cases}$

(2) $f(x) = \begin{cases} 0, & -1 < x < 0 \\ x, & 0 \le x < 1 \end{cases}$

(3) $f(x) = x^2,\ 0 < x < 2\pi$

(4) $f(x) = e^x,\ -\pi < x < \pi$

(5) $f(x) = x + 1,\ -1 \le x \le 1$

(6) $f(x) = \begin{cases} 0, & -\pi < x < 0 \\ \sin x, & 0 \le x < \pi \end{cases}$

2. 우함수는 푸리에 급수에서 사인함수의 항이 나타나지 않음을 보여라.

3. $f(x) = x + \pi,\ -\pi < x < \pi$의 푸리에 급수를 사용하여 이용하여 다음을 보여라.

$$\frac{\pi}{4} = 1 - \frac{1}{3} + \frac{1}{5} - \frac{1}{7} + \cdots$$

6.2 푸리에 코사인과 사인 급수

함수 f가 우함수이거나 혹은 기함수일 경우에 함수 f를 푸리에 급수로 전개하는 과정은 매우 단순해진다. 일반적으로 함수 $f(x)$가 $f(-x)=f(x)$이면 우함수이고, $f(-x)=-f(x)$이면 기함수이다. 우함수의 그래프는 y축에 대칭인 반면 기함수의 그래프는 원점에 대해 대칭이며, 다음 성질이 성립한다.

(a) 두 우함수의 곱은 우함수이다.
(b) 두 기함수의 곱은 우함수이다.
(c) 우함수와 기함수의 곱은 기함수이다.
(d) 두 우함수의 합(차)은 우함수이다.
(e) 두 기함수의 합(차)은 기함수이다.
(f) 함수 f가 우함수이면, $\int_{-a}^{a} f(x)dx = 2\int_{0}^{a} f(x)dx$이다.
(g) 함수 f가 기함수이면, $\int_{-a}^{a} f(x)dx = 0$이다.

함수 f가 구간 $(-p, p)$에서 우함수라 하면, 계수 a_0, a_n, b_n은

$$a_0 = \frac{1}{p}\int_{-p}^{p} f(x)dx = \frac{2}{p}\int_{0}^{p} f(x)dx,$$

$$a_n = \underbrace{\frac{1}{p}\int_{-p}^{p} f(x)\cos\frac{n\pi}{p}xdx}_{\text{우함수}} = \frac{2}{p}\int_{0}^{p} f(x)\cos\frac{n\pi}{p}xdx, \quad n=1,\ 2,\ \cdots,$$

$$b_n = \underbrace{\frac{1}{p}\int_{-p}^{p} f(x)\sin\frac{n\pi}{p}xdx}_{\text{기함수}} = 0, \quad n=1,\ 2,\ \cdots$$

이 된다. 마찬가지로 함수 f가 구간 $(-p, p)$에서 기함수라 하면,

$$a_n = 0,\ n=0,\ 1,\ 2,\ \cdots,\ b_n = \frac{2}{p}\int_{0}^{p} f(x)\sin\frac{n\pi}{p}xdx,\ n=1,\ 2,\ \cdots$$

이 된다.

정의 1 **푸리에 코사인, 사인 급수**

(1) 구간$(-p,\ p)$에서 정의된 우함수에 대한 푸리에 급수는 다음과 같은 코사인(cosine) 급수가 된다.

$$f(x)=\frac{a_0}{2}+\sum_{n=1}^{\infty}a_n\cos\frac{n\pi}{p}x$$

여기서

$$a_0=\frac{2}{p}\int_0^p f(x)dx,$$

$$a_n=\frac{2}{p}\int_0^p f(x)\cos\frac{n\pi}{p}xdx$$

이다.

(2) 구간$(-p,\ p)$에서 정의된 기함수에 대한 푸리에 급수는 다음과 같이 사인(sine) 급수가 된다.

$$f(x)=\sum_{n=1}^{\infty}b_n\sin\frac{n\pi}{p}x$$

단, 여기서

$$b_n=\frac{2}{p}\int_0^p f(x)\sin\frac{n\pi}{p}xdx$$

이다.

예제 1 |

$f(x)=x,\ -2\le x\le -2$의 푸리에 급수 표현을 구하여라.

풀이 주어진 함수는 기함수이므로 푸리에 사인 급수를 구한다.

$$b_n=\frac{2}{p}\int_0^p f(x)\sin\frac{n\pi}{p}xdx=\frac{2}{2}\int_0^2 x\sin\frac{n\pi}{2}xdx$$

$$=\left[x\left(\frac{-2}{n\pi}\cos\frac{n\pi x}{2}\right)-\left(\frac{-4}{n^2\pi^2}\sin\frac{n\pi x}{2}\right)\right]_0^2=\frac{-4}{n\pi}\cos nx$$

이므로

$$f(x)=\sum_{n=1}^{\infty}\frac{-4}{n\pi}\cos n\pi\sin\frac{n\pi x}{2}$$
$$=\frac{4}{\pi}\left(\sin\frac{n\pi}{2}-\frac{1}{2}\sin\frac{2\pi x}{2}+\frac{1}{3}\sin\frac{3\pi x}{2}-\cdots\right)$$

이다. ■

예제 2 |

다음 함수의 푸리에 급수 전개를 구하여라.

$$f(x)=\begin{cases}-1, & -\pi<x<0\\ 1, & 0\le x<\pi\end{cases}$$

풀이 주어진 함수 f는 구간 $(-\pi,\ \pi)$에서 기함수이다. 여기서는 $p=\pi$가 되므로,

$$b_n=\frac{2}{\pi}\int_0^{\pi}(1)\sin nx\,dx=\frac{2}{\pi}\frac{1-(-1)^n}{n}$$

이 되고, 따라서, 구하고자 하는 푸리에 급수는 다음과 같다.

$$f(x)=\frac{2}{\pi}\sum_{n=1}^{\infty}\frac{1-(-1)^n}{n}\sin nx$$ ■

푸리에 사인과 코사인 전개에서는 함수 f가 원점을 중점으로 하는 구간, 즉 $-p<x<p$에서 정의되었다. 하지만 $0<x<L$에서만 정의된 함수를 푸리에 급수로 표현하는 것도 가능하다. 이런 경우에는 $-L<x<0$에서 $f(x)$를 임의로 정의하여 해결할 수 있다. 만일 함수 $y=f(x)$가 구간 $(0,\ L)$에서 정의되었다면, 다음과 같은 세 가지 경우를 생각할 수 있다.

(1) $(-L,\ 0)$에서 함수의 그래프를 y축에 대하여 대칭되게 하면 함수는 $(-L,\ L)$에서 우함수가 된다.
(2) $(-L,\ 0)$에서 함수의 그래프를 원점에 대하여 대칭되게 하면 함수는 $(-L,\ L)$에서 기함수가 된다.
(3) $(-L,\ 0)$에서 함숫값을 $f(x)=f(x+L)$로 정의한다.

푸리에 사인과 코사인 급수의 계수들은 구간 $(-p,\ p)$의 절반인 $(0,\ p)$에서만 함수를

활용하므로 실제로 (1)과 (2)에서 설명한 대칭을 할 필요가 없게 된다. 만일 함수가 $0 < x < L$에서 정의되었다면, 간단히 구간의 길이 $p = L$를 주기의 반으로 한다. 푸리에 계수에 대응하는 급수는 주어진 함수의 주기 $2L$인 우함수 주기 확장, 또는 기함수 주기 확장을 한다.

마찬가지로 (3)의 경우에는 구간 $(-L, 0)$에서 함숫값을 구간 $(0, L)$에서 똑같이 되도록 정의한다. 앞의 두 경우와 마찬가지로, 실제로 대칭된 함수를 구할 필요는 없으며, 함수 f가 구간 $(0, L)$에서 정의되면, $2p = L$ 즉, $p = L/2$이 된다. 그러므로 푸리에 급수는 주기 L인 f의 주기 확장이 되며 결국 급수의 수렴하는 값은 $(-L, 0)$에서나 $(0, L)$에서나 다 같게 된다.

예제 3 |

$f(x) = x^2,\ 0 < x < L$를 (1) 푸리에 코사인 급수, (2) 푸리에 사인급수, (3) 푸리에 급수로 전개하여라.

풀이 (1) a_n을 구하기 위해서 부분적분을 두 번 연속 사용하면

$$a_0 = \frac{2}{L}\int_0^L x^2 dx = \frac{2}{3}L^2,$$

$$a_n = \frac{2}{L}\int_0^L x^2 \cos\frac{n\pi}{L}x dx = \frac{4L^2(-1)^n}{n^2\pi^2}$$

이 된다. 따라서

$$f(x) = \frac{L^2}{3} + \frac{4L^2}{\pi^2}\sum_{n=1}^{\infty}\frac{(-1)^n}{n^2}\cos\frac{n\pi}{L}x$$

이다.

(2) 이 경우도 부분적분을 계속하여 두 번 적용한다.

$$b_n = \frac{2}{L}\int_0^L x^2 \sin\frac{n\pi}{L}x dx = \frac{2L^2(-1)^{n+1}}{n\pi} + \frac{4L^2}{n^3\pi^3}[(-1)^n - 1]$$

이다. 따라서

$$f(x) = \frac{2L^2}{\pi}\sum_{n=1}^{\infty}\left(\frac{(-1)^{n+1}}{n} + \frac{2}{n^3\pi^2}[(-1)^n - 1]\right)\sin\frac{n\pi}{L}x$$

이다.

(3) $p=L/2$라 놓으면, $1/p=2/L$이고 $n\pi/p=2n\pi/L$이 되므로,

$$a_0=\frac{2}{L}\int_0^L x^2dx=\frac{2}{3}L^2,$$

$$a_n=\frac{2}{L}\int_0^L x^2\cos\frac{2n\pi}{L}xdx=\frac{L^2}{n^2\pi^2},$$

$$b_n=\frac{2}{L}\int_0^L x^2\sin\frac{2n\pi}{L}xdx=-\frac{L^2}{n\pi}$$

이다. 따라서

$$f(x)=\frac{L^2}{3}+\frac{L^2}{\pi}\sum_{n=1}^{\infty}\left(\frac{1}{n^2\pi}\cos\frac{2n\pi}{L}x-\frac{1}{n}\sin\frac{2n\pi}{L}x\right)$$

이다. ■

푸리에 급수가 수렴하는 조건에 대하여 알아보자.

정리 2

구간 $[-p,\ p]$에서 f와 f'가 조각 연속이라 하자. 그러면 구간 $(-p,\ p)$ 안의 모든 점 x에 대하여, f의 푸리에 급수는 f가 연속인 점에서 $f(x)$로 수렴한다. $f(x+)$와 $f(x-)$는 각각 x에서 f로의 우극한과 좌극한이라 하면 불연속인 점에서 푸리에 급수는 평균값

$$\frac{f(x+)+f(x-)}{2}$$

로 수렴한다.

이 정리는 $f(x)$가 각 불연속점의 좌우측으로 정의된 미분을 갖고 구간 $[-p,\ p]$에서 조각적으로 연속이고 유계라면 그것의 푸리에 급수는 연속일 때는 $f(x)$에 수렴하고 불연속이 있을 때는 그 도약의 중간점으로 항상 수렴하다는 사실을 의미한다. 부가적으로 구간의 끝점들에서 한쪽 미분이 존재하면 $x=\pm p$에서 푸리에 급수는 구간의 두 끝점의 $f(x)$값의 평균값에 수렴한다.

6.1절의 예제 2에서

$$f(x)=\begin{cases}0, & -\pi<x<0\\ \pi-x, & 0\le x<\pi\end{cases}=\frac{\pi}{4}+\sum_{n=1}^{\infty}\left\{\frac{1-(-1)^n}{n^2\pi}\cos nx+\frac{1}{n}\sin nx\right\}$$

이었다. 이 함수는 구간 $[-\pi,\ \pi]$에서 f와 f'가 조각 연속이므로 위 등식은 성립한다. 즉 $x=0$을 제외한 구간$(-\pi,\ \pi)$ 내의 모든 점 x에서 f는 연속이므로, 위 급수는 함숫값 $f(x)$로 수렴할 것이다. 또한 $x=0$는 f가 연속인 점이므로, 위 급수는

$$\frac{f(0+)+f(0-)}{2}=\frac{\pi+0}{2}=\frac{\pi}{2}$$

로 수렴할 것이다.

푸리에 급수의 수렴정리는 다양한 급수의 합을 구하는 데 이용할 수 있다.

예제 4 |

함수 $f(x)=\begin{cases}-1, & -\pi<x<0\\ 1, & 0\le x<\pi\end{cases}$의 푸리에 급수는

$$f(x)=\frac{2}{\pi}\sum_{n=1}^{\infty}\frac{1-(-1)^n}{n}\sin nx$$

이다. 이를 이용하여 $\frac{\pi}{4}$에 대한 급수를 구하여라.

풀이 $f(x)$는 $x=0$에서 불연속이고 $x=\pm\pi$에서 다른 값을 가진다. $x=0$에서의 불연속점에 인접한 좌우에서의 $f(x)$값의 평균이 0이므로 $x=0$에서 푸리에 급수는 0에 수렴할 것이다. 푸리에 급수에서 $x=0$이면 모든 항이 사라지게 된다. 따라서 이것과 푸리에 급수가 원점에서 수렴하게 되는 값을 같게 표현하면 의미없는 결과인 $0=0$이 되어버린다. 의미있는 결과를 얻기 위해 $x=\frac{\pi}{2}$로 놓으면 함수 $f(x)$는 이 점에서 연속이며 1이 된다. 그러므로 푸리에 급수는 $x=\frac{\pi}{2}$일 때 1에 수렴할 것이다. 이 x값을 푸리에 급수에 넣어서 결과 1과 같게 놓으면 다음과 같다.

$$1=\frac{4}{\pi}\left(\frac{1}{1}-\frac{1}{3}+\frac{1}{5}-\cdots\right)$$

그러므로

$$\frac{\pi}{4} = \frac{1}{1} - \frac{1}{3} + \frac{1}{5} - \cdots = \sum_{n=1}^{\infty} \frac{(-1)^{n+1}}{(2n-1)}$$

이 성립한다. 이 공식은 라이프니츠 공식으로 알려져 있다. ■

연습문제 | 6.2

1. 주어진 함수를 알맞은 코사인 또는 사인급수로 전개하여라.

(1) $f(x) = |x|, \ -\pi < x < \pi$

(2) $f(x) = \cos x, \ -\pi/2 < x < \pi/2$

(3) $f(x) = |\sin x|, \ -\pi < x < \pi$

(4) $f(x) = \begin{cases} x-1, & -\pi < x < 0 \\ x+1, & 0 \le x < \pi \end{cases}$

(5) $f(x) = \begin{cases} 1, & -2 < x < -1 \\ -x, & -1 \le x < 0 \\ x, & 0 \le x < 1 \\ 1, & 1 \le x < 2 \end{cases}$

2. 주어진 함수의 반구간 코사인 또는 사인급수 전개를 구하여라.

(1) $f(x) = \begin{cases} 1, & 0 < x < 1/2 \\ 0, & 1/2 \le x < 1 \end{cases}$

(2) $f(x) = \begin{cases} 0, & 0 < x < 1/2 \\ 1, & 1/2 \le x < 1 \end{cases}$

(3) $f(x) = \begin{cases} x, & 0 < x < 1 \\ 1, & 1 \le x < 2 \end{cases}$

(4) $f(x) = \begin{cases} 1, & 0 < x < 1 \\ 2-x, & 1 \le x < 2 \end{cases}$

3. $f(x) = \begin{cases} 0, & -\pi < x < 0 \\ x^2, & 0 \le x < \pi \end{cases}$에 대한 푸리에 급수를 구하고 이를 이용하여 $\frac{\pi^2}{6}$에 대한 급수를 구하여라.

6.3 | 푸리에 적분과 푸리에 변환

푸리에 급수는 임의의 유한 구간에 대하여 정의된 함수를 급수로 표현하였다. 그리고 이 급수는 주기 $2p$의 주기함수이므로 이 기본 구간 내에서의 함수의 표현은 그 구간 밖의 모든 점에 대하여 주기적으로 반복한다. 많은 물리적인 현상에서는 이러한 급수표현으로 충분하지만, 함수가 기본 구간 밖에서 정의된다 할지라도 그 함수와 그것의 주기적인 확장이 구간 밖에서도 반드시 일치하지는 않게 된다. 이것은 만일 어떤 비주기함수가 임의의 넓은 구간에 대하여 표현되어야 한다면 푸리에 급수의 일반화가 필요함을 의미한다.

푸리에 급수에서 $p \to \infty$로 보내는 것은 푸리에 적분표현이라는 새로운 형태를 가져온다. 이 표현에서 함수 $f(x)$는 모든 x에 대하여 정의되며 반드시 주기적일 필요는 없다.

푸리에 적분표현의 엄밀한 유도는 이 책의 범주를 벗어나므로 여기서는 경험적인 방법으로 적분표현을 유도하기로 한다.

6.1절에서 구간 $(-p,\ p)$에서 정의된 함수 f의 푸리에 급수는

$$f(x) = \frac{a_0}{2} + \sum_{n=1}^{\infty}\left(a_n \cos\frac{n\pi}{p}x + b_n \sin\frac{n\pi}{p}x\right)$$

이었다. 여기서

$$a_0 = \frac{1}{p}\int_{-p}^{p} f(x)dx$$

$$a_n = \frac{1}{p}\int_{-p}^{p} f(x)\cos\frac{n\pi}{p}x\,dx$$

$$b_n = \frac{1}{p}\int_{-p}^{p} f(x)\sin\frac{n\pi}{p}x\,dx$$

이다. 푸리에 계수를 급수에 대입하면

$$f(x) = \frac{1}{2p}\int_{-p}^{p} f(u)du + \frac{1}{p}\sum_{n=1}^{\infty}\int_{-p}^{p} f(u)\cos\frac{n\pi(u-x)}{p}du$$

이다. 이 표현이 $p \to \infty$일 때도 성립하기 위해서는 첫 번째 항은 무한 또는 불확정이 되어서는 안 된다. 이것은 만약 $\lim_{p\to\infty}\int_{-p}^{p}|f(x)|dx$가 유한하다면 첫 번째 항에 포함된 적분은 절대수렴하게 되고 이 경우 첫 번째 항은 $p \to \infty$일 때 0이 되어야 한다. 그러므로 위 식은 다음과 같이 나타낼 수 있다.

$$\lim_{p\to\infty}\frac{1}{p}\sum_{n=1}^{\infty}\int_{-p}^{p} f(u)\cos\frac{n\pi(u-x)}{p}du.$$

경험적인 방법으로 푸리에 적분을 유도하기 위해서 $\Delta\alpha=\frac{\pi}{p}$, $\alpha=n\frac{\pi}{p}$로 놓으면 위 식은 다음과 같이 나타낼 수 있다.

$$f(x)=\lim_{\Delta\alpha\to 0}\frac{1}{\pi}\sum_{n=1}^{\infty}\Delta\alpha\int_{-p}^{p} f(u)\cos[\alpha(u-x)]du$$

이를 정적분의 정의를 이용하여 다시 표현하면

$$f(x)=\frac{1}{\pi}\int_{0}^{\infty}d\alpha\int_{-\infty}^{\infty} f(u)\cos[\alpha(u-x)]du$$

이다. 함수 $A(\alpha)$와 $B(\alpha)$를

$$A(\alpha)=\frac{1}{\pi}\int_{-\infty}^{\infty} f(x)\cos\alpha x dx,\quad B(\alpha)=\frac{1}{\pi}\int_{-\infty}^{\infty} f(x)\sin\alpha x dx$$

로 정의하면 푸리에 적분표현은 다음과 같이 간단한 형태로 다시 나타낼 수 있다.

$$f(x)=\int_{0}^{\infty}[A(\alpha)\cos\alpha x+B(\alpha)\sin\alpha x]d\alpha$$

이 결과는 $f(x)$가 연속인 x의 모든 점에서 성립한다. 만일 x가 불연속점이면 푸리에 급수에서 이야기한 것과 유사하게 $f(x)$는 $\frac{f(x+)+f(x-)}{2}$로 대체할 수 있다.

예제 1 |

$f(x)=e^{-|x|}$의 푸리에 적분표현을 구하여라.

풀이 함수 $e^{-|x|}$는 우함수이므로 $e^{-|x|}\cos\alpha x$는 우함수이며 $e^{-|x|}\sin\alpha x$는 기함수이다. 그러므로

$$A(\alpha)=\frac{1}{\pi}\int_{-\infty}^{\infty} e^{-|x|}\cos\alpha x dx=\frac{2}{\pi}\int_{0}^{\infty} e^{-x}\cos\alpha x dx=\frac{2}{\pi(1+\alpha^2)}$$

$$B(\alpha)=\frac{1}{\pi}\int_{-\infty}^{\infty} e^{-|x|}\sin\alpha x dx=\frac{2}{\pi}\int_{0}^{\infty} e^{-x}\sin\alpha x dx=0$$

이다. 그러므로 다음이 성립한다.

$$e^{-|x|} = \frac{2}{\pi}\int_0^\infty \frac{\cos\alpha x}{1+\alpha^2}d\alpha$$ ■

$\cos\alpha(x-u)$는 α에 대한 우함수이므로

$$f(x) = \frac{1}{2\pi}\int_{-\infty}^\infty\int_{-\infty}^\infty f(u)\cos\alpha(x-u)dud\alpha$$

로 표현할 수 있다. 반면에 $\sin\alpha(x-u)$는 α에 대한 기함수이므로

$$0 = \frac{1}{2\pi}\int_{-\infty}^\infty\int_{-\infty}^\infty f(u)\sin\alpha(x-u)dud\alpha$$

이다. 두 번째 식에 i를 곱하고 첫 번째 식과 더하면

$$\begin{aligned} f(x) &= \frac{1}{2\pi}\int_{-\infty}^\infty\int_{-\infty}^\infty f(u)[\cos\alpha(x-u)+i\sin\alpha(x-u)]dud\alpha \\ &= \frac{1}{2\pi}\int_{-\infty}^\infty\int_{-\infty}^\infty f(u)e^{i\alpha(x-u)}dud\alpha \equiv \frac{1}{2\pi}\int_{-\infty}^\infty e^{i\alpha x}d\alpha\int_{-\infty}^\infty f(u)e^{-i\alpha u}du \end{aligned}$$

이 성립한다. 만일 $F(\alpha) = \int_{-\infty}^\infty f(u)e^{-i\alpha u}du$라고 하면 $f(x) = \frac{1}{2\pi}\int_{-\infty}^\infty F(\alpha)e^{i\alpha x}d\alpha$가 성립한다.

함수 $F(\alpha)$를 $f(x)$의 **푸리에 변환**(Fourier transformation)이라고 하며 $F(\alpha) = \mathcal{F}(f(x))$로 표현한다. 함수 $f(x)$는 $F(\alpha)$의 **역 푸리에 변환**(inverse Fourier transfotmation)이라고 하며 $f(x) = \mathcal{F}^{-1}\{F(\alpha)\}$로 표시한다.

예제 2 |

$f(x) = \begin{cases} 1, & |x| < a \\ 0, & |x| > a \end{cases}$의 푸리에 변환을 구하여라.

풀이

$$F(\alpha) = \int_{-\infty}^\infty f(u)e^{-i\alpha u}du = \int_{-a}^a (1)e^{-i\alpha u}du = \left.\frac{e^{-i\alpha u}}{-i\alpha}\right|_{-a}^a$$

$$= \frac{e^{i\alpha a}-e^{-i\alpha a}}{i\alpha} = 2\frac{\sin a\alpha}{\alpha}, \quad \alpha \neq 0$$

$\alpha = 0$인 경우에는 $F(\alpha) = 2a$이다. ■

예제 3 |

푸리에 변환을 이용하여 $\int_{-\infty}^{\infty} \frac{\sin\alpha a \cos\alpha x}{\alpha} d\alpha$와 $\int_{0}^{\infty} \frac{\sin u}{u} du$를 구하여라.

풀이 $F(\alpha) = \int_{-\infty}^{\infty} f(u) e^{-i\alpha u} du$라고 하면 $f(x) = \frac{1}{2\pi}\int_{-\infty}^{\infty} F(\alpha) e^{i\alpha x} d\alpha$가 성립한다.
그러므로 예제 2에 의해

$$\frac{1}{2\pi}\int_{-\infty}^{\infty} 2\frac{\sin\alpha a}{\alpha} e^{i\alpha x} d\alpha = \begin{cases} 1, & |x| < a \\ 1/2, & |x| = a \\ 0, & |x| > a \end{cases}$$

가 성립한다. 위 식의 좌변은

$$\frac{1}{\pi}\int_{-\infty}^{\infty} \frac{\sin\alpha a \cos\alpha x}{\alpha} d\alpha + \frac{i}{\pi}\int_{-\infty}^{\infty} \frac{\sin\alpha a \sin\alpha x}{\alpha} d\alpha$$

와 같으며 두 번째 적분의 피적분 함수는 기함수이므로 적분값은 0이 된다. 그러므로

$$\int_{-\infty}^{\infty} \frac{\sin\alpha a \cos\alpha x}{\alpha} d\alpha = \begin{cases} \pi, & |x| < a \\ \pi/2, & |x| = a \\ 0, & |x| > a \end{cases}$$

이 된다. 위 식에서 $x = 0$, $a = 1$로 놓으면 $\int_{-\infty}^{\infty} \frac{\sin\alpha}{\alpha} d\alpha = \pi$, 즉 $\int_{0}^{\infty} \frac{\sin\alpha}{\alpha} d\alpha = \frac{\pi}{2}$가 된다. ■

만일 $f(x)$가 기함수이면 푸리에 적분은

$$f(x) = \frac{2}{\pi}\int_{0}^{\infty} \sin\alpha x d\alpha \int_{0}^{\infty} f(u) \sin\alpha u du$$

로 표현된다. $F_s(\alpha) = \int_{0}^{\infty} f(u) \sin\alpha u du$라고 하면 위 식은

$$f(x) = \frac{2}{\pi}\int_{0}^{\infty} F_s(\alpha) \sin\alpha x d\alpha$$

가 되는데, $F_s(\alpha)$를 $f(x)$의 푸리에 사인 변환이라고 하며 반면에 $f(x)$는 $F_s(\alpha)$의 역 푸리에 사인 변환이라고 한다.

마찬가지로 만일 $f(x)$가 우함수이면 푸리에 적분은

$$f(x)=\frac{2}{\pi}\int_0^\infty \cos\alpha x d\alpha\int_0^\infty f(u)\cos\alpha u du$$

로 표현된다. $F_c(\alpha)=\int_0^\infty f(u)\cos\alpha u du$라고 하면 위 식은

$$f(x)=\frac{2}{\pi}\int_0^\infty F_c(\alpha)\cos\alpha x d\alpha$$

가 되는데, $F_c(\alpha)$를 $f(x)$의 푸리에 코사인 변환이라고 하며 반면에 $f(x)$는 $F_c(\alpha)$의 역 푸리에 코사인 변환이라고 한다.

예제 4 |

$f(x)=e^{-mx}$, $m>0$의 푸리에 코사인 변환을 구하여라.

풀이

$$F_c(\alpha)=\int_0^\infty e^{-mu}\cos\alpha u du=\left.\frac{e^{-mu}(-m\cos\alpha u+\alpha\sin\alpha u)}{m^2+\alpha^2}\right|_0^\infty$$

$$=\frac{m}{m^2+\alpha^2}$$

■

연습문제 | 6.3

1. 다음 함수의 푸리에 적분표현을 구하여라.

(1) $f(x)=\begin{cases} e^{-x}, & x>0 \\ 0, & x<0 \end{cases}$

(2) $f(x)=\begin{cases} 0, & x\le 0 \\ \sin x, & 0\le x\le\pi \\ 0, & x>\pi \end{cases}$

2. 다음 함수의 푸리에 변환을 구하여라.

(1) $f(x)=\begin{cases} \frac{1}{2\beta}, & |x|<1 \\ 0, & |x|>1 \end{cases}$

(2) $f(x) = \begin{cases} 1 - x^2, & |x| < 1 \\ 0, & |x| > 1 \end{cases}$

3. 연습문제 1의 (1)을 이용하여 $\int_0^\infty \frac{1}{1+\alpha^2} d\alpha$의 값을 구하여라.

4. (1) $f(x) = e^{-x}, \quad x \geq 0$의 푸리에 사인 변환을 구하여라.

(2) (1)의 결과를 이용하여 $\int_0^\infty \frac{x \sin mx}{x^2+1} dx = \frac{\pi}{2} e^{-m}, \quad m > 0$을 보여라.

6.4 푸리에 해석의 응용

앞에서 살펴본 것처럼 푸리에 급수는 일정한 구간에서 정의된 임의의 함수를 삼각함수의 조합으로 나타내는 데 이는 매우 다양한 분야에서 응용될 수 있다.

입력 또는 구동력인 $f(x)$가 주기함수인 물리적 시스템을 표현한 미분방정식의 특수해를 구하는데 푸리에 급수는 유용하게 사용된다. 다음 예에서 비동차 선형 미분방정식

$$m\frac{d^2x}{dt^2}+kx=f(t)$$

의 특수해를 구하기 위해 먼저 함수 f를 반구간 사인 전개를 한 후, 특수해의 형태를

$$x_p(t)=\sum_{n=1}^{\infty}B_n\sin\frac{n\pi}{p}t$$

라 가정하고 구할 수 있다.

예제 1

질량은 $m=\frac{1}{16}$슬러그이고 용수철의 탄성계수는 $k=4\ lb/ft$인 비감쇠 용수철/질량계는 그림과 같은 주기 2인 외부력 $f(t)$에 의해 유도된다.
$\frac{1}{16}\frac{d^2x}{dt^2}+4x=f(t)$의 해를 구하여라.

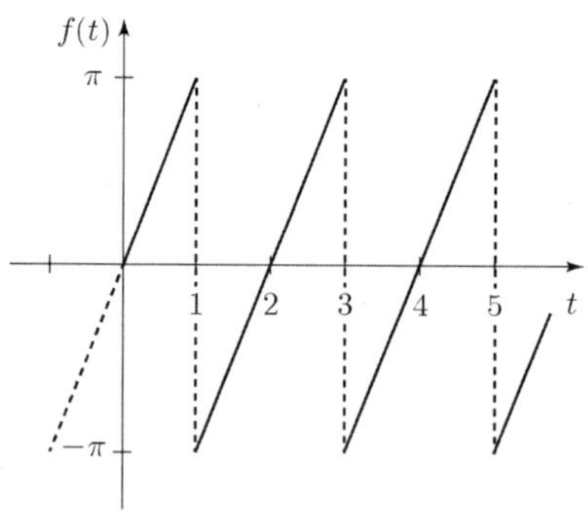

그림 1

풀이 힘 $f(t)$는 $t>0$일 때 시스템에 작용되지만, 2를 주기로 t축에서도 함수의 그래프를 확장하면, 기함수가 된다. 실제로는 $f(t)=\pi t,\ 0<t<1$의 반구간 사인 급수전개를

구하기만 하면 된다는 의미이다. $p=1$이라 하고, 부분적분으로

$$b_n = 2\int_0^1 \pi t \sin n\pi t dt = \frac{2(-1)^{n+1}}{n}$$

이 된다. 그러므로 운동의 미분방정식은

$$\frac{1}{16}\frac{d^2x}{dt^2} + 4x = \sum_{n=1}^{\infty} \frac{2(-1)^{n+1}}{n} \sin n\pi t$$

이 된다. 특수해 $x_p(t)$를 구하기 위해, x_p를 방정식에 대입한 후, $\sin n\pi t$의 계수를 비교하면

$$\left(-\frac{1}{16}n^2\pi^2 + 4\right)B_n = \frac{2(-1)^{n+1}}{n} \quad \text{또는} \quad B_n = \frac{32(-1)^{n+1}}{n(64-n^2\pi^2)}$$

이 된다. 따라서

$$x_p(t) = \sum_{n=1}^{\infty} \frac{32(-1)^{n+1}}{n(64-n^2\pi^2)} \sin n\pi t$$

이다. ■

한편 푸리에 급수는 미분방정식의 경곗값 문제에 활용된다.

경곗값 문제(boundary value problem)란 어떤 영역의 경계 위에 주어진 미지수에 관한 특정 정보(경계 조건)에 근거를 두고 유효한 미분방정식에 의해 완전하게 결정되는 물리적, 공학적인 문제를 의미한다. 이는 특정한 문제에 따라 완전하게 그리고 유일하게 결정되는 미분방정식의 해를 구하기 위해서는 필요한 정보가 요구되기 때문이다.

푸리에 급수가 적용되는 간단한 경곗값 문제에 대한 예를 살펴보자.

예제 2 |

경계조건 $|u(x,\ t)| < M$, $u_x(0,\ t)=0$, $u_x(L,\ t)=0$, $u(x,\ 0)=f(x)$을 만족하는 다음 방정식을 풀어라.

$$\frac{\partial u}{\partial t} = \kappa \frac{\partial^2 u}{\partial x^2}$$

풀이 이 방정식은 열전도 방정식이라고 부르는데, 초기 온도가 $f(x)$이고, 전체 표면이 절연되면서 양 끝점이 $x=0$와 $x=L$인 길이 L의 막대에 대한 방정식이다.
경곗값 문제를 풀기 위해 $u=XY$라고 가정하면 미분방정식은

$$XT'=\kappa X''T \quad \text{또는} \quad \frac{T''}{\kappa T}=\frac{X''}{X}$$

이 된다. 각 식을 $-\lambda^2$이라고 놓으면

$$T'+\kappa\lambda^2 T=0, \quad X''+\lambda^2 X=0$$

가 되고 이로부터

$$X=a\cos\lambda x+b\sin\lambda x, \quad T=ce^{-\kappa\lambda^2 t}$$

을 얻는다. 그러므로 방정식의 해는 $u(x,\ t)=e^{-\kappa\lambda^2 t}(A\cos\lambda x+B\sin\lambda x)$가 된다.
여기서 $A=ac,\ B=bc$이다. $u_x(0,\ t)=0$이므로 $B=0$이고

$$u(x,\ t)=Ae^{-\kappa\lambda^2 t}\cos\lambda x$$

가 된다. $u_x(L,\ t)=0$이므로

$$\sin\lambda L=0 \quad \text{또는} \quad \lambda L=m\pi, \quad m=0,\ 1,\ 2,\ 3,\ \cdots$$

가 된다. 따라서

$$u(x,\ t)=Ae^{-\kappa m^2\pi^2 t/L^2}\cos\frac{m\pi x}{L}, \quad m=0,\ 1,\ 2,\ 3,\ \cdots$$

이다. 한편 마지막 조건 $u(x,\ 0)=f(x)$가 만족하기 위해 중첩원리에 의해

$$u(x,\ t)=\frac{A_0}{2}+\sum_{m=1}^{\infty}A_m e^{-\kappa m^2\pi^2 t/L^2}\cos\frac{m\pi x}{L}$$

를 얻을 수 있고 $u(x,\ 0)=f(x)$이므로

$$f(x)=\frac{A_0}{2}+\sum_{m=1}^{\infty}A_m e^{-\kappa m^2\pi^2 t/L^2}\cos\frac{m\pi x}{L}$$

이 성립한다. 푸리에 급수에 의해 최종적인 해는

$$A_m=\frac{2}{L}\int_0^L f(x)\cos\frac{m\pi x}{L}dx$$

이고

$$u(x,\ t)=\frac{1}{L}\int_0^L f(x)dx+\frac{2}{L}\sum_{m=1}^{\infty}\left(e^{-\kappa m^2\pi^2 t/L^2}\cos\frac{m\pi x}{L}\right)\int_0^L f(x)\cos\frac{m\pi x}{L}dx$$

이다. ■

예제 3 |

경계조건 $u(0,\ y)=u(1,\ y)=u(x,\ 0)=0,\ u(x,\ 1)=u_1,\ |u(x,\ y)|<M$을 만족하는 다음 방정식을 풀어라.

$$\frac{\partial^2 u}{\partial x^2}+\frac{\partial^2 u}{\partial y^2}=0$$

풀이 이 방정식은 라플라스 방정식이라고 부르는 데 일반적으로 판의 수직 모서리 $x=0$와 $x=a$에서 단열되고 위와 아래 모서리 $y=b$와 $y=0$에서 온도 $f(x)$와 0으로 유지된 사각판에서 판의 측면에서 열손실이 없는 경우 시간에 독립인 정상상태 온도 $u(x,\ y)$를 구할 때 사용하는 방정식이다.

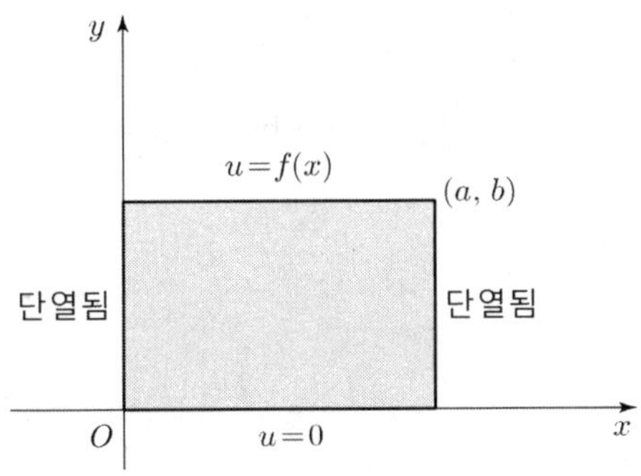

그림 2

예제 2에서 다루었던 경계조건은 그림 2에서 $f(x)=u_1$이고 $(a,\ b)=(1,\ 1)$인 경우를 의미한다. 이는 각각의 면이 절연되어 있는 단위 길이의 변을 갖는 정사각형 판에서 3개의 면은 온도가 0도로 유지되고 네 번째 면은 온도가 u_1으로 유지된다고 할 때 판의 모든 곳의 안정적인 상태의 온도를 구하는 문제이다.

경곗값 문제를 풀기 위해 $u=XY$라고 가정하면 미분방정식은

$$X''Y+XY''=0 \quad \text{또는} \quad \frac{X''}{X}=-\frac{Y''}{Y}$$

가 된다.

두 번째 식을 $-\lambda^2$이라고 놓으면

$$X'' + \lambda^2 X = 0, \quad Y'' - \lambda^2 Y = 0$$

가 되고, 이로부터

$$X = a_1 \cos \lambda x + b_1 \sin \lambda x, \quad Y = a_2 \cosh \lambda y + b_2 \sinh \lambda y$$

를 얻는다. 그러므로 방정식의 가능한 해는

$$u(x,\ y) = (a_1 \cos \lambda x + b_1 \sin \lambda x)(a_2 \cosh \lambda y + b_2 \sinh \lambda y)$$

이다. 경계조건 $u(0,\ y) = 0,\ u(x,\ 0) = 0$로부터 $a_1 = a_2 = 0$를 얻을 수 있다. 또한 $u(1,\ y) = 0$로부터 $\lambda = m\pi,\ m = 1,\ 2,\ 3,\ \cdots$를 얻을 수 있고 이러한 경계조건을 만족하는 해는

$$u(x,\ y) = B \sin m\pi x \sinh m\pi y$$

가 된다. 한편 $u(x,\ 1) = u_1$이 만족해야 하므로 중첩원리에 의해

$$u(x,\ y) = \sum_{m=1}^{\infty} B_m \sin m\pi x \sinh m\pi y$$

가 성립하고 결국 $u_1 = \sum_{m=1}^{\infty} (B_m \sinh m\pi) \sin m\pi x$이다. 푸리에 급수에 의해

$$\begin{aligned} B_m \sinh m\pi &= 2\int_0^1 u_1 \sin m\pi x\, dx \\ &= \frac{2u_1(1-\cos m\pi)}{m\pi} \end{aligned}$$

이 성립하고 이를 풀면 $B_m = \dfrac{2u_1(1-\cos m\pi)}{m\pi \sinh m\pi}$이다. 이를 $u(x,\ y)$에 적용하면

$$u(x,\ y) = \frac{2u_1}{\pi} \sum_{m=1}^{\infty} \frac{1-\cos m\pi}{m \sinh m\pi} \sin m\pi x \sinh m\pi y$$

이다. ■

푸리에 적분도 미분방정식에 응용될 수 있다.

예제 4 |

경계조건 $v(x,\ 0) = f(x)$, $|v(x,\ y)| < M$을 만족하는 라플라스 방정식

$$\frac{\partial^2 v}{\partial x^2} + \frac{\partial^2 v}{\partial y^2} = 0$$

의 해를 구하여라.

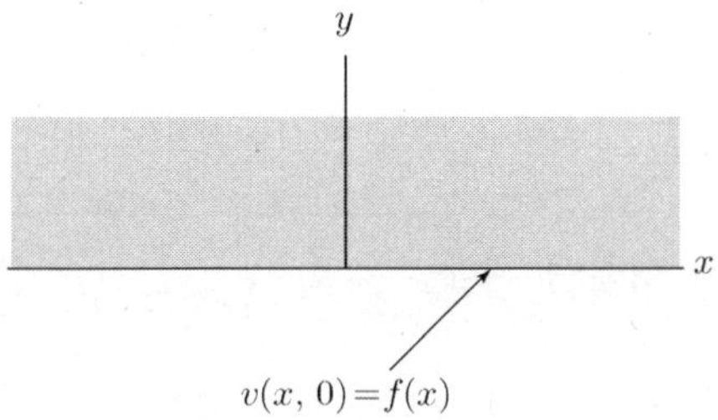

그림 3

풀이 v가 x축상의 값 $f(x)$를 취한다면 반 평면 $y > 0$에 대한 라플라스 방정식의 해를 구하는 문제이다.

경곗값 문제를 풀기 위해 $v = XY$라고 가정하면 미분방정식은

$$X''Y + XY'' = 0 \quad \text{또는} \quad \frac{X''}{X} = -\frac{Y''}{Y}$$

가 된다. 여기서 X는 변수 x에 함수이고, Y는 변수 y의 함수이다.

두 번째 식을 $-\lambda^2$이라고 놓으면

$$X'' + \lambda^2 X = 0, \quad Y'' - \lambda^2 Y = 0$$

가 되고 이로부터

$$X = a_1 \cos \lambda x + b_1 \sin \lambda x, \quad Y = a_2 e^{\lambda y} + b_2 e^{-\lambda y}$$

를 얻는다. 그러므로 방정식의 가능한 해는

$$v(x,\ y) = (a_1 \cos \lambda x + b_1 \sin \lambda x)(a_2 e^{\lambda y} + b_2 e^{-\lambda y})$$

이다. 만일 $\lambda > 0$이면 $y \to \infty$ 일 때 $e^{\lambda y}$는 발산한다. 그러므로 $v(x,\ y)$가 유계가 되기 위해서 $a_2 = 0$이 되어야 하며

$$v(x,\ y) = e^{-\lambda y}(A\cos\lambda x + B\sin\lambda x)$$

이다. λ에 대한 제약조건이 없으므로 A와 B는 $A(\lambda)$와 $B(\lambda)$로 바꾸고 λ에 관해 적분하면

$$v(x,\ y) = \int_0^\infty e^{-\lambda y}[A(\lambda)\cos\lambda x + B(\lambda)\sin\lambda x]d\lambda$$

이다. 경계조건이 $v(x,\ 0) = f(x)$이므로

$$\int_0^\infty [A(\lambda)\cos\lambda x + B(\lambda)\sin\lambda x]d\lambda = f(x)$$

이다. 푸리에 적분의 성질에 의해

$$A(\lambda) = \frac{1}{\pi}\int_{-\infty}^\infty f(u)\cos\lambda u du, \quad B(\lambda) = \frac{1}{\pi}\int_{-\infty}^\infty f(u)\sin\lambda u du$$

을 이용하면 해는

$$v(x,\ y) = \frac{1}{\pi}\int_0^\infty\int_{-\infty}^\infty e^{-\lambda y}f(u)\cos\lambda(u-x)dud\lambda$$

를 얻는다. ■

연습문제 6.4

1. 길이가 L인 균일한 빔이 $x=0$과 $x=L$에서만 단순히 걸쳐져 있다고 가정하자. 단위 길이당 하중이 $w(x) = w_0/L,\ 0 < x < L$과 같이 주어졌다고 할 때, 편향 $y(x)$에 관한 미분방정식은

$$EI\frac{d^4y}{dx^4} = \frac{w_0 x}{L}$$

이다. 여기서 E, I와 w_0는 상수이다. 예제 1의 방법을 사용하여, 미분방정식의 특수해 $y_p(x)$를 구하여라.

2. 예제 3에서 각각의 변의 온도가 u_1, u_2, u_3, u_4로 유지된다고 하면 안정적인 상태의 온도는 어떻게 구할 수 있는지 결정하여라.

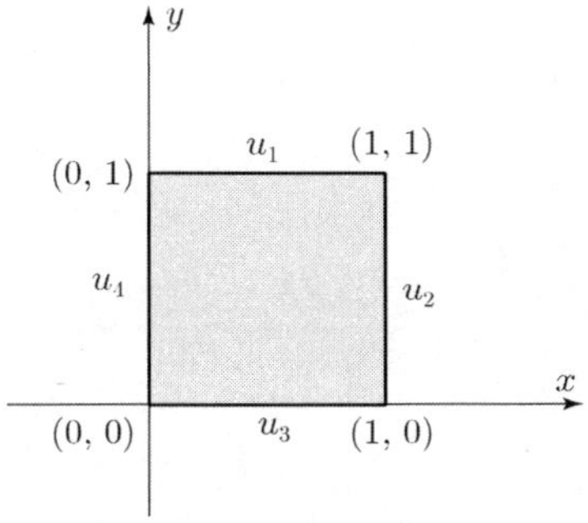

3. 경계조건 $u(0,\ t)=10,\ u(3,\ t)=40,\ u(x,\ 0)=25,\ |u(x,\ t)|<M$을 만족하는 열전도 방정식

$$\frac{\partial u}{\partial t}=2\frac{\partial^2 u}{\partial x^2}$$

의 해를 구하여라.

4. 그림과 같이 단위 길이의 변을 갖는 정사각형 판에서 각각의 면은 절연되고 면들은 $0^o C$으로 유지된다. 초기 온도가 하나의 값으로 특정된다면 판의 임의의 점에서 온도를 구하여라.

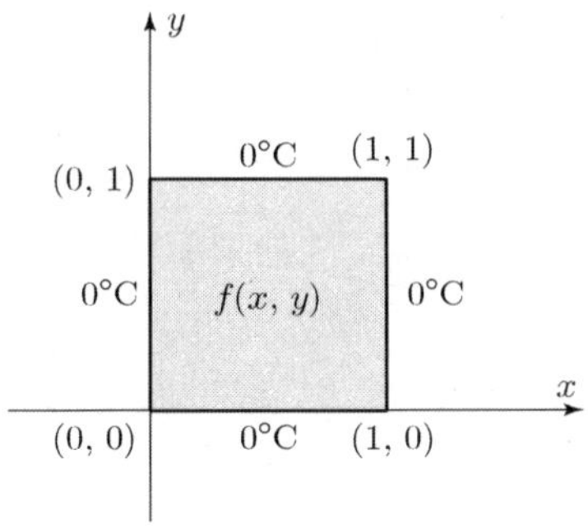

5. 예제 3의 해는 $v(x,\ y)=\frac{1}{\pi}\int_{-\infty}^{\infty}\frac{yf(u)}{y^2+(u-x)^2}du$로 표현할 수 있음을 증명하여라.

Chapter 7

복소해석함수

7.1 | 복소수계

복소수는 1545년에 이탈리아 수학자 지롤라모 카르다노(Girolamo Cardano)가 처음으로 3차 방정식

$$z^3 + a_2 z^2 + a_1 z + a_0 = 0 \tag{1}$$

의 풀이 방법을 제시하면서 연구가 시작되었다. $z = x - \frac{a_2}{3}$을 대입하면 방정식 (1)은 2차항이 없는 저하된 3차 방정식

$$x^3 + bx + c = 0 \tag{2}$$

으로 되는데, 여기서 $b = a_1 - \frac{1}{3}a_2^2$이고 $c = -\frac{1}{3}a_1 a_2 + \frac{2}{27}a_2^3 + a_0$이다.

한편, 페로와 타르탈리아는 이미 이보다 30년 전에 방정식 (2)의 해 중의 하나가

$$x = \sqrt[3]{-\frac{c}{2} + \sqrt{\frac{c^2}{4} + \frac{b^3}{27}}} + \sqrt[3]{-\frac{c}{2} - \sqrt{\frac{c^2}{4} + \frac{b^3}{27}}} \tag{3}$$

임을 보였다. 따라서 카르다노는 페로와 타르탈리아의 결과를 이용하여 일반적인 3차 방정식을 풀 수 있었다. 이런 발전은 허수들의 타당성을 입증하는데 중요한 역할을 했지만, 오늘날 우리가 알고 있는 $x = \pm\sqrt{-1}$와 같은 근들은 수학자들이 쉽게 무시하였다. 카르다노 시대에 음수들은 여전히 논란이 있었는데 이는 음수에 대응하는 어떤 물리적인 현실을 생각하기가 어려웠기 때문이었다. 그 후 1572년 라파엘 봄벨리(Rafael Bombelli)는 음수인 근이 실제로 대단히 유용함을 보였으며, 1673년 존 월리스(John Wallis)는 우리가 오늘날 사용하는 것에 가까운 복소수의 기하학적 그림을 시도하였다. 한편 오일러는 최초로 $\sqrt{-1}$을 기호 i로 사용했다. 어거스틴 루이스 코시(Augustin Louis Cauchy)는 복소해석학의 고전적인 정리들을 공식화하였으며, 칼 프리드리히 가우스(Carl Fredrich Gauss)는 대수적 기본 정리(일차 이상의 모든 다항식은 적어도 하나의 근을 갖는다)에 대한 다양한 증명에서 그들을 사용함으로 복소수들의 공리를 강화하기 전까지는 대부분의 수학자들로부터 외면당했다. 가우스는 1831년 논문에서, 좌표평면상의 점 (x, y)을 복소수에 대응시킴으로써 $x + iy$를 명확하게 기하학적으로 표현하였다. 1831년 논리학자 어거스투스 드모르간(Augustus De Morgan)은 그의 책 《수학자들의 연구와 어려움에 관하여》에서 "우리는 의미가 텅 빈 또는 다소 이기적인 그리고 터무니없는 기호 $\sqrt{-a}$를 보

았다. 그럼에도 그런 기호의 의미로 인해 대수학의 일부분이 위대한 공리로 입증됐다"라고 하였다.

시간이 지남에 따라, 수학자들은 점차 그들의 생각들을 정련하였고, 19세기 말까지 복소수는 견고하게 입장을 굳혔다. 따라서 많은 새로운 수학적 또는 과학적 혁명과 함께 복소수의 정리들은 매우 복잡한 과정으로 발전되었다.

우리는 $x^2+1=0$과 같이 어떤 실수해도 갖지 않는 2차 방정식이 존재함을 알고 있다. 이 방정식을 풀기 위해서는 제곱이 음(-1)이 되는 새로운 수를 만들어야만 한다. 이 수를 허수단위(imaginary unit)라 하고 $i=\sqrt{-1}$로 표현하기로 한다.

사실 논리적인 의미에서 어떤 특수한 방정식의 해를 구하기 위해 새로운 수를 만든다는 것은 자연스러워 보이지 않는다. 따라서 이 전체의 논의를 보다 엄밀한 배경 속에 놓기 위해 실수와 허수단위를 결합하는 연산을 정의하고자 한다.

가우스의 논의에 따라 복소수 $z=x+iy$는 순서쌍 (x, y)로 나타낼 수 있는데, 여기서 x와 y는 모두 실수이다.

정의 1

$z_1=(a_1, b_1)$, $z_2=(a_2, b_2)$에 대하여 다음 세 성질을 만족하는 집합 $\mathbb{R}^2$를 **복소수 (complex number)**의 집합이라 하고 $\mathbb{C}$로 나타낸다.

(1) $z_1=z_2 \Leftrightarrow a_1=a_2,\ b_1=b_2$

(2) $z_1+z_2=(a_1+b_1,\ a_2+b_2)$

(3) $z_1z_2=(a_1a_2-b_1b_2,\ a_1a_2+a_2b_1)$

임의의 $a\in\mathbb{R}$에 대하여 $a=(a, 0)$, $i=(0, 1)$이라 하면

$$(a, b)=(a, 0)+b(0, 1)=a+ib$$

임을 알 수 있다. 따라서

$$\mathbb{C}=\{z : z=x+iy,\ x,\ y\in\mathbb{R}\}$$

임을 알 수 있다. 또한, 정의 1로부터 $i^2=(0, 1)(0, 1)=(-1, 0)=-1$이고, 이는 $i=(0, 1)=\sqrt{-1}$을 의미한다.

정의 2

복소수 $z=x+iy$에 대하여

(1) x를 z의 실수부(real part)라 하고 $\mathrm{Re}(z)$로 나타낸다.

(2) y를 z의 허수부(imaginary part)라 하고 $\mathrm{Im}(z)$로 나타낸다.

(3) $(x,\ -y)=x-iy$를 z의 켤레복소수(conjugate)라 하고 $\bar{z}$로 나타낸다.

예제 1 |

정의로부터 다음을 알 수 있다.

(1) $\mathrm{Re}(-2+6i)=-2$

(2) $\mathrm{Im}(-2+6i)=6$

(3) $\overline{-2+6i}=-2-6i$

복소수들은 체(field)의 공리라고 부르는 다음과 같은 성질을 만족한다.

(P1) 덧셈에 관한 교환법칙: $z_1+z_2=z_2+z_1$.

(P2) 덧셈에 관한 결합법칙: $z_1+(z_2+z_3)=(z_1+z_2)+z_3$.

(P3) 덧셈의 항등원: 임의의 복소수 z에 대해 $z+w=z$을 만족하는 복소수 $w=0$이 존재한다.

(P4) 덧셈의 역원: 임의의 복소수 z에 대해, $z+w=0$을 만족하는 유일한 복소수 $w=-z$이 존재한다.

(P5) 곱셈에 관한 교환법칙: $z_1z_2=z_2z_1$.

(P6) 곱셈에 관한 결합법칙: $z_1(z_2z_3)=(z_1z_2)z_3$.

(P7) 곱셈의 항등원: 모든 복소수 z에 대해 $zw=z$을 만족하는 복소수 $w=1$이 존재한다.

(P8) 곱셈의 역원: 0이 아닌 임의의 복소수 z에 대해, $zw=1$을 만족하는 복소수 $w=\dfrac{1}{z}$이 존재한다. 이때 $w=z^{-1}$로 나타낸다.

(P9) 배분법칙: $z_1(z_2+z_3)=z_1z_2+z_1z_3$.

예제 2

$z_1 = 2+3i,\ z_2 = 3-4i$일 때, 다음이 성립한다.

(1) $z_1 + z_2 = (2+3)+(3-4)i = 5-i$

(2) $z_1 \cdot z_2 = (2\cdot 3 - 3\cdot(-4)) + (2\cdot(-4)+3\cdot 3)i = 18+i$

(3) $\dfrac{z_1}{z_2} = \dfrac{2+3i}{3-4i} = \dfrac{(2+3i)(3+4i)}{(3-4i)(3+4i)} = \dfrac{-6+17i}{25} = -\dfrac{6}{25}+\dfrac{17}{25}i$

정리 3

$z,\ z_1,\ z_2$를 임의의 복소수라 하면 다음이 성립한다.

(1) $\overline{\overline{z}} = z$

(2) $\overline{z_1+z_2} = \overline{z_1}+\overline{z_2}$

(3) $\overline{z_1 z_2} = \overline{z_1}\,\overline{z_2}$

(4) $\overline{\left(\dfrac{z_1}{z_2}\right)} = \dfrac{\overline{z_1}}{\overline{z_2}},\quad (z_2 \neq 0)$

(5) $\mathrm{Re}(z) = \dfrac{z+\overline{z}}{2}$

(6) $\mathrm{Im}(z) = \dfrac{z-\overline{z}}{2i}$

앞에서 보듯이 복소수들은 실수들의 순서쌍이므로 그들은 평면상의 점으로 나타낼 수 있다. $z = x+iy = (x,\ y)$은 시작점이 원점이고 끝점이 점 $(x,\ y)$인 평면 위의 위치벡터로 나타낼 수 있다. xy평면이 복소수를 나타내기 위해 사용될 때 **복소평면**(complex plane) 또는 간단히, z**평면**이라 부른다. $\mathrm{Re}(z) = x$이고 $\mathrm{Im}(z) = y$임을 상기하자.

기하학적으로 $\mathrm{Re}(z)$은 $z = (x,\ y)$의 x축 위로의 정사영이고 $\mathrm{Im}(z)$은 z의 y축 위로의 정사영이다. 이때 x축을 **실수축**(real axis), y축을 **허수축**(imaginary axis)이라 한다.

복소수들의 덧셈은 평면상의 벡터들의 덧셈과 유사하다. 앞에서 보았던 것처럼 $z_1 = x_1 + iy_1 = (x_1,\ y_1)$과 $z_2 = x_2 + iy_2 = (x_2,\ y_2)$의 덧셈은 $(x_1+x_2,\ y_1+y_2)$이다. 따라서 $z_1 + z_2$는 '평행사변형 법칙', 즉 벡터의 합이 두 개의 벡터에 의해 형성되는 평행사변형의 대각선으로 표현됨을 알 수 있다.

정의 4

복소수 $z = x+iy$의 **크기**(modulus) 또는 **절댓값**(absolute value)는 음이 아닌 실수로 $|z|$로 나타내고 다음과 같이 정의한다.

$$|z| = \sqrt{x^2+y^2}$$

정의로부터 $|z|$는 원점과 점 $z=(x,\ y)$ 사이의 거리를 의미하고, 크기가 0인 복소수는 오직 0뿐이다. 예를 들어 복소수 $z=2+3i$의 크기는 $|2+3i|=\sqrt{2^2+3^2}=\sqrt{13}$임을 알 수 있다. 부등식 $|z_1|<|z_2|$은 점 z_1이 점 z_2보다 원점과 더 근접해 있음을 의미한다.

$$|x| = |\mathrm{Re}(z) \le |z|,\ |y| = |\mathrm{Im}(z)| \le |z|$$

이 성립함을 쉽게 알 수 있다.

한편, 차 z_1-z_2는 z_2에서 z_1로의 변의 벡터를 의미한다. 따라서 z_1과 z_2 사이의 거리는 $|z_1-z_2|$으로 주어지고

$$|z_1-z_2|=\sqrt{(x_1-x_2)^2+(y_1-y_2)^2}$$

임을 알 수 있다. 또한 복소수의 성질로부터

$$|z|^2 = z\overline{z}$$

이다.

예제 3 |

$z_1=2+3i,\ z_2=3-4i$일 때 $|z_1-z_2|$을 구하여라.

풀이 $|z_1-z_2|=\sqrt{(2-3)^2+(3+4)^2}=\sqrt{145}$이다. ■

정리 5 삼각부등식

임의의 복소수 z_1과 z_2에 대하여 다음이 성립한다.

(1) $|z_1+z_2| \le |z_1|+|z_2|$

(2) $|z_1+z_2| \ge |z_1|-|z_2|$

증명 (1) $|z_1+z_2|^2=(z_1+z_2)\overline{(z_1+z_2)}$

$$\begin{aligned}&=(z_1+z_2)(\overline{z_1}+\overline{z_2})\\&=z_1\overline{z_1}+z_1\overline{z_2}+z_2\overline{z_1}+z_2\overline{z_2}\\&=|z_1|^2+z_1\overline{z_2}+\overline{z_1}z_2+|z_2|^2\end{aligned}$$

$$
\begin{aligned}
&= |z_1|^2 + z_1\overline{z_2} + \overline{(z_1\overline{z_2})} + |z_2|^2 \\
&= |z_1|^2 + 2\mathrm{Re}(z_1\overline{z_2}) + |z_2|^2 \\
&\le |z_1|^2 + 2|z_1\overline{z_2}| + |z_2|^2 \\
&= |z_1|^2 + 2|z_1||z_2| + |z_2|^2 \\
&= (|z_1| + |z_2|)^2
\end{aligned}
$$

이고 $|z_1+z_2|$과 $|z_1|+|z_2|$가 모두 양수이므로 $|z_1+z_2| \le |z_1|+|z_2|$이 성립한다.

(2) (1)로부터

$$|z_1| = |(z_1+z_2)+(-z_2)| \le |z_1+z_2| + |-z_2| = |z_1+z_2| + |z_2|$$

이므로 $|z_1+z_2| \ge |z_1|-|z_2|$이 성립함을 알 수 있다.

$|z_1z_2|^2 = (z_1z_2)(\overline{z_1z_2}) = (z_1\overline{z_1})(z_2\overline{z_2}) = |z_1|^2|z_2|^2$으로부터 $|z_1z_2| = |z_1||z_2|$

임을 알 수 있고, 또한 $\left|\dfrac{z_1}{z_2}\right| = \dfrac{|z_1|}{|z_2|}$, $z_2 \ne 0$임은 쉽게 보일 수 있다. □

예제 4 |

(1) $z_1 = 7+i$, $z_2 = 3+5i$라 하면

$$|z_1| = \sqrt{50},\ |z_2| = \sqrt{34},\ |z_1+z_2| = \sqrt{100+36} = \sqrt{136}$$

이므로

$$
\begin{aligned}
|z_1+z_2| &= \sqrt{136} = 2\sqrt{34} = \sqrt{34}+\sqrt{34} < \sqrt{50}+\sqrt{34} \\
&= |z_1|+|z_2|
\end{aligned}
$$

으로부터 삼각부등식이 만족함을 알 수 있고,

(2) $z_1 = 2+3i$, $z_2 = 3-4i$이면 $|z_1| = \sqrt{13}$, $|z_2| = 5$로부터

$$|z_1z_2| = \sqrt{18^2+1^2} = \sqrt{325} = \sqrt{13}\cdot 5 = |z_1||z_2|$$

임을 알 수 있다.

앞에서 복소수 $z=x+iy$를 xy평면상의 벡터로 나타낼 수 있음을 보았다. 벡터는 그것의 크기와 방향이 주어지면 유일하게 결정된다. r을 z의 크기(즉 $r=|z|$)라 하고, θ를 양의 x축에서 원점에서 복소수 z까지의 직선이 만들어내는 각이라 하자. $z=0$이면 θ는 정의되지 않음에 주의하자. 그러면 $x=r\cos\theta,\ y=r\sin\theta$이므로

$$z=(r\cos\theta,\ r\sin\theta)=r(\cos\theta+i\sin\theta),\ \theta=\tan^{-1}\left(\frac{y}{x}\right)$$

임을 알 수 있는데 이를 z의 **극형식**(Polar representation)이라 하고, r과 θ를 z의 **극좌표**(polar coordinates)라 한다. 극형식

$$z=r(\cos\theta+i\sin\theta)$$

을 $z=(r,\ \theta)$로 표현하기도 한다.

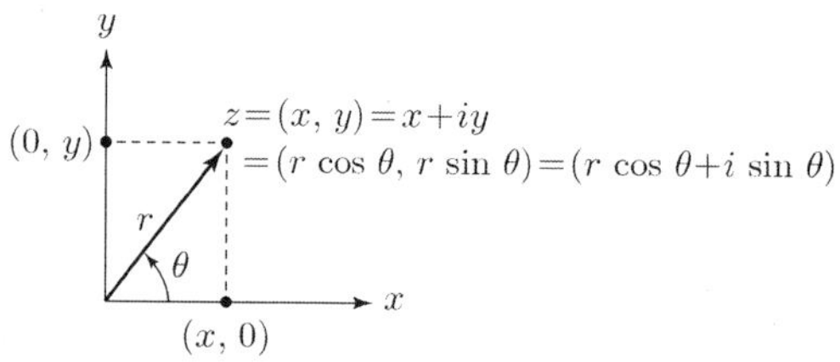

(a)

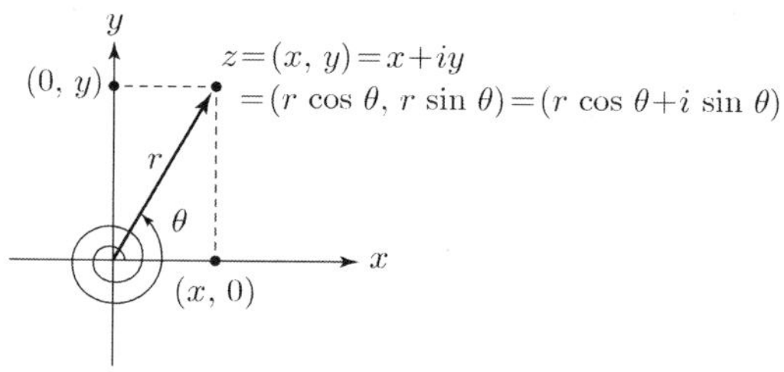

(b)

그림 1 복소수의 극형식

예제 5 |

$z=1-i$를 극형식으로 나타내어라.

풀이 $r=|z|=\sqrt{2}$이고 $\theta=\tan^{-1}\left(\frac{-1}{1}\right)=-\frac{\pi}{4}$이므로

$$z=\sqrt{2}\left(\cos\left(-\frac{\pi}{4}\right)+i\sin\left(-\frac{\pi}{4}\right)\right)$$

이다. ■

위의 그림 1(b)에서 알 수 있듯이 θ는 $\tan\theta=\frac{y}{x}$를 만족하는 값이므로 유일하지 않고 무수히 많음을 알 수 있다. $z\neq 0$에 대해 $z=r(\cos\theta+i\sin\theta)$을 만족하는 모든 θ값

들의 모임을 $\arg z$으로 나타낸다. 다음을 정의하자.

정의 6

$z \neq 0$에 대하여

$$\arg z = \{\theta : z = r(\cos\theta + i\sin\theta)\}$$

로 정의하고, $\theta \in \arg z$인 θ를 z의 **편각**(argument)이라고 한다.

$\theta = \arg z$라는 표현에 반하여 $\theta \in \arg z$라 써야 함에 주의하자. $\arg z$은 집합이기 때문에 θ가 집합에 속한다는 표현으로 $\theta \in \arg z$라 한다. 또한 $\theta_1 \in \arg z$이고, $\theta_2 \in \arg z$이면 임의의 정수 n이 존재해서

$$\theta_1 = \theta_2 + 2n\pi$$

임에 주의하자.

$1 - i = \sqrt{2}\left(\cos\left(-\frac{\pi}{4}\right) + i\sin\left(-\frac{\pi}{4}\right)\right)$이므로 $\arg(1-i) = \left\{-\frac{\pi}{4} + 2n\pi : n\text{은 정수}\right\}$이다.

특별히 $\theta \in \arg z$, $-\pi < \theta \leq \pi$인 θ값을 다음과 같이 정의한다.

정의 7

$z \neq 0$에 대하여

$$z = r(\cos\theta + i\sin\theta), \quad -\pi < \theta \leq \pi$$

을 만족하는 θ를 **주편각**(principal argument)이라 하고 $\theta = \operatorname{Arg} z$로 나타낸다.

예제 6 |

$\operatorname{Arg}(-\sqrt{3} - i) = -\frac{5\pi}{6}$이다. $\theta \in \tan^{-1}\left(\frac{-\sqrt{3}}{-1}\right) = \tan^{-1}\sqrt{3}$이므로 $\theta = \frac{\pi}{6}$라고 생각할 수 있는데, 실제로 $\theta = \frac{\pi}{6}$인 복소수 z는 제1사분면에 존재하고, 반면 $-\sqrt{3} - i$은 제3사분면에 존재하므로 θ값의 옳은 선택은 $\theta = \frac{\pi}{6} - \pi = \frac{-5\pi}{6}$이다.

임의의 정수 n에 대하여

$$\arg z = \operatorname{Arg} z + 2n\pi$$

임을 알 수 있다.

세 무한급수

$$e^x = \sum_{k=0}^{\infty} \frac{1}{k!} x^k, \quad \cos x = \sum_{n=0}^{\infty} \frac{(-1)^n}{(2n)!} x^{2n}, \quad \sin x = \sum_{n=0}^{\infty} \frac{(-1)^n}{(2n+1)!} x^{2n+1}$$

에서 x에 iy를 대입하면 $e^{iy} = \sum_{k=0}^{\infty} \frac{1}{k!}(iy)^k = \sum_{k=0}^{\infty} \frac{1}{k!} i^k y^k$이다. 실제로, 그런 급수가 수렴하는지 여부는 말할 것도 없이 복소수의 무한급수에 관하여 언급하지 않았기 때문에 엄밀함이 떨어진다. 그럼에도 불구하고 만약 단순히 형식적인 표현으로 마지막 급수를 취하면 첨자 k가 짝수$(k=2n)$ 또는 홀수$(k=2n+1)$가 됨에 따라 두 개의 급수로 나눠진다. 따라서

$$\begin{aligned}
e^{iy} &= \sum_{k\text{는 짝수}} \frac{1}{k!} i^k y^k + \sum_{k\text{는 홀수}} \frac{1}{k!} i^k y^k \\
&= \sum_{n=0}^{\infty} \frac{1}{(2n)!} i^{2n} y^{2n} + \sum_{n=0}^{\infty} \frac{1}{(2n+1)!} i^{2n+1} y^{2n+1} \\
&= \sum_{n=0}^{\infty} \frac{1}{(2n)!} (i^2)^n y^{2n} + \sum_{n=0}^{\infty} \frac{1}{(2n+1)!} (i^2)^n i y^{2n+1} \\
&= \sum_{n=0}^{\infty} \frac{1}{(2n)!} (-1)^n y^{2n} + i \sum_{n=0}^{\infty} \frac{1}{(2n+1)!} (-1)^n y^{2n+1} \\
&= \cos y + i \sin y
\end{aligned}$$

임을 얻는다. $x=0$이라 하면 **오일러 공식**(Euler's formula)으로 잘 알려진 유명한 결과를 얻는다. 그 오일러 공식은 다음과 같다.

$$e^{i\theta} = \cos\theta + i\sin\theta = (\cos\theta,\ \sin\theta)$$

오일러 공식은 복소수의 대수적 그리고 기하학적 성질을 완성하는데 대단히 유용하다. 굉장히 쉽게 복소수의 곱을 하고, 간단한 방법으로 복소수 z를 극형식으로 표현할 수 있음을 알게 될 것이다. 즉, $r = |z|$이고 $\theta \in \arg z$이면 오일러 공식으로부터 z를 **지수형식**(exponential form)으로 다음과 같이 쓸 수 있다.

$$z = r(\cos\theta + i\sin\theta) = re^{i\theta}$$

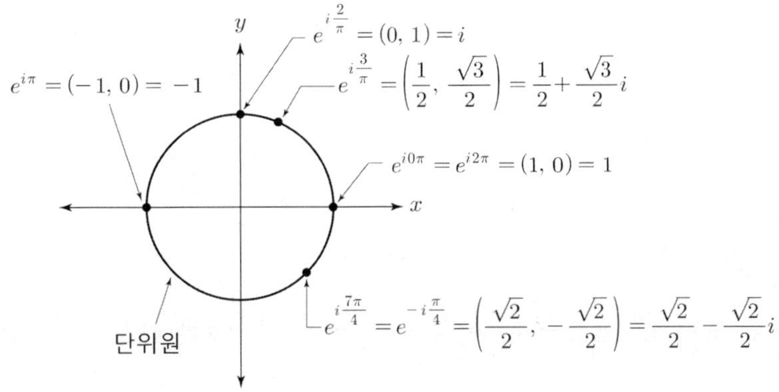

그림 2 다양한 θ값에 대한 $e^{i\theta}$의 위치

특히,

$$z=r(\cos\theta+i\sin\theta)$$

을 z의 **극형식**(polar form)이라 한다.

예제 7 |

$z=1-i$를 지수형식으로 나타내어라.

풀이

$$1-i=\sqrt{2}\,e^{-\frac{\pi}{4}+2n\pi},\quad n=0,\ \pm1,\ \pm2,\ \cdots.$$

■

예제 8 |

다음 복소수들을 극형식으로 나타내어라.

(1) 1 (2) -1

(3) $1+i$ (4) $-1+\sqrt{3}i$

풀이 (1) $\mathrm{Arg}(1)=0$이고 $|1|=1$이므로

$$1=1(\cos(0+2k\pi)+i\sin(0+2k\pi))=\cos 2k\pi+i\sin 2k\pi$$

이다.

(2) $\mathrm{Arg}(-1)=\pi$이고 $|-1|=1$이므로

$$-1=1(\cos(\pi+2k\pi)+i\sin(\pi+2k\pi))$$

이다.

(3) $\operatorname{Arg}(1+i)=\dfrac{\pi}{4}$이고 $|1+i|=\sqrt{2}$이므로

$$1+i=\sqrt{2}\left(\cos\left(\frac{\pi}{4}+2k\pi\right)+i\sin\left(\frac{\pi}{4}+2k\pi\right)\right)$$

이다.

(4) $\operatorname{Arg}(-1+\sqrt{3}i)=\dfrac{2\pi}{3}$이고 $|-1+\sqrt{3}i|=2$이므로

$$-1+\sqrt{3}i=2\left(\cos\left(\frac{2\pi}{3}+2k\pi\right)+i\sin\left(\frac{2\pi}{3}+2k\pi\right)\right)$$

이다. ■

두 복소수를 $z_1=r_1e^{i\theta_1}$이고 $z_2=r_2e^{i\theta_2}$라 하면,

$$z_1z_2=r_1e^{i\theta_1}r_2e^{i\theta_2}=r_1r_2e^{i(\theta_1+\theta_2)}=r_1r_2[\cos(\theta_1+\theta_2)+i\sin(\theta_1+\theta_2)]$$

이고

$$z^{-1}=\frac{1}{z}=\frac{1}{re^{i\theta}}=\frac{1}{r}e^{-i\theta}=\frac{1}{r}[\cos(-\theta)+i\sin(-\theta)]$$

이므로 다음 정리를 얻는다.

정리 8

(1) $\arg(z_1z_2)=\arg z_1+\arg z_2$

(2) $\arg\left(\dfrac{z_1}{z_2}\right)=\arg z_1-\arg z_2$

예제 9 |

만약 $z_1=i$이고 $z_2=1+i\sqrt{3}$이면, 이 수들과 관련된 극형식은

$z_1=1\left(\cos\dfrac{\pi}{2}+i\sin\dfrac{\pi}{2}\right)$이고 $z_2=2\left(\cos\dfrac{\pi}{3}+i\sin\dfrac{\pi}{3}\right)$이다. 따라서

$$z_1z_2 = 2\left[\cos\left(\frac{\pi}{2}+\frac{\pi}{3}\right)+i\sin\left(\frac{\pi}{2}+\frac{\pi}{3}\right)\right]$$
$$= 2\left[\cos\left(\frac{5\pi}{6}\right)+i\sin\left(\frac{5\pi}{6}\right)\right] = -\sqrt{3}+i$$

이고

$$\frac{z_1}{z_2} = \frac{1}{2}\left[\cos\left(\frac{\pi}{2}-\frac{\pi}{3}\right)+i\sin\left(\frac{\pi}{2}-\frac{\pi}{3}\right)\right] = \frac{1}{2}\left(\cos\frac{\pi}{6}+i\sin\frac{\pi}{6}\right) = \sqrt{3}+i$$

이다.

이제 정수 지수들과 복소수의 근에 대해 알아보자. 이런 관점에서 중요한 역할을 하는 것은 0이 아닌 복소수 $z = re^{i\theta} = r(\cos\theta + i\sin\theta)$의 지수형식과 극형식이다. 지수법칙으로부터 다음을 얻는다.

$$z^n = (re^{i\theta})^n = r^n e^{in\theta} = r^n[\cos(n\theta) + i\sin(n\theta)]$$

이고

$$z^{-n} = (re^{i\theta})^{-n} = r^{-n}e^{-in\theta} = r^{-n}[\cos(-n\theta) + i\sin(-n\theta)]$$

이다. 지수법칙으로부터 그것의 극형식에서 $(e^{i\theta})^n = e^{in\theta}$이라 둠으로써

$$(\cos\theta + i\sin\theta)^n = \cos n\theta + i\sin n\theta$$

을 얻을 수 있는데, 이것은 <u>드무아브르 공식</u>(De Moivre's formula)으로 잘 알려져 있다.

예제 10 |

$(1+i)^{20}$을 구하여라.

풀이

$$(1+i)^{20} = \left[\sqrt{2}\left(\cos\frac{\pi}{4}+i\sin\frac{\pi}{4}\right)\right]^{20}$$
$$= \sqrt{2^{20}}\left(\cos\frac{\pi}{4}+i\sin\frac{\pi}{4}\right)^{20}$$
$$= 2^{10}(\cos 5\pi + i\sin 5\pi)$$
$$= 2^{10}(-1) = -2^{10}$$

■

드무아브르 공식은 복소수의 근을 구하는데 매우 유용하다. 복소수의 근을 결정하는데 도움이 되는 열쇠는 대수학의 기본정리인데 이는 다음과 같다.

정리 9　대수학의 기본정리

만약 $P(z)$이 복소수를 계수로 갖는 $n(n>0)$차 다항함수이면, 방정식 $P(z)=0$은 정확히 n개(서로 다를 필요가 없는)의 해를 갖는다.

대수학의 기본정리로부터 방정식 $z^n=c$ (또는 $z^n-c=0$)은 서로 다른 n개의 해를 가짐을 알고 있다. 간단한 방정식 $z^n=1$을 살펴봄으로써 이 방정식의 해를 구하는 방법을 찾고자 한다.

만약 $z_1=r_1e^{i\theta_1}$이고 $z_2=r_2e^{i\theta_2}$이라 하면,

$$z_1=z_2 \Leftrightarrow r_1=r_2,\quad \theta_1=\theta_2+2\pi k$$

인데, 여기서 k는 정수이다. 즉 두 0이 아닌 복소수가 동치일 필요충분조건은 그들의 크기가 같고 한 복소수의 편각이 나머지 복소수의 편각에 2π의 정수배를 더한 것과 같다.

$z=re^{i\theta}$을 $z^n=1$의 해라 가정하자. 그러면 $r^ne^{in\theta}=1\cdot e^{i0}$이고 위의 결과로부터 $r^n=1$이고 $n\theta=0+2\pi k$를 얻는다. 즉

$$r=1,\ \theta=\frac{2\pi k}{n}\quad (k\text{는 정수})$$

를 얻는다. 따라서 만약 $z=re^{i\theta}$이 $z^n=1$의 해라면 $z=re^{i\theta}=e^{i\frac{2\pi k}{n}}$가 $z^n=1$의 실제 해가 된다. 왜냐하면 $z^n=\left(e^{i\frac{2\pi k}{n}}\right)^n=e^{i2\pi k}=1$을 만족하기 때문이다. $z^n=1$이 서로 다른 n개의 근을 갖는다는 것은 $k=0,\ 1,\ 2,\ \cdots,\ n-1$로 정하면 쉽게 보일 수 있다. $k=n,\ n+1,\ \cdots$에 대한 해들은 $k=0,\ 1,\ 2,\ \cdots,\ n-1$에 대한 해와 같이 단순히 반복된다. 왜냐하면 편각이 2π의 정수배 범위 내에서만 생성되기 때문이다. 따라서 n개의 해는 다음과 같이 표현할 수 있다.

$$z_k=e^{i\frac{2k\pi}{n}}=\cos\frac{2k\pi}{n}+i\sin\frac{2k\pi}{n},\ (k=0,\ 1,\ 2,\ \cdots,\ n-1).$$

이것을 1의 **n승 근**(nth roots of unity)이라 한다. 여기서 특히 $w_n=e^{i\frac{2\pi}{n}}$은 특별한 역

할을 한다. 드무아브르 공식에 의해 단위원의 n승 근은

$$1,\ w_n,\ w_n^2,\ \cdots,\ w_n^{n-1}$$

으로 표현된다. 일반적으로, 1의 n승 근은 단위원 $C_1(0)=\{z:|z|=1\}$상에 놓인 동일한 간격의 점들이고 정n각형의 꼭짓점을 형성한다.

예제 11 |

방정식 $z^6=1$의 해는

$$z_k=e^{i\frac{2\pi k}{6}}=\cos\frac{2\pi k}{6}+i\sin\frac{2\pi k}{6}\quad (k=0,\ 1,\ 2,\ \cdots,\ 5)$$

으로 주어진다. 따라서

$$z_0=1,\ z_1=\frac{1+i\sqrt{3}}{2},\ z_2=\frac{-1+i\sqrt{3}}{2},$$
$$z_3=-1,\ z_4=\frac{-1-i\sqrt{3}}{2},\ z_5=\frac{1-i\sqrt{3}}{2}$$

이다. 특히, 1의 원시 6승 근은 $w_6=e^{i\frac{2\pi}{6}}=e^{i\frac{\pi}{3}}=\cos\frac{\pi}{3}+i\sin\frac{\pi}{3}=\frac{1}{2}+i\frac{\sqrt{3}}{2}$이다. 자명하게

$$z_k=w_6^k,\ k=1,\ 2,\ \cdots,\ 5$$

임을 알 수 있다.

$z^n=1$을 푸는 과정을 방정식 $z^n=c$을 푸는 과정으로 일반화하기는 쉽다. 만약 $c=\rho e^{i\phi}=\rho(\cos\phi+i\sin\phi)$이고 $z=re^{i\theta}$이라면, $z^n=c$일 필요충분조건은 $r^ne^{in\theta}=\rho e^{i\phi}$이다. 따라서 $r^n=\rho$이고, $n\theta=\phi+2k\pi$ (k는 정수)이다. 앞에서와 같이 n개의 서로 다른 근들은

$$z_k=\rho^{\frac{1}{n}}e^{i\frac{\phi+2k\pi}{n}}=\rho^{\frac{1}{n}}\left(\cos\frac{\phi+2k\pi}{n}+i\sin\frac{\phi+2k\pi}{n}\right),\ (k=0,\ 1,\ 2,\ \cdots,\ n-1)$$

임을 알 수 있다. 위에서 각각의 해는 c의 n승 근이다. 기하학적으로, c의 n승 근은 원

$$C_{\rho^{\frac{1}{n}}}(0)=\left\{z:|z|=\rho^{\frac{1}{n}}\right\}$$

상에 놓인 동일한 간격의 점들이고 정n각형의 꼭짓점을 형성한다. 그림 3에서 $n=5$인 경우를 보여주고 있다.

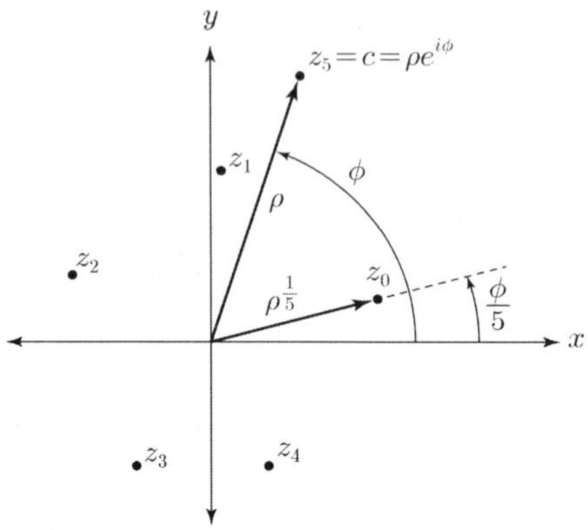

그림 3 정오각형의 꼭짓점

예제 12 |

> $8i$의 3승 근을 구하여라.

풀이 $z_k=2\left(\cos\dfrac{\dfrac{\pi}{2}+2k\pi}{4}+i\sin\dfrac{\dfrac{\pi}{2}+2k\pi}{4}\right)$, $(k=0,\ 1,\ 2)$이므로 $z_0=\sqrt{3}+i$, $z_1=-\sqrt{3}+i$, $z_2=-2i$이다.

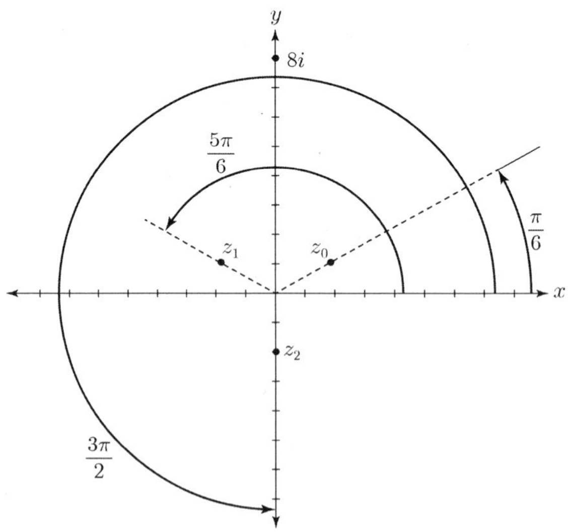

그림 4 $z=8i$의 3개의 3승 근 z_0, z_1, z_2 ■

2차 방정식의 근의 공식이 복소수 영역에서도 성립할까? 그 답은 "그렇다"이다. 주의하여 기호로 제시하면 다음과 같다.

정리 10 근의 공식

$az^2+bz+c=0$이면, 해 z의 집합은

$$\left\{\frac{-b+(b^2-4ac)^{\frac{1}{2}}}{2a}\right\}$$

이다. 이때 $(b^2-4ac)^{\frac{1}{2}}$은 괄호 안의 수의 서로 다른 두 제곱근을 의미한다.

예제 13 |

방정식 $z^2+(1-i)z+3i=0$의 모든 해를 구하여라.

풀이 근의 공식으로부터

$$z=\frac{-(1-i)+[(1-i)^2-4(1)(3i)]^{\frac{1}{2}}}{2(1)}=\frac{-(1-i)+(-14i)^{\frac{1}{2}}}{2}$$

을 얻는다. 한편

$$(-14i)^{\frac{1}{2}}=\sqrt{14}\left(\cos\left(\frac{-\frac{\pi}{2}+2k\pi}{2}\right)+i\sin\left(\frac{-\frac{\pi}{2}+2k\pi}{2}\right)\right),\ k=0,\ 1$$

이므로 방정식의 해는

$$z=\frac{\sqrt{7}-1+(1-\sqrt{7})i}{2},\ \frac{-(1+\sqrt{7})+(1+\sqrt{7})i}{2}$$

가 된다. ■

예제 13으로부터 실수가 아닌 계수를 갖는 다항식이 켤레복소쌍이 아닌 해를 가짐을 알 수 있다.

연습문제 | 7.1

1. 카르다노의 방법($z = x - \frac{a_2}{3}$ 나누는)을 이용하여 다음 3차 방정식의 해를 구하여라.

(1) $z^3 + 9z^2 + 24z + 20 = 0$

(2) $z^3 + 3z^2 - 24z + 28 = 0$

2. $a + ib$ 형태의 복소수로 나타내어라.

(1) i^{275}

(2) $\mathrm{Re}(i)$

(3) $(i+1)^3$

(4) $(7-2i)(3i+5)$

(5) $\mathrm{Im}\left(\frac{1+2i}{3-4i}\right)$

(6) $\overline{(1+i\sqrt{3})(i+\sqrt{3})}$

(7) $\overline{(1+i)(2+i)}(3+i)$

(8) $\frac{1+2i}{3-4i} - \frac{4-3i}{2-i}$

3. $z\overline{z}$가 언제나 실수임을 보여라.

4. $z_1 + z_2$과 $z_1 - z_2$을 구하여라.

(1) $z_1 = 2 + 3i,\ z_2 = 4 + i$

(2) $z_1 = 1 + i\sqrt{3},\ z_2 = -1 + i\sqrt{3}$

5. $\sqrt{2}\,|z| \ge |\mathrm{Re}(z)| + |\mathrm{Im}(z)|$을 증명하여라.

6. 코시-슈바르츠 부등식을 증명하여라.

$$\left|\sum_{k=1}^{n} z_k \overline{w_k}\right| \le \sqrt{\sum_{k=1}^{n} |z_k|^2}\sqrt{\sum_{k=1}^{n} |w_k|^2}$$

7. $|z_1 - z_2|^2 = |z_1|^2 - 2\mathrm{Re}(z_1\overline{z_2}) + |z_2|^2$임을 증명하여라.

8. $\mathrm{Arg}z$을 구하여라.

(1) $1 - i$

(2) $(-1 - i\sqrt{3})^2$

(3) $(1-i)^3$

(4) $\dfrac{2}{i-1}$

(5) $(1+i\sqrt{3})(1+i)$

9. 다음 복소수를 극형식으로 나타내어라.

(1) -4

(2) $-7i$

(3) $-2\sqrt{3}-2i$

(4) $\dfrac{6}{i+\sqrt{3}}$

(5) $(5+5i)^3$

10. 드무아브르 공식을 이용하여 $x+iy$ 형태로 나타내어라.

(1) $(-2+2i)^{\frac{1}{3}}$

(2) $(-64)^{\frac{1}{4}}$

11. 다음 방정식의 해를 구하여라.

(1) $z^2=1-i$

(2) $z^3=2-i$

(3) $z^4=i$

(4) $z^8=1$

7.2 복소평면상에서의 영역

복소수 z_0와 양수 ϵ에 대하여 z_0로부터의 거리가 ϵ보다 작은 복소수 z, 즉 부등식

$$\{z : |z - z_0| < \epsilon\}$$

인 점들의 집합을 z_0의 ϵ-근방(neighborhood)이라 하고, $D_\epsilon(z_0)$로 나타낸다. 즉

$$D_\epsilon(z_0) = \{z : |z - z_0| < \epsilon\}$$

이다.

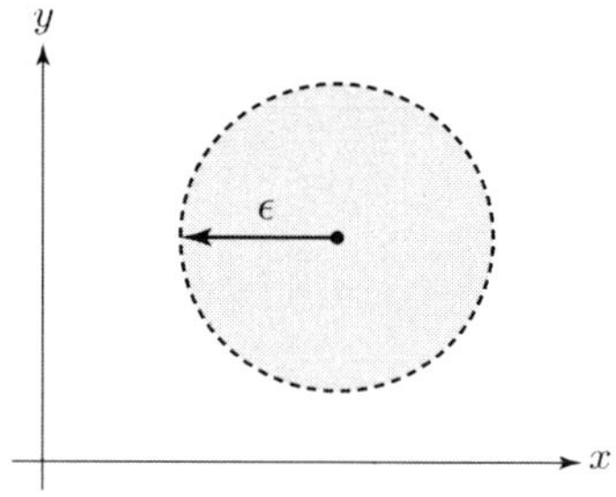

그림 1 점 z_0의 ϵ-근방

또한 중심이 z_0이고 반지름이 ϵ인 폐원판 $\overline{D_\epsilon}(z_0)$을

$$\overline{D_\epsilon}(z_0) = \{z : |z - z_0| \le \epsilon\}$$

으로 정의하고, 중심이 z_0이고 반지름이 ϵ인 구멍 뚫린 원판 $D_\epsilon^*(z_0)$을

$$D_\epsilon^*(z_0) = \{z : 0 < |z - z_0| < \epsilon\}$$

으로 정의한다. $D_\epsilon(z_0) \subset S$을 만족하는 어떤 양수 ϵ이 존재할 때 z_0를 집합 S의 **내점**(interior point)이라 하고, S의 모든 내점들의 집합을 S^0 또는 $\text{int}S$로 나타낸다. 또한 $D_\epsilon(z_0) \cap S = \varnothing$을 만족하는 어떤 양수 ϵ이 존재할 때 z_0를 집합 S의 **외점**(exterior point)이라 한다. 만약 z_0가 S의 내점도 외점도 아닐 때, 그것을 S의 **경계점**(boundary point)이라 하고, ∂S로 나타낸다.

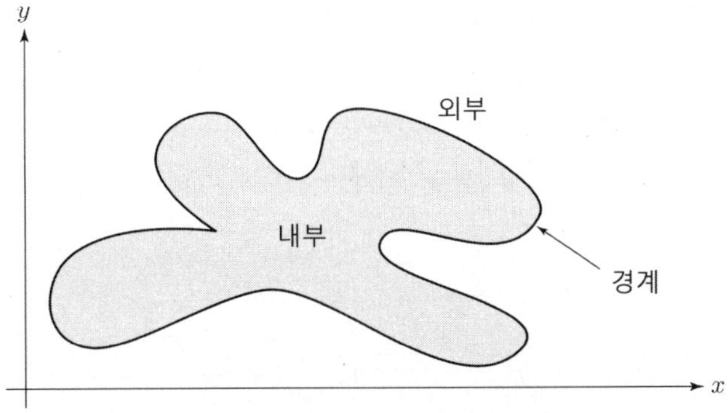

그림 2 집합의 내부, 외부, 경계

중심이 z_0이고 반지름이 R인 원을 $C_R(z_0)$라 하면

$$C_R(z_0) = \{z : |z - z_0| = R\}$$

이고, $\partial D_R(z_0) = C_R(z_0)$임을 알 수 있다.

예제 1 |

$S = D_1(0)$이라 하자. S의 내점, 외점, 경계점을 찾아라.

풀이 z_0를 S의 한 점이라 하자. 그러면 $|z_0| < 1$이고 $\epsilon = 1 - |z_0| > 0$을 선택할 수 있다. 만약 $z \in D_\epsilon(z_0)$이면

$$|z| = |z - z_0 + z_0| \le |z - z_0| + |z_0| < \epsilon + |z_0| = 1 - |z_0| + |z_0| = 1$$

이 성립한다. 따라서 $D_\epsilon(z_0) \subseteq S$이고 이것은 z_0가 S의 한 내점임을 보여주고 있다. 따라서 $S^0 = S$임을 알 수 있다. 마찬가지 방법으로, S의 외점은 집합 $\{z : |z| > 1\}$이고, $\partial S = C_1(0) = \{z : |z| = 1\}$도 쉽게 보일 수 있다. ■

임의의 ϵ에 대하여 $D_\epsilon^*(z_0) \cap S \neq \varnothing$일 때, z_0를 S의 **집적점**(accumulation point)이라 한다. 집합 S에서 S의 모든 점이 S의 내점일 때, 즉 $S^0 = S$일 때 S를 **개집합**(open set)이라 한다. 따라서 예제 1은 $D_1(0)$가 개집합임을 보여준다. 집합 S가 그것의 경계점들을 모두 포함할 때 S를 **폐집합**(closed set)이라 한다. 집합 S에 포함되는 임의의 두 점 z_1와 z_2을 S에 완전히 포함되는 곡선으로 연결할 수 있을 때 S를 **연결집합**(connected set)이라 한다. 직관적으로 연결집합은 '한 조각'으로 이루어져 있다. 단위 원판 $D_1(0) = \{z : |z| < 1\}$은 연결개집합이다. 그림 3에서 보듯이 A의 임의의 두 점은 A에 완전히 포함되는 곡선 C에 의해 연결될 수 있으므로 원환 $A = \{z : 1 < |z| < 2\}$는 연결개집합이다.

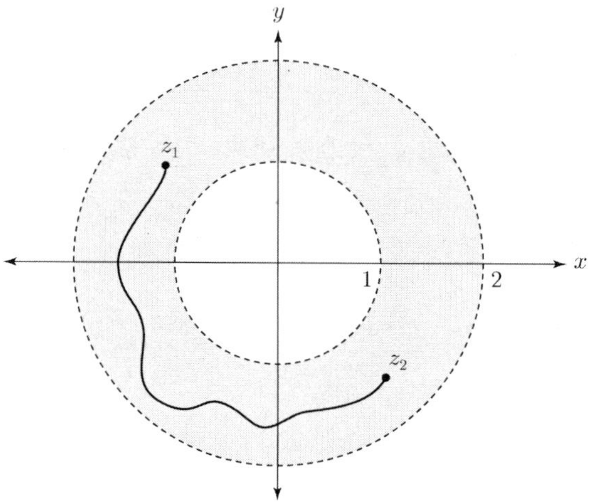

그림 3 원환 $A = \{z : 1 < |z| < 2\}$는 연결집합이다.

집합 $B = \{z : |z+2| < 1$ 또는 $|z-2| < 1\}$는 서로 만나지 않는 두 원판으로 이루어져 있다. 그림 4에서 보듯이 이 집합이 연결집합이 아님을 알 수 있다. 연결개집합을 **정의역**(domain)이라 한다. 따라서 $D_1(0) = \{z : |z| < 1\}$은 정의역이고 단위 폐원판 $\overline{D_1}(0) = \{z : |z| \le 1\}$은 정의역이 아니다.

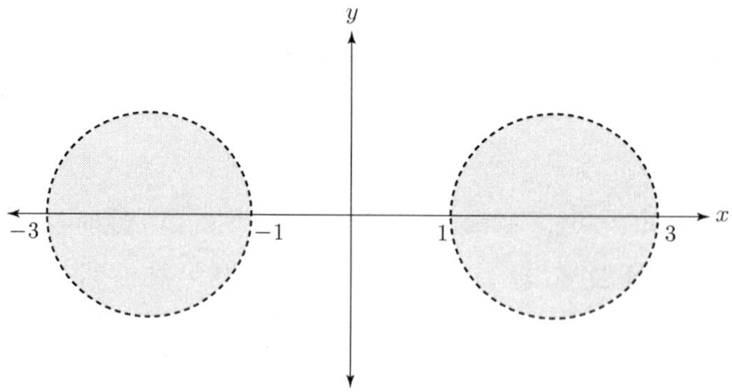

그림 4 집합 $B = \{z : |z+2| < 1$ 또는 $|z-2| < 1\}$은 연결집합이 아니다.

정의역 또는 정의역에 경계점의 일부 또는 모두를 추가하여 만들어진 집합을 **영역**(region)이라 한다. 예를 들면, 평행 띠 $\{z : 1 < \text{Re}(z) \leq 2\}$은 정의역은 아니지만 영역이 된다. 정의역과 경계점이 합해진 집합의 형태는 폐영역이 된다. 따라서 $\{z : 1 \leq \text{Re}(z) \leq 2\}$은 폐영역이다. 집합 S가 어떤 폐원판에 완전히 포함될 때 S를 **유계집합**(bounded set)이라 한다. 즉 S의 임의의 점 z에 대하여 $|z| \leq R$을 만족하는 실수 $R > 0$이 존재할 때 S를 **유계**라 한다. 예를 들어 직사각형 $\{z : |x| \leq 4,\ |y| \leq 3\}$은 원판 $\overline{D}_5(0)$ 안에 포함되므로 유계이다.

연습문제 7.2

1. 다음 선분의 매개변수방정식을 구하여라.

(1) 원점에서 점 $1-i$로 연결

(2) 점 2에서 점 $1+i$로 연결

(3) 점 $-i$에서 점 $1+i$로 연결

(4) 점 2에서 점 $1-2i$로 연결

2. 곡선 $z(t) = t^2 - 2t + i(t+2)$을 그려라.

(1) $-1 \leq t \leq 0$일 때

(2) $1 \leq t \leq 2$일 때

3. 점 1과 i를 연결하는 원 $C_1(0)$의 일부로 다음 조건을 만족하는 곡선의 매개변수방정식을 구하여라.

(1) 시계반대방향인 4분원의 매개변수방정식

(2) 시계방향인 매개변수방정식

4. 다음 집합을 그리고 열린집합, 폐집합, 연결영역, 폐영역, 단일연결영역, 유계 등으로 분류하여라.

(1) $\{z : \text{Re}(z) > 1\}$

(2) $\{z : -1 < \text{Im}(z) \leq 2\}$

(3) $\{z : |z-2-i| \le 2\}$

(4) $\{z : |z+3i| > 1\}$

(5) $\left\{re^{i\theta} : 0 < r < 1 \text{ 그리고 } -\frac{\pi}{2} < \theta < \frac{\pi}{2}\right\}$

(6) $\left\{re^{i\theta} : r > 1 \text{ 그리고 } \frac{\pi}{4} < \theta < \frac{\pi}{3}\right\}$

(7) $\{z : |z| < 1 \text{ 또는 } |z-4| < 1\}$

7.3 복소해석함수

이 절에서는 복소함수들에 주목하려 한다. 복소함수는 미적분학에서 배운 실함수들과 비슷한 방법으로 정의된다. 유일한 차이점은 함수가 복소수에서 작용한다는 것이다. 주로 매우 기본적인 함수들, 함수의 극한과 연속성에 대하여 알아본다.

복소함수(complex-valued function) f는 집합 $D \subseteq \mathbb{C}$ 의 각각의 복소수 z를 오직 하나의 복소수 w에 대응시키는 규칙이다. $w = f(z)$라고 쓰고 w를 f 하에서 z의 **상**(image)이라 부른다. 이때 집합 D를 f의 **정의역**(domain)이라 하고 모든 상들의 집합 $\{w = f(z) : z \in D\}$을 f의 **치역**(range)이라 한다. 때때로 함수를 **사상**(mapping) 또는 **변환**(transformations)이라 한다.

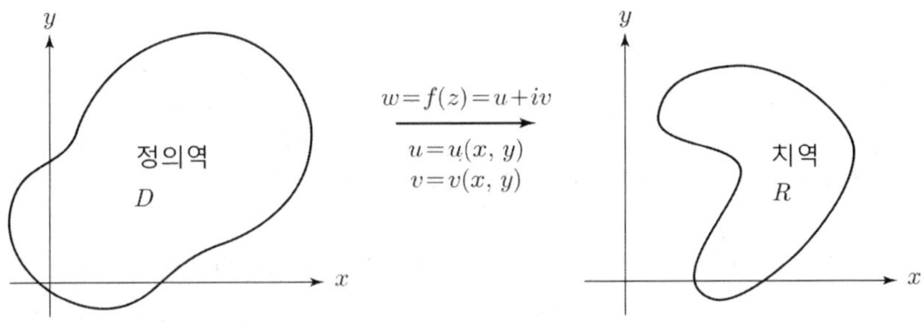

그림 1 사상 $w = f(z)$

z가 실수부와 허수부에 의해 $z = x + iy$로 표현될 수 있는 것처럼, $w = f(z) = u + iv$로 나타낼 수 있는데, 여기서 u와 v는 각각 w의 실수부와 허수부이다. u와 v가 x와 y에 의존하는 실함수이므로, $u = u(x, y)$, $v = v(x, y)$이다. 따라서 복소함수 f는

$$f(z) = f(x + iy) = u(x, y) + iv(x, y)$$

로 종종 쓴다.

예제 1

$f(z) = z^4$을 $f(z) = u(x, y) + iv(x, y)$로 나타내면

$$\begin{aligned} f(z) &= (x + iy)^4 = x^4 + 4x^3 iy + 6x^2 (iy)^2 + 4x(iy)^3 + (iy)^4 \\ &= (x^4 - 6x^2y^2 + y^4) + i(4x^3y - 4xy^3) \end{aligned}$$

이고 $f(z)=\bar{z}\mathrm{Re}(z)+z^2+\mathrm{Im}(z)$을 $f(z)=u(x, y)+iv(x, y)$로 나타내면

$$f(z)=(x-iy)x+(x^2-y^2+i2xy)+y=(2x^2-y^2+y)+i(xy)$$

이 된다.

복소함수 f를 표현할 때 $z=re^{i\theta}$을 이용하면 편리하다. 극형식 표현은 다음과 같이 주어지는데

$$f(z)=f(re^{i\theta})=u(r, \theta)+iv(r, \theta)$$

이때 u와 v는 실변수 r과 θ로 이루어진 실함수이다.

예제 2 |

$f(z)=z^2$을 극형식으로 나타내면

$$f(re^{i\theta})=(re^{i\theta})^2=r^2e^{i2\theta}=r^2\cos 2\theta+ir^2\sin 2\theta$$

이고, $f(z)=z^5+4z^2-6$을 극형식으로 표현하면

$$\begin{aligned} f(z)&=f(re^{i\theta})=r^5(\cos 5\theta+i\sin 5\theta)+4r^2(\cos 2\theta+i\sin 2\theta)-6 \\ &=(r^5\cos 5\theta+4r^2\cos 2\theta-6)+i(r^5\sin 5\theta+4r^2\sin 2\theta) \end{aligned}$$

이다.

이제 복소함수의 기하학적 해석을 살펴보자. 만약 D가 실함수 $u(x, y)$와 $v(x, y)$의 정의역이라면 함수 $u=u(x, y)$와 $v=v(x, y)$는 xy평면상의 집합 D에서 uv평면, 또는 w평면이라고도 불리는 평면 안으로의 변환으로 생각할 수 있다. 따라서 함수

$$w=f(z)=u(x, y)+iv(x, y)$$

는 복소평면상의 집합 D에서 w평면상의 집합 R 위로의 변환이라고 생각할 수 있다.

f의 정의역 D의 부분집합 A에 대하여 집합 $B=\{f(z): z\in A\}$를 A의 **상(image)**이라 한다. 함수 $f: A\to B$가 서로 다른 두 점 $z_1\neq z_2$을 다른 두 점 $f(z_1)\neq f(z_2)$로 대응시킬 때 f를 **단사함수(one-to-one)**라고 하는데 이는 $f(z_1)=f(z_2)$일 때 $z_1=z_2$와 동치이다. 또한 $f(A)=B$일 때 f를 **전사함수(onto)**라 한다.

함수 $f(z)=z^2$은 $-i\neq i$이지만 $f(i)=f(-i)=-1$이므로 단사가 아님을 알 수 있다.

예제 3 |

원판 $|z|<2$에서 정의된 함수 $w=z^2$의 상을 구하여라.

풀이 $z=re^{i\theta}$, $0\le r<2$, $-\pi<\theta\le\pi$라 하면

$$w=z^2=r^2(\cos 2\theta+i\sin 2\theta)$$

이므로 크기는 제곱이 되고, 편각은 2배가 됨을 알 수 있다. 따라서 원판 $|z|<2$의 상은 $|w|<4$가 된다. ■

$f(z)$을 점 z_0을 제외한 z_0의 임의의 근방에 있는 모든 점에서 정의된 복소함수라 하자. 만약 z가 z_0로 가까이 갈 때 $f(z)$값을 우리가 원하는 만큼 충분히 w_0값으로 가까이 보낼 수 있는 경우에 $\lim_{z\to z_0}f(z)=w_0$라고 쓰고, $f(z)$는 z_0에서 극한값 w_0를 갖는다고 한다.

점 z와 z_0의 거리는 $|z-z_0|$로 표현할 수 있고, 이변수함수의 극한에 대한 정의와 유사하게 복소함수의 극한에 대한 엄밀한 정의를 줄 수 있다.

정의 1

(1) 임의의 $\epsilon>0$에 대하여

$$0<|z-z_0|<\delta \Rightarrow |f(z)-w_0|<\epsilon$$

을 만족하는 $\delta>0$가 존재할 때 $f(z)$는 z_0에서 극한값 w_0를 갖는다고 하고,

$$\lim_{z\to z_0}f(z)=w_0$$

로 나타낸다.

(2) $f(z_0)$가 정의되고

$$\lim_{z\to z_0}f(z)=f(z_0)$$

일 때, $f(z)$는 $z=z_0$에서 **연속**이라고 한다.

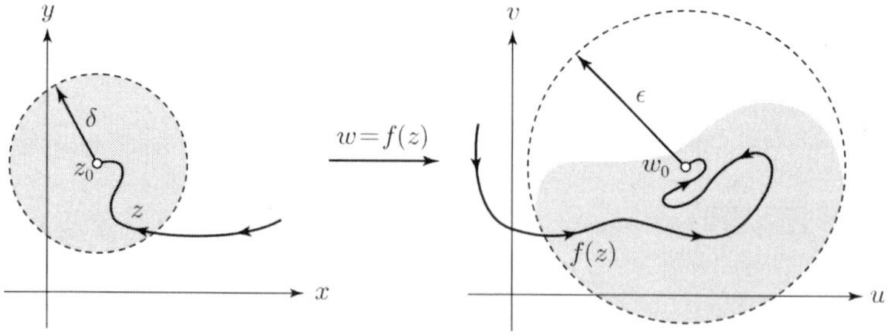

그림 2 $z \to z_0$일 때 극한 $f(z) \to w_0$

$w = f(z)$가 z평면에서 w평면으로의 사상일 때, 함수 f의 극한은 그것의 실수영역과 허수영역인 u와 v에 의해 결정되는데 이는 극한을 계산하는데 도움을 준다.

정리 2

$f(z) = u(x, y) + iv(x, y)$가 $z_0 = x_0 + iy_0$의 근방에서 정의된 복소함수라 하면

$$\lim_{z \to z_0} f(z) = w_0 = u_0 + iv_0 \Leftrightarrow \lim_{(x, y) \to (x_0, y_0)} u(x, y) = u_0, \quad \lim_{(x, y) \to (x_0, y_0)} v(x, y) = v_0$$

이다.

예제 4 |

$\lim_{z \to 1-i} (z^2 + 2z + 1) = 3 - 4i$임을 보여라.

풀이

$$f(x) = z^2 + 2z + 1 = (x+1)^2 - y^2 + 2(x+1)yi$$

이고

$$\lim_{(x, y) \to (1, -1)} u(x, y) = \lim_{(x, y) \to (1, -1)} [(x+1)^2 - y^2] = 3,$$

$$\lim_{(x, y) \to (1, -1)} v(x, y) = \lim_{(x, y) \to (1, -1)} 2(x+1)y = -4$$

이므로 $\lim_{z \to 1-i} (z^2 + 2z + 1) = 3 - 4i$임을 알 수 있다. ■

복소함수의 극한은 형식적으로 실함수와 같고 함수의 합, 차, 곱, 상은 각각의 극한의

합, 차, 곱, 상에 의해 주어지는 극한을 갖는다.

정리 3

$\lim_{z\to z_0} f(z) = A$이고 $\lim_{z\to z_0} f(z) = B$일 때 다음이 성립한다.

(1) $\lim_{z\to z_0}[f(z) \pm g(z)] = A \pm B$

(2) $\lim_{z\to z_0} f(z)g(z) = AB$

(3) $\lim_{z\to z_0}\frac{f(z)}{g(z)} = \frac{A}{B}$, (단, $B \neq 0$)

복소함수 f가 연속일 필요충분조건은 실수부 u와 허수부 v가 각각 연속인 것이다.

정리 4

$f(z) = u(x,\ y) + iv(x,\ y)$가 $z_0 = x_0 + iy_0$에서 연속이기 위한 필요충분조건은 u와 v가 $(x_0,\ y_0)$에서 연속인 것이다.

정리 5

f와 g가 z_0에서 연속일 때 다음 함수들도 z_0에서 연속이다.

(1) $f(z) + g(z)$

(2) $f(z) - g(z)$

(3) $f(z)g(z)$

(4) $\frac{f(z)}{g(z)}$

(5) $(f \circ g)(z)$ (단, f는 $g(z_0)$의 근방에서 연속)

예제 5 |

다항함수 $P(z) = a_0 + a_1 z + a_2 z^2 + \cdots + a_n z^n$가 복소평면 $\mathbb{C}$에서 연속임을 보여라.

풀이 자명하게 상수함수 $P(z)=a_0$는 연속이다. $P(z)=z$는 $\delta=\epsilon$이라 둠으로써 연속임을 보일 수 있다. 따라서 위의 정리 (3)으로부터 $P(z)=a_n z^n$도 연속임을 알 수 있고 (1)에 의해 $P(z)=a_0+a_1 z+a_2 z^2+\cdots+a_n z^n$가 연속임을 알 수 있다. ■

예제 6 |

위의 정리로부터

$$\begin{aligned}\lim_{z\to 1+i}\frac{z^2-2i}{z^2-2z+2} &= \lim_{z\to 1+i}\frac{(z-1-i)(z+1+i)}{(z-1-i)(z-1+i)} \\ &= \lim_{z\to 1+i}\frac{z+1+i}{z-1+i}=\frac{(1+i)+1+i}{(1+i)-1+i} \\ &= \frac{2+2i}{2i}=1-i\end{aligned}$$

임을 알 수 있다.

연습문제 | 7.3

1. 극한의 법칙을 이용하여 다음 극한을 구하여라.

(1) $\lim_{z\to 2+i}(z^2-z+2-5i)$

(2) $\lim_{z\to i}\frac{z^2-4z+2}{z+1}$

(3) $\lim_{z\to i}\frac{z^4-1}{z-i}$

(4) $\lim_{z\to 1+i}\frac{z^2+z-1-3i}{z^2-2z+2}$

2. 다음 함수들이 연속 여부를 결정하여라.

(1) z^4-z^2+iz-2

(2) $\frac{z-1}{z^2+1}$

(3) $\frac{z^2+z+5}{z^2+3z+2}$

(4) $\frac{z^4-1}{z^2+2z+2}$

3. 다음을 보여라.

(1) $\lim_{z\to 0}\dfrac{|z|^2}{z}=0$ (2) $\lim_{z\to 0}\dfrac{z^2}{z}=0$

4. $f(z)=\dfrac{z^2}{|z|^2}$일 때, 직선 $y=x$, 선 $y=2x$, $y=x^2$을 따라 각각 $z\to 0$일 때 $\lim_{z\to 0}f(z)$을 구하여라.

5. $z\neq 0$일 때 $f(z)=\dfrac{xy^3}{x^2+2y^6}+i\dfrac{x^3y}{5x^6+y^2}$이고, $f(0)=0$이라 하면 f는 0에서 연속인가 ?

6. $z\neq 0$일 때 $f(z)=\dfrac{\mathrm{Re}(z)}{|z|}$이고, $f(0)=1$이라 하자. $f(z)$는 원점에서 연속인가?

7. $z\neq 0$일 때 $f(z)=\dfrac{[\mathrm{Re}(z)]^2}{|z|}$이고, $f(0)=0$이라 하자. $f(z)$는 원점에서 연속인가?

8. $z\neq 0$일 때 $f(z)=z^{\frac{1}{2}}=|z|^{\frac{1}{2}}e^{i\frac{\mathrm{Arg}(z)}{2}}$라 하자. $f(z)$가 음의 x축에 있는 각각의 점에서 불연속임을 보여라.

7.4 해석함수와 코시-리만 방정식

복소함수에 대한 도함수의 개념이 의미가 있을까? 만약 그렇다면, 어떻게 정의되며 그것은 무엇을 의미할까? 실제로 복소함수의 도함수는 의미 있는 정의를 가지며 미적분학에서의 기본적인 정리(곱의 법칙, 연쇄법칙과 같은)를 갖는다.

복소함수의 도함수도 실함수의 도함수와 같은 방법으로 정의한다. 극한

$$\lim_{z \to z_0} \frac{f(z) - f(z_0)}{z - z_0}$$

가 존재할 때 f는 z_0에서 **미분가능**(differentiable)하다고 하며, 이 극한을 z_0에서 f의 **미분계수** 또는 **도함수**(derivative)라 하고 $f'(z_0)$로 나타낸다.

$\Delta z = z - z_0$라 놓으면

$$f'(z_0) = \lim_{\Delta z \to 0} \frac{f(z_0 + \Delta z) - f(z_0)}{\Delta z}$$

을 얻을 수 있고, $w = f(z)$이고 $\Delta w = f(z) - f(z_0)$이라 하면,

$$f'(z_0) = \frac{dw}{dz} = \lim_{\Delta z \to 0} \frac{\Delta w}{\Delta z}$$

가 됨을 알 수 있다.

복소함수에 대한 기본적인 미분공식들은 실함수의 것들과 동일하며 함수들의 멱, 합, 곱, 나누기 그리고 합성의 미분법칙과 같다. 극한정리를 사용하면 미분공식들의 증명은 쉽게 완성된다.

예제 1 |

$f(z) = z^2$일 때, $f'(z) = 2z$임을 보여라.

풀이

$$f'(z_0) = \lim_{z \to z_0} \frac{z^2 - z_0^2}{z - z_0} = \lim_{z \to z_0} \frac{(z - z_0)(z + z_0)}{z - z_0} = \lim_{z \to z_0} (z + z_0) = 2z_0$$

이므로 $f'(z) = 2z$이다. ■

정리 1

미분가능한 함수 f와 g에 대하여 다음이 성립한다.

(1) $\dfrac{d}{dz}C = 0$, (C는 상수)

(2) $\dfrac{d}{dz}[Cf(z)] = Cf'(z)$

(3) $\dfrac{d}{dz}[f(z)+g(z)] = f'(z)+g'(z)$

(4) $\dfrac{d}{dz}[f(z)g(z)] = f'(z)g(z)+f(z)g'(z)$

(5) $\dfrac{d}{dz}\left(\dfrac{f(z)}{g(z)}\right) = \dfrac{f'(z)g(z)-f(z)g'(z)}{[g(z)]^2}$, $g(z) \neq 0$

(6) $\dfrac{d}{dz}(f(g(z))) = f'(g(z))g'(z)$

예제 2 |

$(z^2+2zi+3)' = 2z+2i$이고 $(z^4)' = 4z^3$이므로 위 정리로부터

$$\frac{d}{dz}(z^2+i2z+3)^4 = 8(z^2+2iz+3)^3(z+i)$$

임을 알 수 있다.

예제 3 |

함수 $f(z) = \overline{z} = x - iy$는 어디에서도 미분가능하지 않음을 보여라.

풀이 임의의 복소수 $z_0 = x_0 + iy_0$에 대하여, z가 x축과 평행한 직선을 따라 $z_0 = x_0 + iy_0$에 근접해가면 $z = x + iy_0$가 되어

$$\begin{aligned}\lim_{z \to z_0}\frac{f(z)-f(z_0)}{z-z_0} &= \lim_{(x+iy_0)\to(x_0+iy_0)}\frac{f(x+iy_0)-f(x_0+iy_0)}{(x+iy_0)-(x_0+iy_0)} \\ &= \lim_{(x+iy_0)\to(x_0+iy_0)}\frac{(x-iy_0)-(x_0-iy_0)}{(x-x_0)+i(y_0-y_0)}\end{aligned}$$

$$= \lim_{(x+iy_0)\to(x_0+iy_0)} \frac{x-x_0}{x-x_0}$$

$$= 1$$

이고, z가 y축과 평행한 직선을 따라 z_0로 근접해가면 $z = x_0 + iy$가 되어

$$\lim_{z\to z_0} \frac{f(z)-f(z_0)}{z-z_0} = \lim_{(x_0+iy)\to(x_0+iy_0)} \frac{f(x_0+iy)-f(x_0+iy_0)}{(x_0+iy)-(x_0+iy_0)}$$

$$= \lim_{(x_0+iy)\to(x_0+iy_0)} \frac{(x_0-iy)-(x_0-iy_0)}{(x_0-x_0)+i(y-y_0)}$$

$$= \lim_{(x_0+iy)\to(x_0+iy_0)} \frac{-i(y-y_0)}{i(y-y_0)}$$

$$= -1$$

임을 알 수 있다. 두 경로에 따른 극한값이 다르므로 $f(z) = \bar{z}$는 z_0에서 미분가능하지 않고 z_0가 임의의 점이므로 $f(z)$은 어디에서도 미분가능하지 않음을 알 수 있다.

■

$f(z) = \bar{z}$는 모든 z에서 연속이므로 위의 예로부터 모든 점에서 연속이지만 어디에서도 미분가능하지 않는 함수가 존재함을 알 수 있다.

다음 사실은 매우 유용하다.

정리 2

f가 z_0에서 미분가능하면 f는 z_0에서 연속이다.

증명 f가 z_0에서 미분가능하므로

$$\lim_{z\to z_0} \frac{f(z)-f(z_0)}{z-z_0} = f'(z_0)$$

이고

$$\lim_{z\to z_0}[f(z)-f(z_0)] = \lim_{z\to z_0} \frac{f(z)-f(z_0)}{z-z_0}(z-z_0)$$

$$= \lim_{z \to z_0} \frac{f(z) - f(z_0)}{z - z_0} \lim_{z \to z_0} (z - z_0)$$

$$= f'(z_0) \cdot 0 = 0.$$

즉, $\lim_{z \to z_0} f(z) = f(z_0)$이므로 f는 z_0에서 연속이다. □

$z \in D_\epsilon(z_0)$에 대하여 $f'(z)$이 존재하도록 하는, 즉 $f(z)$가 $D_\epsilon(z_0)$에 미분가능하도록 하는 적당한 $\epsilon > 0$이 존재할 때 f는 점 z_0에서 **해석적(analytic)**이라고 한다. 다시 말하면, 함수 f가 점 z_0뿐만 아니라 점 z_0의 적당한 ϵ 근방에서도 미분가능할 때 f는 점 z_0에서 해석적이라고 한다. 특히, f가 복소평면 전체에서 해석적일 때 f를 **전해석적(entire)**이라 한다. 또한, 어떤 함수에 대해 해석적이지 않은 점을 **특이점(singular point)**이라 하는데 이는 물리학과 공학에서 중요한 역할을 한다.

정리 3　로피탈의 법칙

f와 g가 z_0에서 해석적이라 하자. 만약 $f(z_0) = 0$, $g(z_0) = 0$ 그리고 $g'(z) \neq 0$이면, $\lim_{z \to z_0} \frac{f(z)}{g(z)} = \lim_{z \to z_0} \frac{f'(z)}{g'(z)}$이다.

예제 4

$f(z) = \frac{z+3}{z^2+1}$을 미분하면 $f'(z) = \frac{-z^2 - 6z + 1}{(z^2+1)^2}$이므로 $f(z)$는 $z = \pm i$를 제외한 모든 점에서 미분이 가능하다. 따라서 $f(z)$는 $\{z \in \mathbb{C} : z \neq \pm i\}$에서 해석적임을 알 수 있다.

f가 미분가능한지 결정하기 위해 이용할 수 있는 판별식이 있는가? 이 질문에 대한 답은 "그렇다"이다. 프랑스 수학자 코시(Augustin-Louis Cauchy)와 독일 수학자 리만(Georg Fredrich Bernhard Riemann)이 두 개의 중요한 방정식을 독립적으로 발견하였다.

함수 $f(z) = u(x, y) + iv(x, y)$가 $z_0 = x_0 + iy_0$에서 미분가능하다고 가정하자. 그러면 $z \to z_0$의 경로와 상관없이

$$f'(z_0) = \lim_{z \to z_0} \frac{f(z) - f(z_0)}{z - z_0}$$

이 존재한다. 먼저 $z_0 = (x_0, y_0)$를 지나는 수평선과 수직선을 선택하여 이런 직선에 따른 $\frac{f(z) - f(z_0)}{z - z_0}$의 극한값을 구해보자. 수평선을 따라 z_0로 접근하기 위해 $z = x + iy_0$이라 두면

$$\begin{aligned}
f'(z_0) &= \lim_{(x, y_0) \to (x_0, y_0)} \frac{f(x + iy_0) - f(x_0 + iy_0)}{x + iy_0 - (x_0 + iy_0)} \\
&= \lim_{x \to x_0} \frac{u(x, y_0) - u(x_0, y_0) + i[v(x, y_0) - v(x_0, y_0)]}{x - x_0} \\
&= \lim_{x \to x_0} \frac{u(x, y_0) - u(x_0, y_0)}{x - x_0} + i \lim_{x \to x_0} \frac{v(x, y_0) - v(x_0, y_0)}{x - x_0} \\
&= u_x(x_0, y_0) + iv_x(x_0, y_0)
\end{aligned}$$

이고, 수직선을 따라 z_0로 접근하기 위해 $z = x_0 + iy$라 두면

$$\begin{aligned}
f'(z_0) &= \lim_{(x_0, y) \to (x_0, y_0)} \frac{f(x_0 + iy) - f(x_0 + iy_0)}{x_0 + iy - (x_0 + iy_0)} \\
&= \lim_{y \to y_0} \frac{u(x_0, y) - u(x_0, y_0) + i[v(x_0, y) - v(x_0, y_0)]}{i(y - y_0)} \\
&= \lim_{y \to y_0} \frac{v(x_0, y) - v(x_0, y_0)}{y - y_0} - i \lim_{y \to y_0} \frac{u(x_0, y) - u(x_0, y_0)}{y - y_0} \\
&= v_y(x_0, y_0) + iu_y(x_0, y_0)
\end{aligned}$$

을 얻는다. f가 z_0에서 미분가능하므로 위의 결과로부터

$$u_x(x_0, y_0) + iv_x(x_0, y_0) = v_y(x_0, y_0) + iu_y(x_0, y_0)$$

가 성립함을 알 수 있고 이로부터

$$u_x = v_y, \ u_y = -v_x$$

를 얻을 수 있는데 위의 두 식을 **코시-리만 방정식**이라 한다.

위의 사실로부터 f가 미분가능하면 코시-리만 방정식을 만족함을 알 수 있다. 또한, f가 $z_0 = x_0 + iy_0$에서 미분가능하면

$$f'(z_0) = u_x(x_0, y_0) + iv_x(x_0, y_0) = v_y(x_0, y_0) + iu_y(x_0, y_0)$$

임을 알 수 있고, z_0에서 코시-리만 방정식이 만족되지 않으면 f가 z_0에서 미분가능하지 않다는 사실을 알 수 있다.

예제 5 |

$f(z)=\bar{z}$이 어디에서도 미분가능하지 않음을 보여라.

풀이 $f(z)=\bar{z}=x-iy=u(x,\ y)+iv(x,\ y)$이므로 $u(x,\ y)=x$이고 $v(x,\ y)=-y$이다. 그런데 $u_x(x,\ y)=1$이고 $v_y(x,\ y)=-1$이므로 어떤 점에서도 코시-리만 방정식이 만족하지 않는다. 따라서 $f(z)=\bar{z}$는 어디에서도 미분가능하지 않음을 알 수 있다. ■

비록 z_0에서 코시-리만 방정식이 만족된다 하더라도 f가 z_0에서 미분가능하다고 할 수는 없다.

예제 6 |

$f(z)=\begin{cases} \dfrac{(\bar{z})^2}{z}=\dfrac{x^3-3xy^2}{x^2+y^2}+i\dfrac{y^3-3x^2y}{x^2+y^2}, & z\neq 0 \\ 0, & z=0 \end{cases}$은 $(0,\ 0)$에서 코시-리만 방정식을 만족하지만 $z_0=0$에서 미분가능하지 않음을 보여라.

풀이 $(0,\ 0)$에서 편미분을 구하기 위해 극한을 이용해야만 한다.

$$u_x(0,\ 0)=\lim_{x\to 0}\frac{u(x,\ 0)-u(0,\ 0)}{x-0}=\lim_{x\to 0}\frac{\dfrac{x^3-0}{x^2+0}}{x}=1$$

이고, 같은 방법으로

$$u_y(0,\ 0)=0,\ v_x(0,\ 0)=0,\ v_y(0,\ 0)=1$$

임을 알 수 있다. 따라서 $(0,\ 0)$에서 코시-리만 방정식이 만족된다. 이제 f가 $z_0=0$에서 미분가능하지 않음을 보이자. z가 x축을 따라 0으로 접근하면

$$\lim_{(x,\ 0)\to(0,\ 0)} \frac{f(x+0i)-f(0)}{x+0i-0} = \lim_{x\to 0} \frac{\frac{x^2}{x}-0}{x-0} = \lim_{x\to 0} \frac{x-0}{x-0} = 1$$

이고, z가 직선 $y=x$를 따라 0으로 접근 하면

$$\lim_{(x,\ x)\to(0,\ 0)} \frac{f(x+ix)-f(0)}{x+ix-0} = \lim_{x\to 0} \frac{-x-ix}{x+ix} = -1$$

이므로 f는 원점에서 미분이 가능하지 않다. ■

코시-리만 방정식을 만족하는 함수에 어떤 조건이 추가되면 미분가능성을 보장할까? $(x_0,\ y_0)$에서 편도함수 f_x와 f_y가 연속이면 f는 $(x_0,\ y_0)$에서 미분가능하다. 이로부터 빠져있는 조건을 유추할 수 있는데 다음 정리의 증명은 어려우므로 생략한다.

정리 4　미분가능성에 대한 충분조건

$f(z)=u(x,\ y)+iv(x,\ y)$가 점 $z_0=x_0+iy_0$의 어떤 근방에서 정의되고, 모든 편도함수 $u_x,\ u_y,\ v_x,\ v_y$가 점 $(x_0,\ y_0)$에서 연속이면서 코시-리만 방정식을 만족하면 f는 z_0에서 미분가능하고

$$f'(z_0)=u_x(x_0,\ y_0)+iv_x(x_0,\ y_0)=v_y(x_0,\ y_0)+iu_y(x_0,\ y_0)$$

이다.

예제 7 |

함수 $f(z)=f(x+iy)=u(x,\ y)+iv(x,\ y)=(x^3-3xy^2)+i(3x^2y-y^3)$가 모든 z에서 미분가능함을 보이고 그것의 도함수를 구하여라.

풀이　$u_x(x,\ y)=v_y(x,\ y)=3x^2-3y^2$이고 $u_y(x,\ y)=-6xy=-v_x(x,\ y)$이므로 코시-리만 방정식을 만족한다. 또한 $u_x,\ u_y,\ v_x,\ v_y$가 모두 연속이므로 정리 4에 의해 f는 모든 z에서 미분가능함을 알 수 있다. 또한

$$f'(z)=u_x(x,\ y)+iv_x(x,\ y)=3x^2-3y^2+i6xy=3(x^2-y^2+i2xy)=3z^2$$

이 된다. ■

예제 8 |

함수 $f(z)=e^{-y}\cos x+ie^{-y}\sin x$가 전해석함수임을 보이고 그것의 도함수를 구하여라.

풀이 $u_x(x,\ y)=v_y(x,\ y)=-e^{-y}\sin x$이고 $v_x(x,\ y)=-u_y(x,\ y)=e^{-y}\cos x$이므로 코시-리만 방정식을 만족하고 $u_x,\ u_y,\ v_x,\ v_y$가 모두 연속이므로 정리 4에 의해 f는 모든 z에서 미분가능함을 알 수 있다. 즉 f가 전해석함수임을 알 수 있다. 또한

$$f'(z)=f'(x+iy)=u_x(x,\ y)+iv_x(x,\ y)=-e^{-y}\sin x+ie^{-y}\cos x$$

가 된다. ■

특히 코시-리만 방정식은 함수 f의 미분가능한 점의 집합을 결정하는데 유용하다.

예제 9 |

함수 $f(z)=(x^3+3xy^2)+i(y^3+3x^2y)$는 x축과 y축 위에서 미분가능하지만 어디에서도 해석적이지 않음을 보여라.

풀이 $u_x(x,\ y)=3x^2+3y^2,\ \ v_y(x,\ y)=3x^2+3y^2,\ \ u_y(x,\ y)=6xy,\ \ v_x(x,\ y)=6xy$이므로 $u_x,\ u_y,\ v_x,v_y$는 연속이고 모든 $(x,\ y)$에서 $u_x(x,\ y)=v_y(x,\ y)$을 만족한다. 그러나 $v_x(x,\ y)=-u_y(x,\ y)$일 필요충분조건은 $6xy=-6xy$이므로 코시-리만 방정식은 $x=0$이거나 $y=0$인 경우에만 만족된다. 따라서 f는 좌표축 위의 점에서만 미분가능하고, 어떤 점에서도 해석적이지 않음을 알 수 있다. ■

실함수에 대하여 도함수가 항등적으로 0이면 그 함수는 상수함수임을 알고 있다. 마찬가지로 복소함수에 대해서도 이 결과가 성립한다.

정리 5

$f=u+iv$가 D에서의 해석적이고 모든 $z\in D$에 대하여 $f'(z)=0$이면 f는 D에서 상수함수이다.

연습문제 | 7.4

1. 다음 함수의 도함수를 구하여라.

(1) $f(z)=z^3-4z^2+7z-1$

(2) $f(z)=(z^2+iz+1)^5$

(3) $f(z)=\dfrac{2z+1}{z-2},\ z\neq 2$

(3) $f(z)=(z^2+(1-3i))(z+1)(z^4+z^2+5i)$

2. 다음 함수들은 어디에서도 미분가능하지 않음을 보여라.

(1) $f(z)=\mathrm{Re}(z)$

(2) $f(z)=\mathrm{Im}(z)$

3. 로피탈의 법칙을 이용하여 다음 극한값을 구하여라.

(1) $\lim\limits_{z\to -i}\dfrac{z^4-1}{z+i}$

(2) $\lim\limits_{z\to 1+i}\dfrac{z^2-iz-1-i}{z^2-2z+2}$

(3) $\lim\limits_{z\to i}\dfrac{z^6+1}{z^2+1}$

(4) $\lim\limits_{z\to -1+i\sqrt{3}}\dfrac{z^9-512}{z^3-8}$

4. 코시-리만 방정식을 이용 다음 함수가 미분가능인지 아닌지를 결정하고, 미분이 가능한 경우 미분계수를 구하여라.

(1) $f(z)=z^2+4i$

(2) $f(z)=f(x,\ y)=\dfrac{y+ix}{x^2+y^2}$

(3) $f(z)=-2(xy+x)+i(x^2-2y-y^2)$

(4) $f(z)=x^3+i(1-y)^3$

(5) $f(z)=z^2-z$

5. 모든 z에 대해 $f(z)=(2x-y)+i(ax+by)$가 미분가능하도록 상수 a와 b를 구하여라.

6. 정리 5를 증명하여라.

7. 다음 함수들이 어디에서도 미분가능하지 않음을 보여라.

(1) $f(z) = e^y \cos x + ie^y \sin x$

(2) $f(z) = z + \overline{z}$

8. 다음 함수들이 어디에서 미분가능인지 어디에서 해석적인지 결정하고 설명하여라.

(1) $f(z) = x^3 + 3xy^2 + i(y^3 + 3x^2 y)$

(2) $f(z) = 8x - x^3 - xy^2 + i(x^2 y + y^3 - 8y)$

7.5 복소지수함수

지수함수는 복소해석학에서 가장 중요한 함수 중의 하나이다. 그렇다면 지수함수 $f(z)=e^z$는 어떻게 정의하여야 할까? z가 실수일 때 실수지수함수와 일치하도록 복소지수함수를 정의하고자 한다, $(e^x)'=e^x$임을 알고 있다. 따라서 우리가 정의하고자 하는 함수 $f(z)=e^z$는 미분방정식의 초깃값 문제

$$f'(z)=e^z,\ f(0)=1 \tag{1}$$

을 만족하고, $y=0$일 때 e^x이며, 지수법칙

$$e^z=e^{x+iy}=e^x e^{iy}$$

을 만족하는 함수이다. 물론 이러한 함수가 존재하는지는 아직 알 수 없다. 만일 이러한 복소지수함수가 존재한다고 가정하면 분명히 그 함수는

$$f(z)=e^x g(y)$$

형태가 될 것이다. 이제 함수 $g(y)$만 잘 정의해 주면 된다. 사실

$$g(y)=\cos y+i\sin y$$

로 정의하면 $f'(z)=e^z$, $f(0)=1$이 성립함을 쉽게 확인할 수 있다. 따라서 다음과 같이 복소지수함수를 정의한다.

정의 1

복소지수함수를 다음과 같이 정의한다.

$$e^z=\exp(z)=e^x(\cos y+i\sin y)$$

정의로부터 $(e^z)'=e^z$이고 $e^0=1$임은 자명하다. 유용한 오일러 공식

$$e^{i\theta}=\cos\theta+i\sin\theta$$

을 상기하자. 이제 이 복소지수함수의 주요 성질에 대하여 알아보자.

정리 2

지수함수 e^z에 대하여

$$e^{z_1+z_2}=e^{z_1}e^{z_2}$$

이 성립한다.

증명 $z_1=x_1+iy_1$, $z_2=x_2+iy_2$라 하자. 삼각함수의 덧셈정리에 의해

$$\begin{aligned} e^{z_1}e^{z_2} &= e^{x_1}e^{x_2}(\cos y_1+i\sin y_1)(\cos y_2+i\sin y_2) \\ &= e^{x_1+x_2}\left[(\cos y_1\cos y_2-\sin y_1\sin y_2)+i(\sin y_1\cos y_2+\cos y_1\sin y_2)\right] \\ &= e^{x_1+x_2}\left[\cos(y_1+y_2)+i\sin(y_1+y_2)\right] \\ &= e^{x_1+x_2}e^{i(y_1+y_2)} = e^{z_1+z_2} \end{aligned}$$

임을 알 수 있다. □

$\exp(z)$의 몇 가지 추가적인 성질들을 살펴보자. 임의의 정수 n에 대하여

(1) $e^{z+i2n\pi}=e^z$

(2) $e^z=1 \iff z=i2n\pi$

(3) $e^{z_1}=e^{z_2} \iff z_2=z_1+i2n\pi$

임은 쉽게 알 수 있다.

한편 e^z은 허수부에 주기가 2π인 주기함수 $\cos y$와 $\sin y$를 포함하므로 복소지수함수는 주기 $2\pi i$를 갖는 주기함수임을 알 수 있다.

이제 지수함수의 치역에 주목해보자. $e^x\neq 0$, $\cos y+i\sin y\neq 0$이므로 $z=x+iy$라면 $e^z=e^xe^{iy}=e^x(\cos y+i\sin y)$으로부터 $e^z\neq 0$임을 알 수 있다. $w=e^z\neq 0$이라 하자. 만약 w를 지수형식인 $w=\rho e^{i\phi}$로 쓰면, $\rho e^{i\phi}=e^xe^{iy}$로부터

$$\rho=e^x,\ \phi=y+2n\pi$$

이므로

$$x=\ln\rho,\ y=\phi+2n\pi$$

이고, 함수 $w=e^z$이 일대일이 아님을 알 수 있다. 따라서 복소지수함수의 역함수를 만들

기 위해서는 e^z의 정의역을 제한해야만 한다. 편각의 범위를 $-\pi < y \le \pi$로 제한하고 이를 주치라 한다. 이로부터 e^z가 정의역

$$D = \{(x,\ y) : -\infty < x < \infty,\ -\pi < y \le \pi\}$$

에서 일대일 함수임을 알 수 있다.

연습문제 7.5

1. 다음 복소수를 $u+iv$ 형태로 나타내어라.

(1) $e^{-\frac{\pi}{3}i}$ (2) $e^{\frac{1}{2}-i\frac{\pi}{4}}$

(3) $e^{-1+i\frac{3\pi}{2}}$ (4) $e^{1+i\frac{5\pi}{4}}$

2. 다음 식을 만족하는 모든 z값을 구하여라.

(1) $e^z = -i$ (2) $e^z = 1+i$

(3) $e^z = \sqrt{3}+i$ (3) $e^z = -1-i\sqrt{3}$

3. 다음을 보여라.

(1) $\lim_{z\to 0}\dfrac{e^z-1}{z} = 1$ (2) $\lim_{z\to i\pi}\dfrac{e^z+1}{z-i\pi} = -1$

4. 다음의 도함수를 구하여라.

(1) e^{2iz} (2) $z^3e^{z^4}$

(3) $e^{(a+ib)z}$ (4) $e^{\frac{1}{z}}$

7.6 | 복소로그함수

실함수 $f(x)=e^x$와 $g(x)=\ln x$는 서로 역함수 관계에 있다. 사실 두 함수는 모두 전단사함수이므로 역함수가 존재하다. 그런데 앞 절에서 언급했듯이 복소지수함수 e^z는 일대일함수가 아니므로 역함수가 존재하지 않는다. 이 문제는 복소지수함수 e^z의 정의역을 제한함으로써 해결할 수 있다. z를 0이 아닌 복소수라 하고 w는

$$z=e^w$$

을 만족하는 복소수라 하자. $r=|z|$, $\theta=\arg z$라 하고 $w=u+iv$라 하면

$$z=re^{i\theta}=e^{u+iv}=e^u e^{iv}$$

가 성립한다. 이로부터

$$r=e^u,\ v=\theta$$

임을 알 수 있다. 그런데 u는 실수이므로 $u=\ln r$이고

$$w=u+iv=\ln r+i\theta=\ln|z|+i\arg z$$

가 성립함을 알 수 있다. 여기서 $z\neq 0$이므로 $\ln|z|$은 정의되고, $\arg z$은 무한개의 값을 가지므로 $w=\ln|z|+i\arg z$는 다가함수임을 알 수 있다.

정의 1

$z\neq 0$에 대하여 복소로그함수를 다음과 같이 정의한다.

$$\log z=\ln|z|+i\arg z$$

예제 1 |

$\log(i)$의 값을 구하여라.

풀이 $\log(-i)=\ln|-i|+i\arg(-i)=\ln(1)+i\left(-\dfrac{\pi}{2}+2k\pi\right)=i\left(-\dfrac{1}{2}+2k\right)\pi$, k는 정수. ■

예제 2 |

$\log(1+i)$의 값을 구하여라.

풀이

$$\begin{aligned}\log(1+i) &= \ln|1+i| + i\arg|1+i| \\ &= \ln\sqrt{2} + i\left(\frac{\pi}{4} + 2k\pi\right),\ k\text{는 정수.}\end{aligned}$$ ■

한편, $z \neq 0$에 대해 Arg는 $-\pi < \text{Arg}(z) \leq \pi$임을 상기하자. 다가함수 $\log z$의 값들은 모두 똑같은 실수부를 갖고 허수부가 $2n\pi$(n은 정수)만큼씩 차이가 있다는 사실을 주목하자. 특히 $n=0$일 때는 특별한 상황을 갖게 되는데 이를 $\log z$의 주치라 하고 다음과 같이 정의한다.

정의 2

$z \neq 0$에 대해서 $\log z$의 주치 $\text{Log}z$는

$$\text{Log}z = \ln|z| + i\text{Arg}z,\quad -\pi < \text{Arg}z \leq \pi$$

로 정의한다.

함수 $\text{Log}z$의 정의역은 0이 아닌 모든 복소수들의 집합이고, 치역은 w평면에 있는 수평띠 $\{w : -\pi < \text{Im}(w) \leq \pi\}$이며 1가함수임을 알 수 있다. 앞에서 봤듯이 $\text{Arg}z$는 음의 x축상의 각 점에서 불연속이므로 $\text{Log}z$도 음의 x축상의 각 점에서 불연속이다.

예제 3 |

$\text{Log}(i)$의 값을 구하여라.

풀이

$$\text{Log}(-i) = \ln|-i| + i\text{Arg}(-i) = \ln(1) + i\left(-\frac{\pi}{2}\right) = -\frac{\pi}{2}i$$ ■

실수로그함수에서와 같이 복소로그함수에 대해서도 다음 성질이 성립한다.

정리 3

0이 아닌 복소수 z_1, z_2에 대하여 다음이 성립한다.

(1) $\log(z_1 z_2) = \log(z_1) + \log(z_2)$

(2) $\log\left(\dfrac{z_1}{z_2}\right) = \log(z_1) - \log(z_2)$

(3) $\log\left(\dfrac{1}{z}\right) = -\log(z)$

(4) $(\log z)' = \dfrac{1}{z}$

증명 (1) $\log(z_1 z_2) = \ln|z_1||z_2| + i\arg(z_1 z_2)$

$$= \ln|z_1| + \ln|z_2| + i\arg(z_1) + i\arg(z_2)$$
$$= [\ln|z_1| + i\arg(z_1)] + [\ln|z_2| + i\arg(z_2)]$$
$$= \log(z_1) + \log(z_2).$$

(2), (3)도 같은 방법으로 증명할 수 있다.

(4) $w = \log z$라 하면 정의로부터

$$z = e^w$$

이다. 양변을 z에 관하여 미분하면

$$1 = w' e^w$$

이므로

$$w' = \frac{1}{e^w} = \frac{1}{z}$$

이다. □

이제 복소지수와 복소로그의 몇 가지 근본적인 성질들에 대하여 알아보자. 임의의 두 실수 a, x에 대하여 $y = x^a$이라 하면, $\ln y = a\ln x$이므로 $y = e^{\ln y} = e^{a\ln x}$가 성립한다. 따라서

$$x^a = e^{a\ln x},\ a,\ x > 0$$

임을 알 수 있다. 같은 방법으로 복소지수함수를 정의하자.

정의 4

복소수 c에 대하여 z^c를

$$z^c = \exp[c\log z] = e^{c\log z},\ z \neq 0$$

로 정의한다.

예제 4 |

$4^{\frac{1}{2}}$을 구하여라.

풀이

$$\begin{aligned} 4^{\frac{1}{2}} &= \exp\left[\frac{1}{2}\log(4)\right] = \exp\left[\frac{1}{2}(\ln 4 + i2n\pi)\right] \\ &= \exp(\ln 2 + in\pi) = 2e^{in\pi} = \pm 2. \end{aligned}$$ ■

위 예제 4에서 표현 $4^{\frac{1}{2}}$은 $\sqrt{4}$와는 다름에 주의하자. 즉 앞의 표현은 집합 $\{-2, 2\}$를 나타내고, 뒤의 표현은 단지 한 개의 값 $\sqrt{4} = 2$를 나타낸다.

$\log(z)$가 다가함수이므로 일반적으로 z^c도 다가함수이다. 하지만

$$f(z) = \exp[c\text{Log}(z)]$$

는 $z \neq 0$인 z에 대해서 1가함수임을 알 수 있다. 이것을 다가함수 z^c의 주가지라고 한다.

예제 5 |

$(-i)^i$의 주가지를 구하여라.

풀이

$$\begin{aligned} (-i)^i &= \exp[i\text{Log}(-i)] = \exp\left[i\left(\ln 1 + i\left(-\frac{\pi}{2}\right)\right)\right] \\ &= \exp\left[\frac{\pi}{2}\right] \end{aligned}$$ ■

몇몇 지수법칙들은 실수의 경우와 같이 이어져 성립한다.

정리 5

c와 d가 복소수들이고 $z \neq 0$이라면 다음이 성립한다.

(1) $z^{-c} = \dfrac{1}{z^c}$

(2) $z^c z^d = z^{c+d}$

(3) $\dfrac{z^c}{z^d} = z^{c-d}$

(4) $(z^c)^n = 2^{cn}$, (n은 정수)

(5) $(z^c)' = cz^{c-1}$

증명 (2) $z^c z^d = e^{c\log z} e^{d\log z} = e^{(c+d)\log z} = z^{c+d}$

(5) $(z^c)' = \left(e^{c\log z}\right)' = e^{c\log z}(c\log z)' = z^c\left(c \cdot \dfrac{1}{z}\right) = cz^{c-1}$ □

$(i^2)^i = \exp[i\log(-1)] = e^{-(1+2n)\pi}$, (여기서 n은 정수)이고 $(i)^{2i} = \exp(2i\log i) = e^{-(1+4n)\pi}$, (여기서 n은 정수)이므로 위 예제에서 n을 임의의 복소수로 바꾸면 (4)가 성립하지 않음을 알 수 있다.

연습문제 7.6

1. 다음의 모든 값들을 구하여라.

(1) $\log(ie)$

(2) $\mathrm{Log}(\sqrt{3}+i)$

(3) $\log(i\sqrt{2}+\sqrt{2})$

(4) $\mathrm{Log}[(1+i)^4]$

(5) $\mathrm{Log}(-3i)$

(6) $\log 6$

(7) $\log(i)$

(8) $\mathrm{Log}(\sqrt{3}-i)$

2. 다음을 만족하는 z의 모든 값들을 구하여라.

(1) $\mathrm{Log}(z) = 1 + i\dfrac{\pi}{4}$

(2) $\mathrm{Log}(z+1) = i\dfrac{\pi}{2}$

(3) $e^z = i$

(4) $e^{z+1} = i$

3. $f(z) = \dfrac{\mathrm{Log}(z+5)}{z^2+3z+2}$이 -1, -2와 반직선 $\{(x, y) : x \le -5,\ y=0\}$ 위의 점들을 제외한 모든 점에서 해석적임을 보여라.

4. $\mathrm{Log}\left(\dfrac{z_1}{z_2}\right) \ne \mathrm{Log}(z_1) - \mathrm{Log}(z_2)$인 z_1과 z_2의 값을 주어라.

5. 다음의 값들을 구하고 주치를 찾아라.

(1) 2^i

(2) $(1-i)^{\pi i}$

(3) $(-1)^{\frac{1}{\pi}}$

(4) $(1-i\sqrt{3})^{\frac{i}{2}}$

(5) i^i

(6) $(-1)^{\sqrt{3}}$

(7) $(-i)^{\frac{2}{\pi}}$

(8) $(1+i)^{2-i}$

7.7 삼각함수와 쌍곡선함수

복소지수함수와 오일러 공식을 이용하여 복소삼각함수를 정의할 수 있다. $e^{iy}=\cos y+i\sin y$이고 $e^{-iy}=\cos y-i\sin y$이므로

$$\cos y=\frac{(\cos y+i\sin y)+(\cos y-i\sin y)}{2}=\frac{e^{iy}+e^{-iy}}{2}$$

이고

$$\sin y=\frac{(\cos y+i\sin y)-(\cos y-i\sin y)}{2i}=\frac{e^{iy}-e^{-iy}}{2i}$$

이다. 이 정의를 복소평면으로 확장하여 복소삼각함수를 정의한다.

정의 1

임의의 복소수 z에 대하여

$$\cos z=\frac{e^{iz}+e^{-iz}}{2},\quad \sin z=\frac{e^{iz}-e^{-iz}}{2i}$$

로 정의한다.

예제 1

$\sin(1+i)$를 구하여라.

풀이

$$\begin{aligned}\sin(1+i)&=\frac{e^{i(1+i)}-e^{-i(1+i)}}{2i}=\frac{e^{-1+i}-e^{1-i}}{2i}\\&=\frac{e^{-1}(\cos 1+i\sin 1)-e(\cos 1-\sin 1)}{2i}\\&=\frac{(e^{-1}-e)\cos 1+i(e^{-1}+e)\sin 1}{2i}\\&=\frac{(e^{-1}+e)\sin 1}{2}-\frac{(e^{-1}-e)\cos 1}{2}i\end{aligned}$$

■

실수에 대한 정의와 마찬가지로 사인 및 코사인 함수를 이용하여 다음의 삼각함수를 정의한다.

정의 2

분모를 0으로 하지 않는 임의의 복소수 z에 대하여

$$\tan z = \frac{\sin z}{\cos z},\ \cot z = \frac{\cos z}{\sin z},$$
$$\sec z = \frac{1}{\cos z},\ \csc z = \frac{1}{\sin z}$$

로 정의한다.

지수함수들의 성질로부터 삼각함수의 많은 성질들이 복소수에 대하여도 성립함을 알 수 있다. 예를 들어

$$\sin(-z) = \frac{e^{i(-z)} - e^{-i(-z)}}{2i} = -\frac{e^{iz} - e^{-iz}}{2i} = -\sin z,$$

$$\sin^2 z + \cos^2 z = \left(\frac{e^{iz} - e^{-iz}}{2i}\right)^2 + \left(\frac{e^{iz} + e^{-iz}}{2}\right)^2$$
$$= \frac{1}{4}\left(-(e^{2iz} - 2 + e^{-2iz}) + (e^{2iz} + 2 + e^{-2iz})\right) = 1$$

이고

$$\sin z_1 \cos z_2 - \sin z_2 \cos z_1$$
$$= \frac{e^{iz_1} - e^{-iz_1}}{2i} \cdot \frac{e^{iz_2} + e^{-iz_2}}{2} - \frac{e^{iz_1} + e^{-iz_1}}{2} \cdot \frac{e^{iz_2} - e^{-iz_2}}{2i}$$
$$= \frac{e^{i(z_1+z_2)} + e^{i(z_1-z_2)} - e^{-i(z_1-z_2)} - e^{-i(z_1+z_2)} - e^{i(z_1+z_2)} + e^{i(z_1-z_2)} - e^{-i(z_1-z_2)} + e^{-i(z_1+z_2)}}{4i}$$
$$= \frac{2e^{i(z_1-z_2)} - 2e^{-i(z_1-z_2)}}{4i} = \sin(z_1 - z_2)$$

이다.

복소삼각함수의 정의로부터 다음 정리를 얻을 수 있다.

정리 3

미분에 관하여 다음이 성립한다.

(1) $(\sin z)' = \cos z$ (2) $(\cos z)' = -\sin z$

(3) $(\tan z)' = \sec^2 z$ (4) $(\sec z)' = \sec z \tan z$

(5) $(\cot z)' = -\csc^2 z$ (6) $(\csc z)' = -\csc z \cot z$

증명 (1) $(\sin z)' = \left(\dfrac{e^{iz} - e^{-iz}}{2i}\right)' = \dfrac{ie^{iz} + ie^{-iz}}{2i} = \dfrac{e^{iz} + e^{-iz}}{2} = \cos z.$

(3) $(\tan z)' = \dfrac{d}{dz}\left(\dfrac{\sin z}{\cos z}\right) = \dfrac{\cos z \cos z - \sin z(-\sin z)}{\cos^2 z} = \dfrac{1}{\cos^2 z} = \sec^2 z.$ □

실함수에 대한 쌍곡선함수는

$$\sinh x = \frac{e^x - e^{-x}}{2}, \quad \cosh x = \frac{e^x + e^{-x}}{2}$$

이다. 이로부터

$$\begin{aligned}
\sin z &= \frac{1}{2i}(e^{iz} - e^{-iz}) \\
&= \frac{1}{2i}(e^{i(x+iy)} - e^{-i(x+iy)}) \\
&= \frac{1}{2i}(e^{-y+ix} - e^{y-ix}) \\
&= \frac{1}{2i}[e^{-y}(\cos x + i\sin x) - e^{y}(\cos x - i\sin x)] \\
&= \sin x\left(\frac{e^y + e^{-y}}{2}\right) + i\cos x\left(\frac{e^y - e^{-y}}{2}\right) \\
&= \sin x \cosh y + i\cos x \sinh y
\end{aligned}$$

임을 알 수 있고, 같은 방법으로

$$\cos z = \cos x \cosh y - i\sin x \sinh y$$

임을 알 수 있다. 이로부터 모든 복소수 $z = x + iy$에 대해서

$$\sin(z + 2\pi) = \sin z, \quad \cos(z + 2\pi) = \cos z$$

가 성립함을 알 수 있다. 실제로

$$\begin{aligned}\sin(z+2\pi) &= \sin[(x+2\pi)+iy] \\ &= \sin(x+2\pi)\cosh y + i\cos(x+2\pi)\sinh y \\ &= \sin x\cosh y + i\cos x\sinh y \\ &= \sin z\end{aligned}$$

이다. 한편, $\sin z = 0$일 필요충분조건은 $z = n\pi$ (n은 정수)이고 $\cos z = 0$일 필요충분조건은 $z = \left(n+\frac{1}{2}\right)\pi$ (n은 정수)이다. 실제로

$$\cos z = 0 \Leftrightarrow 0 = \cos x\cosh y - i\sin x\sinh y$$

이므로

$$0 = \cos x\cosh y,\ 0 = \sin x\sinh y$$

이다. 그런데 $\cosh y \ge 1$이므로 $0 = \cos x\cosh y$로부터 $0 = \cos x$이고, 임의의 정수 n에 대해, $x = \left(n+\frac{1}{2}\right)\pi$를 얻는다. 이제 $0 = \sin x\sinh y$에 $z = x+iy = \left(n+\frac{1}{2}\right)\pi + iy$를 대입하면

$$0 = \sin\left[\left(n+\frac{1}{2}\right)\pi\right]\sinh y = (-1)^n\sinh y$$

이므로 $y = 0$이 나온다. 따라서 $\cos z = 0$에 대한 해는 임의의 정수 n에 대해서

$$z = \left(n+\frac{1}{2}\right)\pi$$

가 된다.

예제 2 |

$\cos z = \cosh 2$를 만족하는 z의 값을 구하여라.

풀이 $\cos z = \cos x\cosh y - i\sin x\sinh y = \cosh 2$로부터

$$\cos x\cosh y = \cosh 2, \quad \sin x\sinh y = 0$$

을 얻는다. 또한, 방정식 $\sin x\sinh y = 0$으로부터 $x = \pi n$이거나 $y = 0$임을 알 수 있다. $y = 0$을 방정식 $\cos x\cosh y = \cosh 2$에 대입하면 $\cos x = \frac{\cosh 2}{\cosh 0} = \cosh 2 > 1$

이므로 이는 불능이 된다. 따라서 $x=\pi n$ (n은 정수)임을 알 수 있다. 한편, 모든 y에 대하여 $\cosh y \geq 1$이므로 $\cos x \cosh y = \cosh 2$으로부터 $\cos x$가 양이어야 함을 알 수 있다. 따라서 $x = 2\pi k$ (k는 정수)를 얻는다.

끝으로, 방정식 $\cos 2\pi k \cosh y = \cosh y = \cosh 2$와 $\cosh y$가 우함수라는 사실로부터 $y = \pm 2$임을 알 수 있고, 이로부터 $z = 2\pi k \pm 2i$ (k는 정수)를 얻는다. ■

이제 복소쌍곡선함수를 정의하자. 복소쌍곡선함수도 실수의 경우와 같은 방법으로 정의한다.

정의 4

임의의 복소수 z에 대하여 복소쌍곡선함수를 다음과 같이 정의한다.

$$\cosh z = \frac{1}{2}(e^{z} + z^{-z}), \quad \sinh z = \frac{1}{2}(e^{z} - e^{-z}), \quad \tan hz = \frac{\sinh z}{\cosh z},$$

$$\cosh z = \frac{\cosh z}{\sinh z}, \quad \operatorname{sech} z = \frac{1}{\cosh z}, \quad \operatorname{csch} z = \frac{1}{\sinh z}.$$

복소쌍곡선함수도 실수의 경우와 마찬가지로 미분법칙 및 여러 가지 공식이 성립한다.

$$\frac{d}{dz}\cosh z = \sinh z, \qquad \frac{d}{dz}\sinh z = \cosh z$$

$$\frac{d}{dz}\tanh z = \operatorname{sech} z, \qquad \frac{d}{dz}\coth z = -\operatorname{csch}^2 z$$

$$\frac{d}{dz}\operatorname{sech} z = -\operatorname{sech} z \tanh z, \qquad \frac{d}{dz}\operatorname{csch} z = -\operatorname{csch} z \coth z$$

이고,

$$\cosh z = \cosh x \cos y + i \sinh x \sin y$$

$$\sinh z = \sinh x \cos y + i \cosh x \sin y$$

이다. 복소삼각함수와 쌍곡선함수들은 모두 지수함수들로 정의되므로, 정의로부터

$$\cosh(iz) = \cos z, \ \sinh(iz) = i \sin z$$

$$\sin(iz) = i \sinh z, \ \cos(iz) = \cosh z$$

임을 알 수 있다.

쌍곡선함수를 포함하는 중요한 항등식 중 몇 가지는 다음과 같다.

$$\cosh^2 z - \sinh^2 z = 1,$$
$$\sinh(z_1 + z_2) = \sinh z_1 \cosh z_2 + \cosh z_1 \sinh z_2,$$
$$\cosh(z_1 + z_2) = \cosh z_1 \cosh z_2 + \sinh z_1 \sinh z_2,$$
$$\cosh(z + 2\pi i) = \cosh z,$$
$$\sinh(z + 2\pi i) = \sinh z, \quad \cosh(-z) = \cosh z, \quad \sinh(-z) = -\sinh z.$$

연습문제 | 7.7

1. 모든 z에 대해 $\frac{d}{dz}\sin z = \cos z$을 증명하여라.

2. 모든 z에 대하여 다음이 성립함을 보여라.

(1) $\sin(\pi - z) = \sin$

(2) $\sin\left(\frac{\pi}{2} - z\right) = \cos z$

(3) $\sinh(z + i\pi) = -\sinh z$

(4) $\tanh(z + i\pi) = \tanh z$

(5) $\sin(iz) = i\sinh z$

(6) $\cosh(iz) = \cos z$

3. 다음을 $u + iv$ 형태로 표현하여라.

(1) $\sin(1 + i)$

(2) $\cos\left(\frac{\pi + 4i}{4}\right)$

(3) $\cos 2i$

(4) $\sin(-2 + i)$

(5) $\tan\left(\frac{i}{2}\right)$

(6) $\sinh(1 + i\pi)$

4. 다음의 미분을 구하고, 그것들이 어디에서 정의되는지 기술하여라.

(1) $\cos\left(\frac{1}{z}\right)$

(2) $z\tan z$

(3) $\csc z^2$

(4) $z\sec^2 z$

(5) $z\cosh z$

(6) $\sinh z^2$

5. $\sin z = 0$의 해는 $z = n\pi$ (n은 정수)임을 보여라.

6. 다음 등식들을 만족하는 z의 모든 값을 구하여라.

(1) $\sin z = \cosh 2$ (2) $\sin z = 2$

(3) $\cos z = i \sinh 1$ (4) $\cosh z = \dfrac{i}{2}$

7. 다음 등식들을 증명하여라.

(1) $\cos z = \cos x \cosh y - i \sin x \sinh y$

(2) $\sin(z_1 + z_2) = \sin z_1 \cos z_2 + \cos z_1 \sin z_2$

(3) $|\cos z|^2 = \cos^2 z + \sinh^2 y$

(4) $\cosh z = \cosh x \cos y + i \sinh x \sin y$

(5) $\cosh^2 z - \sinh^2 z = 1$

(6) $\cosh(z_1 + z_2) = \cosh z_1 \cosh z_2 + \sinh z_1 \sinh z_2$

Chapter

8

복소적분법

8.1 복소평면에서의 선적분

5장에서 $\mathbb{R}^2$ 위에서의 선적분을 정의하였다. 이 절에서는 이 선적분의 개념을 복소평면으로 확장하고자 한다.

곡선, 호 또는 평면 위의 어떤 곡선 C를 표현하기 위해 다음과 같은 매개변수 표현을 사용하였다.

$$C: x = x(t),\ y = y(t) \quad (a \le t \le b)$$

여기서 $x(t)$와 $y(t)$는 연속함수들이다. 복소평면 위에서의 곡선 C를 실변수 t의 복소수 값을 갖는 연속함수를 사용하여 다음과 같이 표현한다.

$$C: z(t) = x(t) + iy(t) \quad (a \le t \le b)$$

이제 정의되는 곡선들에 몇 가지 제한을 주도록 한다. 곡선 C가 스스로 만나지 않는다면 **'단순 또는 단일'**이라고 했음을 상기하자. 이것은 $t_1 = a$와 $t_2 = b$일 때를 제외하곤, $t_1 \ne t_2$일 때면 항상 $z(t_1) \ne z(t_2)$임을 의미한다. 어떤 곡선 C가 $z(b) = z(a)$인 성질을 가지면 **폐곡선**(closed curve)이라 하고 만일 $z(b) = z(a)$가 유일한 교점이라면 C를 **단일 폐곡선**(simple closed curve)이라 부른다. a에서 b까지 매개변수 t가 증가함에 따라서 점 $z(t)$는 **시작점**(initial point) $z(a)$에서 시작하여 곡선 C를 따라 움직여서 **끝점**(terminal point) $z(b)$에서 멈춘다. 만일 C가 단순이라면, $z(t)$는 t가 증가함에 따라 $z(a)$에서 $z(b)$로 연속적으로 움직이며 곡선은 곡선을 따라 그려지는 화살표로 **방향**(orientation)이

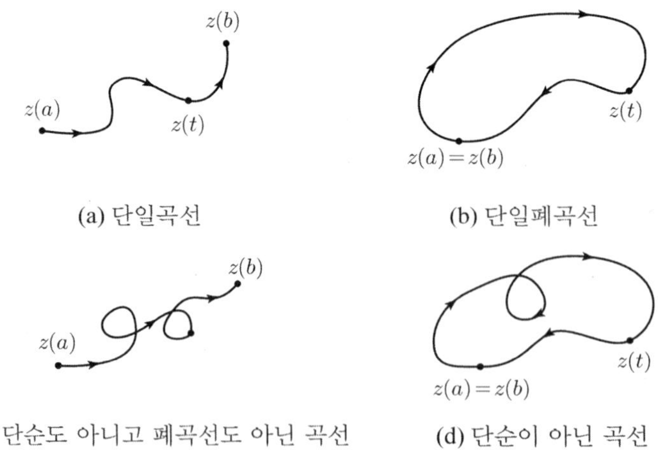

(a) 단일곡선 (b) 단일폐곡선

(c) 단순도 아니고 폐곡선도 아닌 곡선 (d) 단순이 아닌 곡선

그림 1 곡선들을 묘사하기 위해 사용된 말들인 '단순'과 '폐(닫힌)'

주어진다.

$x(t)$와 $y(t)$가 모두 $[a, b]$상에서 미분가능이면, 복소값 함수 $z(t)=x(t)+iy(t)$도 $[a, b]$상에서 **미분가능**(differentiable)이라고 한다. $z'(t)=x'(t)+iy'(t)(a \le t \le b)$가 연속이고 구간 $[a, b]$에서 0이 아니라면 곡선 C를 **매끄러운 곡선**(smooth curve)이라고 한다.

(a) 매끄러운 곡선 (b) 매끄럽지 않은 곡선

그림 2 곡선을 묘사하기 위해 사용된 "매끄러운"이란 말

C가 매끄러운 곡선이라면 호의 길이의 미분인 ds는 $ds=\sqrt{[x'(t)]^2+[y'(t)]^2}\,dt=|z'(t)|\,dt$로 주어진다.

함수 $s(t)=\sqrt{[x'(t)]^2+[y'(t)]^2}$는 x'와 y'가 연속함수이므로 연속이고, 따라서 곡선 C의 길이 $L(C)$는 다음과 같다.

$$L(C)=\int_a^b \sqrt{[x'(t)]^2+[y'(t)]^2}\,dt=\int_a^b |z'(t)|\,dt$$

이제 C를 다음과 같이 매개변수화한 곡선이라고 생각하자.

$$C: z_1(t)=x(t)+iy(t) \quad (a \le t \le b)$$

반대방향의 곡선(opposite curve)

$-C$는 평면에서 똑같은 점들의 집합을 궤적으로 하지만 순서는 정반대인 것으로 다음과 같이 매개변수화되는 것이다.

$$-C: z_2(t)=x(-t)+iy(-t) \quad (-b \le t \le -a)$$

$z_2(t)=z_1(-t)$이므로 $-C$는 단순하게 C를 반대방향으로 가로지른 것일 뿐이다. 이제, 유한개의 매끄러운 곡선들을 꼬리를 물고 연결해서 만들어지는 곡선 C를 **경로**(contour)라 부르자. $C_1, C_2, \cdots, C_n$을 n개의 $k=1, 2, \cdots, n-1$에 대해서 곡선 C_k의 끝점이 곡선 C_{k+1}의 시작점과 일치하는 n개의 매끄러운 곡선들을 나타낸다고 하자. 이러한 곡선을 조각별 매끄러운 곡선이라고 한다. 이때 경로 C를 식

$$C = C_1 + C_2 + \cdots + C_n$$

으로 나타낸다.

그림 3 곡선 C와 그 정반대 곡선 $-C$

이제 복소평면 위에서의 선적분을 정의할 수 있다.

정의 1 복소평면에서의 선적분

$f(z) = u(z) + iv(z)$가 경로 C를 포함하는 어떤 집합상에서 정의된 연속인 복소함수이고, $C: z(t),\ a \le t \le b$는 매끄러운 곡선이라 하자. 그러면 C 위에서의 f의 선적분은 다음과 같이 주어진다.

$$\begin{aligned}\int_C f(z)dz &= \int_a^b f(z(t))z'(t)dt \\ &= \int_a^b [u(z(t)) + iv(z(t))][x'(t) + iy'(t)]dt \\ &= \int_a^b [u(z(t))x'(t) - v(z(t))y'(t)]dt \\ &\quad + \int_a^b [u(z(t))y'(t) + v(z(t))x'(t)]dt\end{aligned}$$

예제 1 |

$\displaystyle\int_{C_1^+(2)} \frac{1}{z-2}dz$을 계산하여라.

풀이 $C_1^+(2)$는 중심이 $x = 2$이고 반경이 1인 양의방향(즉 반시계방향)으로 향하는 원임을 상기하자. 이를 매개변수식으로 나타내면

$$C = C_1^+(2) : z(t) = 2 + e^{it},\ 0 \le t \le 2\pi$$

이므로

$$\int_C \frac{1}{z-2}dz = \int_0^{2\pi} \frac{1}{(2+e)-2} iedt = \int_0^{2\pi} idt = 2\pi i$$

이다. ■

예제 2 |

$\int_{C_1} zdz = \int_{C_2} zdz = 4+2i$임을 보여라. 여기서 C_1은 $-1-i$부터 $3+i$까지의 선분이고, C_2는 그림 4에 표시된 것처럼 $-1-i$에서 $3+i$까지 연결하는 포물선 $x = y^2+2y$의 일부분이다.

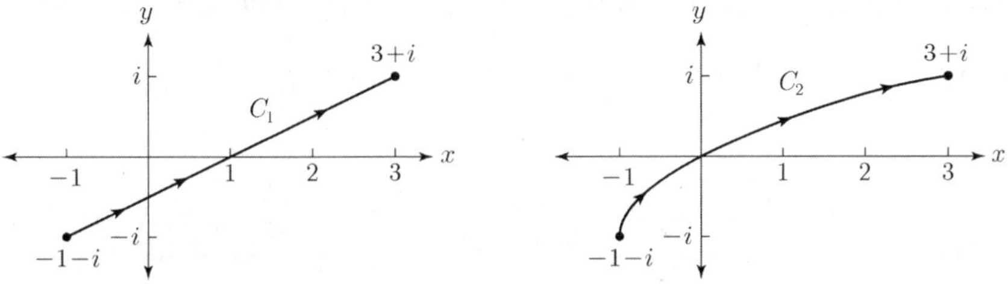

(a) 직선 (b) 포물선의 일부분

그림 4 $-1-i$와 $3+i$를 연결하는 두 개의 경로 C_1과 C_2

풀이 $(-1,\ -1)$과 $(3,\ 1)$을 연결하는 선분은 $y = \frac{1}{2}x - \frac{1}{2}$, 즉 $x = 2y+1$이므로 C_1은

$$C_1 : z(t) = 2t+1+it \text{이고 } dz = (2+i)dt,\ (-1 \le t \le 1).$$

으로 쓸 수 있고, 정의로부터

$$\begin{aligned}\int_{C_1} zdz &= \int_{-1}^{1} (2t+1+it)(2+i)dt \\ &= \int_{-1}^{1} (3t+2)dt + i\int_{-1}^{1} (4t+1)dt = 4+2i\end{aligned}$$

임을 알 수 있다. 같은 방법으로 $(-1,\ -1)$과 $(3,\ 1)$을 연결하는 포물선 $x = y^2+2y$를 $y = t$와 $x = t^2+2t$로 매개변수화하면

$$C_2 : z(t) = t^2+2t+it \text{와 } dz = (2t+2-i)dt,\ (-1 \le t \le 1)$$

가 된다. 따라서

$$\int_{C_2} z dz = \int_{-1}^{1} (t^2 + 2t + it)(2t + 2 + i) dt$$
$$= \int_{-1}^{1} (2t^3 + 6t^2 + 3t) dt + i \int_{-1}^{1} (3t^2 + 4t) dt = 4 + 2i$$

가 된다. ■

위의 예제 2에서 보듯이 경로와 무관하게 두 적분값은 서로 같음을 알 수 있다. 그런데 이런 결과가 일반적으로 성립하는 것은 아니다.

예제 3 |

$\int_{C_1} \bar{z} dz = -\pi i$, $\int_{C_1} \bar{z} dz = -4i$ 임을 보여라. 여기서 그림과 같이 -1부터 1까지의 반원 경로이고 C_2는 -1에서 1까지의 다각형 경로이다.

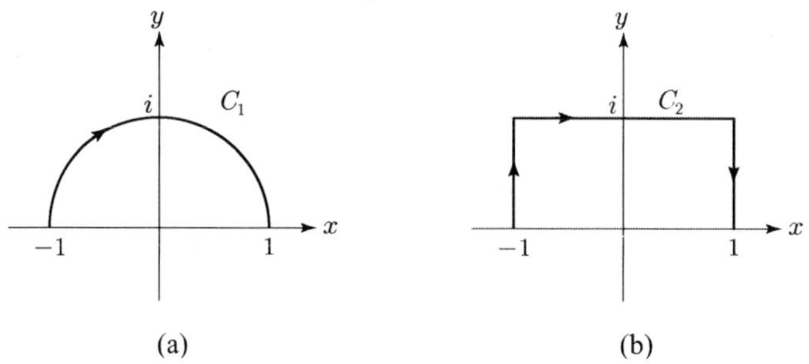

그림 5

풀이 반원 C_1을 매개변수화하면

$$C_1 : z(t) = -\cos t + i \sin t \quad (0 \le t \le \pi)$$

이므로

$$\int_{C_1} \bar{z} dz = \int_{0}^{\pi} (-\cos t - i \sin t)(\sin t + i \cos t) dt$$
$$= -i \int_{0}^{\pi} (\cos^2 t + \sin^2 t) dt = -\pi i$$

임을 알 수 있다. 이제 C_2를 각 선분마다 하나씩 3부분으로 나누어 다음과 같이 매개변수화하자.

$$z_1(t) = -1+, \ dz_1 = idt, \ f(z_1(t)) = -1-, \ 0 \le t \le 1,$$

$$z_2(t) = -1+2t+i, \ dz_2 = 2dt, \ f(z_2(t)) = -1+2t-i, \ 0 \le t \le 1,$$

$$z_3(t) = 1+i(1-t), \ dz_3 = -idt, \ f(z_3(t)) = 1-i(1-t), \ 0 \le t \le 1.$$

이제 세 선분을 따라 세 개의 적분을 모두 더하면

$$\int_{C_2} \bar{z} dz = \int_0^1 (-1-)idt + \int_0^1 (-1+2t-i)2dt + \int_0^1 [1-i(1-t)](-i)dt$$
$$= -4i$$

임을 알 수 있다. ■

위의 예제 3에서 보듯이 비록 두 적분이 똑같은 시작점과 끝점을 갖는다 할지라도 C_1을 따라한 경로적분 값이 C_2를 따라한 경로적분 값과 같지 않다는 것에 주의하자.

한편, $-C$에 대한 적분은 다음과 같다.

$$\int_{-C} f(z)dz = \int_{-b}^{-a} f(z(-\tau))[-z'(-\tau)]d\tau.$$

여기서 $t = -\tau$로 바꾸고 성질 $\int_a^b f(t)dt = -\int_b^a f(t)dt$을 사용하면

$$\int_{-C} f(z)dz = -\int_C f(z)dz$$

임을 알 수 있다. 만약 두 함수 f와 g가 똑같은 적분경로 C에서 적분될 수 있다면, 그들의 합도 C에서 적분될 수 있고, 다음 결과를 얻는다.

$$\int_C [f(z)+g(z)]dz = \int_C f(z)dz + \int_C g(z)dz.$$

상수곱 또한 기대했던 것과 같이 움직인다.

$$\int_C (a+ib)f(z)dz = (a+ib)\int_C f(z)dz.$$

만약 두 경로 C_1과 C_2가 꼬리를 물고 위치해서 C_1의 종점과 C_2의 시점이 일치한다면 경로 $C = C_1 + C_2$는 C_1의 **연속확장**(continuation)이고, 다음이 성립한다.

$$\int_{C_1+C_2} f(z)dz = \int_{C_1} f(z)dz + \int_{C_2} f(z)dz.$$

이제 복소적분과 관계있는 두 가지 중요한 부등식들을 주도록 하자.

정리 2

$f(t)=u(t)+iv(t)$가 실수 매개변수 t의 연속함수일 때, 다음이 성립한다.

$$\left|\int_a^b f(t)dt\right| \le \int_a^b |f(t)|dt$$

증명 $\int_a^b f(t)dt=0$이면 자명하다. 이제 적분이 0이 아니라고 가정하자.

$\int_a^b f(t)dt=r_0e^{i\theta_0}$라 하면

$$\left|\int_a^b f(t)dt\right| = |r_0e^{i\theta_0}| = r_0 \text{이고} \quad r_0 = \int_a^b e^{-i\theta_0}f(t)dt$$

가 된다. 따라서

$$r_0 = \mathrm{Re}\left[\int_a^b e^{-i\theta_0}f(t)dt\right] = \int_a^b \mathrm{Re}[e^{-i\theta_0}f(t)]dt$$

이다. 여기서 마지막 식은 정당화되는데 왜냐하면 어떤 적분은 어떤 합의 극한값이고, 그 실수부는 실수부의 합의 극한과 같기 때문이다. 그런데 $|\mathrm{Re}(z)| \le |z|$이므로

$$\mathrm{Re}[e^{-i\theta_0}f(t)] \le |e^{-i\theta_0}f(t)| = |f(t)|$$

이 성립한다. 따라서

$$\left|\int_a^b f(t)dt\right| = r_0 = \int_a^b \mathrm{Re}[e^{-i\theta_0}f(t)]dt \le \int_a^b |f(t)|dt$$

가 성립한다. □

정리 3 ML-부등식

$f(z)=u(x,\ y)+iv(x,\ y)$가 경로 C에서 연속일 때, 다음이 성립한다.

$$\left|\int_C f(z)dz\right| \le ML$$

여기서 L은 경로 C의 길이고, 모든 $z \in C$에 대해서 $|f(z)| \le M$이다.

증명 위 정리 2로부터

$$\begin{aligned}\left|\int_C f(z)dz\right| &= \left|\int_a^b f(z(t))z'(t)dt\right| \\ &\le \int_a^b |f(z(t))z'(t)|dt \le M\int_a^b |z'(t)|dt \\ &= ML\end{aligned}$$

임을 알 수 있다. □

예제 4 |

C가 2에서 $2+i$까지의 선분일 때

$$\left|\int_C \frac{1}{z^2+1}dz\right| \le \frac{1}{2\sqrt{5}}$$

이 성립함을 보여라.

풀이 $|z^2+1| = |z-i||z+i|$이고 $|z-i|$와 $|z+i|$는 각각 z에서 점 i와 $-i$까지의 거리를 나타낸다. 그림 6을 참고해서 기하학적 논의를 사용하면 C상의 z에 대해 다음 식을 얻는다.

$$|z-i| \ge 2,\ |z+i| \ge \sqrt{5}.$$

한편,

$$|f(z)| = \frac{1}{|z-i||z+i|} \le \frac{1}{2\sqrt{5}} = M$$

이고 C의 길이 L은 1이므로 ML-부등식으로부터

$$\left|\int_C \frac{1}{z^2+1}dz\right| \le ML = \frac{1}{2\sqrt{5}}$$

임을 알 수 있다.

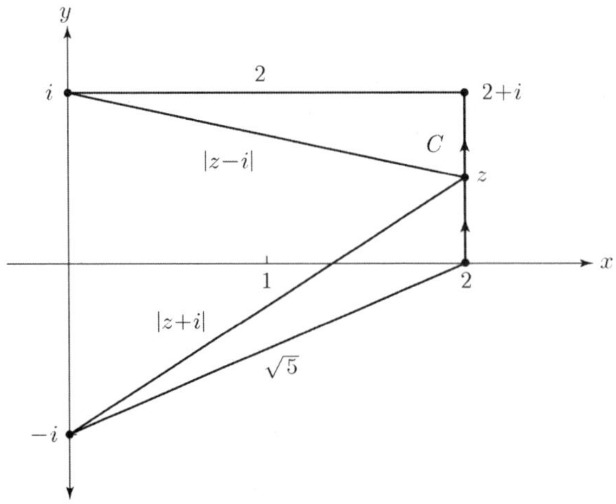

그림 6 C 위의 z에 대한 거리 $|z-i|$와 $|z+i|$ ■

연습문제 | 8.1

1. 적분값을 구하여라.

(1) $\int_C z^2 dz$, C는 1부터 $1+i$까지 선분

(2) $\int_C |z^2| dz$, $C: z(t) = t + it^2,\ 0 \le t \le 1$

(3) $\int_C \exp z dz$, C는 1과 $1+i\pi$를 연결하는 선분

(4) $\int_C \bar{z} \exp z dz$, C는 꼭짓점 0, 1, $1+i$, i을 가지는 반시계방향의 정사각형

2. C가 다음 경로를 따라 -4부터 4까지 움직일 때, 적분 $\int_C x dz$의 값을 구하여라.

(1) 꼭짓점 -4, $-4+4i$, $4+4i$, 그리고 4를 갖는 다각형 경로

(2) 시계방향의 상반원 $|z| = 4$인 경로

3. 적분값을 구하여라.

(1) $\int_{C_2^+(0)} z dz$

(2) $\int_{C_2^+(0)} \bar{z} dz$

(3) $\displaystyle\int_{C_1^-(0)} \frac{1}{z}dz$ (4) $\displaystyle\int_{C_1^+(0)} \frac{1}{z}dz$

(4) $\displaystyle\int_C (z+1)dz$, 여기서 C는 제1사분면에서의 $C_1^+(0)$이다.

(5) $\displaystyle\int_C |z-1|^2 dz$, 여기서 C는 $C_1^+(0)$의 상반원이다.

4. C가 다음 경로를 따라 $-i$부터 i까지 움직일 때, 적분 $\displaystyle\int_C y dz$의 값을 구하여라.

(1) 꼭짓점 $-i$, $-1-i$, -1 그리고 i를 가지는 다각형 경로

(2) 시계방향인 반원경로

5. 다음을 보여라.

(1) $\displaystyle\left|\int_C \frac{1}{z^2-1}dz\right| \le \frac{\pi}{3}$, 여기서 C는 $C_2^+(0)$의 제2사분면의 일부이다.

(2) $\displaystyle\left|\int_{C_R^+(0)} \frac{\mathrm{Log}(z)}{z^2}dz\right| \le 2\pi\left(\frac{\pi+\ln R}{R}\right)$

8.2 코시의 적분정리

앞 절에서 복소함수 $f(z)$의 선적분 값이 적분경로에 따라 다를 수 있음을 보았다. 그러나 해석함수의 선적분은 경로와 무관하게 끝점에 따라서 결정되는데 이는 코시-구르사 정리에 의해 주어진다.

먼저 몇 가지 새로운 개념을 소개할 필요가 있다. 앞에서 단일폐곡선 C가 평면을 두 영역으로 분할함을 알았다. 한 영역은 유계인데 이를 C의 **내부**(interior)라 하고, 다른 영역은 유계가 아니며 C의 **외부**(exterior)라 부른다. 또한 어떤 영역 D에 포함되어 있는 임의의 단일폐곡선 C의 내부가 D에 포함될 때 그 영역 D를 **단일연결영역**(Simple connected domain)이라 부른다. 다른 말로 하면, 단일연결영역 속에는 어떤 '구멍'도 존재하지 않는 것이다. 단일연결이 아닌 영역을 **다중연결영역**(multiply connected domain)이라 한다.

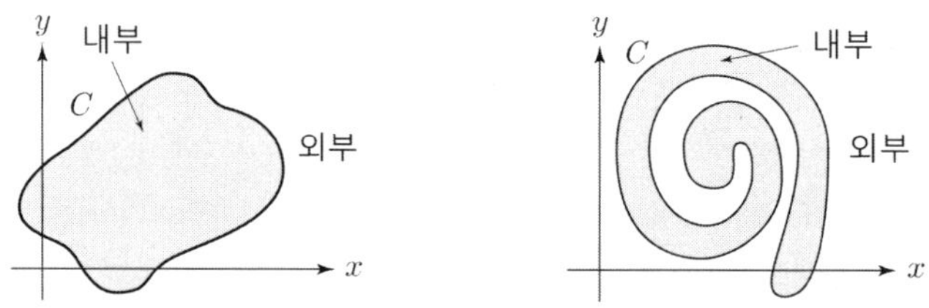

그림 1 단일폐경로의 내부와 외부

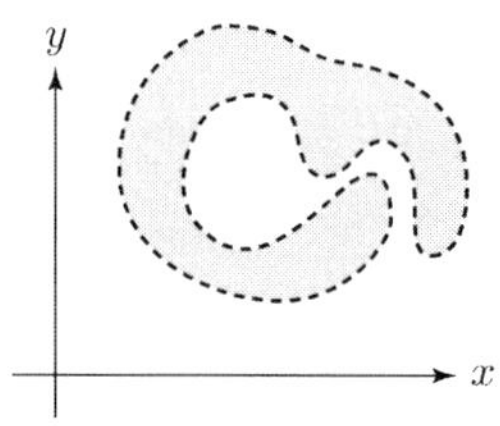

(a) 단일연결영역

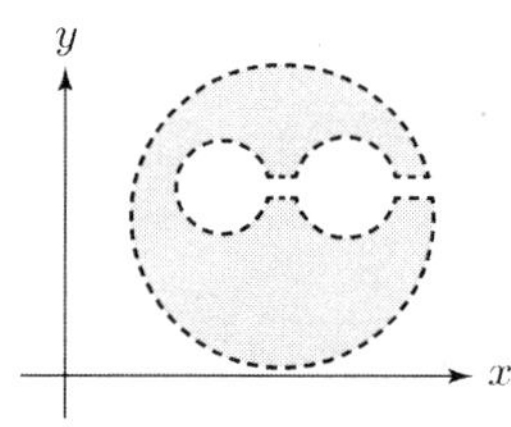

(b) 단일연결영역

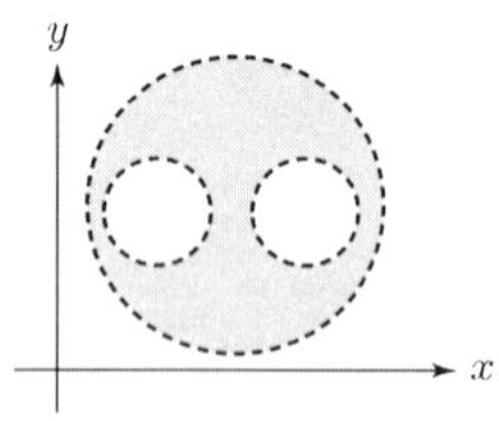

(c) 다중연결영역

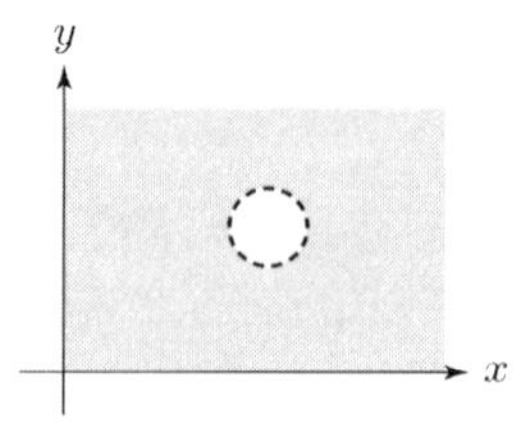

(d) 다중연결영역

그림 2 단일연결과 다중연결영역

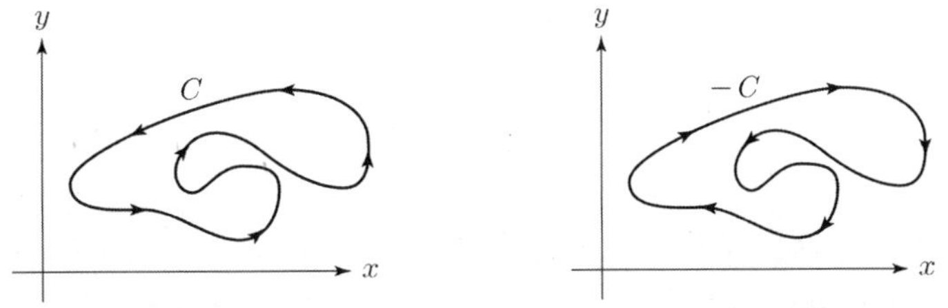

(a) 양의방향 경로　　　　(b) 음의방향 경로

그림 3 양의방향과 음의방향의 단일폐경로

단일폐곡선 C가 매개변수 식

$$C: z(t)=x(t)+iy(t),\ a \le t \le b$$

이고, $z(t)$가 C 위를 움직일 때 왼쪽으로 C의 내부가 자리잡는다면 C를 **양의방향**(반시계방향)이라 하고, 그렇지 않다면, C를 **음의방향**(시계방향)이라 부른다. 만약 C가 양의방향이라면 $-C$는 음의방향이 된다.

그린 정리를 다시금 상기하자.

정리 1　그린 정리

C를 양의방향인 단일폐경로라 하고 R을 C의 내부를 형성하는 영역이라고 하자. 만약 P와 Q가 연속이고 C와 R상의 모든 점들에서 연속인 편도함수 P_x, P_y, Q_x, Q_y를 갖는다면, 다음 식이 성립한다.

$$\int_C P(x,\ y)dx + Q(x,\ y)dy = \iint_R [Q_x(x,\ y) - P_y(x,\ y)]dxdy.$$

이제 그린 정리를 사용하여 다음 코시-구르사 정리를 보일 수 있다.

정리 2　코시-구르사 정리

f가 단일연결영역 D에서 해석적이고, C가 D 안에 있는 단일폐경로이면

$$\int_C f(z)dz = 0$$

이다.

증명 만약 f'이 연속이라고 가정하면, 양의방향의 C에 대하여

$$\int_C f(z)dz = \int_C udx - vdy + i\int_C vdx + udy$$

을 얻는다. 그린 정리를 위 식의 오른편 실수부와 허수부에 적용하면($P = u$와 $Q = -v$를 가지고)

$$\int_C udx - vdy = \iint_R (-v_x - u_y)dxdy,$$
$$\int_C vdx + udy = \iint_R (u_x - v_y)dxdy$$

임을 알 수 있다. 여기서 R은 C의 내부영역이다. 코시-리만 방정식에 의해 $u_x = v_y$와 $u_y = -v_x$이므로

$$\int_C f(z)dz = \iint_R 0dxdy + i\iint_R 0dxdy = 0$$

임을 알 수 있다. □

함수 e^z, $\cos z$, $\sin z$, z^n(n: 양의 정수) 등은 모두 해석적이므로 코시-구르사 정리로부터 임의의 단일폐경로 C에 대해

$$\int_C e^z dz = \int_C \cos z dz = \int_C \sin z dz = \int_C z^n dz = 0$$

임을 알 수 있다.

이제 좀 더 복잡한 경로 위에서의 적분을 계산하는 방법에 대하여 알아보자.

정리 3

C_1과 C_2를 C_1이 C_2의 내부에 놓여 있는 양의방향의 단일폐경로라고 하자. 만일 f가 C_1과 C_2 그리고 이들 사이의 영역을 포함하는 정의역 D에서 해석적이면

$$\int_{C_1} f(z)dz = \int_{C_2} f(z)dz$$

가 성립한다.

코시-구르사 정리를 다중연결영역으로 확장할 수 있다.

정리 4

C_1, C_2, $\cdots$, C_n을 $C_k(k=1,\ 2,\ \cdots,\ n)$들이 C의 내부에 놓여 있고, $k \neq j$라면 C_k의 내부는 C_j의 내부와의 공통점들을 갖지 않는 성질을 가지는 양의방향인 단일 폐경로라고 하자. 아래 그림과 같이 모든 경로들과 C와 $C_1 + C_2 + \cdots + C_n$ 사이의 영역을 포함하는 어떤 정의역 D상에서 f가 해석적이면

$$\int_C f(z)dz = \sum_{k=1}^{n} \int_{C_k} f(z)dz$$

이다.

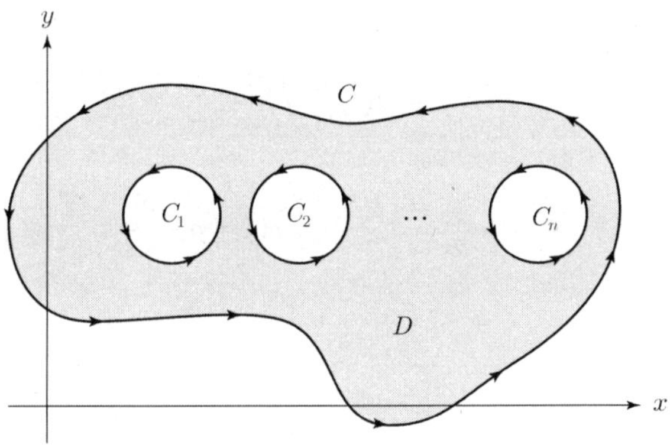

그림 4 다중 연결 영역 D와 경로들 C, C_1, C_2, $\cdots$, C_n.

예제 1

z_0를 어떤 고정된 복소수라 하자. 임의의 정수 n에 대하여 C가 z_0을 내부에 포함하는 양의방향의 단일폐경로이면

$$\int_C \frac{dz}{(z-z_0)^n} = \begin{cases} 2\pi i, & n=1 \\ 0, & n \neq 1 \end{cases}$$

이다.

풀이 원 $C_R^+(z_0)$가 C의 내부에 놓이도록 적당한 양수 R을 선택하자. 그러면 $f(z)=\dfrac{1}{(z-z_0)^n}$은 C와 $C_R^+(z_0)$ 그리고 그 사이의 영역을 포함하는 정의역 D에서 해석적이다. $C_R^+(z_0)$은 다음과 같은 매개변수식

$$C_R^+(z_0): z(\theta)=z_0+\mathrm{Re}^{i\theta}, \quad (0\le\theta\le 2\pi)$$

을 가지므로 위 정리로부터

$$\int_C \frac{dz}{z-z_0}=\int_{C_R^+(z_0)}\frac{dz}{z-z_0}=\int_0^{2\pi}\frac{iRe^{i\theta}}{Re^{i\theta}}d\theta=i\int_0^{2\pi}d\theta=2\pi i$$

와

$$\begin{aligned}\int_C \frac{dz}{(z-z_0)^n}&=\int_{C_R^+(z_0)}\frac{dz}{(z-z_0)^n}\\&=\int_0^{2\pi}\frac{iRe^{i\theta}}{R^n e^{in\theta}}d\theta\\&=iR^{1-n}\int_0^{2\pi}e^{i(1-n)\theta}d\theta\\&=iR^{1-n}\left[\frac{1}{i(1-n)}e^{i(1-n)\theta}\right]_0^{2\pi}=0\end{aligned}$$

을 얻는다.

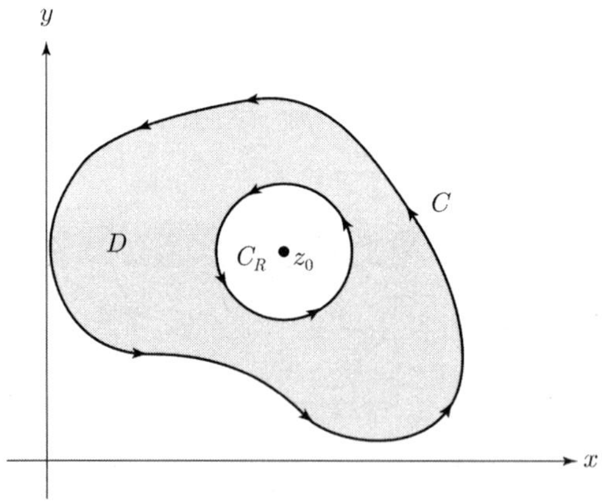

그림 5 C와 $C_R=C_R^+(z_0)$을 포함하는 정의역 D ■

예제 2 |

다음을 보여라.

(1) $\displaystyle\int_{C_2^+(0)} \frac{z}{z^2+2}dz = 2\pi i$

(2) $\displaystyle\int_{C_1^+(i)} \frac{z}{z^2+2}dz = \pi i$

풀이 (1) 부분분수 분해로부터

$$\begin{aligned}\frac{z}{z^2+2} &= \frac{z}{(z+i\sqrt{2})(z-i\sqrt{2})} \\ &= \frac{1}{2}\left(\frac{1}{z+i\sqrt{2}} + \frac{1}{z-i\sqrt{2}}\right)\end{aligned}$$

이고, $z=\pm i\sqrt{2}$는 $C_2^+(0)$의 내부에 있으므로 코시-구르사 정리에 의해

$$\begin{aligned}\int_{C_2^+(0)} \frac{z}{z^2+2}dz &= \frac{1}{2}\left(\int_{C_2^+(0)} \frac{1}{z+i\sqrt{2}}dz + \int_{C_2^+(0)} \frac{1}{z-i\sqrt{2}}dz\right) \\ &= \frac{1}{2}(2\pi i + 2\pi i) \\ &= 2\pi i\end{aligned}$$

이다.

(2) $z=i\sqrt{2}$는 $C_1^+(i)$의 내부에 있지만 $z=-i\sqrt{2}$는 $C_1^+(i)$의 외부에 있으므로 코시-구르사 정리에 의해

$$\begin{aligned}\int_{C_1^+(i)} \frac{z}{z^2+2}dz &= \frac{1}{2}\left(\int_{C_1^+(i)} \frac{1}{z+i\sqrt{2}}dz + \int_{C_1^+(i)} \frac{1}{z-i\sqrt{2}}dz\right) \\ &= \frac{1}{2}(0 + 2\pi i) \\ &= \pi i\end{aligned}$$

가 된다.

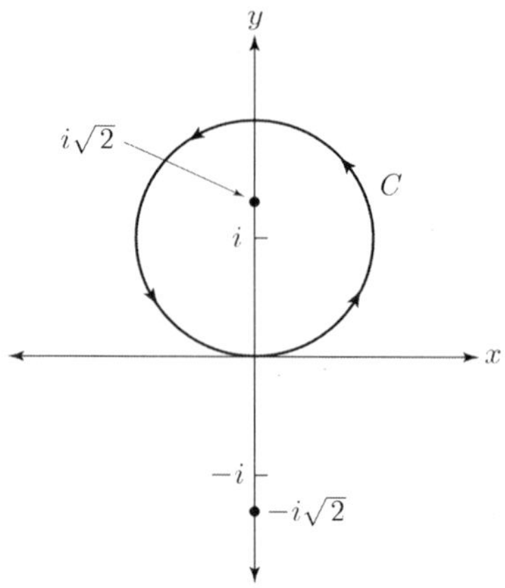

그림 6 원 $C_1^+(i)$와 점 $z=\pm i\sqrt{2}$ ■

예제 3 |

아래 그림과 같이 C가 8자형 경로일 때

$$\int_C \frac{z-3}{z^2-z}dz = -10\pi i$$

임을 보여라.

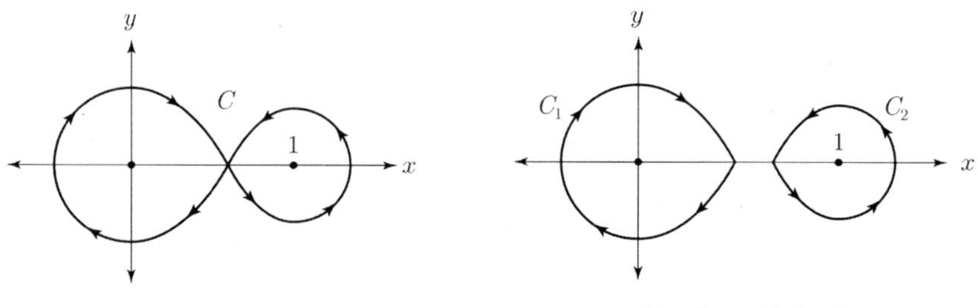

(a) 8자형 경로 C (b) 경로 C_1과 C_2

그림 7 경로 $C=C_1+C_2$

풀이 $\dfrac{z-3}{z^2-z}=\dfrac{3}{z}-\dfrac{2}{z-1}$이므로

$$\int_C \frac{z-3}{z^2-z}dz = 2\int_C \frac{1}{z}dz - \int_C \frac{1}{z-1}dz$$

이고, 경로 C를 그림 (b)와 같이 경로 C_1과 C_2로 분리해 생각하면

$$\begin{aligned}\int_C \frac{z-3}{z^2-z}dz &= 3\int_C \frac{1}{z}dz - 2\int_C \frac{1}{z-1}dz \\ &= 3\left(-\int_{-C_1}\frac{1}{z}dz + \int_{C_2}\frac{1}{z}dz\right) - 2\left(-\int_{-C_1}\frac{1}{z-1}dz + \int_{C_2}\frac{1}{z-1}dz\right) \\ &= -6\pi i - 4\pi i = -10\pi i\end{aligned}$$

이다. ■

연습문제 | 8.2

1. 다음 함수들에 대해 적분 $\int_{C_1^+(0)} f(z)dz$의 값을 구하여라.

(1) $f(z) = \dfrac{z^2+1}{z^2+2}$

(2) $f(z) = \dfrac{z+1}{z^2+2z+2}$

(3) $f(z) = \tan z$

(4) $f(z) = \mathrm{Log}(z+6)$

2. $\int_{C_1^+(0)} \dfrac{1}{(4z^2-4z+5} dz = 0$임을 보여라.

3. 적분값을 구하여라.

(1) $\int_{C_2^+(1)} \dfrac{1}{z^2-z} dz$

(2) $\int_{C_{\frac{1}{3}}^+(1)} \dfrac{1}{z^2-z} dz$

(3) $\int_{C_2^+(1)} \dfrac{2z-1}{z^2-z} dz$

(4) $\int_{C_{\frac{1}{3}}^+(1)} \dfrac{2z-1}{z^2-z} dz$

4. C를 꼭짓점 $0,\ 1,\ i$를 갖고 양의방향인 삼각형이라 하자. C를 매개변수화하고 다음을 보여라.

(1) $\int_C 1dz = 0$

(2) $\int_C zdz = 0$

5. 그린 정리를 사용해서, 단일폐경로 C로 둘러싸인 도형의 면적이 $\frac{1}{2}\int_C xdy - ydx$ 임을 보여라.

6. 아래 그림에 주어진 경로들에 대해서 $\int_C (z^2-1)^{-1}$의 값을 구하여라.

(1)

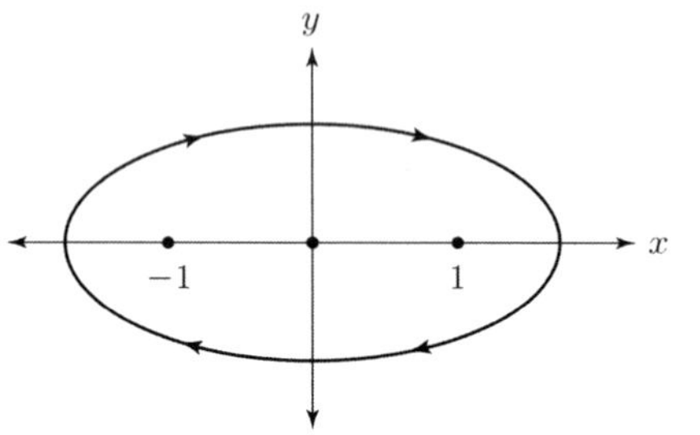

(2)

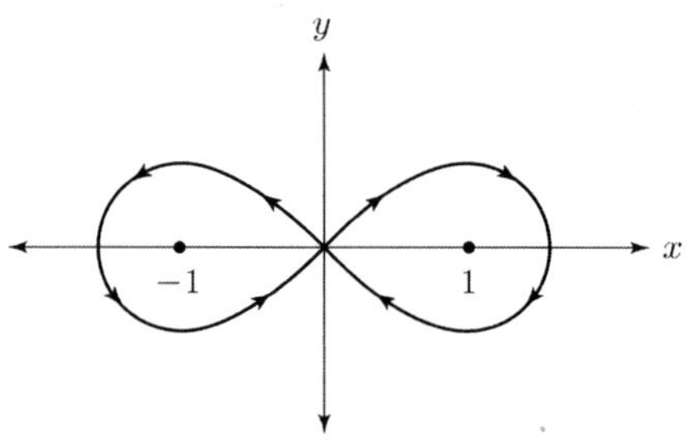

8.3 미적분학의 기본정리

f가 단일연결영역 D에서 해석적이고 부정적분 F를 가질 때, 단일연결영역에서 z_1과 z_2를 연결하는 임의의 경로에 대한 f의 적분은 모두 같고, 그 값은 $F(z_2)-F(z_1)$로 주어진다는 것이다. 결론적으로, 정적분의 값을 계산하기 위해서 미적분학의 기본공식을 사용할 수 있음을 보인다.

정리 1

$f(z)$가 단일연결영역 D에서 해석적이면 $f(z)$의 부정적분 $F(z)$가 존재하고, D 안의 두 점 z_0와 z_1을 잇는 D 안의 임의의 경로 C에 대하여

$$\int_C f(z)dz = \int_{z_0}^{z_1} f(z)dz = F(z_1)-F(z_0)$$

이다.

위 정리 1은 피적분함수가 어떤 단일연결영역에서 해석적일 때 정적분을 구하는 중요한 방법을 준다. 본질적으로, 이 정리가 미적분학에서 배웠던 적분의 모든 법칙들을 사용할 수 있도록 해주는 것이다. 위 정리의 조건들을 보면 그것을 적용하는 것이 일반적으로 경로를 매개변수화하는 것보다 더 쉽다.

예제 1 |

$$\int_0^i z^3 dz = \left[\frac{1}{4}z^4\right]_0^i = \frac{1}{4}$$

예제 2 |

$$\int_{-i}^{i} \cos z dz = [\sin z]_{-i}^{i} = 2\sin i = 2i\sinh(1)$$

예제 3 |

$D=\{z=re^{i\theta}: r>0,\ -\pi<\theta<\pi\}$일 때, $f(z)=\dfrac{1}{z}$은 D에서 해석적이며, 모든 $z\in D$에 대해 역도함수 $F(z)=\text{Log}(z)$을 가짐을 알고 있다. 만약 C가 z_1과 z_2를 연결하는 D에서의 어떤 경로라면,

$$\int_C \frac{dz}{z}=\int_{z_1}^{z_2}\frac{dz}{z}=\text{Log}\,z_2-\text{Log}\,z_1$$

을 얻는다.

연습문제 | 8.3

1. 정리 1을 이용하여 다음 적분값을 구하여라.

(1) $\displaystyle\int_C z^2dz$, C는 $1+i$를 $2+i$에 연결하는 선분

(2) $\displaystyle\int_C \sin z\,dz$, C는 $-i$를 $1+i$에 연결하는 선분

(3) $\displaystyle\int_C ze^z dz$, C는 $-1-i\dfrac{\pi}{2}$와 $2+i\pi$를 연결하는 선분

(4) $\displaystyle\int_C \frac{1+z}{z}dz$, C는 1과 i를 연결하는 선분

(5) $\displaystyle\int_C \text{Log}z\,dz$, C는 2와 $1+i$를 연결하는 선분

(6) $\displaystyle\int_C \frac{dz}{z^2-z}$, C는 1과 $2+i$를 연결하는 선분

2. $z^{\frac{1}{2}}$을 제곱근 함수의 주분기라 하자.

(1) $\displaystyle\int_C \frac{dz}{2z^{\frac{1}{2}}}$의 값을 구하여라. ($C$는 9를 $3+4i$에 연결하는 선분)

(2) $\displaystyle\int_C z^{\frac{1}{2}}dz$의 값을 구하여라. ($C$는 $-2i$를 $2i$에 연결하는 원 $C_2^+(0)$의 오른쪽 반원)

3. $\displaystyle\int_C z^i dz=(i-1)\frac{1+e^{-\pi}}{2}$임을 보여라. ($C$는 $C_1^+(0)$의 상반부)

8.4 코시의 적분 공식

이제 복소함수론에서의 대표적인 결과인 코시의 적분 공식을 소개하고자 한다. 이는 해석함수의 값들이 어떤 경로적분에 의해서 표현될 수 있음을 보여준다.

정리 1 코시의 적분 공식

$f(z)$가 단일연결영역 D에서 해석적이라 하자. C가 D의 임의의 점 z_0를 감싸는 D에 있는 양의방향의 단일폐경로이면

$$f(z_0) = \frac{1}{2\pi i}\int_C \frac{f(z)}{z - z_0} dz$$

이다.

증명 f가 z_0에서 연속이므로 임의의 $\epsilon > 0$에 대하여 양의방향의 원

$$C_0 = \left\{ z : |z - z_0| = \frac{1}{2}\delta \right\}$$

가 C의 내부에 있고,

$$|z - z_0| < \delta \Rightarrow |f(z) - f(z_0)| < \epsilon$$

을 만족하는 $\delta > 0$가 존재한다. $f(z_0)$는 어떤 고정값이므로, 코시-구르사 정리로부터

$$f(z_0) = \frac{f(z_0)}{2\pi i}\int_{C_0} \frac{dz}{z - z_0} = \frac{1}{2\pi i}\int_{C_0} \frac{f(z_0)}{z - z_0} dz$$

을 얻는다. 한편, 앞 절의 정리 3에 의해

$$\frac{1}{2\pi i}\int_C \frac{f(z)}{z - z_0} dz = \frac{1}{2\pi i}\int_{C_0} \frac{f(z)}{z - z_0} dz$$

임을 알 수 있다. 이제 ML-부등식을 사용하면

$$\left| \frac{1}{2\pi i}\int_C \frac{f(z)dz}{z - z_0} - f(z_0) \right| = \left| \frac{1}{2\pi i}\int_{C_0} \frac{f(z)}{z - z_0} dz - \frac{1}{2\pi i}\int_{C_0} \frac{f(z_0)}{z - z_0} dz \right|$$

$$\leq \frac{1}{2\pi}\int_{C_0}\frac{|f(z)-f(z_0)|}{|z-z_0|}dz$$

$$\leq \frac{1}{2\pi}\frac{\epsilon}{\left(\frac{1}{2}\right)\delta}\pi\delta = \epsilon$$

을 얻을 수 있는데, 여기서 ϵ이 임의의 작은 값이므로 정리를 증명해준다. □

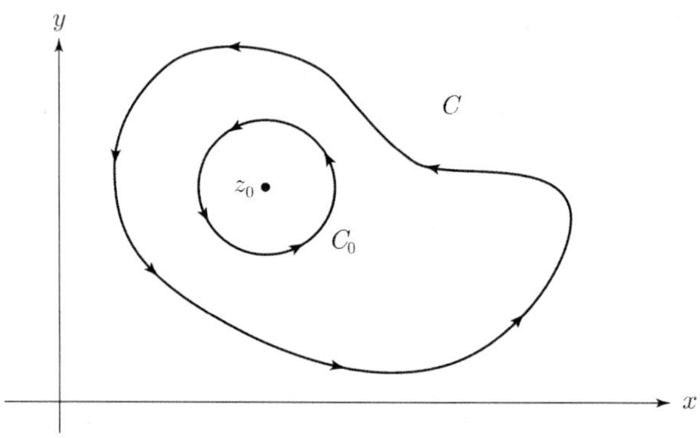

그림 1 코시의 적분 공식의 증명에서의 경로 C와 C_0

예제 1 |

3을 둘러싸는 양의방향의 임의의 폐곡선 C에 대하여

$$\int_C \frac{e^z}{z-3}dz = 2\pi e^3 i$$

임을 보여라.

풀이 $f(z) = e^z$이라 하면 $f(3) = e^3$이므로 코시의 적분 공식으로부터

$$e^3 = f(3) = \frac{1}{2\pi i}\int_C \frac{e^z}{z-3}dz$$

이므로 결과를 얻는다. ■

예제 2 |

$\displaystyle\int_{C_2^+(0)} \frac{\sin z}{2z+\pi}dz = -\pi i$ 임을 보여라.

풀이 $f(z)=\sin z$라 하면

$$\int_{C_2^+(0)} \frac{\sin z}{2z+\pi}dz = \frac{1}{2}\int_{C_2^+(0)} \frac{f(z)}{z-\left(-\frac{\pi}{2}\right)}dz = \left(\frac{1}{2}\right)2\pi i f\left(-\frac{\pi}{2}\right) = -\pi i$$

이다. ■

예제 13 |

$\displaystyle\int_{C_1^+(0)} \frac{e^{2z}}{2z^2-5z+2}dz = \frac{2\pi e i}{3}$임을 보여라.

풀이 $2z^2-5z+2=(2z-1)(z-2)=2\left(z-\frac{1}{2}\right)(z-2)$이고, $z_0=\frac{1}{2}$은 $C_1^+(0)$의 내부에 있고 $z_0=2$는 $C_1^+(0)$의 외부에 있으므로 $f(z)=\dfrac{e^{2z}}{2(z-2)}$이라 하면 코시의 적분 공식에 의해

$$\int_{C_1^+(0)} \frac{e^{2z}}{2z^2-5z+2}dz = \int_{C_0^+(0)} \frac{f(z)}{z-\frac{1}{2}}dz = 2\pi i f\left(\frac{1}{2}\right) = -\frac{2\pi e i}{3}$$

임을 알 수 있다. ■

이제 코시의 적분 공식으로부터 얻어지는 유용한 정리에 대하여 알아보자.

정리 2 라이프니츠의 법칙

열린집합 G와 구간 $I: a \le t \le b$에 대하여, $g(z, t)$와 편미분 $g_z(z, t)$가 G 안의 모든 z와 I 안의 모든 t에 대해서 연속이면 $F(z)=\int_a^b g(z, t)dt$는 G 안의 모든 z에 대하여 해석적이고

$$F'(z)=\int_a^b g_z(z, t)dt$$

이다.

이제 코시의 적분 공식을 일반화하여 n계 도함수 $f^{(n)}(z)$에 대한 적분표현을 주도록 하자.

정리 3 도함수에 관한 코시의 적분 공식

f가 단일연결영역 D에서 해석적이고, C가 D에 있는 양의방향의 단일폐경로이면, D의 내부에 있는 점 z와 임의의 정수 $n \geq 0$에 대하여

$$f^{(n)}(z) = \frac{n!}{2\pi i} \int_c \frac{f(\xi)}{(\xi - z)^{n+1}} d\xi$$

이 성립한다.

증명 $f^{(0)}(z) = f(z)$이므로 $n = 0$인 경우는 코시의 적분 공식에 의해 성립함을 알 수 있다. 이제 $n = 1$인 경우에 정리를 증명해보자.

$$C: \xi = \xi(t),\ d\xi = \xi'(t)dt,\ (a \leq t \leq b)$$

라 하고, 코시의 적분 공식을 적용하면

$$f(z) = \frac{1}{2\pi i} \int_C \frac{f(\xi)}{\xi - z} d\xi = \frac{1}{2\pi i} \int_a^b \frac{f(\xi(t))\xi'(t)dt}{\xi(t) - z}$$

이고, 위 식의 오른편 피적분함수는 두 변수 z와 t의 함수 $g(z,\ t)$가 된다. 여기서

$$g(z,\ t) = \frac{f(\xi(t))\xi'(t)}{\xi(t) - z},\quad \frac{\partial g}{dz}(z,\ t) = g_z(z,\ t) = \frac{f(\xi(t))\xi'(t)}{(\xi(t) - z)^2}$$

이다. 더욱이, $g(z,\ t)$와 $g_z(z,\ t)$는 개집합인 C의 내부에서 연속이다. 이제 라이프니츠의 법칙을 적용하면

$$f'(z) = \frac{1}{2\pi i} \int_a^b \frac{f(\xi(t))\xi'(t)dt}{(\xi(t) - z)^2} = \frac{1}{2\pi i} \int_C \frac{f(\xi)d\xi}{(\xi - z)^2}$$

을 얻을 수 있다. 따라서 $n = 1$인 경우에 대하여 성립함을 알 수 있다. 이와 똑같은 논의를 해석함수 f'에 적용할 수 있고, 수학적 귀납법으로부터 모든 정수 $n \geq 0$에 대해 정리가 성립함을 알 수 있다. □

예제 4 |

$\displaystyle\int_{C_2^+(0)} \frac{e^{z^2}}{(z+i)^4}dz$의 값을 구하여라.

풀이 $f(z)=e^{z^2}$이라 하면,

$$f'(z)=2ze^{z^2},\ f''(z)=2(1+2z^2)e^{z^2},\ f'''(z)=(12z+8z^3)e^{z^2}$$

이므로 위의 정리로부터

$$\int_{C_2^+(0)} \frac{e^{z^2}}{(z+i)^4}dz = \frac{2\pi i}{3!}f^{(3)}(-i)=\frac{4\pi}{3e}$$

를 얻는다. ■

연습문제 | 8.4

1. 다음의 적분값을 구하여라.

(1) $\displaystyle\int_{C_1^+(0)} \frac{e^z+\sin z}{z}dz$

(2) $\displaystyle\int_{C_4^+(1)} \frac{z-1}{z+1}dz$

(3) $\displaystyle\int_{C_1^+(0)} \frac{\cos z}{z-\frac{\pi}{4}}dz$

(4) $\displaystyle\int_{C_{\frac{1}{2}}^+(0)} \frac{z^2+2z+3}{(z-1)(z+2)}dz$

(5) $\displaystyle\int_{C_6^+(0)} \frac{e^z}{z^2+5z}dz$

2. $\displaystyle\int_{C_1^+(i)} (z^2+1)^{-2}dz$을 구하여라.

3. $\displaystyle\int_{C_4^+(1)} \frac{e^{z^2}}{(z+i)^2}dz$의 값을 구하여라.

4. $\displaystyle\int_{C_4^+(0)} \frac{e^z}{(z+\pi i)^3}dz$의 값을 구하여라.

5. $\displaystyle\int_{C_{\frac{3}{2}}^+(1)} \frac{z^3+1}{(z+1)^2(z^2+1)}dz$의 값을 구하여라.

6. $\displaystyle\int_{C_1^+(0)} \frac{\sin z+\cos z}{\left(z+\frac{\pi}{6}\right)^5}dz$

8.5 조화함수와 최댓값의 원리

$\phi(x, y)$을 정의역 D에서 정의된 두 실변수 x와 y에 관한 이변수함수라 하자. 편미분 방정식

$$\phi_{xx}(x, y)+\phi_{yy}(x, y)=0$$

은 **라플라스 방정식(Laplace equation)**으로 잘 알려져 있다. ϕ, ϕ_x, ϕ_y, ϕ_{xx}, ϕ_{xy}, ϕ_{yx} 및 ϕ_{yy}가 모두 연속이고 $\phi(x, y)$가 라플라스 방정식을 만족할 때 $\phi(x, y)$를 D에서 **조화적(harmonic)**이라고 한다. 조화함수들은 응용수학, 공학, 수리 물리학에서 매우 중요한데, 안정상태 온도, 2차원 정전기학 및 이상적인 유체흐름과 관련된 문제를 푸는데 사용된다.

정리 1

$f(z)=u(x, y)+iv(x, y)$을 정의역 D에서 해석함수라 하자. 그러면 두 실함수 u와 v는 D에서 조화함수가 된다. 즉, 해석함수의 실수부와 허수부는 조화함수이다.

증명 $f(z)$가 해석적이므로 u와 v의 모든 편도함수는 연속이고 u와 v는 코시-리만 방정식

$$u_x=v_y, \quad u_y=-v_x$$

을 만족한다. 이 방정식의 각각의 항을 x, y에 관하여 편미분하면

$$u_{xx}=v_{yx}, \quad u_{yx}=-v_{xx}, \quad u_{xy}=v_{yy}, \quad u_{yy}=-v_{xy}$$

이고 편도함수 u_{xy}, u_{yx}, v_{xy} 및 v_{yx}는 모두 연속이다. 따라서

$$u_{xy}=v_{yx}, \quad v_{xy}=v_{yx}$$

이므로

$$u_{xx}+u_{yy}=v_{yx}-v_{xy}=0, \quad v_{xx}+v_{yy}=-u_{yx}+u_{xy}=0$$

이다. 따라서 u와 v는 D에서 조화함수이다. □

D에서 조화함수인 $u(x, y)$가 주어지고 u와 v의 편도함수가 코시-리만 방정식을 만족

하는 또 다른 조화함수 $v(x, y)$를 찾을 수 있다면, $v(x, y)$를 $u(x, y)$의 **공액조화함수** (harmonic conjugate)라 말한다. 이때 $f(z)=u(x, y)+iv(x, y)$는 D에서 해석적이다.

예제 1 |

$u(x, y)=x^2-y^2$은 복소평면에서 조화함수임을 보여라.

풀이 $u_{xx}(x, y)+u_{yy}(x, y)=2-2=0$이므로 u는 조화함수이다. ■

정리 2

$u(x, y)$가 점 (x_0, y_0)의 근방에서 조화함수이면 $u(x, y)$의 공액조화함수 $v(x, y)$가 존재해서 $f(z)=u(x, y)+iv(x, y)$는 해석함수가 된다.

증명 u의 공액조화함수 v가 존재한다고 가정하면 코시-리만 방정식

$$u_x=v_y,\ u_y=-v_x$$

이 만족된다. v_y를 y에 관해 적분하면

$$v(x, y)=\int u_x(x, y)dy+C(x)$$

이고, u가 조화함수이므로

$$u_{xx}+u_{yy}=0$$

이 성립한다. 따라서

$$\begin{aligned}-u_y=v_x&=\frac{\partial}{\partial x}\left(\int u_x dy+C(x)\right)=\frac{\partial}{\partial x}\int u_x dy+C'(x)\\&=\int u_{xx}dy+C'(x)=\int(-u_{yy})dy+C'(x)\\&=-u_y+C'(x)\end{aligned}$$

이므로 $C'(x)=0$, 즉 $C(x)=k$ (상수)이므로

$$v(x, y)=\int u_x(x, y)dy+k,\ k\text{는 상수}$$

이고 $f(z)=u(z)+iv(z)$는 해석적이다. □

예제 2 |

$u(x, y) = x^2 - y^2$가 조화함수임을 보이고, $u(x, y)$의 공액조화함수 $v(x, y)$를 구하여라.

풀이 예제 1에 의해 u는 조화함수이다. 코시-리만 방정식으로부터 $u_x = v_y$이므로

$$v(x, y) = \int 2xdy + C(x) = 2xy + C(x)$$

을 얻는다. 양변을 x에 관하여 미분하고 $-u_y(x, y) = v_x(x, y)$을 적용하면

$$2y = 2y + C'(x)$$

이다. 따라서 $C'(x) = 0$, 즉 $C(x) = k$, (k는 상수)이므로

$$v(x, y) = 2xy + k, \ (k\text{는 상수})$$

가 된다. ■

이제 해석함수와 조화함수들의 몇 가지 중요한 성질들에 대하여 알아보자.

정리 3 모레라의 정리

f가 단일연결영역 D에서의 연속함수이고 D에 있는 모든 폐경로 C에 대해서 $\int_C f(z)dz = 0$이면 f는 D에서 해석적이다.

증명 D에서 한 점 z_0을 선택하고 다음과 같이 $F(z)$를 정의하자.

$$F(z) = \int_{z_0}^{z} f(\xi)d\xi$$

여기서 이 기호는 z_0에서 시작해서 z에서 끝나는 임의의 경로 위에서 취해진 적분을 나타낸다. 만일 C_1과 C_2가 시점 z_0와 종점 z를 갖는 D에서의 두 개의 경로라면 $C = C_1 - C_2$는 D에서의 폐경로이고, 가정에 의해

$$0 = \int_C f(\xi)d\xi = \int_{C_1} f(\xi)d\xi - \int_{C_2} f(\xi)d\xi$$

이다. 그런데 f가 연속이므로, 임의의 $\epsilon > 0$에 대하여

$$|\xi - z| < \delta \Rightarrow |f(\xi) - f(z)| < \epsilon$$

을 만족하는 $\delta > 0$가 존재한다. 한편,

$$\begin{aligned}\frac{F(z+\Delta z) - F(z)}{\Delta z} &= \frac{1}{\Delta z}\left(\int_{z_0}^{z+\Delta z} f(\xi)d\xi - \int_{z_0}^{z} f(\xi)d\xi\right) \\ &= \frac{1}{\Delta z}\int_{z}^{z+\Delta z} f(\xi)d\xi\end{aligned}$$

이므로

$$\begin{aligned}\left|\frac{F(z+\Delta z) - F(z)}{\Delta z} - f(z)\right| &= \frac{1}{|\Delta z|}\left|\int_{z}^{z+\Delta z}(f(\xi) - f(z))d\xi\right| \\ &\le \frac{1}{|\Delta z|}\int_{z}^{z+\Delta z}|f(\xi) - f(z)|d\xi \\ &< \frac{\epsilon|\Delta z|}{|\Delta z|} = \epsilon\end{aligned}$$

이다. 따라서 $F'(z) = f(z)$이고 $F(z)$는 D상에서 해석적임을 알 수 있다. 더욱이 F는 모든 차수의 도함수를 가져야만 한다. 따라서 D에 있는 모든 z에 대해서 $f'(z) = F''(z)$이고, 이것은 $f(z)$가 D에서 해석적임을 증명해 준다. □

코시의 적분 공식은 어떻게 $f(z_0)$값을 어떤 경로적분으로 나타낼 수 있는지를 보여준다. 만약 C의 적분경로를 중심이 z_0인 원으로 선택한다면, $f(z_0)$값이 C상의 점들 z에서의 $f(z)$의 값들의 적분평균임을 보여줄 수 있다.

정리 4　가우스의 평균값 정리

f가 원 $C_R(z_0) = \{z : |z - z_0| = R\}$을 포함하는 어떤 단일연결영역 D에서 해석적이면

$$f(z_0) = \frac{1}{2\pi}\int_0^{2\pi} f(z_0 + Re^{i\theta})d\theta$$

이 성립한다.

증명 원 $C_R(z_0)$를 다음과 같이 매개변수화하자.

$$C_R(z_0) : z(\theta) = z_0 + Re^{i\theta},\ dz = iRe^{i\theta}d\theta,\ (0 \le \theta \le 2\pi).$$

그러면 코시의 적분 공식에 의해

$$f(z_0) = \frac{1}{2\pi i}\int_0^{2\pi} \frac{f(z_0 + Re^{i\theta})iRe^{i\theta}d\theta}{Re^{i\theta}} = \frac{1}{2\pi}\int_0^{2\pi} f(z_0 + Re^{i\theta})d\theta$$

임을 알 수 있다. □

이제 어떤 해석함수의 절댓값에 관련한 중요한 결과를 증명하자.

정리 5 최댓값·절댓값의 원리

f가 정의역 D에서 해석적이고 상수가 아니면 $|f(z)|$는 D에서 최댓값을 갖지 않는다.

증명 D의 모든 점 z에 대하여

$$|f(z)| \le |f(z_0)|$$

을 만족하는 D의 한 점 z_0가 존재한다고 가정하자. 정의에 의해 D는 개집합이고 $z_0 \in D$이므로 $C_R(z_0)$가 D에 포함되도록 하는 $R > 0$이 존재한다. 따라서 가우스의 평균값 정리에 의해

$$f(z_0) = \frac{1}{2\pi}\int_0^{2\pi} f(z_0 + re^{i\theta})d\theta,\ 0 \le r \le R$$

이다. 가정에 의해 $|f(z_0 + re^{i\theta})| \le |f(z_0)|$이므로

$$|f(z_0)| \le \frac{1}{2\pi}\int_0^{2\pi} |f(z_0 + re^{i\theta})|d\theta \le \frac{1}{2\pi}\int_0^{2\pi} |f(z_0)|d\theta = |f(z_0)|$$

이고,

$$\frac{1}{2\pi}\int_0^{2\pi} (|f(z_0| - |f(z_0 + re^{i\theta})|)d\theta = 0$$

을 얻는다. 그런데 $|f(z_0)| - |f(z_0 + re^{i\theta})|$는 0 이상인 연속함수이므로

$$|f(z_0)| - |f(z_0 + re^{i\theta})| = 0$$

임을 알 수 있다. 따라서 모든 $z \in \overline{D_R(z_0)}$에 대하여

$$|f(z_0)| = |f(z)|$$

이고, 이로부터

$$f(z_0) = f(z),\ z \in \overline{D_R(z_0)}$$

을 얻는다. 이제 ζ를 D에서의 임의의 점이라 하고 C는 z_0와 ζ를 연결하는 정의역 D에 속하는 어떤 경로라고 하자. 그리고 $2d$는 C부터 D의 경계까지의 최소거리를 나타낸다고 하자. 그러면 아래 그림 2처럼 C를 따라서, $|z_{k+1} - z_k| \le d$이고 원반 $D_k = \{z : |z - z_k| \le d\}(k = 0,\ 1,\ \cdots,\ n)$들이 D에 포함되며 C를 덮도록 하는 연속적인 점들 $z_0,\ z_1,\ z_2,\ \cdots,\ z_n = \xi$을 찾을 수 있다.

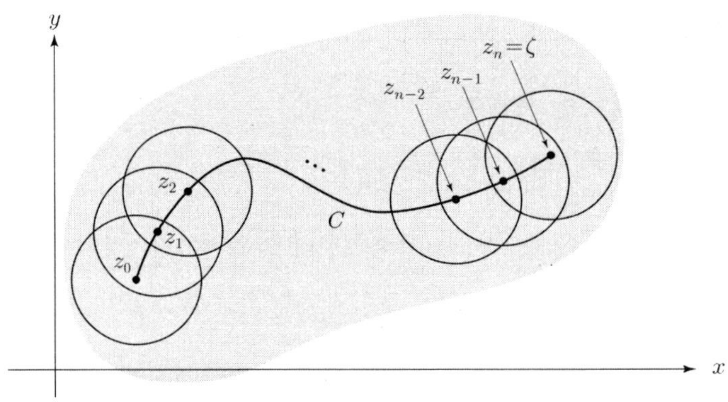

그림 2 C를 덮는 '원판들의 사슬'

각 원판 D_k는 다음의 원판 D_{k+1}의 중심 z_{k+1}을 포함한다. 따라서 z_1은 D_0에 있고 위의 논의에 의해 D_1의 모든 원소 z에 대해여

$$f(z) = f(z_1) = f(z_0)$$

이 된다. 귀납적으로 계속 진행하면 모든 원판 D_{k-1}, $0 \le k \le n-1$의 모든 원소 z에 대해여 $f(z) = f(z_{k+1}) = f(z_k)$임을 알 수 있고, 이로부터 $f(\zeta) = f(z_0)$를 얻는다. 따라서 f는 D에서 상수이고, 이것은 가정에 모순이다. 따라서 증명이 완성된다. □

때때로 다음과 같은 형태로 최대 절댓값의 원리를 나타내기도 한다.

정리 6

f를 유계인 정의역 D에서 해석적이고 상수가 아니라고 하자. 만약 f가 $\overline{D}$ 위에서 연속이면, $|f(z)|$는 ∂D에서 최댓값을 갖는다.

증명 $\overline{D}$는 유계인 폐집합이고 $|f(z)|$가 $\overline{D}$ 위에서 연속이므로 미적분학의 정리에 의해 $|f(z)|$는 $\overline{D}$ 위에서 최댓값을 갖는다. 그런데 최대 절댓값의 원리에 의해 D에는 최댓값이 존재하지 않으므로 $|f(z)|$의 최댓값은 경계선 위에 있어야만 한다. □

정리 7 코시의 부등식

f가 $C_R(z_0)=\{z : |z-z_0|=R\}$을 포함하는 단일연결영역 D에서 해석적이고, 모든 $z \in C_R(z_0)$에 대해서 $|f(z)| \le M$이면

$$|f^{(n)}(z_0)| \le \frac{n!M}{R^n},\ n=1,\ 2,\ \cdots$$

이 성립한다.

증명 $C_R(z_0)$를 매개변수화하면

$$C_R(z_0) : z(\theta)=z_0+Re^{i\theta},\ (0 \le \theta \le 2\pi)$$

이고, 코시의 적분 공식으로부터

$$f^{(n)}(z_0)=\frac{n!}{2\pi i}\int_{C_R(z_0)}\frac{f(z)dz}{(z-z_0)^{n+1}}=\frac{n!}{2\pi i}\int_0^{2\pi}\frac{f(z_0+Re^{i\theta})iRe^{i\theta}d\theta}{R^{n+1}e^{i(n+1)\theta}}$$

을 얻는다. 그러면 ML-부등식에 의해

$$\begin{aligned}|f^{(n)}(z_0)| &= \left|\frac{n!}{2\pi i}\int_0^{2\pi}\frac{f(z_0+Re^{i\theta})iRe^{i\theta}d\theta}{R^{n+1}e^{i(n+1)\theta}}\right| \\ &\le \frac{n!}{2\pi}\int_0^{2\pi}|f(z_0+Re^{i\theta})|\left|\frac{iRe^{i\theta}}{R^{n+1}e^{i(n+1)\theta}}\right|d\theta \\ &\le \frac{n!}{2\pi}\int_0^{2\pi}M\frac{1}{R^n}d\theta\end{aligned}$$

$$= \frac{n!}{2\pi R^n} M 2\pi = \frac{n! M}{R^n}$$

임을 알 수 있다. □

다음 정리는 상수가 아닌 전해석함수가 유계함수가 될 수 없음을 보여준다.

정리 8 리우빌의 정리

유계인 전해석함수는 상수함수이다.

증명 임의의 복소수 z에 대해여 $|f(z)| \le M$라고 하자. 임의의 점이라고 하자. 그러면 코시의 부등식에 의해

$$|f'(z)| \le \frac{M}{R}, \ R \in \mathbb{R}^+, \ z \in \mathbb{C}$$

을 얻는다. 그런데 R을 임의로 크게 하면, 즉 $R \to \infty$라 하면, $f'(z_0) = 0$이어야 한다. 따라서 모든 점 z에 대해서 $f'(z) = 0$이다. 그러므로 f는 상수함수이다. □

예제 3 |

함수 $f(z) = \cos z$는 유계함수가 아님을 보여라.

풀이 $f(z) = \cos z$가 전해석함수임은 잘 알려져 있다. 만약 f가 유계라면 리우빌의 정리에 의해 f는 상수함수이어야만 한다. 그런데 f는 상수함수가 아니므로 f는 유계가 아님을 알 수 있다. ■

리우빌의 정리를 사용하여 대수학의 기본정리를 증명할 수 있다.

정리 9 대수학의 기본정리

상수가 아닌 모든 다항함수는 적어도 하나의 근을 갖는다.

증명 $P(z) = a_n z^n + a_{n-1} z^{n-1} + \cdots + a_1 z + a_0, \ a_n \neq 0$이라 하자. 만약 모든 z에 대하여

$P(z) \neq 0$이면 $\dfrac{1}{P(z)}$은 전해석함수가 된다. 그런데 충분히 큰 R에 대하여

$$\frac{|a_n|R^n}{2} \leq |P(z)| \leq \frac{3|a_n|R^n}{2}, \quad |z| = R$$

이므로 충분히 큰 $|z|$, (즉 $|z| \to \infty$)에 대하여 $\left|\dfrac{1}{P(z)}\right| \to 0$이다. 따라서 모든 $|z| \geq R$에 대해서 $\left|\dfrac{1}{P(z)}\right| \leq 1$이 성립한다. 그런데 $\dfrac{1}{P(z)}$은 $\{z : |z| \leq R\}$에서 연속이므로 유계이다. 따라서 $\dfrac{1}{P(z)}$은 복소평면 전체에서 유계이다. 이제 리우빌의 정리를 적용하면 $\dfrac{1}{P(z)}$이 상수함수임을 알 수 있고, 이로부터 $P(z)$가 상수함수가 되는데 이는 모순이 되어 증명이 완성된다. □

연습문제 8.5

1. 다음 함수들이 어디에서 조화적인지를 결정하여라.

(1) $u(x, y) = e^x \cos y$

(2) $v(x, y) = e^x \sin y$

(3) $u(x, y) = \ln(x^2 + y^2)$, $(x, y) \neq (0, 0)$

2. 실수 a, b, c에 대하여 함수 $\phi(x, y) = ax^2 + bxy + cy^2$이 조화가 되도록 하는 상수 사이의 관계를 구하여라.

3. 다음에서 $f(z) = u(x, y) + iv(x, y)$가 해석함수가 되도록 하는 함수 u, v를 구하여라.

(1) $u(x, y) = y^2 - 3x^2 y$

(2) $u(x, y) = \sin y \sinh x$

(3) $v(x, y) = e^y \sin x$

(4) $v(x, y) = \sin x \cosh y$

4. $u_1(x, y) = x^2 - y^2$와 $u_2(x, y) = x^3 - 3xy^2$에 대하여, u_1과 u_2가 조화함수이지만 곱 $u_1(x, y)u_2(x, y)$은 조화함수가 아님을 보여라.

5. 주어진 함수가 조화함수임을 보이고 그들의 공액조화함수를 구하여라.

(1) $u(x,\ y) = xy$ (2) $v(x,\ y) = -2x + 5y$

(3) $u(x,\ y) = \frac{1}{2}\ln(x^2 + y^2)$ (4) $v(x,\ y) = x^2 - y^2 + 2y$

6. 다음 각 다항식을 일차인수들의 곱으로 인수분해하여라.

(1) $P(z) = z^4 + 4$

(2) $P(z) = z^2 + (1+i)z + 5i$

(3) $P(z) = z^4 - 4z^3 + 6z^2 - 4z + 5$

(4) $P(z) = z^3 - (3+3i)z^2 + (-1+6i)z + 3 - i$

7. $f(z) = az^n + b$일 때, $\max_{|z| \le 1}|f(z)| = |a| + |b|$임을 보여라.

8. $\sin z$는 유계함수가 아님을 보여라.

9. f가 모든 z에 대해서 $|f(z)| \ge 1$인 전해석함수이면 f는 상수함수임을 보여라.

10. f를 폐원판 $\overline{D}_1(0)$에서의 상수 아닌 해석함수라고 하자. $z \in C_1(0)$에 대해서 $|f(z)| = K$라고 가정하자. f가 D에서 영원을 가짐을 보여라. (도움말: 최대·최소 절댓값 원리를 사용하여라.)

연습문제 해답
: 홀수번

제1장 | 벡터와 공간기하

연습문제 1.1

1. (1) $(4,\ -4,\ 4)$

(3) $\frac{\sqrt{14}}{14}(3,\ 1,\ 2)$

(5) $\mathrm{u}=(-2,\ -5,\ 0)$

(7) 존재하지 않는다.

3. (1) $(3,\ 3)$

연습문제 1.2

3. (1) $\theta=\cos^{-1}\left(\frac{1}{\sqrt{22}}\right)$

(3) $\theta=\cos^{-1}\left(-\frac{3}{\sqrt{55}}\right)$

(5) $\theta=\cos^{-1}(1)$

5. $u\cdot v=6\cdot 0+0\cdot 2+4\cdot(-1)=-4$이므로 수직이 아니다.

7. 직각삼각형이다.

연습문제 1.3

1. (1) $6\mathrm{i}+9\mathrm{j}-6\mathrm{k}$

(3) $6\mathrm{i}+8\mathrm{j}-8\mathrm{k}$

3. (1) $\sqrt{69}$

5. (1) 16

연습문제 1.4

1. (1) (a) $(2,\ 3,\ 1)+t(2,\ 4,\ -3)$

(b) $x=2+2t,\ y=3+4t,\ z=1-3t,\ t\in R$

(c) $\frac{x-2}{2}=\frac{y-3}{4}=\frac{z-1}{-3}$

(3) (a) $(2,\ -3,\ 1)+t(2,\ 5,\ -2)$

(b) $x=2+2t,\ y=-3+5t,\ z=1-2t,\ t\in R$

(c) $\frac{x-2}{2}=\frac{y+3}{5}=\frac{z-1}{-2}$

3. $\frac{\sqrt{195}}{\sqrt{14}}$

5. (1) $4(x-2)+4(y-3)-3(z-1)=0$

7. (1) $\frac{28}{\sqrt{35}}$

제2장 | 벡터함수

연습문제 2.1

1. (1) $3(9,\ 2,\ 0)$

(3) $\left(-1,\ \dfrac{1}{e^{2\pi}},\ \pi\sqrt{\pi}\right)$

3. (1) $\gamma'(t)=(-2\sin 2t,\ 2\cos 2t,\ 1)$ $(1,\ 0,\ 0)+t(0,\ 2,\ 1)=(1,\ 2t,\ t),\ t\in R$

7. $v_0=21\sqrt{2}$

연습문제 2.2

1. (1) $\sqrt{14}$

(3) $20\sqrt{29}$

3. (1) $\left(\dfrac{4}{5}\sin t,\ -\dfrac{4}{5}\cos t,\ \dfrac{3}{5}\right)$

5. (1) $\dfrac{96}{125}$

(3) $\dfrac{3}{10}$

제3장 | 편도함수

연습문제 3.1

1. (1) $\{(x,\ y): x^2+y^2<9\}$

(3) 실수 전체

3. (1)

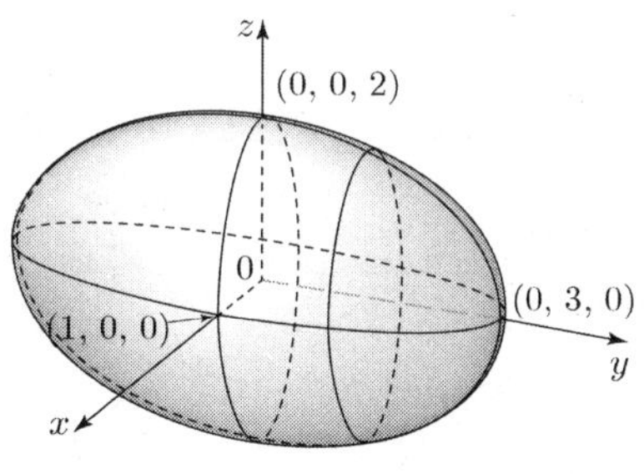

(3)

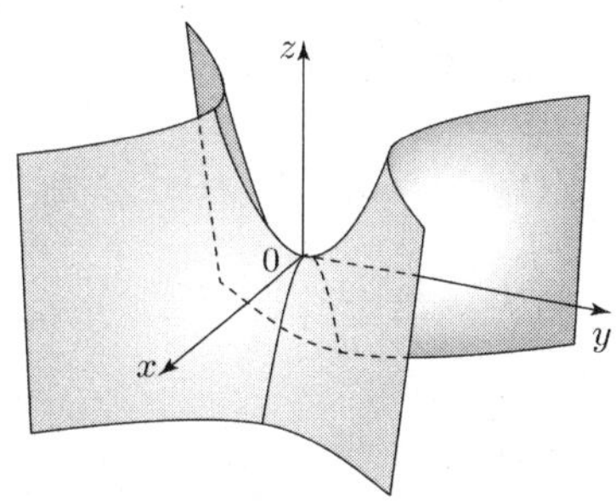

연습문제 3.2

1. 존재하지 않는다.

3. (1) 0

5. $x=0$을 제외한 모든 점에서 연속

연습문제 3.3

1. (1) $f_x = -\dfrac{x}{(x^2+y^2)\sqrt{x^2+y^2}}$, $f_y = -\dfrac{y}{(x^2+y^2)\sqrt{x^2+y^2}}$

(3) $f_x = \dfrac{2xy^3}{1+x^4y^6}$, $f_y = \dfrac{3x^2y^2}{1+x^4y^6}$

3. $b^2\dfrac{\partial^2 z}{\partial x^2} - 2ab\dfrac{\partial^2 z}{\partial x \partial y} + a^2\dfrac{\partial^{2z}}{\partial y^2} = 0$

연습문제 3.4

1. (1) 접평면의 방정식: $48x - 14y - z = 64$

법선의 방정식: $\dfrac{x-1}{48} = \dfrac{y+2}{-14} = \dfrac{z-12}{-1}$

(3) 접평면의 방정식: $x - y - z = 0$

법선의 방정식: $x-1$

(5) 접평면의 방정식: $(x-2)+2(y-1)-(z-2)=0$

법선의 방정식: $x-2$

(7) 접평면의 방정식: $8x+9y+5z=2$

법선의 방정식: $x - \dfrac{1}{2}$

3. 20π

5. $dS - \Delta S = \Delta a \cdot \Delta b$

연습문제 3.5

1. (1) $\dfrac{dz}{dt} = \partial z$ (3) $\dfrac{dz}{dt} = \partial z$

3. $\dfrac{\partial z}{\partial u} = \dfrac{\partial z}{\partial x}\dfrac{\partial x}{\partial u} + \dfrac{\partial z}{\partial y}\dfrac{\partial y}{\partial u} = 2u\ln(u^2-v^2) + \dfrac{2u(u^2+v^2)}{u^2-v^2}$

5. (1) $\dfrac{dy}{dx} = -f_x$ (3) $-xy\ln y + y^2$

(5) $\dfrac{dy}{dx} = -f_x$

7. $\dfrac{dy}{dx} = \dfrac{z-x}{y-z}$, $\dfrac{dz}{dx} = \dfrac{x-y}{y-z}$

연습문제 3.6

1. f는 (0, 0)에서 안장점을 가진다. f는 (1, 1)에서 극솟값을 가진다.

3. (0, 0): 안장점, 극솟값: -1

5. $4m^3$

연습문제 3.7

1. $-\sqrt{\frac{3}{2}}$

3. $\frac{5}{8}\sqrt{41}$

5. $-i+2j$

제4장 | 중적분

연습문제 4.1

1. 2π

3. 3

연습문제 4.2

1. (1) 57

(3) $2-\frac{1}{4}e^4+e$

(5) $\frac{2}{3}a^3$

(7) $\frac{\sqrt{3}}{12}\pi-\frac{1}{2}\log 2$

3. $-\frac{68}{3}$

5. $\int_0^2\left[\int_{x^2}^{2x} f(x, y)dy\right]dx = \int_0^4\left[\int_{y/2}^{\sqrt{y}} f(x, y)dx\right]dy$

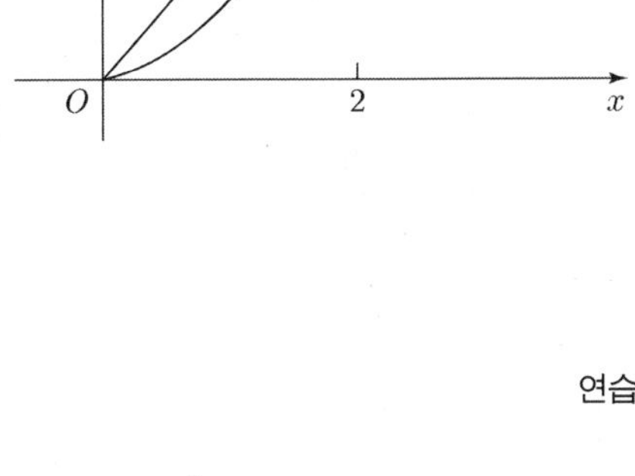

연습문제 4.3

1. (1) $\frac{\pi}{5}$

3. $\frac{3}{2}\pi$

연습문제 4.4

1. $\frac{\pi}{2}$

3. $\frac{1}{12}(27-5\sqrt{5})$

연습문제 4.5

1. $\frac{e-e^{-1}}{3}$

3. (1) $\frac{1}{4}(e^6-7)$

연습문제 4.6

1. (1) 1/48 (3) 47/24

3. $\frac{64}{315}$

연습문제 4.7

1. (1) $(2,\ 2\sqrt{3},\ -2)$

3. $\frac{525}{4}\pi$

5. 384π

연습문제 4.8

1. (1) $\left(\frac{3}{2},\ 3\frac{\sqrt{3}}{2},\ 3\sqrt{3}\right)$

3. $\frac{8\pi a^5}{15}$

5. $312,\ \frac{500}{7}\pi$

제5장 | 벡터해석

연습문제 5.1

1. (1) $\frac{1}{2}$ (3) 0 (5) 0

3. $2\pi k$, $\left(0,\ \frac{4}{\pi}\right)$

5. $2187\mathrm{m}\cdot\mathrm{kg}$

연습문제 5.2

1. (1) 보존장, $\frac{1}{2}x^2+\frac{1}{2}y^2+k$

(3) 보존장이 아니다.

(5) 보존장, $x\cos y+y\sin x+k$

3. (1) $-\frac{1}{2}$

연습문제 5.3

1. (1) 36π (3) πab

3. $-\frac{1}{2}$

연습문제 5.4

1. (1) $\frac{15\pi}{\sqrt{2}}$ (3) $171\sqrt{14}$

3. $\frac{2ma^2}{3}$

연습문제 5.5

1. (1) 발산: $2x+y$, 회전: $z\mathbf{i}$ (3) 발산: $z-2\frac{1}{\sqrt{z}}$ 회전; $-y\mathbf{j}+\mathbf{k}$

(5) 발산: $\frac{2}{\sqrt{x^2+y^2+z^2}}$ 회전: 0

3. (1) 279π (3) $\frac{6\pi a^5}{5}$

(5) $\frac{9\pi}{2}$

연습문제 5.6

1. (1) 0　　(3) 16π

제6장 | 푸리에 해석

연습문제 6.1

1. (1) $f(x)=\dfrac{3}{2}+\dfrac{6}{\pi}\left(\sin\dfrac{\pi x}{5}+\dfrac{1}{3}\sin\dfrac{3\pi x}{5}+\dfrac{1}{5}\sin\dfrac{5\pi x}{5}+\cdots\right)$

(3) $f(x)=\dfrac{4\pi^2}{3}+\displaystyle\sum_{n=1}^{\infty}\left(\dfrac{4}{n^2}\cos nx-\dfrac{4\pi}{n}\sin nx\right)$

(5) $f(x)=1+\dfrac{2}{\pi}\displaystyle\sum_{n=1}^{\infty}\dfrac{(-1)^{n+1}}{n}\sin n\pi x$

연습문제 6.2

1. (1) $f(x)=\dfrac{\pi}{2}+\dfrac{2}{\pi}\displaystyle\sum_{n=1}^{\infty}\dfrac{(-1)^n-1}{n^2}\cos nx$

(3) $f(x)=\dfrac{2}{\pi}+\dfrac{2}{\pi}\displaystyle\sum_{n=1}^{\infty}\dfrac{1+(-1)^n}{n}\cos nx$

(5) $f(x)=\dfrac{3}{4}+\dfrac{4}{\pi^2}\displaystyle\sum_{n=1}^{\infty}\dfrac{\cos\dfrac{n\pi}{2}-1}{n^2}\cos\dfrac{n\pi}{2}x$

2. (1) $f(x)=\dfrac{3}{4}+\dfrac{4}{\pi^2}\displaystyle\sum_{n=1}^{\infty}\dfrac{\cos\dfrac{n\pi}{2}-1}{n^2}\cos\dfrac{n\pi}{2}x$

$f(x)=\displaystyle\sum_{n=1}^{\infty}\left\{\dfrac{4}{n^2\pi^2}\sin\dfrac{n\pi}{2}-\dfrac{2}{n\pi}(-1)^n\right\}\sin\dfrac{n\pi}{2}x$

(3) $f(x)=\dfrac{1}{2}+\dfrac{2}{\pi}\displaystyle\sum_{n=1}^{\infty}\dfrac{\sin\dfrac{n\pi}{2}}{n}\cos n\pi x,\quad f(x)=\dfrac{2}{\pi}\displaystyle\sum_{n=1}^{\infty}\dfrac{1-\cos\dfrac{n\pi}{2}}{n}\sin n\pi x$

3. $\dfrac{\pi^2}{6}=1+\dfrac{1}{2^2}+\dfrac{1}{3^2}+\cdots=\displaystyle\sum_{n=1}^{\infty}\dfrac{1}{n^2}$

연습문제 6.3

1. (1) $f(x)=\dfrac{1}{\pi}\displaystyle\int_0^{\infty}\dfrac{\cos\alpha x+\alpha\sin\alpha x}{1+\alpha^2}d\alpha$

2. (1) $\dfrac{\sin\alpha\beta}{\alpha\beta}$

3. $\frac{\pi}{2}$

4. (1) $\frac{\alpha}{1+\alpha^2}$

연습문제 6.4

1. $y_p(x)=\frac{2w_0L^4}{EI\pi^5}\sum_{n=1}^{\infty}\frac{(-1)^{n+1}}{n^5}\sin\frac{n\pi}{L}x$

3. $u(x,\ t)=10x+10+\sum_{m=1}^{\infty}\frac{30}{m\pi}(\cos m\pi-1)e^{-2m^2\pi^2/9}\sin\frac{m\pi x}{3},\ \ m=0,\ 1,\ 2,\ 3,\ \cdots$

제7장 | 복소해석함수

연습문제 7.1

1. (1) $z=-5,\ -2,$

9. (1) $4e^{\pi i}$ (3) $3e^{-\frac{\pi}{6}i}$

11. (1) $\sqrt[4]{2}e^{-\frac{\pi}{8}i},\ \sqrt[4]{2}e^{\frac{7\pi}{8}i}$

연습문제 7.2

1. (1) $z(t)=t-it,\ 0\le t\le 1$ (3) $z(t)=t+i(2t-1),\ 0\le t\le 1$

3. $z(t)=\cos t+i\sin t,\ 0\le t\le\frac{\pi}{2}$

연습문제 7.3

1. (1) $-1-2i$ (3) $-4i$
5. 연속이 아님
7. 연속

연습문제 7.4

1. (1) $f'(z)=3z^2-8z+7$ (3) $f'(z)=-\frac{5}{(z-2)^2}$

3. (1) $4i$ (3) 3
5. $a=1,\ b=2$

연습문제 7.5

1. (1) $\frac{1}{2}-\frac{\sqrt{3}}{2}i$ (3) $-\frac{i}{e}$

연습문제 7.6

1. (1) $1+i\left(\frac{\pi}{2}+2k\pi\right)$, k는 정수 (3) $\ln 2+i\left(\frac{\pi}{4}+2k\pi\right)$, k는 정수

(5) $\ln 3-\frac{\pi}{2}i$ (7) $\left(\frac{\pi}{2}+2k\pi\right)$, k는 정수

5. (1) $\cos(\ln 2)+i\sin(\ln 2)$ (3) $\cos 1+i\sin 1$

(5) $e^{-\frac{\pi}{2}}$ (7) $\cos 1-i\sin 1$

연습문제 7.7

3. (1) $\frac{1}{2}(e+e^{-1})\sin 1+\frac{i}{2}(e-e^{-1})\cos 1$ (3) $\frac{e^{-2}+e^{2}}{2}$

(5) $-\frac{e^{-\frac{1}{2}}-e^{\frac{1}{2}}}{e^{-\frac{1}{2}}+e^{\frac{1}{2}}}$

제8장 | 복소적분법

연습문제 8.1

1. (1) $-1+\frac{2}{3}i$ (3) $-2e$

3. (1) 0 (3) $-2\pi i$

(5) $-4-\pi i$

연습문제 8.2

1. (1) 0 (3) 0

3. (1) 0 (3) $4\pi i$

연습문제 8.3

1. (1) $\frac{4}{3}+3i$ (3) $\frac{\pi}{2e}-e^{2}-i(e^{2}\pi+2e^{-1})$

(5) $\ln\sqrt{2}-\frac{\pi}{4}+i\left(\ln\sqrt{2}+\frac{\pi}{4}-1\right)$

연습문제 8.4

1. (1) $2\pi i$ (3) $\sqrt{2}\,\pi i$

(5) $\frac{2}{5}\pi\left(1-\frac{1}{e^5}\right)i$

3. $\frac{4\pi}{2}$

5. $-\pi i$

연습문제 8.5

1. (1) $\mathbb{R}^2$ (2) $\mathbb{R}^2$

3. (1) $v(x,\ y)=\frac{1}{2}(x^3-3xy^2+c$ (3) $u(x,\ y)=-e^y\cos x+c$

5. (1) $v(x,\ y)=\frac{1}{2}(x^2-y^2)+c$ (3) $v(x,\ y)=\arg z+c$

참고 문헌

1. 김영준 편저, 공학수학, 동명사, 1994
2. 김인현 외 옮김, 복소해석학, 경문사, 2010
3. 김인현, 최원, 이공계를 위한 수학, 인천대학교 출판부
4. 김철 외, 공업수학, 청문각, 1995
5. 성균관대학교 출판부, 자연계 대학수학, 1990
6. 연세대학교 수학과 연구회, 미분적분학, 1993
7. 이상구, 최신 공학수학 with Sage Ⅱ, 한빛미디어, 2016
8. 인천대학교 수학과, 미분적분학, 2012
9. 전재복, 공업수학 II, 교우사, 2005
10. Howard Anton, Calculus with Analytic Geometry, John Wiley & Sons, Inc.
11. James Stewart, Calculus: Concepts and Contexts, Cengage, 2000
12. James Stewart, Calculus: Early Transcendentals, Brooks Cole, 2014
13. M.R.Spiegal, Fourier Analysis, Schaum Outline Series, McGraw-Hill
14. Zill, Dennis G.Differential Equations with Boundary-Value Problems, Brooks/Cole-Cengage, 2018
15. http://blog.naver.com/PostView.nhn?blogId=dydrogud22&logNo=220530995523
16. http://cafe.daum.net/kis0901/JrMv/10046?q=%ED%91%B8%EB%A6%AC%EC%97%90
17. https://100.daum.net/encyclopedia/view/b23p3812a
18. https://namu.wiki/w/%EC%88%98%ED%95%99

찾아보기

제2판

- 자연과학과 공학도를 위한 -

이공계 수학

지은이 최원 · 김인현
펴낸이 조경희
펴낸곳 경문사
펴낸날 2020년 9월 1일 1판 1쇄
2021년 9월 1일 2판 1쇄
등 록 1979년 11월 9일 제1979-000023호
주 소 04057, 서울특별시 마포구 와우산로 174
전 화 (02)332-2004 팩스 (02)336-5193
이메일 kyungmoon@kyungmoon.com

값 25,000원

ISBN 979-11-6073-476-8